高等职业教育安全防范技术系列教材

智能化安防设备工程施工与调试

（微课版）

汪海燕 主 编

刘桂芝 副主编

王佳蕊 何芳芳 罗海成 参 编

電子工業出版社

Publishing House of Electronics Industry

北京 · BEIJING

内 容 简 介

本书依据现行的安防行业规范标准，重点介绍了安防工程施工中常用的智能化设备的工作原理、设备安装与调试方法。全书共分为 7 章，分别是概述、入侵与紧急报警系统设备安装与调试、视频监控系统设备安装与调试、门禁控制系统设备安装与调试、可视化智能停车场系统设备安装与调试、楼宇对讲系统设备安装与调试、安防子系统集成联动。

本书图文并茂，突出智能化安防设备安装与调试方法，可作为安全防范技术专业及相关专业的教学参考书，也可供从事安防工程施工、安装、调试、运行维护等工作的人员使用。

图书在版编目（CIP）数据

智能化安防设备工程施工与调试 : 微课版 / 汪海燕主编. -- 北京 : 电子工业出版社, 2024. 10. -- ISBN 978-7-121-48831-3

Ⅰ. TU89

中国国家版本馆 CIP 数据核字第 20249R1N29 号

责任编辑：徐建军　　特约编辑：田学清

印　　刷：北京雁林吉兆印刷有限公司

装　　订：北京雁林吉兆印刷有限公司

出版发行：电子工业出版社

北京市海淀区万寿路 173 信箱　　邮编 100036

开　　本：787×1092　1/16　印张：19.75　字数：544 千字

版　　次：2024 年 10 月第 1 版

印　　次：2024 年 10 月第 1 次印刷

印　　数：1 200 册　定价：59.80 元

凡所购买电子工业出版社图书有缺损问题，请向购买书店调换。若书店售缺，请与本社发行部联系，联系及邮购电话：（010）88254888，88258888。

质量投诉请发邮件至 zlts@phei.com.cn，盗版侵权举报请发邮件至 dbqq@phei.com.cn。

本书咨询联系方式：（010）88254570，xujj@phei.com.cn。

前言

“智能化安防设备工程施工与调试”是高职安全防范类专业的一门重要的专业核心课程，是安防专业学生和从业人员必备的技能。本书参照《安全防范工程技术标准》GB 50348-2018，从安防设备安装与系统调试角度进行编写，以职业活动为导向，以职业能力为核心，按照从简单到复杂的原则安排各个安防子系统的相关知识点。

本书注重思政育人，深入学习贯彻党的二十大精神，挖掘思政元素并将其融入教材，每章的开篇位置设置有“素质目标”栏目，体现思政教学目标。

全书共分为 7 章，首先介绍了 GB 50348 中的常用术语、常用工具、安防设备安装准备、设备安装与调试要求，然后围绕入侵与紧急报警系统设备安装与调试、视频监控系统设备安装与调试、门禁控制系统设备安装与调试、可视化智能停车场系统设备安装与调试、楼宇对讲系统设备安装与调试、安防子系统集成联动 6 个方面展开详细介绍。其中，入侵与紧急报警系统设备安装与调试主要包括基础知识、紧急报警按钮的安装与调试、主动红外探测器的安装与调试、被动红外探测器的安装与调试、双技术探测器的安装与调试、振动探测器的安装与调试、玻璃破碎探测器的安装与调试，以及报警控制器的安装与调试；视频监控系统设备安装与调试主要包括基础知识、枪型摄像机的安装与调试、球型摄像机的安装与调试、存储设备的安装与调试、视频分析技术、监控中心设备的安装与调试；门禁控制系统设备安装与调试主要包括基础知识、读卡器的安装与调试、出门按钮与门磁开关的安装与调试、电插锁与门禁控制器的安装与调试、磁力锁与门禁控制器的安装与调试、门禁管理软件的使用、电子巡更系统；可视化智能停车场系统设备安装与调试主要包括基础知识、可视化智能停车场系统的主要设备安装、可视化智能停车场系统的调试；楼宇对讲系统设备安装与调试主要包括基础知识、室外门口机的安装、室内分机的安装、管理机的接线、设备调试；安防子系统集成联动主要包括安防子系统集成概述 、视频监控系统与入侵报警系统的联动、门禁控制系统与视频监控系统的联动、入侵报警系统与门禁控制系统的联动。每个章节的内容都经过细化提炼，分设工作任务与实训环节等。

本书由国家示范性高职院校浙江警官职业学院的汪海燕担任主编，由刘桂芝担任副主编。其中，第 1～4 章、第 6 章及第 7 章由汪海燕编写；第 5 章由刘桂芝编写，全书由汪海燕统稿。王佳蕊、何芳芳、罗海成分别参与部分课程视频的拍摄。本书在编写的过程中得到了安防行业专家的指导，同时也参考了大量安防行业标准、专题文献和内部资料，在此对这些文献资料的作者表示衷心的感谢。有些资料由于并未注明出处，因此无法一一列出，在此一并表示衷心的感谢。

为了方便教师教学，本书配有电子教学课件，请有此需要的教师登录华信教育资源网进行下载，若有问题可在网站留言板留言或与电子工业出版社联系（E-mail：hxedu@phei.com.cn）。

由于编者水平有限，书中难免存在疏漏之处，敬请读者批评指正。

编　者

目录

第1章

概 述

能力目标

为了规范安全防范工程中的设备安装与调试，提高安全防范工程建设质量和系统运维水平，维护社会安全稳定，保护人民的生命和财产安全，安防设备的安装与调试应符合国家与行业现行的有关标准及国家有关法律、法规的规定。本章重点介绍《安全防范工程技术标准》GB 50348-2018 中关于安全防范工程的安装准备、设备安装及系统调试等内容。

学习目标

1. 掌握安防常用术语。
2. 掌握常用设备与调试的工具。
3. 了解《安全防范工程技术标准》GB 50348-2018 中设备安装前的准备事项。
4. 掌握工程施工的要求。
5. 掌握系统调试的步骤与要点。

素质目标

1. 自强不息、厚德载物。
2. 紧跟时代步伐，顺应时代发展。
3. 培养团结合作、诚实守信的职业素养。

任务1 常用术语

安防术语

任务描述

小王接到一项任务，要求完成某大楼安全防范系统设备的安装与调试工作，为了能确保对项目内容与后期的实施理解到位，小王应先查阅并掌握相关安全防范系统常用术语。

任务分析

在开展和安全防范系统相关的工作前，应熟悉安全防范系统常用术语。

知识准备

1．安全防范（Security）

安全防范是指综合运用人力防范、实体防范、电子防范等多种手段，预防、延迟、阻止入侵、盗窃、抢劫、破坏、爆炸、暴力袭击等事件的发生。

2．人力防范（Personnel Protection）

人力防范是指具有相应素质的人员有组织地防范、处置等安全管理行为，简称人防。

3．实体防范（Physical Protection）

实体防范是指利用建（构）筑物、屏障、器具、设备或其组合，延迟或阻止风险事件发生的实体防护手段，又称物防。

4．电子防范（Electronic Security）

电子防范是指利用传感、通信、计算机、信息处理及其控制、生物特征识别等技术，提高探测、延迟、反应能力的防护手段，又称技防。

5．安全防范系统（Security and Protection System）

安全防范系统是指以安全为目的，综合运用实体防护、电子防护等技术构成的防范系统。

6．安全防范工程（Security Engineering）

安全防范工程是指为建立安全防范系统而实施的建设项目。

7．实体防护系统（Physical Protection System）

实体防护系统是指以安全防范为目的，综合利用天然屏障、人工屏障、防盗锁/柜等器具及设备构成的实体系统。

8．电子防护系统（Electronic Protection System）

电子防护系统是指以安全防范为目的，利用各种电子设备构成的系统。电子防护系统通常包括入侵与紧急报警、视频监控、出入口控制、停车场安全管理、防爆安全检查、电子巡查、楼宇对讲等子系统。

9．入侵与紧急报警系统（Alarm System）

入侵与紧急报警系统是指利用传感器技术和电子信息技术探测非法进入或试图非法进入设防区域的行为和由用户主动触发紧急报警按钮发出报警信息、处理报警信息的电子系统。

10．视频监控系统（Video Surveillance System）

视频监控系统是指利用视频技术探测、监视监控区域并实时显示、记录现场视频图像的电子系统。

11. 出入口控制系统（Access Control System）

出入口控制系统是指利用自定义符识别和（或）生物特征等模式识别技术对出入口目标进行识别，并控制出入口执行机构启闭的电子系统。

12. 停车场安全管理系统（Security Management System in Parking Lots）

停车场安全管理系统是指对人员和车辆进、出停车场进行登录、监控及人员和车辆在停车场内的安全实现综合管理的电子系统。

13. 防爆安全检查系统（Anti-explosion Security Inspection System）

防爆安全检查系统是指对人员和车辆携带、物品夹带的爆炸物、武器和（或）其他违禁品进行探测和（或）报警的电子系统。

14. 电子巡更系统（Guard Tour System）

电子巡更系统是指对巡察人员的巡查路线、方式及过程进行管理和控制的电子系统。

15. 楼宇对讲系统（Building Intercom System）

楼宇对讲系统是指采用（可视）对讲方式确认访客，对建筑物（群）出入口进行访客控制与管理的电子系统，又称访客对讲系统。

16. 安全防范管理平台（Security Management Platform）

安全防范管理平台是指对安全防范系统的各子系统及相关信息系统进行集成，实现实体防护系统、电子防护系统和人力防范资源的有机联动、信息的集中处理与共享应用、风险事件的综合研判、事件处置的指挥调度、系统和设备的统一管理与运行维护等功能的硬件和软件组合。

17. 保护对象（Protected Object）

保护对象是指由于面临风险而需要对其进行保护的对象，包括单位、建（构）筑物及其内外的部位、区域及具体目标。

18. 高风险保护对象（High Risk Protected Object）

高风险保护对象是指依法确定的治安保卫重点单位和防范恐怖袭击重点目标。

19. 防范对象（Defensing Object）

防范对象是指需要防范的、对保护对象构成威胁的对象。

20. 风险（Risk）

风险是指保护对象自身存在的安全隐患及其所面临的可能遭受入侵、盗窃、抢劫、破坏、爆炸、暴力袭击等行为的威胁。

21. 风险评估（Risk Assessment）

风险评估是指通过风险识别、风险分析、风险评价，确认安全防范系统需要防范的风险的过程。

22．风险等级（Level of Risk）

风险等级是指存在于保护对象本身及其周围的、对其安全构成威胁的单一风险或组合风险的大小，以后果和可能性的组合来表达。

23．防护级别（Level of Protection）

防护级别是指为保障保护对象的安全所采取的防范措施的水平。

24．安全等级（Security Grade）

安全等级是指安全防范系统、设备所具有的对抗不同攻击的能力水平。

25．探测（Detection）

探测是指对显性风险事件和（或）隐性风险事件的感知。

26．延迟（Delay）

延迟是指延长或（和）推迟风险事件发生的进程。

27．反应（Response）

反应是指为应对风险事件的发生所采取的行动。

28．误报警（False Alarm）

误报警是指对未设计的事件做出响应而发出的报警。

29．漏报警（Leakage Alarm）

漏报警是指对设计的报警事件未做出报警响应。

30．周界（Perimeter）

周界是指保护对象的区域边界。

31．防区（Zone）

防区是指在防护区域内，入侵与紧急报警系统可以探测到入侵或人为触发紧急报警按钮的区域。

32．监控区域（Surveillance Area）

监控区域是指视频监控系统的视频采集装置摄取的图像所对应的现场空间范围。

33．受控区（Controlled Area/Protected Area）

受控区是指出入口控制系统的一个或多个出入口控制点所对应的、由物理边界封闭的空间区域。

34．纵深防护（Longitudinal-depth Protection）

纵深防护是指根据保护对象所处的环境条件和安全防范管理要求，对整个防区实施由外到内或由内到外的层层设防的防护措施。纵深防护分为整体纵深防护和局部纵深防护两种类型。

35．均衡防护（Balanced Protection）

均衡防护是指安全防范系统各部分的安全防护水平基本一致，无明显薄弱环节。

36．监控中心（Surveillance Center）

监控中心是指接收处理安全防范系统信息、处置报警事件、管理控制系统设备的中央控制室，通常划分为值守区和设备区。

37．系统运行（System Operation）

系统运行是指利用安全防范系统开展报警事件处置、视频监控、出入控制等安全防范活动的过程。

38．系统维护（System Maintenance）

系统维护是指保障安全防范系统正常运行并持续发挥安全防范效能而开展的维修保养活动。

39．系统效能评估（System Effectiveness Evaluation）

系统效能评估是指对安全防范系统满足预期效能程度的分析评价过程。

任务2 常用工具

常用工具

任务描述

小王在进行安全防范设备安装前，应熟悉各类设备安装工具，以保障后续设备的安装。

任务分析

由于在进行设备安装前，应选择合适的安装工具，因此要熟悉各种场景的安装工具的使用与选择。

知识准备

（1）拆装工具：螺钉旋具、六角扳手、尖嘴钳、虎口钳、斜口钳、平口钳、剥线钳、活口扳手等。

（2）焊接工具：镊子、刻刀、吸锡器、电烙铁、焊锡、松香、助焊剂等。

（3）通用测量工具：试电笔、万用表、卷尺、皮尺、激光测距仪、卡尺、水准仪、经纬仪等。

（4）电动工具：手电钻、冲击钻、切割机、大力剪、压接钳等。

（5）清洁工具：吸尘器、空压机、皮吹子、清洗刷、酒精棉等。

（6）专用工具：牵引器、弯管器、电缆剥线器、开缆刀、线缆剪、大对数电缆剪线钳、棘轮助力剪线钳、光纤剥线钳、接头压线钳、扎带枪、逻辑笔、测线仪、图像测试仪等。

任务3 安装准备

安装准备与设备安装

任务描述

为了能够保证安全防范系统设备的安装工作顺利完成并达到验收要求，小王在熟练掌握项目设计情况后，需要查阅《安全防范工程技术标准》GB 50348-2018中对施工准备的要求和规定。

任务分析

在安防工程项目施工前应按照施工组织方案落实设备、器材、辅材的采购和进场等，任何一名初入行者首先需要了解的是项目施工准备工作以确保后续工作的顺利开展。

知识准备

1.3.1 施工组织方案

安全防范工程施工单位应根据深化设计文件编制施工组织方案，明确项目组成员并进行技术交底。

1.3.2 采购与进场

应按照施工组织方案落实设备、器材、辅材的采购和进场。

1.3.3 进场施工前检查

进场施工前应对施工现场进行检查，符合下列要求方可进场施工。

（1）施工作业场地、用电等均应符合施工安全作业要求。

（2）施工现场管理需要的办公场地、设备设施存储保管场所、相关工程管理工具部署等均应符合施工管理要求。

（3）使用道路及占用道路（包括横跨道路）情况均应符合施工要求。

（4）允许同杆架设的杆路应符合施工要求。

（5）与项目相关的已施工的预留管道、预留孔洞、地槽及预埋件等均应符合设计和施工要求。

（6）敷设管道电缆和直埋电缆的路由状况应清楚，并已为各管道标出路由标志。

（7）设备、器材、辅材、工具、机械及通信联络器材等应满足连续施工和阶段施工的要求。

1.3.4 进场施工

施工人员在进场施工前应熟悉施工图纸及有关资料，包括工程特点、施工方案、工艺要求、施工质量标准及验收标准等。

1.3.5 安全与文明施工教育

在进场施工前应对施工人员进行安全教育和文明施工教育。

任务4 设备安装

任务描述

小王在明确施工准备的要求和规定后，准备开始进行设备安装，他首先需要查阅《安全防范工程技术标准》GB 50348-2018 中对工程施工中设备安装的要求。

任务分析

安防工程设备安装应按照深化设计文件和安装图纸进行，根据安装标准与产品说明书等要求确保设备安装到位。

知识准备

1.4.1 安装要求

安防工程设备安装应按照深化设计文件和安装图纸进行，不得随意更改。在施工过程中，需要局部调整和变更时，填写的更改审核单由建设单位或监理单位提供，经设计单位、施工单位、监理单位相关责任人会签批准。更改审核单应概括调整或更改情况，包括更改内容、更改原因、更改前后状态描述、申请单位、审核单位、分发单位、更改实施日期等。

1.4.2 关于隐蔽工程

工程安装中应做好隐蔽工程的随工验收，并填写隐蔽工程随工验收单。隐蔽工程随工验收单由建设单位或监理单位提供，经建设单位/总包单位、设计单位、施工单位、监理单位会签。隐蔽工程随工验收单包括隐蔽工程的检查内容、检查结果，并综合安装质量的检查结果，形成验收意见。安全防范工程隐蔽工程随工验收单如表 1-1 所示。

表 1-1 安全防范工程隐蔽工程随工验收单

监理项目文号：

工程名称：
验收区域及部位：
隐蔽外部材料及覆盖方式：
隐蔽部位设备管线内容：

续表

<table>
<tr><td colspan="2">致（监理单位）：
我单位已完成了　　工作。经我方向自检合格，现报上该工程报验申请表，请予以审查和验收。
附件：
安装单位（盖章）
项目经理（签名）
报验日期：　　年　月　日</td></tr>
<tr><td colspan="2">验收意见 ：
项目监理机构（盖章）　　　　总监理工程师或监理工程师（签字）
审查日期　　年　月　日</td></tr>
</table>

1.4.3 设备安装规定

1．安装前准备

在设备安装前，应对设备进行规格型号检查、通电测试。设备安装应平稳、牢固、便于操作维护，避免人身伤害，并与周边环境相协调。

在设备安装前，应根据深化设计文件、设备清单、安装图纸、安装组织方案等进行设备规格型号检查、核对，确保设备一致性。

在设备安装前，应进行通电测试，提前发现问题，避免重复返工。

设备安装应按照图纸操作，安装安全、可靠、平稳、牢固，发现威胁人身安全、影响系统使用或环境协调的情况应及时提出并优化方案。

采用隐蔽安装方式的紧急报警按钮主要适用于防抢、防盗等场景，安装位置要便于用户操作；以防火、防灾等为目的紧急报警按钮的安装位置要便于操作，并设置明显标识。

2．入侵与紧急报警设备的安装规定

（1）各类探测器的安装点（位置和高度）应符合所选产品的特性、警戒范围要求和环境条件要求等。

（2）对于入侵探测器的安装，应确保对防护区域的有效覆盖，当多个探测器的探测范围有交叉覆盖时，应避免相互干扰。

（3）对于周界入侵探测器的安装，应能保证防区交叉，避免盲区。

（4）需要隐蔽安装的紧急报警按钮应便于操作。

3．视频监控设备的安装规定

（1）摄像机、拾音器的安装具体地点、安装高度应满足监视目标视场范围要求，注意防破坏。

（2）在强电磁干扰环境下，摄像机安装应有绝缘隔离。

（3）电梯厢内摄像机的安装位置及方向应能满足对乘客有效监视的要求。

（4）信号线和电源线应分别引入，外露部分应用软管保护，并不影响云台转动。

（5）摄像机辅助光源等的安装不应影响行人、车辆正常通行。

（6）云台转动角度范围应满足监视范围的要求。

（7）云台应运转灵活、运行平稳。云台转动时，监视画面应无明显抖动。

4. 出入口控制设备的安装规定

（1）各类识读装置的安装应便于识读操作。

① 键盘、磁卡识读、指纹、掌形识读设备用于人员通道门，安装应适合人手配合操作。

② 虹膜识读设备用于人员通道门，安装应适合人眼部配合操作。

③ 人脸识读设备安装位置应便于最大面积、最小失真地获得人脸正面图像。

④ 用于车辆出入口的超远距离有源读卡器应根据现场实际情况选择安装位置，避免尾随车辆先读卡。

（2）在安装感应式识读装置时，应注意可感应范围，不得靠近高频、强磁场。

（3）对于受控区内出门按钮的安装，应保证在受控区外不能通过识读装置的过线孔触及出门按钮的信号线，应采取出门按钮与识读装置错位安装等办法。

（4）在安装锁具时，应保证锁具在防护面外无法被拆卸。

5. 停车场安全管理设备的安装规定

（1）读卡机（IC 卡机、磁卡机、出票读卡机、验卡票机）与挡车器安装应平整，保持与水平面垂直、不得倾斜，读卡机应方便驾驶员读卡操作。当读卡机安装在室外时，应考虑防水及防撞措施。

（2）读卡机与挡车器的中心间距应符合设计要求或产品使用要求。

（3）读卡机（IC 卡机、磁卡机、出票读卡机、验卡票机）与挡车器感应线圈埋设位置与埋设深度应符合设计要求或产品使用要求；感应线圈至机箱处的线缆应采用金属管保护，并注意与环境相协调。

（4）智能摄像机安装的位置、角度应满足车辆号牌字符、号牌颜色、车身颜色、车辆特征、人员特征等相关信息采集的需要。

（5）车位状况信号指示器应安装在车道出入口的明显位置；其安装在室外时，应考虑防水措施。

（6）车位引导显示器应安装在车道中央上方，以便于识别与引导。

（7）停车场内其他安防设备的安装应符合本标准的相关规定。

6. 楼宇对讲设备的安装规定

（1）访客呼叫机、用户接收机的安装位置、高度应合理设置。

（2）应调整访客呼叫机内置摄像机的方位和视角于最佳位置。

7. 电子巡查设备的安装规定

（1）在线巡查或离线巡查的信息采集点（巡更点）的位置应合理设置。

（2）现场设备的安装位置应易于操作，注意防破坏。

8. 监控中心设备的安装规定

（1）控制、显示等设备的屏幕应避免光线直射，当不可避免时，应采取避光措施；对于在控制台、机柜（架）、电视墙内安装的设备，应有通风散热措施，内部接插件与设备连接应牢靠。

（2）控制台、机柜（架）、电视墙不应直接安装在活动地板上。

（3）设备金属外壳、机架、机柜、配线架、各类金属管道、金属线槽、建筑物金属结构等应进行等电位联结并接地。

（4）在安装设备间设备时，应考虑设备安置面的承重能力，必要时应安装散力架。

（5）显示屏的拼接缝、平整度、拼接误差等应符合现行国家标准《视频显示系统工程技术规范》GB 50464 的有关规定。

（6）线缆的走线、绑扎、预留等应符合现行行业标准《安防线缆应用技术要求》GA/T 1406 的有关规定。

任务 5 系统调试

任务描述

小王在完成设备安装工作后，需要依据深化设计文件、施工组织方案等资料，并根据现场情况、技术力量及装备情况等综合编制系统调试方案。

任务分析

系统调试方案是用来指导调试全过程的综合性文件，依据方案进行调试能有效保证调试科学、有序、高效地开展，系统调试方案一般包括组织、计划、流程、功能/性能目标等内容。

知识准备

1.5.1 调试内容

在系统调试过程中，应及时、真实填写调试记录。根据调试方案，合理进行子系统、安全防范管理平台、系统集成等分层级的调试，实现功能，优化性能。对调试过程进行如实记录，调试记录包括调试时间、调试对象、调试人员、调试方案和调试结论等内容。

1.5.2 调试记录

系统调试完毕后，应编写调试报告，并记录调试遗留问题。系统主要功能、性能指标应满足设计要求。系统调试报告包括工程基本信息和系统调试信息。经调试人员、建设单位、安装单位和监理单位等会签确认后，系统进入试运行阶段。

1.5.3 系统调试准备

（1）应按照《安全防范工程技术标准》GB 50348-2018 中第 7.2 节的要求，检查工程的安装质量；对安装中出现的错线、虚焊、断路或短路等问题应予以解决，并形成文字记录。

（2）应按照深化设计文件查验已安装设备的规格、型号、数量、备品备件等。

（3）在系统通电前应检查供电设备的电压、极性、相位等。

（4）应对各种有源设备逐个进行通电检查，工作正常后方可进行系统调试。

（5）应根据业务特点对网络、系统的配置进行合理规划，确保交换传输、安防管理系统的功能、性能符合设计要求，并可承载各项业务应用。

1.5.4 系统调试内容

1．入侵与紧急报警系统调试

入侵与紧急报警系统调试包括如下内容。

（1）探测器的探测范围、灵敏度、报警后的恢复、防拆保护等。

（2）紧急报警按钮的报警与恢复。

（3）防区、布撤防、旁路、胁迫报警、防破坏及故障识别、报警、用户权限等设置、操作、指示/通告、记录/存储、分析等。

（4）系统的报警响应时间、联动、复核、漏报警等。

（5）入侵与紧急报警系统的其他功能。

2．视频监控系统调试

视频监控系统调试包括如下内容。

（1）摄像机的监控覆盖范围，焦距、聚焦及设备参数等。

（2）摄像机的角度或云台、镜头遥控等；排除遥控延迟和机械冲击等不良现象。

（3）拾音器的探测范围及覆盖效果。

（4）监视、录像、打印、传输、信号分配/分发、控制管理等功能。

（5）音/视频的切换/控制/调度、显示/展示、存储/回放/检索，字符叠加、时钟同步、智能分析、预案策略、系统管理等。

（6）当系统具有报警联动功能时，应检查与调试自动开启相机电源、自动切换音/视频到指定监视器、自动实时录像等；系统应叠加摄像时间、摄像机位置（含电梯楼层显示）的标识符，并显示稳定；当系统需要灯光联动时，应检查灯光打开后图像质量是否达到设计要求。

（7）监视图像与回放图像的质量满足目标有效识别的要求。在正常工作照明环境条件下，图像质量不应低于现行国家标准《民用闭路监视电视系统工程技术规范》GB 50198 五级损伤评分制所规定的 4 分要求。

（8）音/视频信号的存储策略和计划、存储时间应满足设计文件和国家相关规范要求。

（9）视频监控系统的其他功能。

3．出入口控制系统调试

出入口控制系统调试包括如下内容。

（1）识读装置、控制器、执行装置、管理设备等调试。

（2）各种识读装置在使用不同类型凭证时的系统开启、关闭、提示、记忆、统计、打印等判别与处理。

（3）各种生物识别技术装置的目标识别。

（4）系统出入授权/控制策略、受控区设置、单/双向识读控制、防重入、复合/多重识别、防尾随、异地核准等。

（5）与出入口控制系统共用凭证或其介质构成的一卡通系统设置与管理。

（6）出入口控制子系统与消防通道门和入侵报警、视频监控、电子巡查等子系统间的联动或集成。

（7）指示/通告、记录/存储等。

（8）出入口控制系统的其他功能。

4．停车场安全管理系统调试

停车场安全管理系统调试包括如下内容。

（1）读卡机、检测设备、指示牌、挡车/阻车器等。

（2）读卡机刷卡的有效性及其响应速度。

（3）线圈、摄像机、射频、雷达等检测设备的有效性及响应速度。

（4）挡车/阻车器的开放和关闭的动作时间。

（5）车辆进出、号牌/车型复核、指示/通告、车辆保护、行车疏导等。

（6）与停车场安全管理系统相关联的停车收费系统设置、显示、统计与管理。

（7）停车场安全管理系统的其他功能。

5．楼宇对讲系统调试

楼宇对讲系统调试包括如下内容。

（1）访客呼叫机、用户接收机、管理机等。

（2）可视访客呼叫机摄像机的视角方向，保证监视区域图像有效采集。

（3）对讲、可视、开锁、防窃听、报警、系统联动、无线扩展等。

（4）警戒设置、警戒解除、报警和紧急求助等。

（5）设备管理、权限管理、事件管理、数据备份及恢复、信息发布等。

（6）楼宇对讲系统的其他功能。

6．电子巡更系统调试

电子巡更系统调试包括如下内容。

（1）巡查点识读装置、采集装置、管理终端等。

（2）巡查轨迹、时间、巡查人员的巡查路线设置与一致性检查。

（3）巡查异常规则的设置与报警验证。

（4）巡查活动的状态监测及意外情况的及时报警。

（5）数据采集、记录、统计、报表、打印等。

（6）电子巡查系统的其他功能。

7．系统集成联网调试

系统集成联网调试包括如下内容。

（1）根据系统调试方案，开展系统功能、性能、安全性的调试、检查和验证。

（2）根据设计要求，对安全防范管理平台进行如下全部或部分的调试：①系统用户、设备等操作和控制权限；②系统间的联动控制；③报警、视频图像等各类信息的存储管理、检索与回放；④设备统一编址、寻址、注册和认证等管理；⑤用户操作、系统运行状态等的显示、记录、查询；⑥数据统计、分析、报表记录；⑦系统及设备时钟自动校时，计时偏差应满足相关管理要求；⑧报警或其他应急事件预案编制、预案执行、过程记录；⑨资源统一调配和应急事件快速处置；⑩各级安全防范管理平台或分平台之间及与非安防系统之间联网，实现信息的交换共享、传递显示；⑪音/视频信息结构化分析、大数据处理，目标自动识别、风险态势综合研判与预警；⑫系统和设备运行状态实时监控与故障发现；⑬系统、设备及传输网络的安全监测与风险预警。

（3）安全防御管理平台和各子系统的独立运行。

（4）完善优化安全防范各子系统和（或）安全防范管理平台功能，如系统集成联网设计要求的其他功能。

知识点考核

一、选择题

1．进场施工前应对施工现场进行检查，以下属于检查内容的是（　　）。

A．办公场地　　B．设备设施存储保管场所

C．预留管道和孔洞　　D．用电

E．管线路由情况

2．在施工过程中，需要局部调整和变更时，填写的更改审核单由建设单位或监理单位提供，经（　　）相关责任人会签批准。

A．设计单位　　B．施工单位　　C．监理单位　　D．建设单位

3．隐蔽工程随工验收单包括隐蔽工程的（　　）。

A．检查内容　　B．检查结果

C．验收区域及部位　　D．隐蔽部位设备管线内容

4．在设备安装前，应对设备进行（　　）检查、通电测试。设备安装应平稳、牢固、便于操作维护，避免人身伤害，并与周边环境相协调。

A．规格型号　　B．安装部位

C．管线路由　　D．预留孔洞

5．键盘、磁卡识读、指纹、掌形识读设备用于人员通道门，安装应适合（　　）操作。

A．人手配合　　B．人眼部配合

C．人脸正面图像　　D．感应器配合

6．虹膜识读设备用于人员通道门，安装应适合（　　）操作。

A．人手配合　　B．人眼部配合

C．人脸正面图像配合　　D．感应器配合

7．人脸识读设备安装位置应便于最大面积、最小失真地获得（　　）正面图像。

A．人手　　B．人眼　　C．人脸　　D．头部

二、判断题

1．由于施工人员对施工对象非常熟悉，因此进场施工前无须对其进行安全教育和文明施工教育。（　　）

2．小王在进行设备安装时，发现安装环境与设计文件不符，就采用合理的方式修改设计文件内容并按照自己的理解进行设备安装。（　　）

3．采用隐蔽安装方式的紧急报警按钮主要适用于防抢、防盗等场景，安装位置不能考虑便于用户操作。（　　）

4．对于周界入侵探测器的安装，应能保证防区交叉，避免盲区。（　　）

5．对于受控区内出门按钮的安装，应保证在受控区外不能通过识读装置的过线孔触及出门按钮的信号线，应采取出门按钮与识读装置错位安装等办法。（　　）

三、思考题

1．当工程变更时，应填写更改审核单，该审核单内应包含哪些内容？

2．隐蔽工程随工验收单应包含哪些内容？

3．调试记录应包含哪些内容？

4．安装出门按钮时应注意什么？

第2章

入侵与紧急报警系统设备安装与调试

能力目标

入侵与紧急报警系统（Intrusion and Hold up Alarm System，I&HAS）是指利用传感器技术和电子信息技术探测非法进入或试图非法进入设防区域的行为，以及由用户主动触发紧急报警按钮发出报警信息、处理报警信息的电子系统。入侵与紧急报警系统是由多个报警器组成的点、线、面、空间及其组合的综合防护报警体系，一般包括前端、传输、后端三大单元，其中前端指的是各类探测器与手动控制装置（紧急报警按钮）。本章重点介绍该系统中常用探测器与报警控制器的安装与调试方法。

学习目标

1. 掌握各种常用探测器的工作原理，掌握探测器的安装工艺与调试方法。
2. 掌握报警控制器的功能、安装工艺与编程调试方法。
3. 会组建入侵与紧急报警系统。
4. 会安装与调试探测器/报警控制器，实现系统的入侵探测报警功能。

素质目标

1. 人民群众的安全感更强、更有保障。
2. 坚决维护国家安全，防范化解重大风险，保持社会大局稳定。
3. 培养安全至上、科学施工、精益求精的职业素养。

任务1 基础知识

入侵与紧急报警系统基础知识（上）

入侵与紧急报警系统基础知识（下）

任务描述

小王为了完成某大楼入侵与紧急报警系统设备的安装与调试工作，需要对入侵报警系统、前端探测器、传输部分等进行基础知识的学习，以确保项目的顺利开展。

任务分析

小王需要先学习入侵与紧急报警系统的组成、入侵探测器的分类、传输通道、设备安装与调试的注意事项等。

知识准备

2.1.1 入侵与紧急报警系统的组成

入侵与紧急报警系统是一种在出现危险情况（非法入侵）时能发出报警信号的系统，主要由各类报警探测器、传输通道和报警控制器三部分组成。入侵与紧急报警系统的组成图如图 2-1 所示。

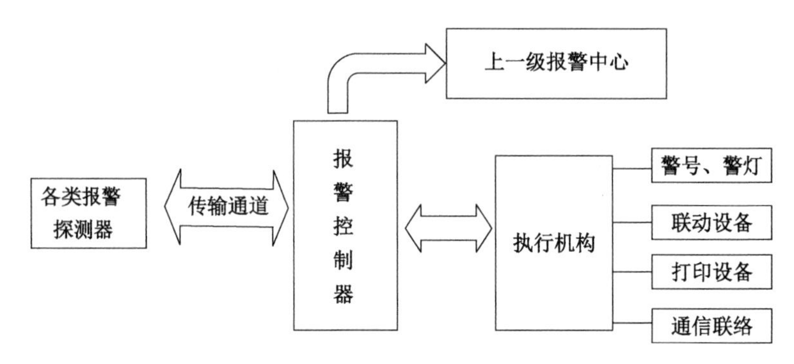

图 2-1　入侵与紧急报警系统的组成图

2.1.2 入侵探测器的分类

入侵探测器安装于防范现场，专门用来探测移动目标。入侵探测器通常由传感器和信号处理器组成。（有的入侵探测器只有传感器，没有信号处理器，如紧急报警按钮、门磁等。）

传感器是入侵探测器的核心部分，是一种可以在两种不同物理量之间进行转换的装置。在入侵探测器中，传感器将被测的物理量转换成相对应的、易于精确处理的电量，该电量被称为原始电信号。

信号处理器将原始电信号进行加工处理，如放大、滤波等，使它成为适合在传输通道中传输的信号，该信号被称为探测电信号。

入侵探测器种类繁多，常见的分类方法如下。

（1）按使用场所分类，入侵探测器可分为户内型入侵探测器、户外型入侵探测器、周界入侵探测器和重点物体防盗探测器等。

（2）按探测原理分类，入侵探测器可分为雷达式微波探测器、微波墙式探测器、主动红外探测器、被动红外探测器、开关式探测器、超声波探测器、声控探测器、振动探测器、玻璃破碎探测器、电场感应式探测器、电容变化式探测器、微波-被动红外双技术探测器、超声波-被动红外双技术探测器等。

（3）按警戒范围分类，入侵探测器可分为点控制型探测器、线控制型探测器、面控制型探测器及空间控制型探测器。

按警戒范围分类的探测器种类表如表 2-1 所示。

表 2-1　按警戒范围分类的探测器种类表

警戒范围	探测器种类
点控制型	开关式探测器
线控制型	主动红外探测器、激光式探测器、光纤式周界探测器
面控制型	振动探测器、声控-振动双技术玻璃破碎探测器
空间控制型	雷达式微波探测器、微波墙式探测器、被动红外探测器、超声波探测器、声控探测器、视频探测器、微波-被动红外双技术探测器、超声波-被动红外双技术探测器、泄漏电缆探测器、振动电缆探测器、电场感应式探测器、电容变化式探测器

（4）按工作方式分类，入侵探测器可分为主动式探测器和被动式探测器。

主动式探测器：在工作时，探测器本身要向防范现场不断发出某种形式的能量，如红外光、超声波和微波等。

被动式探测器：在工作时，探测器本身不需要向防范现场发出能量，而是依靠直接接收被探测目标本身发出或产生的某种形式的能量，如振动、红外能量等。

2.1.3　传输通道

1．有线传输模式

1）分线制传输模式

分线制传输模式示意图如图 2-2 所示，各警戒防区内的入侵探测器通过多芯电缆与报警控制器之间采用一对一的物理连接方式。该模式可根据控制器的输入接口辨别防区地址；部分探测器或线路遭破坏时，其他部分仍能正常工作，但是工程布线和维修麻烦，不利于扩容。

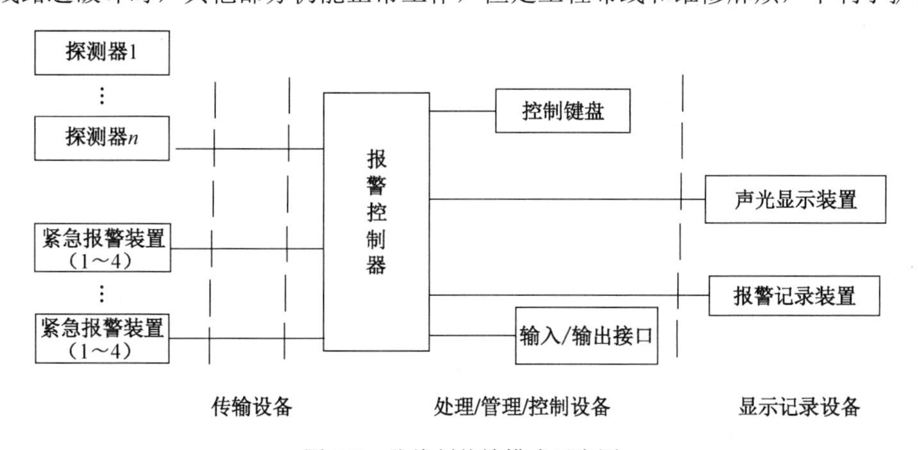

图 2-2　分线制传输模式示意图

2）总线制传输模式

为了优化布线，并有利于系统扩容，入侵探测器通过其相应的编址模块及报警总线传输设备与报警控制器相连。探测器与报警控制器之间的所有信号均沿公共线（总线）传输。在探测器发出报警信号的同时，地址码信号也一同输出。总线制传输模式示意图如图 2-3 所示。

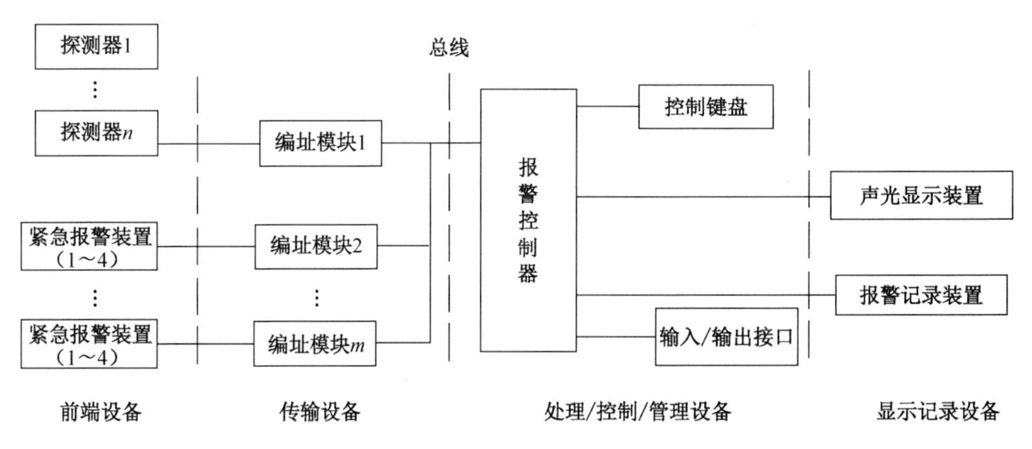

图 2-3　总线制传输模式示意图

2．无线传输模式

无线传输模式示意图如图 2-4 所示，各警戒防区的入侵探测器通过其相应的前端无线发射设备、无线中继设备（视传输距离选用）和后端无线接收设备与报警控制器相连。其中，一个防区内的紧急报警按钮数量不得大于 4 个。

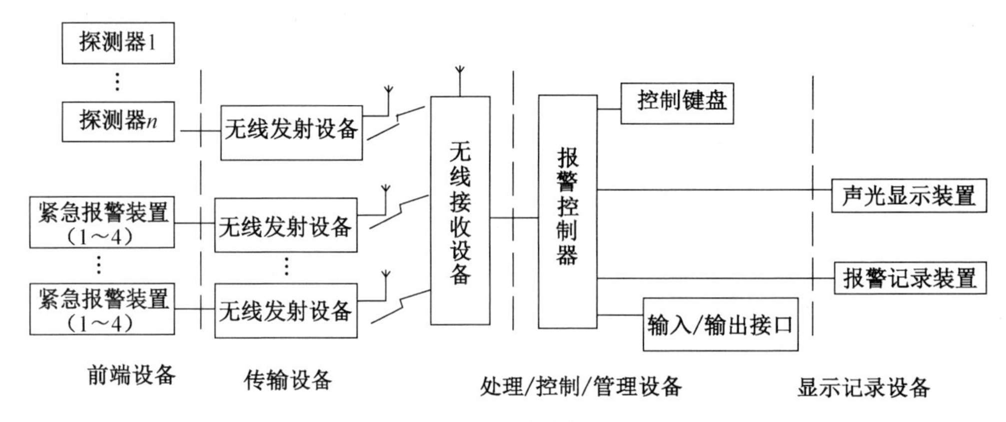

图 2-4　无线传输模式示意图

采用无线传输模式时，探测器布设灵活、方便，安装简单，特别适用于不宜现场布线或现场布线困难的场所。

当前的无线传输，一种是利用全国无线电管理委员会分配给报警系统的专用频率，另一种是借用现有的无线通信网络。

3．公共网络传输模式

公共网络传输模式示意图如图 2-5 所示，各警戒防区的入侵探测器通过公共网络传输系统与报警控制器相连。公共网络可以是有线网络、无线网络，也可以是它们的组合。

4．混合传输模式

在实际应用的入侵报警系统中，更多的是几种模式的组合使用，即以上模式的任意组合，也就是混合传输模式。

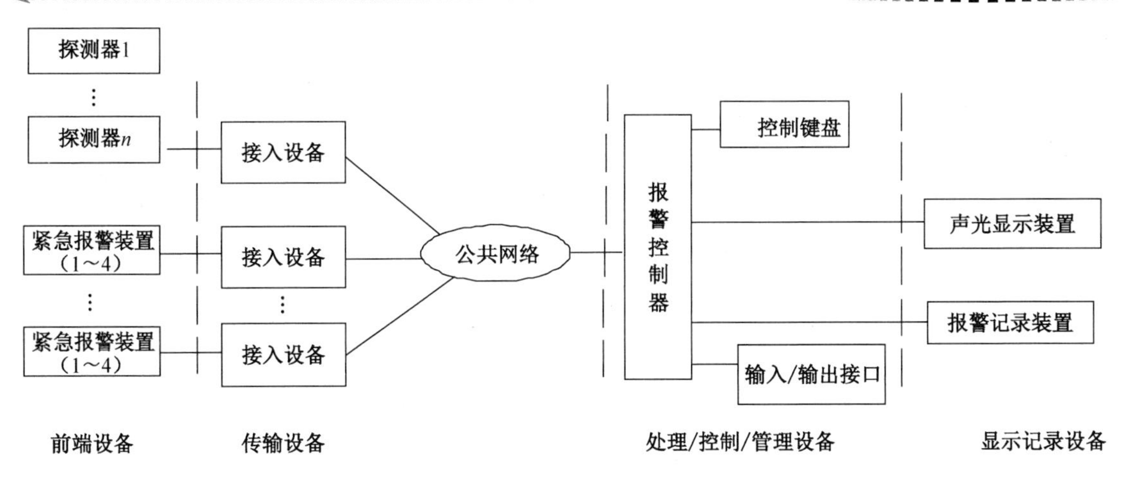

图 2-5 公共网络传输模式示意图

2.1.4 设备安装与调试的注意事项

前端设备的安装基本原则为余量线缆不外露，若一个设备的余量线缆过长，则需要使用缠绕管。采用壁挂式的报警控制器键盘建议安装在距离地面 1.4m 的位置。

（1）对于各类探测器的安装，应根据所选产品的特性、警戒范围要求和环境影响等确定设备的安装点（位置和高度）。

（2）对于周界入侵探测器的安装，应确保对防护区域的有效覆盖，能保证防区交叉，避免盲区，并应考虑使用环境的影响。

（3）需要隐蔽安装的紧急报警按钮应便于操作。

（4）如果探测器的 12V 电压由报警控制器供给，那么需要通过探测器数量计算功耗，不要使报警控制器超负荷工作。另外，由于 12V 直流电远距离传输时带来的压降影响，因此传输线不可以太细和太长，要保证前端探测器所获得的电压足够大。

（5）探测器底座和支架应固定牢固；导线连接应牢固可靠，外接部分不得外露，并留有适当余量；紧急报警按钮的安装位置应隐蔽，便于操作。

（6）如果距离比较远，那么探测器的电源最好就近供给，以免线路损耗导致探测器不能正常工作。由于红外探测器对热源敏感，因此在安装时应尽量避免对着通风口、暖气、火炉、冷冻设备的散热器；微波探测器对活动物体敏感，安装时不能对着窗帘、风扇、水管等，以免发生误报警。

（7）探测器对环境都有要求，安装时要考虑是在室内安装还是在室外安装，如果在室外安装，那么要考虑是否要加防水外壳，以免损坏探测器。

（8）在报警控制器和探测器内，一般都有防拆开关。为了防止恶意破坏，在安装与调试时，应把防拆开关也连接到报警回路中。

（9）报警系统连好后，要进行通电测试，由系统操作员更改必要的进入、退出延时时间，更改防区报警模式，测试警号、闪光报警灯是否正常。有条件的最好进行模拟实验，保证各个防区正常工作。

（10）在日常操作中，特别是布防时，要先确定防区指示灯不闪烁（防区内无人）再布防，一般不要强制布防，否则很容易报警（报警控制器不能分辨是工作人员还是盗贼，只要有活动物体，就会报警）。

任务 2　紧急报警按钮的安装与调试

紧急报警按钮

任务描述

为了能够使人们在发生紧急情况时寻求帮助或报警，需要在公共场所或建筑物内安装紧急报警按钮，当发生意外时，人们可以手动触发报警，加速疏散或救援进度，以便及时采取措施保障人身财产安全。

任务分析

紧急报警按钮是一种常见的应急设备，以应对入室抢劫、盗窃等险情或其他异常情况为目的紧急报警按钮要采用隐蔽安装方式，且安装位置要便于用户操作；以防火、防灾等为目的的紧急报警按钮的安装位置要便于操作，并设有明显标识。

知识准备

2.2.1　开关式探测器

紧急报警按钮是一种开关式探测器，属于点控制型探测器。常用的开关式探测器有紧急报警按钮，微动开关，磁控开关，压力垫，带有开关的防抢钱夹和用金属丝、金属条、导电性薄膜等导电体的断裂来代替开关的探测器，它们可以将压力、磁场力或位移等物理量的变化转换为电压或电流的变化。开关式探测器通常通过各种类型的开关触点的闭合或断开触发电路报警。触发报警控制器发出报警信号的方式一般有两种：一种是短路报警方式（开关触点的闭合）；另一种是开路报警方式（开关触点的断开）。

1．紧急报警按钮

紧急报警按钮是非常常见的一种开关式探测器，通过开关触点的闭合或断开触发电路报警，一般用于存在高风险的场所，如银行、医院等，通过人为方式触发报警。紧急报警按钮有盒式明装型和 86 面板暗装型两种，一般安装在墙上，安装位置为其底边距离地面 1.4m 左右处。

在有紧急情况时按下紧急报警按钮报警，需要用专用钥匙复位。紧急报警按钮一般接两根信号线就可以。紧急报警按钮的外形图如图 2-6 所示，其尺寸图如图 2-7 所示。

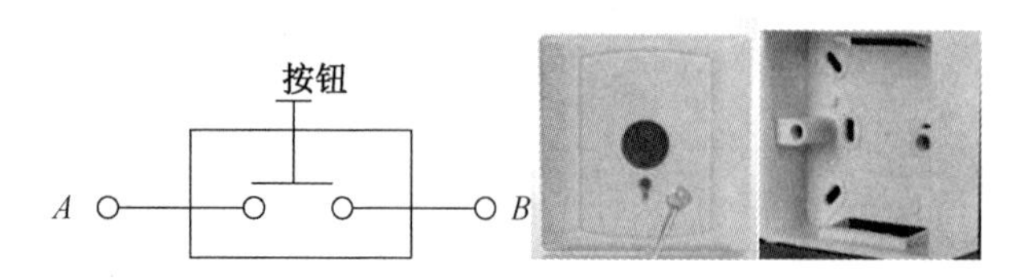

（a）86 面板暗装型紧急报警按钮

（b）盒式明装型紧急报警按钮

图 2-6　紧急报警按钮的外形图

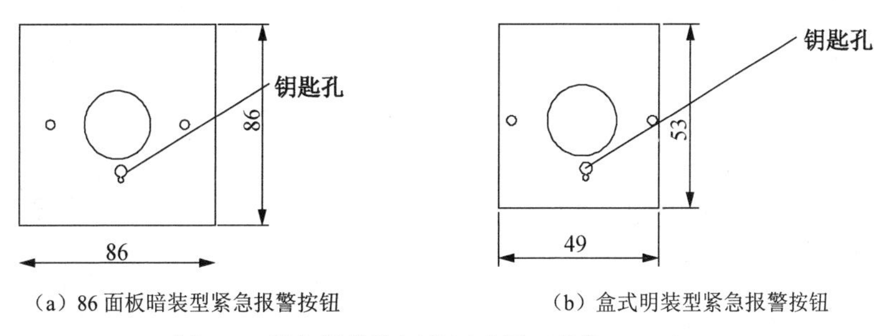

图 2-7 紧急报警按钮的尺寸图（单位：mm）

2. 微动开关

微动开关需要靠外部的作用力通过传动部件带动，将内部簧片的触点接通或断开，从而发出报警信号，这种开关一般被做成一个整体部件。微动开关的外形图如图 2-8 所示。

图 2-8 微动开关的外形图

微动开关一般包含两个触点，也有包含三个触点的。微动开关的工作原理如图 2-9 所示。图 2-9（a）所示为包含两个触点的微动开关，只要按钮被按下，*A*、*B* 两点间即可接通；压力去除，*A*、*B* 两点间断开。图 2-9（b）所示为包含三个触点的微动开关，*A*、*B* 两点间为常闭接触，*A*、*C* 两点间为常开。

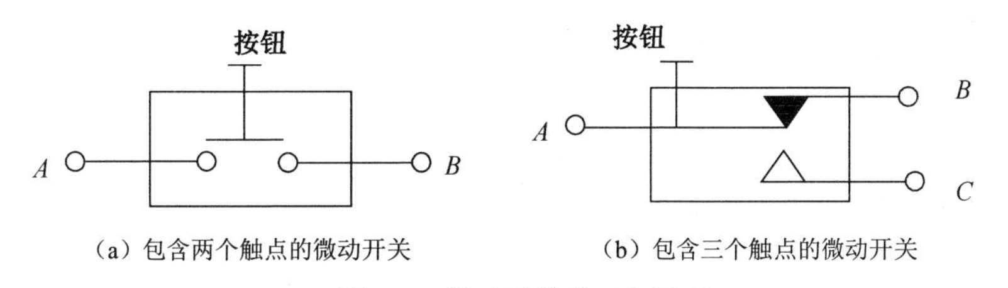

图 2-9 微动开关的工作原理

微动开关的优点是结构简单、安装方便、价格便宜、防震性能好、触点可承受较大的电流，而且可以安装在金属物体上；缺点是抗腐蚀性及动作灵敏程度不如磁控开关。

3. 磁控开关

磁控开关是由永久磁铁块及干簧管两部分组成的开关。干簧管是一个内部充有惰性气体（如氮气）的玻璃管，其内装有两个金属簧片，这两个金属簧片形成触点 *A* 和触点 *B*。磁控开关的原理图如图 2-10 所示。

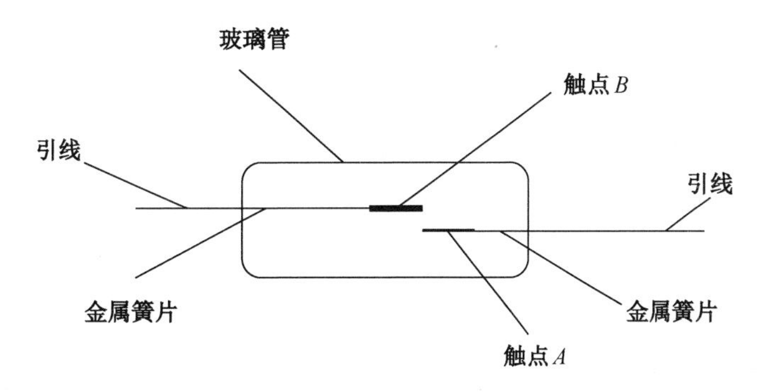

图 2-10 磁控开关的原理图

磁控开关的安装方式有嵌入式、表面安装式和金属专用等，磁控开关的外形图如图 2-11 所示。

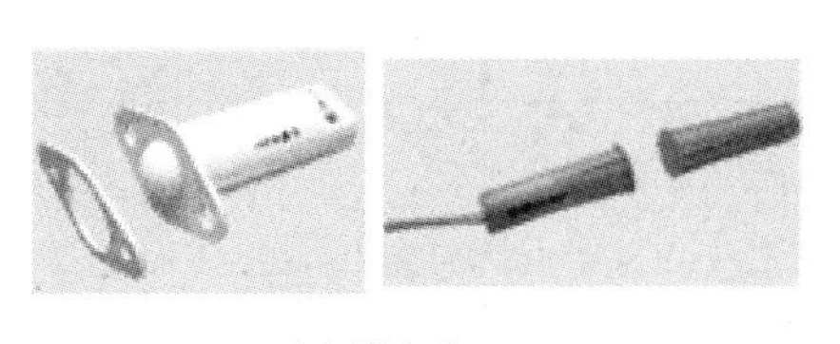

（a）嵌入式　　（b）表面安装式

（c）金属专用

图 2-11　磁控开关的外形图

当需要用磁控开关去警戒多个门、窗时，可采用串联方式。

4．压力垫

压力垫的外形图如图 2-12 所示。压力垫由两条平行放置的具有弹性的金属条构成，中间有几处很薄的绝缘材料（如泡沫塑料），绝缘材料将两块金属条支撑着隔开绝缘。压力垫的工作原理如图 2-13 所示。两块金属条分别接到报警电路中，相当于一个触点断开的开关。压力垫通常放在窗户、楼梯和保险柜周围的地毯下面。当入侵者踏上地毯时，人体的压力会使两块金属条导通，使终端电阻被短路，从而触发报警。

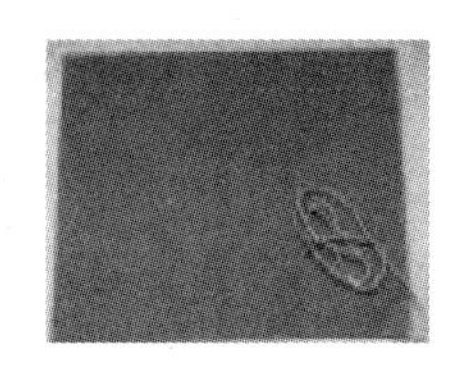

图 2-12　压力垫的外形图

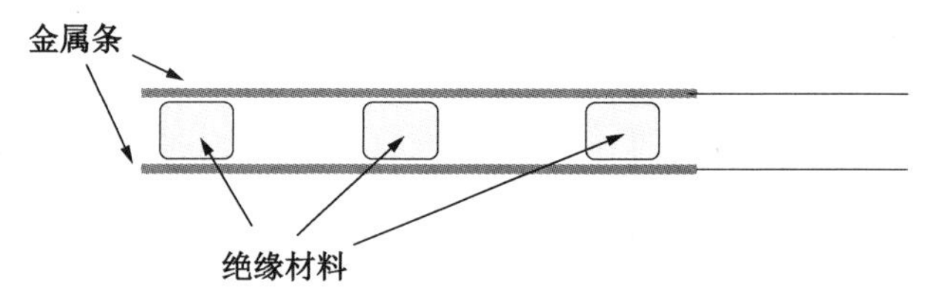

图 2-13　压力垫的工作原理

5．带有开关的防抢钱夹

从外表上看，带有开关的防抢钱夹就是一个很平常的可以装钞票的钱夹子，如图 2-14 所示。

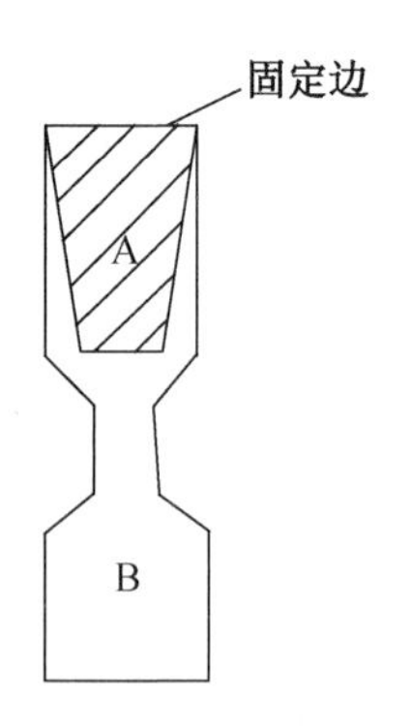

图 2-14　带有开关的防抢钱夹

6．用金属丝、金属条、导电性薄膜等导电体的断裂来代替开关的探测器

用金属丝、金属条、导电性薄膜等导电体的断裂来代替开关的通断的探测器利用它们的导电性和导通性。当导电体断裂时，即相当于不导电，这样产生了开关的变化状态，从而实现简

单的开关功能。

2.2.2　探测器的报警触发方式

探测器报警输出信号，从而触发报警控制器报警。探测器的报警触发方式一般有两种：一种是短路报警方式（开关触点的闭合），这种探测器称为常开型探测器（NO）；另一种是开路报警方式（开关触点的断开），这种探测器称为常闭型探测器（NC），如图 2-15 所示。

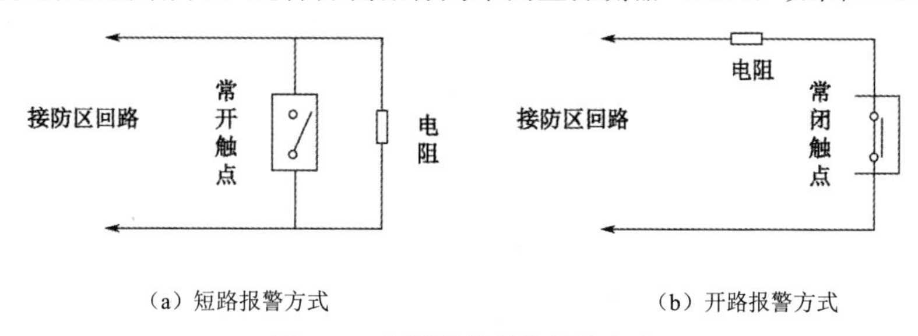

（a）短路报警方式　　（b）开路报警方式

图 2-15　探测器的报警触发方式

1. 短路报警方式

当探测器正常时，开关断开，因此线尾电阻与之并联，回路阻值正常；当探测器触发报警时，开关闭合，回路阻值为零，该防区报警。

2. 开路报警方式

当探测器正常时，开关吸合，因此线尾电阻与之串联，回路阻值正常；当探测器触发报警时，开关断开，回路阻值为无穷大，该防区报警。

2.2.3　紧急报警按钮的接线端子

1. 86 面板暗装型紧急报警按钮

翻转 86 面板暗装型紧急报警按钮，可见其接线端子，分别是 NC、NO 和 COM 端。86 面板暗装型紧急报警按钮的内部图如图 2-16 所示。

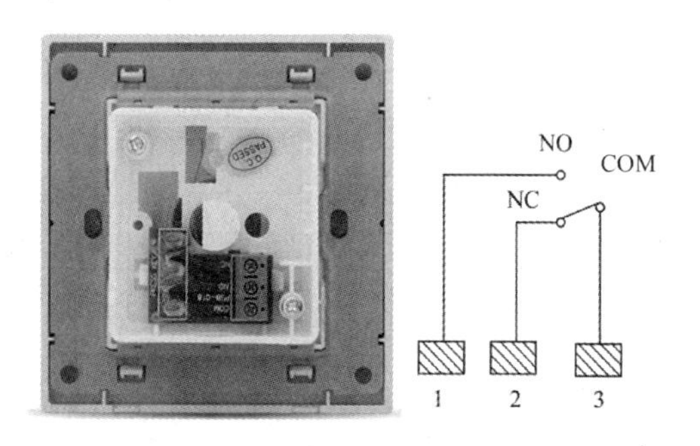

图 2-16　86 面板暗装型紧急报警按钮的内部图

2. 盒式明装型紧急报警按钮

拧下盒式明装型紧急报警按钮的外壳固定螺钉，拆开盒式明装型紧急报警按钮，可见 NC、NO 和 COM 端，如图 2-17 所示。

（a）盒式明装型紧急报警按钮的内部图

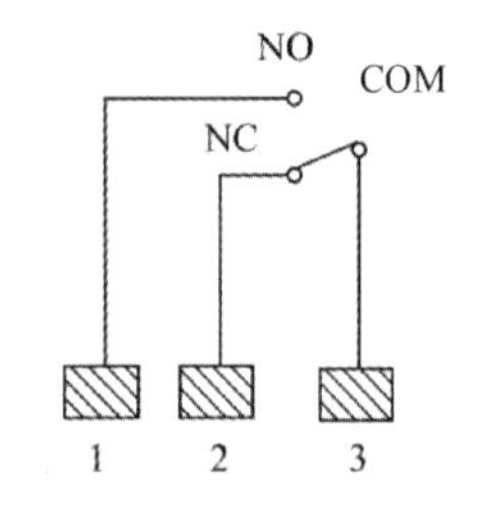

（b）盒式明装型紧急报警按钮的接线端子图

图 2-17　盒式明装型紧急报警按钮的示意图

不论明装还是暗装，紧急报警按钮的接线端子图都如图 2-17（b）所示。

2.2.4　紧急报警按钮的安装

紧急报警按钮的安装示意图如图 2-18 所示。

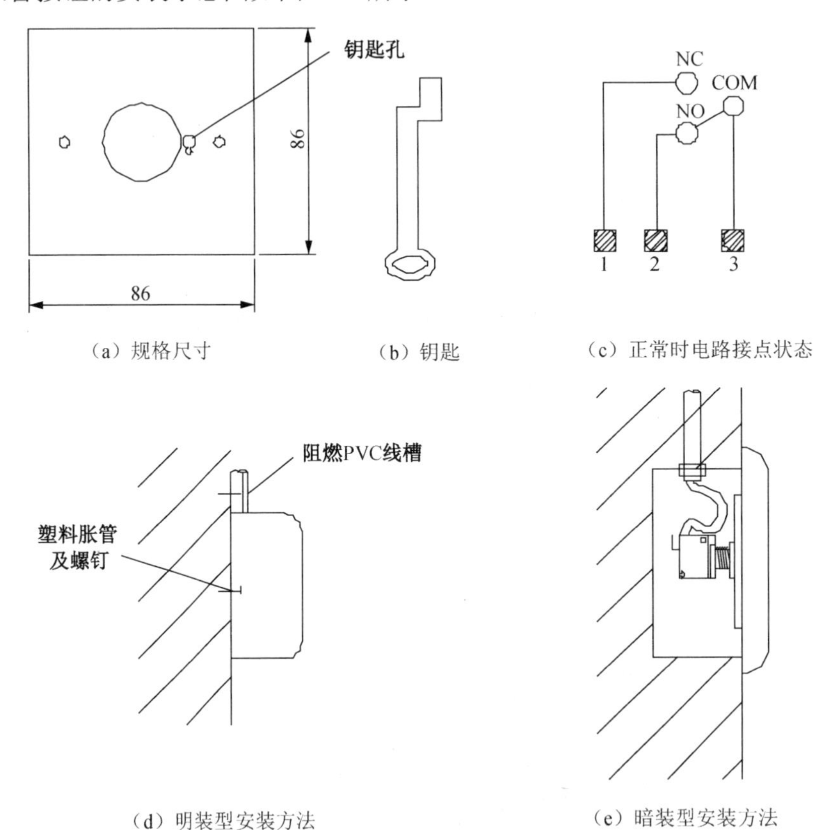

（a）规格尺寸　（b）钥匙　（c）正常时电路接点状态

（d）明装型安装方法　（e）暗装型安装方法

图 2-18　紧急报警按钮的安装示意图

紧急报警按钮的安装方法如下。

（1）安装前应检查施工位置墙面或固定件，施工面应坚实、不疏松。若施工面不够坚实，则在安装过程中必须采取加固措施。

（2）将紧急报警按钮从包装盒内取出，检查器件是否完好，用万用表电阻挡或蜂鸣挡测试 NC、NO 和 COM 各端子的导通性是否完好；拧下紧急报警按钮的外壳固定螺钉，拆开紧急报警按钮，将按钮及拆下的螺钉放入包装盒内妥善保管。

（3）在安装86面板暗装型紧急报警按钮前，检查建筑施工预留盒与紧急报警按钮是否匹配，若匹配，则将紧急报警按钮底盒施工孔与预留盒施工孔对正，直接用螺钉将紧急报警按钮底盒固定在预留盒上即可；若不匹配，则先在预留盒上施工过渡底板，然后用螺钉将紧急报警按钮底盒固定在过渡底板上；若未预留施工盒，则将紧急报警按钮底盒与施工面贴平摆正，用记号笔在施工盒底部的施工孔位置做好标记，用冲击钻在施工孔标记处打孔。对于水泥墙和砖墙，用不小于 *Ø*6 的冲击钻头钻孔。对于金属构件，用不小于 *Ø*3.2 的钻头钻孔，并用适当的丝锥攻螺纹，再使用螺钉进行固定。对于其他质地疏松的墙壁，应采取加固措施。

（4）将适宜的塑料胀管塞入，使塑料胀管入钉孔与墙面平齐。

（5）将紧急报警按钮安装盒固定孔与墙面施工孔对正，用适宜的自攻螺钉将安装盒牢固固定。

（6）将紧急报警按钮的连接线缆从安装盒的过线孔穿入，根据入侵报警控制主机要求连接信号线缆。

（7）将按钮及盖面按原位装入，并将固定螺钉拧紧。

（8）在安装盒式明装型紧急报警按钮前，先卸下外壳，露出施工螺钉口，接线完成后，将紧急报警按钮安装于指定位置后，合上外壳。

注：紧急报警按钮宜安装在隐蔽处，在墙面上安装时，紧急报警按钮的底边距离地面的高度为1.4m；安装应牢固，不得倾斜；紧急报警按钮应有自锁功能，需要用专用钥匙复位；布线应尽量隐蔽。

2.2.5 紧急报警按钮的接线

在安全防范系统中，一般常用的是钥匙开启式紧急报警按钮，常见的有86面板暗装型紧急报警按钮和盒式明装型紧急报警按钮，它们的接线端子是一样的，如图2-17（b）所示，其中NO表示Normal Open，即常开；NC表示Normal Close，即常闭；COM表示Common，即公共端。当紧急报警按钮处于正常非报警状态时，NO与COM之间是断开的，而NC与COM之间是连通的；当紧急报警按钮触发报警时，NO与COM之间是连通的，而NC与COM之间是断开的。

2.2.6 紧急报警按钮的调试

使用万用表的蜂鸣挡进行紧急报警按钮的调试，如图2-19所示。打开紧急报警按钮面板，露出接线端子（对于明装型紧急报警按钮，要特别注意里面弹簧和螺钉的保管），将万用表红表笔接入V、Ω插孔，将黑表笔接入地端，分别测试COM与NC或COM与NO。当紧急报警按钮不触发报警时，若NO与COM之间是断开的，则万用表不蜂鸣；若NC与COM之间是连通的，则万用表蜂鸣。当紧急报警按钮触发报警时，会出现相反的结果。

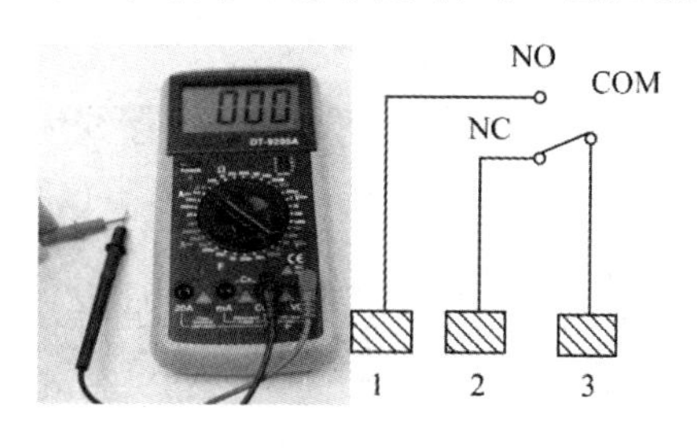

图2-19 紧急报警按钮的调试

2.2.7　紧急报警按钮的安装与调试实训

1．实训目的

（1）能够按工程设计图纸及工艺要求对紧急报警按钮进行正确检测、安装、连线与调试。
（2）会检查紧急报警按钮的安装质量。
（3）会编写紧急报警按钮安装与调试说明书（注明安装注意事项）。

2．必备知识点

（1）了解有源设备与无源设备。
（2）了解当前紧急报警按钮的主流品牌与安装方式。
（3）熟悉接线端子 NC、NO、COM 的含义与使用。
（4）熟悉紧急报警按钮的不同安装方式。
（5）掌握紧急报警按钮的检查与调试方法。

3．实训设备与器材

盒式明装型紧急报警按钮（或 86 面板暗装型紧急报警按钮）	1 个
线缆	若干
闪光报警器	1 个
直流 12V 电源	1 个
万用表	1 个
大小螺钉旋具	若干

4．实训内容

将紧急报警按钮安装在指定位置上，并使用报警输出点、闪光报警灯、直流 12V 电源、导线组成一个简单的入侵报警检测电路。当紧急报警按钮被触发报警后，闪光报警灯会有状态改变（亮到灭或灭到亮）。常闭触点输出原理图如图 2-20 所示。

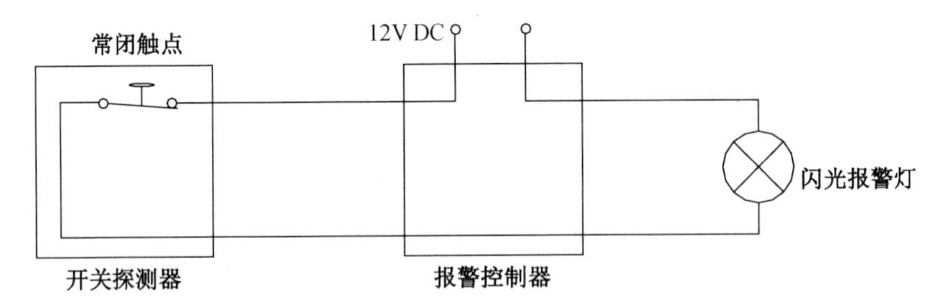

图 2-20　常闭触点输出原理图

5．实训要求

掌握紧急报警按钮的组成、结构和工作原理，熟悉各接线端子的作用和功能，理解系统的工作原理图；会对紧急报警按钮进行质量检查，会进行紧急报警按钮的安装与调试。

（1）拧下紧急报警按钮的外壳固定螺钉，拆开紧急报警按钮。

（2）用万用表电阻挡或蜂鸣挡测试 NC、NO 和 COM 各端子的导通性是否完好，并完成表 2-2。

表 2-2 电路状态

电路状态	NO 与 COM 之间	NC 与 COM 之间
正常		
报警		

（3）将紧急报警按钮和弹簧取出。

（4）按照紧急报警按钮安装图位置的要求绘制安装定位线（在图中注明紧急报警按钮的安装孔尺寸/在实际工程安装中可将附带的钻孔纸样贴在将要安装的地方以确定孔位）并打孔。

（5）明装型紧急报警按钮需要具有锯开的出/入线孔；暗装型紧急报警按钮忽略此步骤。

（6）将紧急报警按钮的线缆穿过按钮的过线孔。

（7）将线理好，用螺钉固定紧急报警按钮。

（8）接线。

（9）放入弹簧和紧急报警按钮。

（10）检查是否有误。

（11）合上外壳。

（12）将穿出的线缆按照图纸进行线路连接。

（13）安装与连线完成后，触发紧急报警按钮，验证结果。

（14）实训结束后，使用 CAD 画图，画出接线端子图、电路连接图、安装示意图等，并按要求完成安装与调试说明书。

6．实训注意事项

（1）安装紧急报警按钮时，要按照设计要求的位置安装，不得随意更改。

（2）开壳检测和安装的过程中注意保护弹簧。

（3）在需要设置紧急报警按钮的部位宜设置不少于 2 个的独立防区，每一个独立防区的紧急报警按钮数量不应大于 4 个，且不同单元空间不得作为一个独立防区。

任务 3 主动红外探测器的安装与调试

任务描述

为了防止小区围墙、居家窗户、阳台等有异常目标进出，导致发生危害或隐患事件，人们思考如何能够对被保护对象周边进行防护检测，若有异常目标出现，则自动检测目标并发出报警信息。

任务分析

主动红外探测器是一种用于围墙、门窗等周界的探测器，可作为周界第一道防线，它是入侵报警系统的前端设备，性价比较高，一般安装在需要防范的场所，用来探测移动目标，实现报警输出。

知识准备

对射型主动红外探测器的工作原理

2.3.1　主动红外探测器的工作原理

主动红外探测器由接收端和发射端两部分组成，一般有单束、双束和四束三种类型，产品形态有对射型和反射型两种。主动红外探测器如图 2-21 所示，主动红外探测器工作时，由发射端向接收端发出脉冲不可见的红外光束，当红外光束被阻挡时，接收端将发出报警信号。

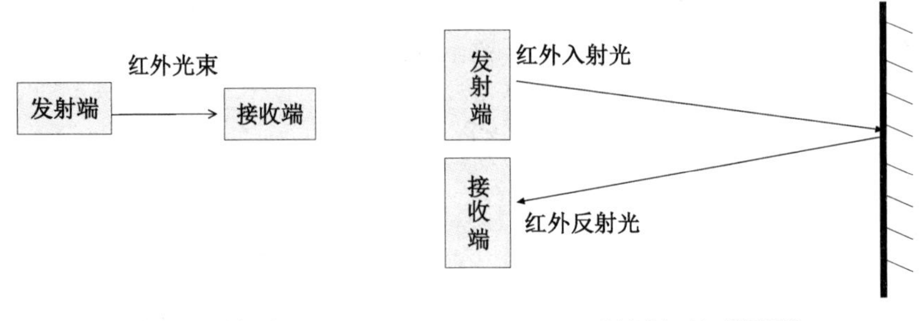

（a）对射型主动红外探测器　　（b）反射型主动红外探测器

图 2-21　主动红外探测器

如图 2-22 和图 2-23 所示，主动红外探测器由红外发射电路、红外接收电路、信息处理电路三部分组成。

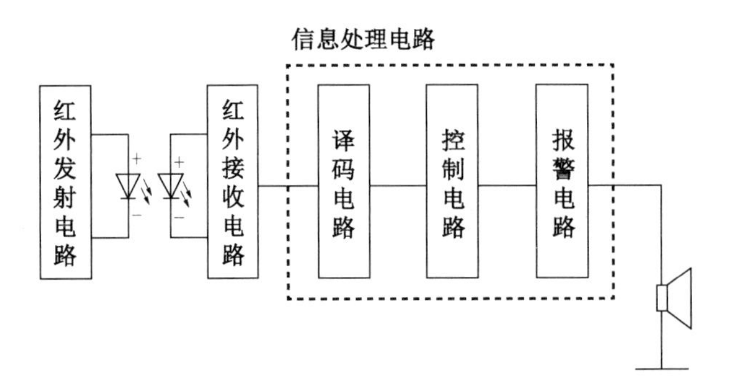

图 2-22　对射型主动红外探测器框图

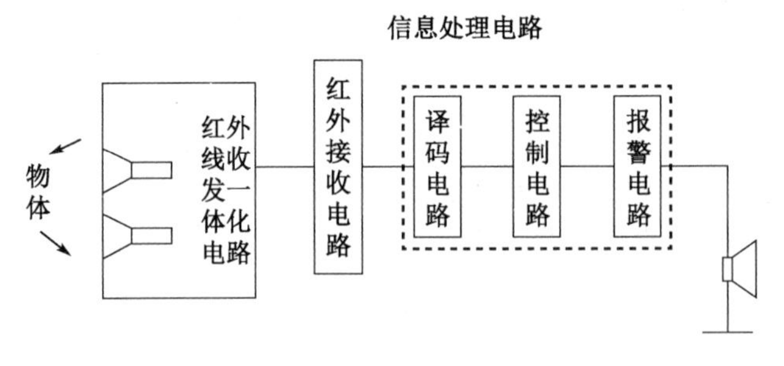

图 2-23　反射型主动红外探测器框图

主动红外探测器因其防护区域为一个线状分布的狭长的空间，所以属于线型探测器，常用的线型探测器主要有主动红外探测器、电子围栏等。主动红外探测器因其性价比较高，所以在入侵报警系统的周界防范中应用较多，一般常用于围墙、门窗、重要出入口等周界。

以对射型主动红外探测器为例，其发射端由方波发生器和发射输出器组成，接收端由前置放大器、解码检波器、输出驱动器组成。发射端由红外发射管产生红外光束，经光学透镜形成平行红外光束向外发射，接收端经光学透镜接收平行红外光束，将其汇聚在光学透镜的焦点处的红外接收管上。一旦中间光束被遮挡，接收端就会发出报警信号告警。对射型主动红外探测器的工作原理图如图 2-24 所示。

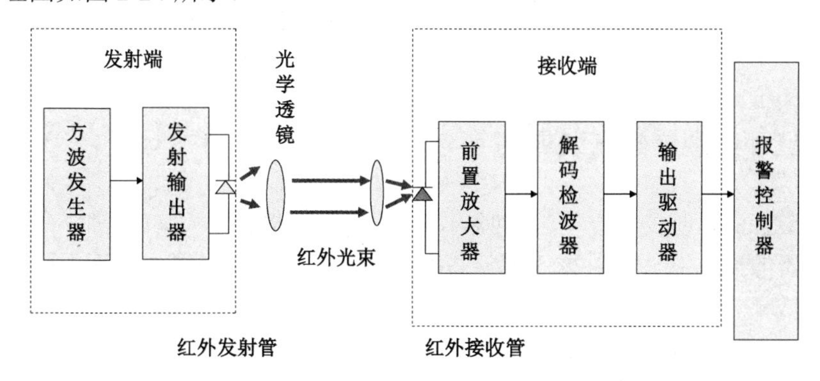

图 2-24　对射型主动红外探测器的工作原理图

2.3.2　主动红外探测器的防范布局

主动红外探测器可根据防范要求、防范区的大小和形状的不同，分别构成警戒线、警戒网等不同的防范布局方式。

利用多对主动红外探测器的光束可形成警戒网，如图 2-25 所示。

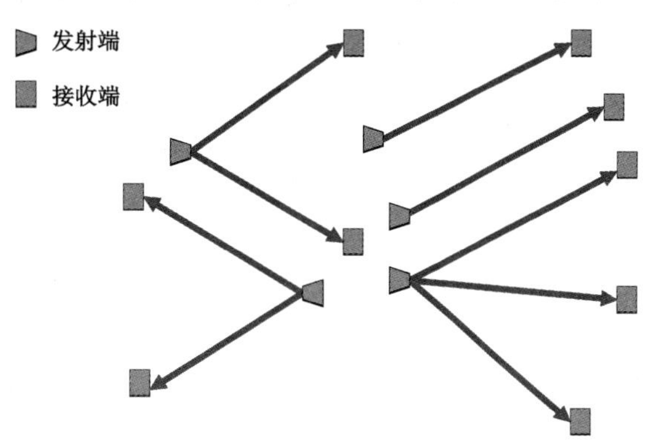

图 2-25　多光束组合而成的警戒网

根据警戒区域的形状不同，将多组红外发射机和红外接收机合理配置，构成不同形状的周界警戒线，如图 2-26 所示。

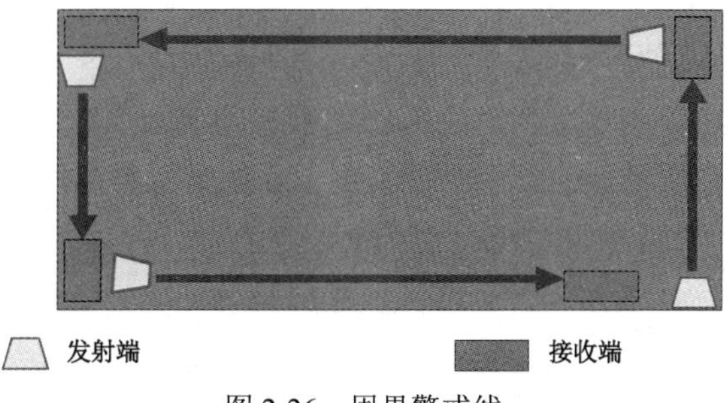

图 2-26　周界警戒线

当警戒线距离较长时，采用几组收、发设备接力的形式构成长围墙警戒，如图 2-27 所示。

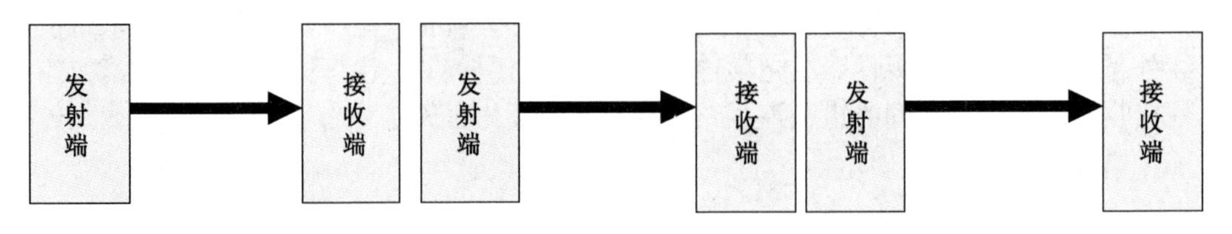

图 2-27 长围墙警戒

2.3.3 主动红外探测器的安装原则

（1）在安装探测器时，接收端与发射端之间不得有遮挡物。

（2）探测器的接收端与发射端的安装高度应基本保持在同一个水平面上，以方便设备调试和保证防范效果。

（3）探测器在高温、强光直射等环境下使用时，应采取适当的防晒、遮阳措施。

（4）设置在地面周界的探测器，其主要功能是防备人的非法通行，为了防止宠物、小动物等引起误报警，探测器的位置一般应距离地面 50cm 以上。

（5）设置在围墙上的探测器，其主要功能是防备人为的恶意翻越，所以采用顶上安装和侧面安装两种方式均可。顶上安装探测器的位置应高出栅栏、围墙顶部 20cm，以减少在围墙上活动的小鸟、小猫等引起的误报警。侧面安装则是将探测器安装在栅栏、围墙等靠近顶部的侧面，一般采用壁挂式安装，安装于外侧的居多，这种方式能避开小鸟、小猫的活动干扰。

（6）探测器用于窗户防护时，其底边高出窗台的距离不得大于 20cm。

（7）安装在弧形或者不规则围墙、栅栏上的探测器，其探测斜线距围墙、栅栏弧沿的最大弦高不能超过 20cm；弧沿最大弦高超过 20cm 时必须增加探测器数量来进行分割。

（8）在安装探测器时，应充分考虑气候对有效探测距离的影响，实际使用距离不超过产品额定探测距离的 70%；应采用交叉安装的方式，即在同一处安装两个指向相反的发射装置或接收装置，并使两个装置的交叉间距不小于 30cm。

另外，探测器的安装支架要稳定牢固，不应该有摇晃现象，否则可能导致探测器误报警。同时，探测范围内不应该有遮挡的树枝、杂草等，以免引起太多的误报警。对于某些复杂、形状多变的区域，当难以形成有效保护网时，需要考虑将探测区域进行直线化处理以便达到有效防护的目的。

当使用较多的对射型主动红外探测器进行防范布局时，应该注意消除射束的交叉误射，防止交叉干扰，如图 2-28 所示，图 2-28（b）中第一对发射端因安装位置不正确导致发射端的红外线被第二对主动红外探测器的接收端接收到，从而导致漏报警现象，为避免这种现象，即可采用图 2-28（a）的安装方法。

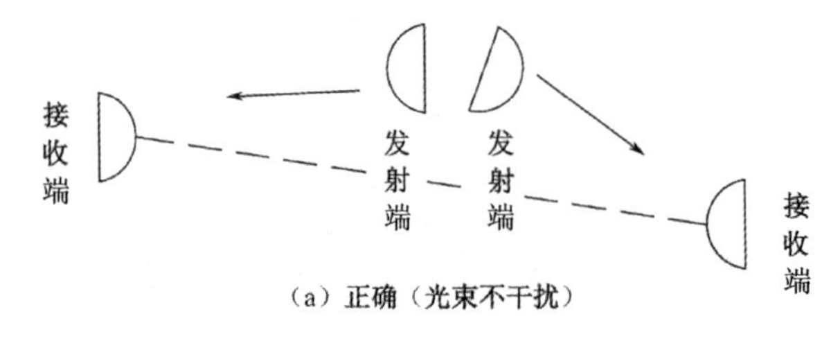

图 2-28 两对对射型主动红外探测器的安装图

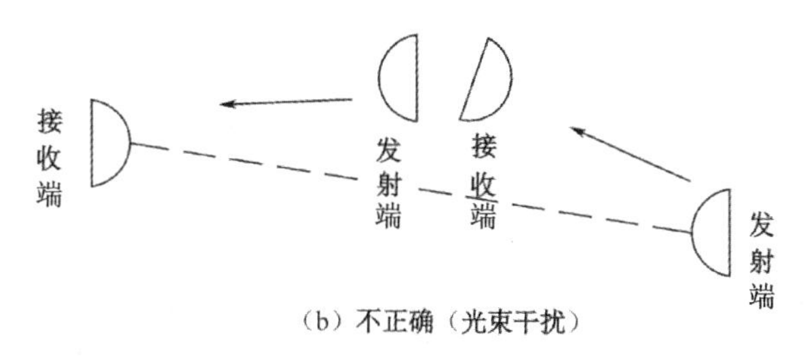

图 2-28 两对对射型主动红外探测器的安装图（续）

2.3.4 主动红外探测器的安装

主动红外探测器在圆形立柱上的安装与调试

主动红外探测器的安装方式主要有以下两种。

1. 立柱式安装

立柱式安装是指将探测器安装在指定的立柱上，立柱一般有圆形和方形两种。早期比较流行的是圆形立柱，但现在方形立柱在工程界越来越流行，主要原因是探测器安装在方形立柱上没有转动情况、不易移动。不管是使用圆形立柱还是方形立柱，一定要保证走线有效地穿管暗敷，不能使线路裸露在空中。除此之外，还有不锈钢、合金、铝合金型材可供选择。在工程上的另外一种做法是选用角钢作为立柱，如果不能保证走线有效地穿管暗敷，使线路裸露在空中，那么这种方法是不可取的。

在安装立柱式主动红外探测器时，应根据探测器的警戒范围确定适当的施工高度，用随机附带的管卡或定制的抱箍、螺钉加带平垫片和弹簧垫圈，将探测器底板固定在立柱上，并保证底板与立柱式支架紧固连接。立柱式主动红外探测器的施工示意图如图 2-29 所示。

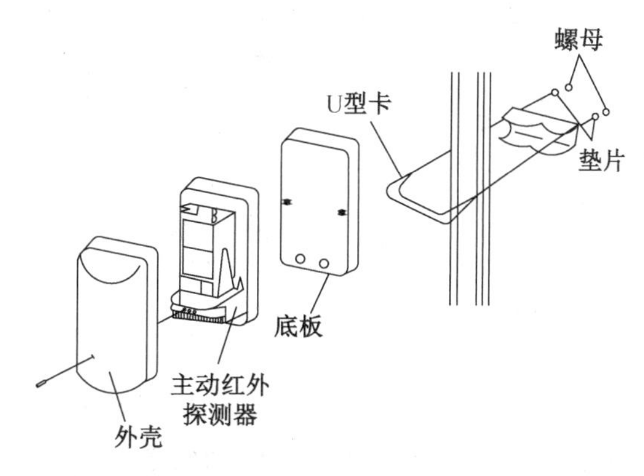

图 2-29 立柱式主动红外探测器的施工示意图

立柱的固定必须坚实牢固，没有移位或摇晃，以利于施工和设防，减少误报警。立柱的地面安装示意图如图 2-30 所示。

2. 壁挂式安装

壁挂式安装通常指的是不需要借助其他的设备，直接将主动红外探测器安装在墙面上。将主动红外探测器外壳固定螺钉松开后取出外壳，将主动红外探测器底板固定孔与施工孔对正，并将导线从底板过线孔穿出，用适宜的自攻螺钉将底板牢固固定即可。主动红外探测器的壁挂式安装方法如图 2-31 所示。

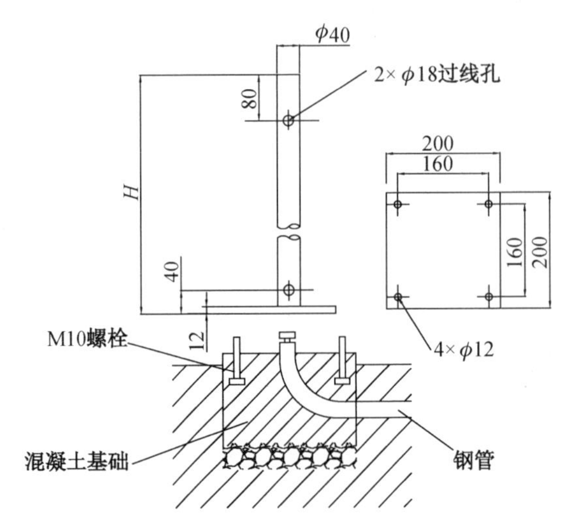

图 2-30　立柱的地面安装示意图（单位：mm）

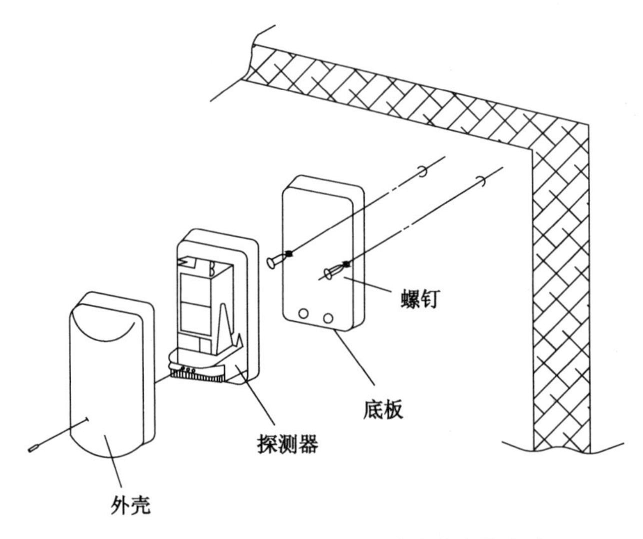

图 2-31　主动红外探测器的壁挂式安装方法

2.3.5　主动红外探测器的接线

对射型主动红外探测器的安装前准备

市场上出售的主动红外探测器品牌很多，但是其接线端子和安装与调试方法是相似的。下面以博世 DS422 主动红外探测器为例进行说明。

拆下固定螺钉，取下外壳，主动红外探测器的外形图和主动红外探测器的电路板图如图 2-32 和图 2-33 所示。主动红外探测器的接线端子图如图 2-34 所示。

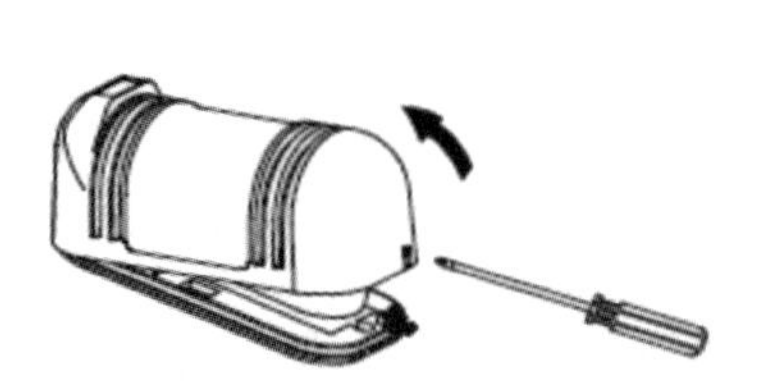

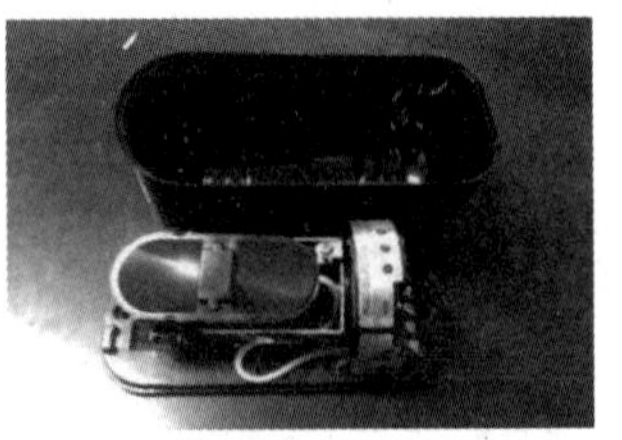

图 2-32　主动红外探测器的外形图

图 2-33 主动红外探测器的电路板图

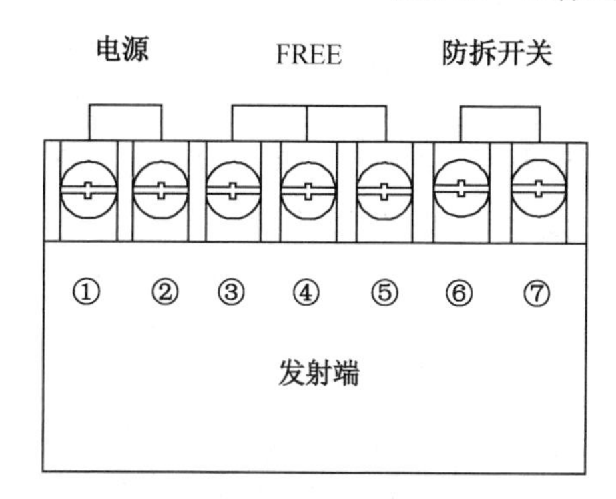

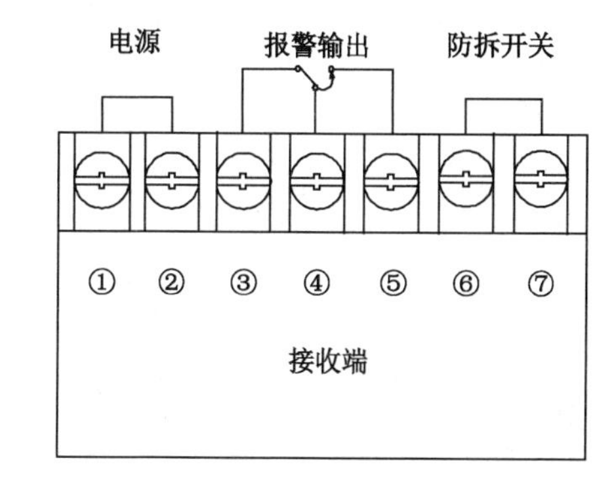

图 2-34 主动红外探测器的接线端子图

2.3.6 主动红外探测器的调试

主动红外探测器实操

1. 调整发射端光轴

打开探测器的外壳，眼睛对准瞄准器，利用上下反射镜中心位置的瞄准孔，开始对发射端进行光轴校准。

① 眼睛对准瞄准孔，视线与瞄准孔的夹角约为45°。

② 调整发射端的反射罩，直到可以看到接收端的中心点。

③ 旋转本体，调整左右位置，利用垂直调整螺钉做上下调整。

反复调整，使瞄准器中对方探测器的影像落入中央位置。在调整过程中注意不要遮住光轴，以免影响调整工作。

发射端光轴的调整对防区的感应性能影响很大，一定要按照正确步骤仔细反复调整。

2. 调整接收端光轴

① 按照和“发射端光轴调整”一样的方法对接收端光轴进行初步调整。此时接收端上红色警戒指示灯熄灭，绿色指示灯长亮，而且无闪烁现象，表示套头光轴重合正常，发射端和接收端功能正常。

② 接收端上有两个小孔，上面分别标有“+”和“-”，用于测试接收端所感受到的红外光束强度，其值用电压来表示，称为感光电压。将万用表的测试表笔（红“+”、黑“-”）插入测量接收端的感光电压。反复调整镜片系统，使感光电压值达到最大（不同品牌的探测器对应的感光电压值不同，具体可以查阅对应产品说明书）。这样探头的工作状态达到了最佳。

3. 调整遮光时间

遮光时间即灵敏度。在接收端上设有遮光时间调节旋钮，一般探测器的遮光时间在 50～500ms 范围内可调。在探测器出厂时，工厂已将遮光时间调节到一个标准值位置上，在通常情况下，这个位置是一种比较适中的状态，考虑了环境情况和探测器自身的特点，若没有特殊的原因，则无须调节遮光时间。若考虑设防的问题，则可以调节遮光时间，以适应环境的变化。一般而言，遮光时间短，探测器敏感性就高，但对于飘落的树叶、飞过的小鸟等物体的敏感性也高，误报警的可能性增多。若遮光时间长，则探测器的敏感性降低，漏报警的可能性增多。应根据设防的实际需要调整遮光时间。

4. 连接开关电源

因为探测器工作时使用直流 12V 电源，所以需要使用可以将交流 220V 转直流 12V 的开关电源，其输入电压为交流 220V，输出电压为直流 12V。准备一根电源线，用万用表的蜂鸣挡将电源线的 L 火线、N 零线与地线测出来，将三根线一一对应分别接入开关电源的交流输入接口的 L\N 与地端，完成交流 220V 的接入。开关电源的连接如图 2-35 所示。

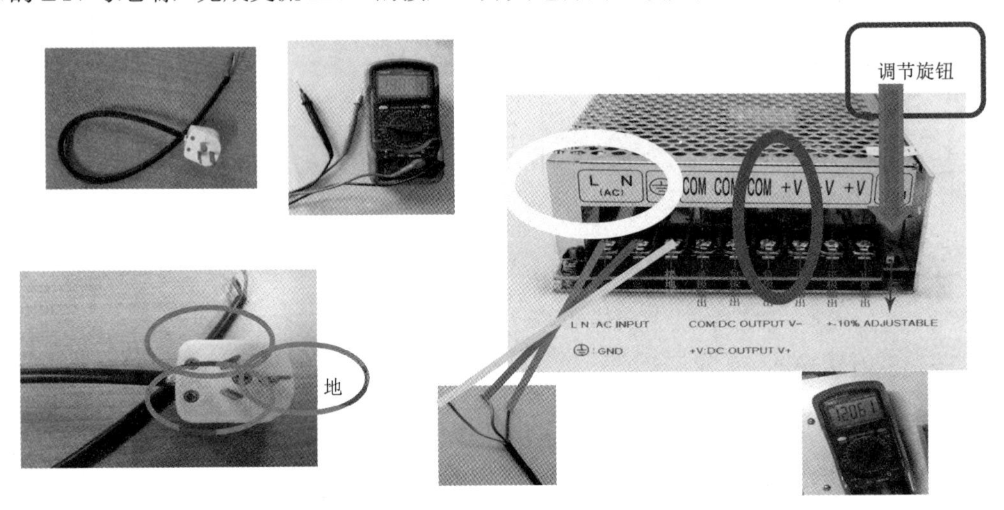

图 2-35　开关电源的连接

完成接线后，再次使用万用表，将其挡位拨到直流电压挡，测量任意一个+V 与 COM 之间的直流电压，可以看到经开关电源后，出来的电压在直流 12V 左右，如果电源偏离了该值，那么使用十字螺钉旋具调节开关电源上的调节旋钮，将输出电压调到 12V 左右，这样就完成了开关电源的连接。

2.3.7　主动红外探测器的安装与调试实训

1. 实训目的

（1）能够按工程设计及工艺要求对主动红外探测器进行检测、安装、连线与调试。

（2）会对主动红外探测器的安装质量进行检查。

（3）会编写主动红外探测器安装与调试说明书（注明安装注意事项）。

2. 必备知识点

（1）掌握主动红外探测器的工作原理。

（2）了解当前主动红外探测器的主流品牌与安装方式。

（3）会区分发射端与接收端。

（4）会使用开关电源。
（5）熟悉主动红外探测器的接线端子及其使用方法。
（6）熟悉主动红外探测器的不同安装方式。
（7）会使用电源、主动红外探测器与闪光报警灯组成模拟报警电路。
（8）会将主动红外探测器接入报警控制器中。

3. 实训设备与器材

博世 DS422 主动红外探测器	1 对
立柱	1 对
二芯线缆与六芯线缆	若干
闪光报警灯	1 个
直流 12V 电源	1 个
万用表	1 个
螺钉旋具	若干
水平尺	1 把
电源线（三插头）	1 根

4. 实训内容

使用圆形立柱将主动红外探测器分别安装在立柱上的指定位置，并使用闪光报警灯、直流 12V 电源、导线组成一个简单的入侵报警检测电路。当红外光束被遮挡或探测器外壳被打开而触发报警后，闪光报警灯会有状态改变（亮到灭或灭到亮）。要求按照下列电路图完成设备安装与连接，并进行系统调试。

（1）主动红外探测器的常开触点输出调试。

按照图 2-36 接线，验证主动红外探测器的常开触点。

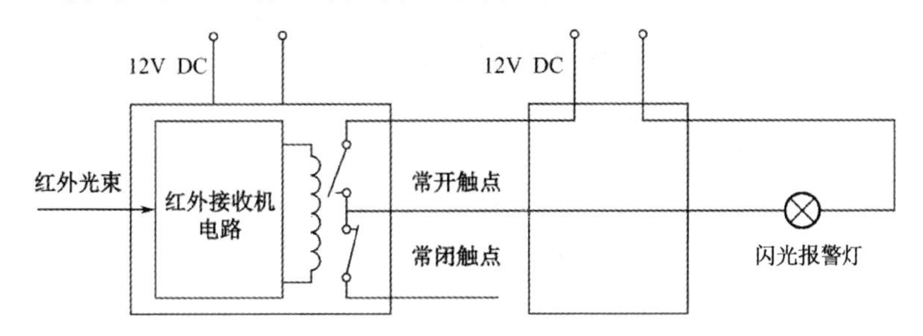

图 2-36　常开触点输出原理图

（2）主动红外探测器的常闭触点输出调试。

按照图 2-37 接线，验证主动红外探测器的常闭触点。

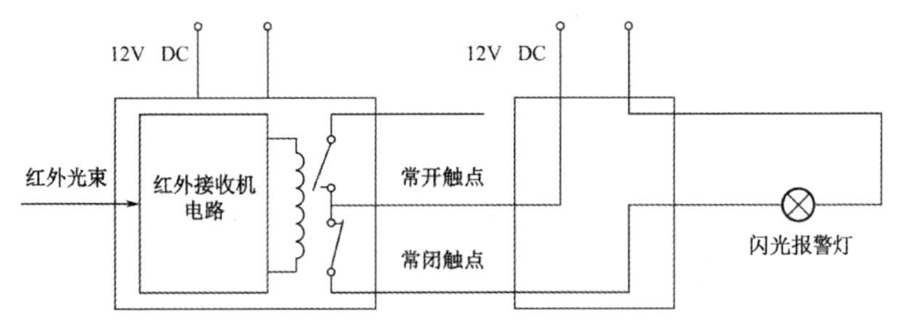

图 2-37　常闭触点输出原理图

（3）主动红外探测器的防拆触点的串联输出原理。

按照图 2-38 接线，验证防拆触点的串联输出报警功能。

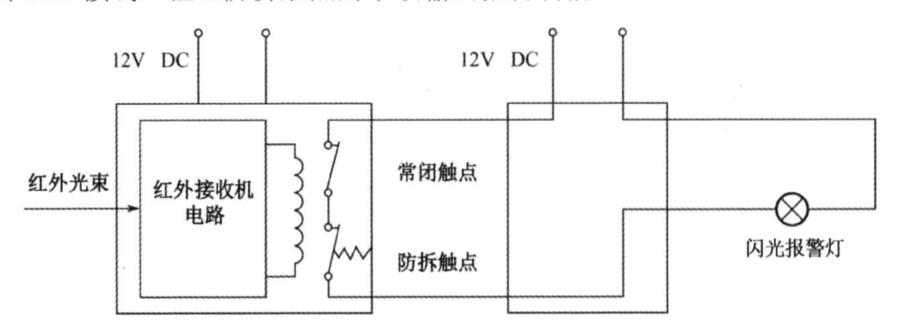

图 2-38　防拆触点的串联输出原理图

5．实训要求

掌握主动红外探测器的组成、结构和工作原理，熟悉各接线端子的作用和功能，理解系统的工作原理图；会对探测器进行质量检查，会进行探测器的安装与调试。

（1）将探测器从包装盒内取出，根据现场警戒距离核对要安装设备的型号及探测距离，仔细对照图样核对要安装的设备。安装前特别注意检查探测器的密封效果，探测器密封应完整、可靠。

（2）用螺钉旋具将探测器外壳的固定螺钉取下，拆下探测器外壳，露出探测器进线孔、接线端子排，并将拆下的外壳、螺钉妥善保管。

（3）辨认发射端与接收端，观察它们有什么区别，用图表示。

（4）仔细辨认接收端电源接线端子、工作指示灯、防拆触点。

（5）仔细辨认发送端电源接线端子、工作指示灯、防拆触点、常开报警输出触点、常闭报警输出触点、光轴测试端子、遮挡时间调节旋钮、工作指示灯等，用图表示。

（6）在探测器通电后，用万用表电阻挡或蜂鸣挡测试 NC 端子、NO 端子、COM 端子、防拆开关的导通性是否完好。

（7）根据探测器的警戒范围确定适当的安装高度，拆下探测器底板，进行壁挂式安装，用随机附带的管卡或定制的管卡、螺钉加带平垫片和弹簧垫圈，将探测器底板固定在立柱上，并保证底板与安装面紧固连接。墙壁打孔示意图如图 2-39 所示。若安装方式采用立柱式安装，则在立柱上开好引线孔，并引出电缆线；若立柱无法开孔，则直接沿支架走线，并固定牢固。立柱开孔示意图如图 2-40 所示。

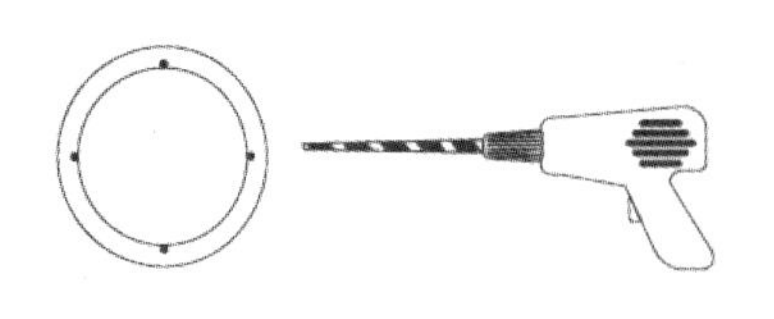

图 2-39　墙壁打孔示意图

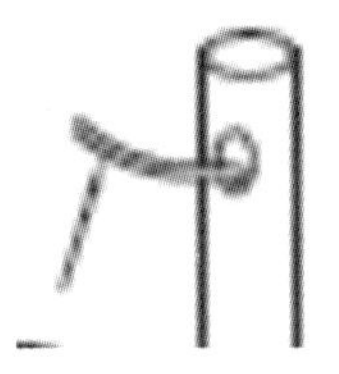

图 2-40　立柱开孔示意图

（8）采用壁挂式安装只需要将探测器底板固定在相应的墙面上即可；采用立柱式安装时，需要先将安装钢板通过 U 型钢环固定在支架上，再将探测器底板固定在安装钢板上，完成安装过程，如图 2-41 所示。

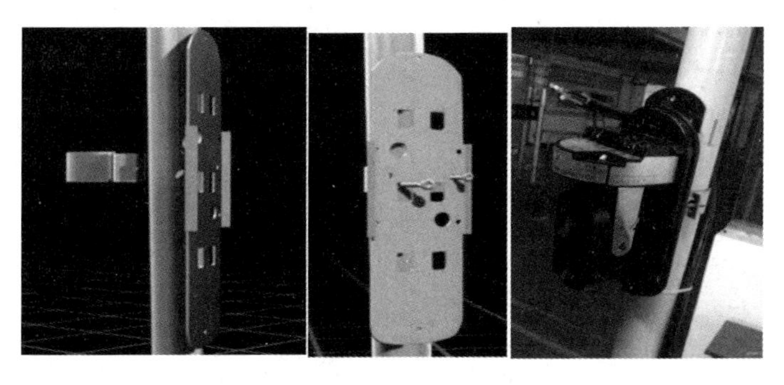

图 2-41 主动红外探测器立柱式安装示意图

（9）将探测器连接线缆沿引线槽引至探测器端，用随机附带的安装螺钉或选配适当长度的螺钉将探测器固定在底板上。

（10）将电缆穿过配线孔进行配线，将发射端与接收端的线缆通过底座的引线槽引出，压接在探测器的接线端子上，将多余的线缆盘回盒内。

（11）根据探测器连线说明书连接电源线缆，确保探测器电源正、负极的连线正确。

（12）使用探测器报警输出触点与防拆开关、直流 12V 电源、闪光报警灯组成报警电路。

（13）将探测器外壳盖上完成安装过程。

（14）对主动红外探测器进行调试，包括入侵报警与防拆报警。

（15）实训结束后，使用 CAD 画图，画出接线端子图、电路连接图、安装示意图等，并按要求完成安装与调试说明书。

6. 调试要求

调试时要求电路能够正常工作，先用瞄准镜粗调，再调光轴电压。调整主动红外探测器的发射端与接收端，用万用表直流电压挡测量主动红外探测器的光轴电压，直至电压值出现最大值。记录最大的感光电压值。

在出现人为阻断红外线或探测器外壳被打开的情况时，系统报警。

调节遮光时间调节旋钮，查看其对灵敏度的影响；找出它们之间的关系并记录在表 2-3 中，观察闪光报警灯的响应速度。

表 2-3 调整遮光时间表

遮光时间	短	长
灵敏度		

主动红外探测器的常见故障及原因和对策如表 2-4 所示。

表 2-4 主动红外探测器的常见故障及原因和对策

故障	故障原因	对策
发射端指示灯不亮	电源电压不适合（断线、短路等）	检查电源配线
接收端指示灯不亮	电源电压不适合（断线、短路等）	检查电源配线
光束被遮挡，接收端的报警指示灯不亮	（1）因反射或其他发射端的光线进入接收端。 （2）两条光束没有同时被遮挡。 （3）遮光时间设定过短	（1）除去反射物体或变更光轴方向。 （2）同时遮挡两束光。 （3）延长遮光时间
遮挡光束后，接收端报警指示灯亮，但无警报信号输出	（1）配线断路或短路。 （2）触点接触不良	（1）检查配线和接电。 （2）重新接好配线

续表

故障	故障原因	对策
接收端的报警指示灯亮	（1）光轴不重合。 （2）发射端与接收端之间有障碍物。 （3）外壳被污染物污染	（1）重新调整光轴。 （2）清除障碍物。 （3）清洗外壳
经常误报警	（1）配线不良。 （2）电源供电电压不能达到 13V 或以上。 （3）发射端与接收端之间的潜在障碍物受风雨影响而显现出来遮挡光束。 （4）安装基础不稳定。 （5）光轴重合精度不够。 （6）其他移动物体遮光。 （7）反应时间过快	（1）检查配线。 （2）检查电源。 （3）去除障碍物或变更设置场所。 （4）选择基础牢固的场所。 （5）重新调整光轴。 （6）调整遮光时间或变更安装场所。 （7）重新调整遮光时间

7．实训注意事项

（1）接收端与发射端之间不得有遮挡物。如图 2-42 所示，大树若遇刮风则树枝会在发射端与接收端间摆动，遮挡红外光束触发探测器报警，引起误报警。误报警主要是指原来不该报警的现在却报警了的现象。这样会给系统带来非常大的影响。

（2）接收端与发射端的安装高度应基本保持在同一水平线上，以方便设备调试和保证防范效果，如图 2-43 所示。

图 2-42　接收端与发射端之间有遮挡物

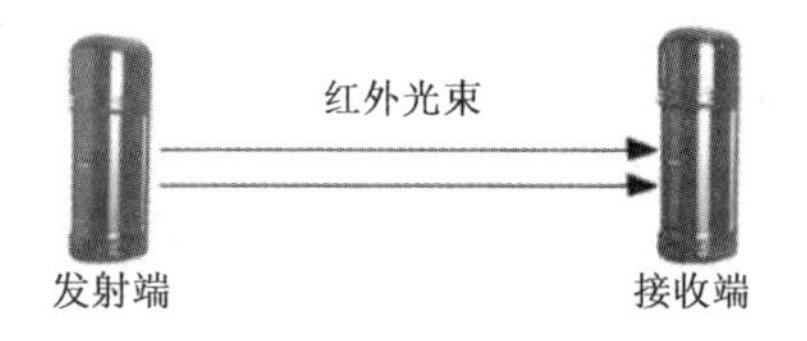

图 2-43　接收端与发射端安装高度在同一水平线示意

（3）安装立柱时，立柱的安装支架应稳定牢固，以免支架摇晃造成红外光束不稳定而引起误报警，如图 2-44 所示。

图 2-44　支架的安装

（4）发射端与接收端不可弄错，否则在探测器多对安装使用时，会造成交叉干扰，引起漏报警。漏报警是指原本应该报警的却没有报警，从而导致系统被攻破。在图 2-45 中，因发射端与接收端都在同一侧，使得发射端的红外线分别被自己的接收端和另一个接收端接收，这种错误的安装方式导致一对探测器被触发后出现不报警的现象。应采用发射端与接收端不在同一侧的安装方式来避免上述现象。

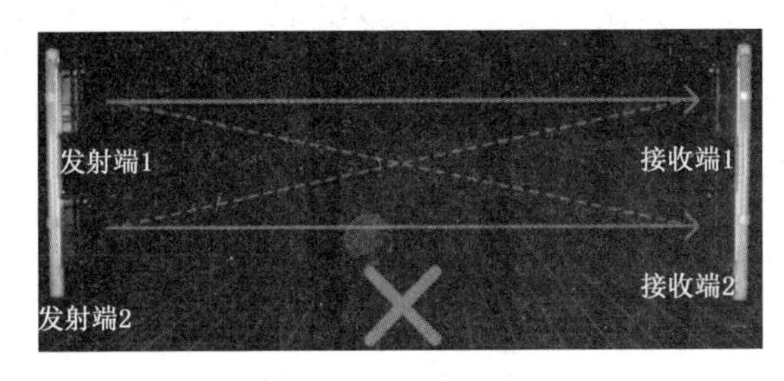

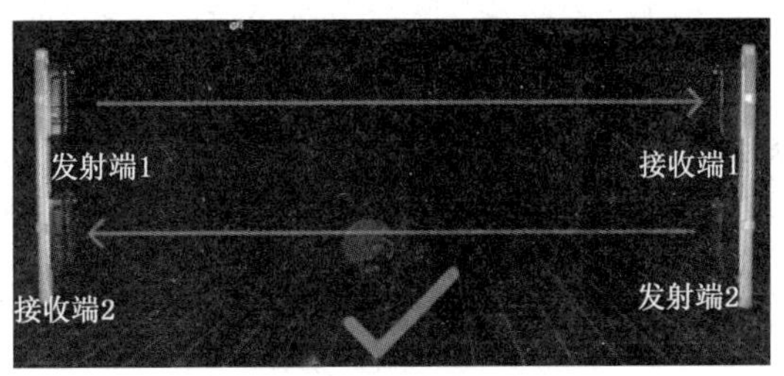

图 2-45 发射端与接收端交叉干扰

（5）发射端和接收端均需接入直流 12V 电源。

（6）在支架上使用 U 型钢环固定安装钢板时，要注意拧螺钉的方向，以免造成探测器底板安装不上的情况。U 型钢环螺钉的使用如图 2-46 所示。

（7）要从探测器安装底板配线孔位置做好穿线工作，否则会出现外壳盖不上压线的情况，配线示意图如图 2-47 所示。

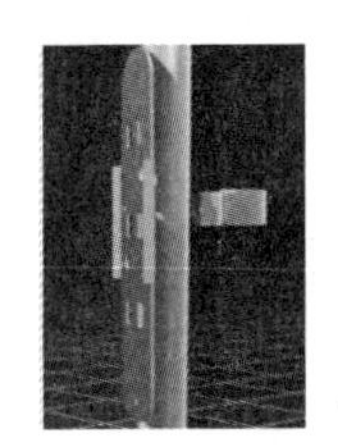

图 2-46 U 型钢环螺钉的使用

图 2-47 配线示意图

（8）谨防丢失螺钉。

（9）涉及主动红外探测器的线路绝对不能明敷，必须穿管暗敷，这是对探测器工作安全性的最起码的要求。

（10）配线接好后，请用万用表的电阻挡测试探头的电源端，确定没有短路故障后方可接通电源进行调试。

（11）实训结束后，使用 CAD 画图，画出接线端子图、电路连接图、安装示意图等，并按要求完成安装与调试说明书。

任务 4 被动红外探测器的安装与调试

被动红外探测器的安装与调试

任务描述

大楼的顶层平台经常被不法分子用来从事非法或异常活动，因此，如何完善大楼管理，防止不法分子进入大楼平台并减少恶性事件的发生，是一个重要的问题。

任务分析

大楼平台面积一般比较大，进行防护需要的设备成本较高，若对进入平台的楼道进行防护，则同样可以达到相应的效果。被动红外探测器属于空间控制型探测器，比点控制型探测器、线控制型探测器和面控制型探测器的警戒范围更大，可以大大提高探测率。被动红外探测器不需要附加红外辐射光源，本身不向外界发射任何能量，而是由探测器直接探测来自移动目标的红外辐射，因此才有被动之称。被动红外探测器基本上属于室内应用型探测器，使用在进入平台的楼道可以协助工作人员有效探测出异常行为。

知识准备

2.4.1 被动红外探测器的工作原理

被动红外探测器由光学系统（菲涅耳透镜）、热释电传感器（又称红外传感器）及信号处理电路等部分组成，它本身不向防范场所发射能量，而依靠感受外界的红外辐射能量在接收传感器上形成稳定变化的信号分布，当入侵者进入防区时，引起该区域内红外辐射能量的变化，也就破坏了稳定变化的红外信号分布，触发报警。红外传感器的探测波长范围是 8～14 μm，由于人体的红外辐射波长正好在此探测波长范围之内，因此能较好地探测到活动的人体。一旦有人体红外线辐射进被动红外探测器，经光学系统聚焦就使热释电器件产生突变电信号，而发出警报。被动红外探测器的工作原理图如图 2-48 所示。

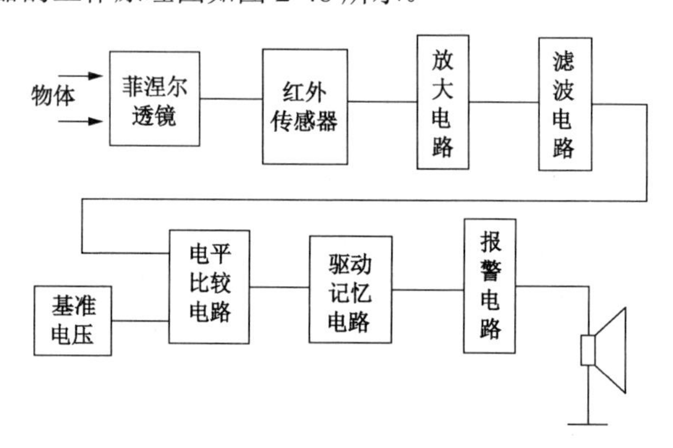

图 2-48　被动红外探测器的工作原理图

被动红外探测器有一定的探测角度，安装时需要特别注意，安装位置尽量隐蔽，且不应被遮挡。被动红外探测器不应正对热源，以防误报警。图 2-49 所示为被动红外探测器的探测区域图。

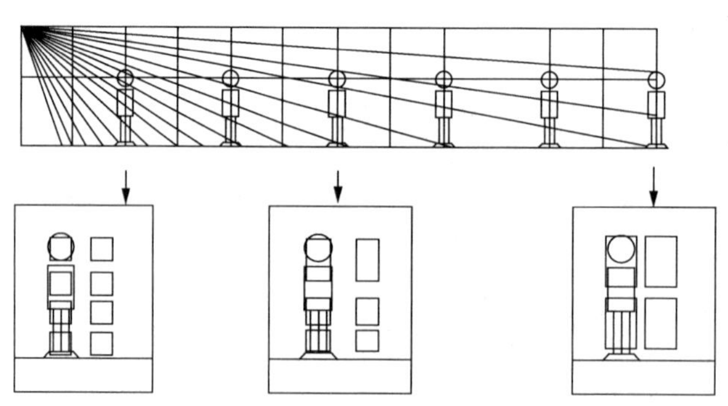

图 2-49　被动红外探测器的探测区域图

2.4.2 被动红外探测器的安装原则

（1）被动红外探测器对垂直于探测区方向的人体运动最敏感，如图 2-50 所示。布置探测器时应利用这个特性以达到最佳效果，同时还要注意其探测范围和水平视场角，安装时要防止死角。安装高度由工程设计规范确定。被动红外探测器的布置方法与布置示例分别如图 2-51 和图 2-52 所示。

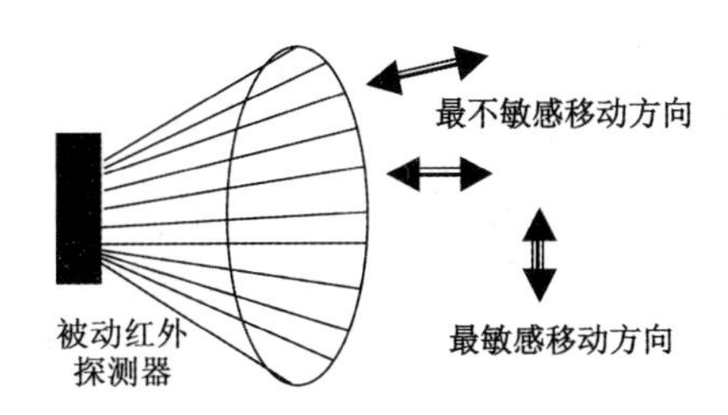

图 2-50 被动红外探测器探测入侵的敏感方向

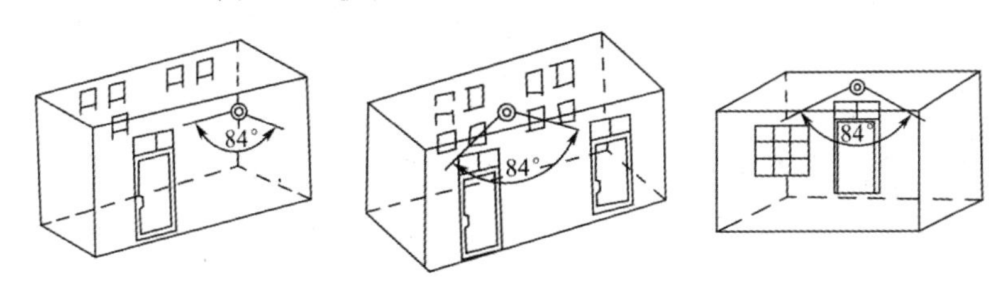

图 2-51 被动红外探测器的布置方法

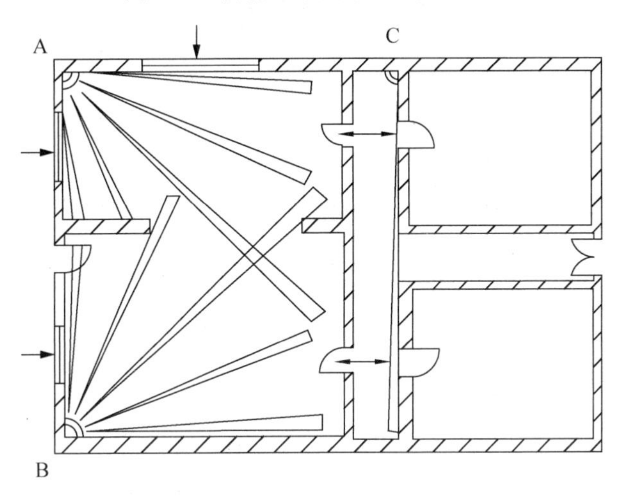

图 2-52 被动红外探测器的布置示例

其中，壁挂式被动红外探测器的安装位置应距地面 2.2m 左右或按产品技术说明书规定安装；视场中心轴与可能入侵的方向宜成 90° 角左右，被动红外探测器与墙壁的倾角应视防护区域覆盖范围确定。吸顶式探测器一般安装在需要防护部位的上方且水平安装。

（2）安装被动红外探测器时，应注意被动红外探测器的有效工作距离、角度与现场防区是否相符，并注意不得留有死角。

（3）壁挂式被动红外探测器应安装在与可能入侵方向成 90° 角的方位，高度范围为 2.1～2.5m，并视防范具体情况确定探测器与墙壁的倾角。

（4）吸顶式被动红外探测器一般安装在防范部位上方的天花板上，必须水平安装。

（5）被动红外探测器安装在楼道时，必须安装在楼道端，视场沿楼道走向，高度范围为 2.1～2.5m。

（6）被动红外探测器的视场有效区与安装高度有关，如果装得太高，那么下视盲区会加大；如果装得太低，那么可能造成远处位置探测不到，所以实际应用中需要进行步测调整。对于不同类型的被动红外探测器，安装要求也不同，比如同属于利用被动红外原理的幕帘探测器，如果需要安装在窗户上，那么这时的安装高度就是距窗台上方 0.25m，如果装得太高，那么人可以从探测器下面钻过去；如果装得太低，那么人有可能从上面跨过去。

（7）被动红外探测器的原理是监测温差，当外界温度在 37℃左右时基本失灵，所以不要将其安装在靠近热源的地方；注意避开通气孔、空调、暖气片等能够改变环境温度的流动性区域；注意中间的遮蔽物（哪怕是透明的，如玻璃）的遮挡。注意避免靠近电扇、晾晒的衣物、窗帘等容易移动的物体；注意避免安装在动物活动频繁的地方，如果实际需要又难以避免，那么特别注意要选用防宠物型探测器；防止光线直射探测器，探测器正前方不准有遮挡物。

（8）在同一室内安装数个被动红外探测器时，不会产生相互之间的干扰。

2.4.3　被动红外探测器的安装

被动红外探测器的安装方法主要有壁挂式安装与吸顶式安装两种。

1. 壁挂式安装方法

壁挂式安装只需要直接将被动红外探测器安装在墙面上。将被动红外探测器外壳固定螺钉松开后取出外壳，将被动红外探测器底板固定孔与安装孔对正，并将导线从底板过线孔穿出，用适宜的自攻螺钉将底板牢固固定即可，要求其视场轴线和可能入侵方向成 90° 角，以使其具有最高灵敏度。壁挂式被动红外探测器的外形图和壁挂式被动红外探测器的安装示意图如图 2-53 和图 2-54 所示，将探测器底板与支架安装面居中贴平，用记号笔在支架安装孔位置做好标记，根据支架安装孔的孔径大小使用适当的钻头在探测器底板上开安装孔。用适当长度的螺钉将探测器底板固定在支架上。

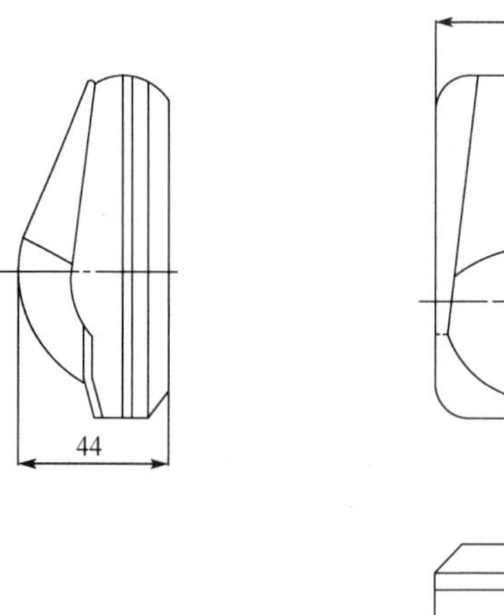

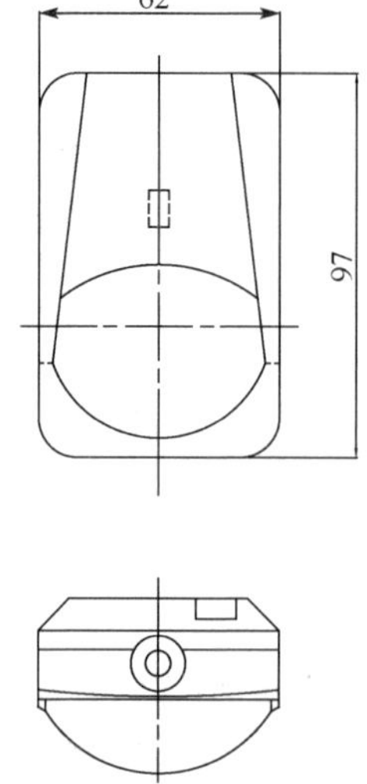

图 2-53　壁挂式被动红外探测器的外形图（单位：mm）

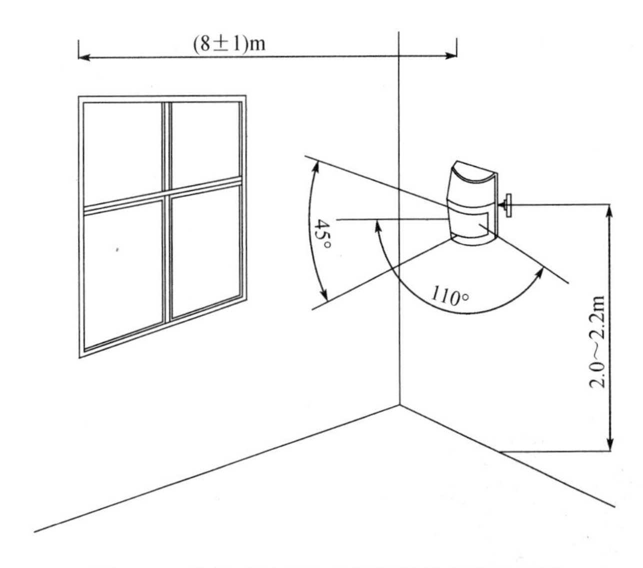

图 2-54　壁挂式被动红外探测器的安装示意图

2. 吸顶式安装方法

被动红外探测器吸顶式安装有嵌入式和明装式两种，如图 2-55 所示。被动红外探测器应安装在重点防范部位正上方的屋顶，其探测范围应满足探测区边缘至被警戒目标边缘大于 5m 的要求。吸顶安装时，应在安装设备的位置用适宜的钻头在吊顶上开出线孔，将探测器底板与吊顶贴平，用记号笔在安装孔位置做好标记，根据吊顶出线孔位置在探测器底板上做标记，用适宜的钻头在探测器底板上开进线孔，并用适当长度的螺钉将探测器底板固定在吊顶上。

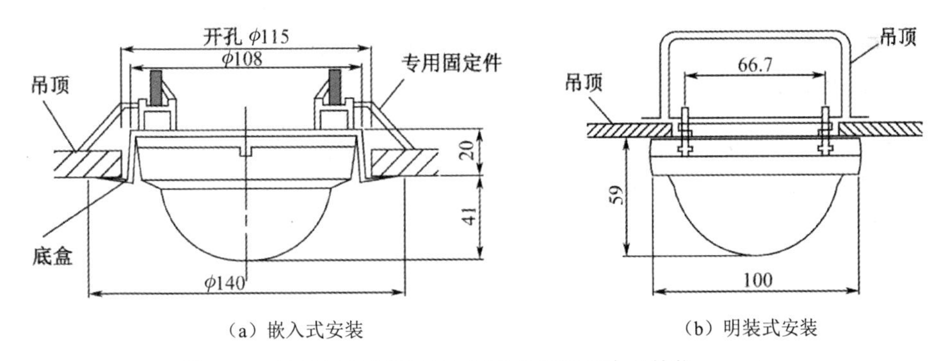

图 2-55　被动红外探测器的吸顶式安装方法（单位：mm）

2.4.4　被动红外探测器的接线

市场上出售的被动红外探测器品牌很多，但是其接线端子和安装与调试方法是相似的。下面以博世 DS940T-CHI 被动红外探测器为例进行说明，该探测器是壁挂式安装的防宠物型探测器。

将起子插入防拆开关，取下外壳，被动红外探测器的外形图和被动红外探测器的电路板图如图 2-56 和图 2-57 所示。被动红外探测器的接线端子图如图 2-58 所示。

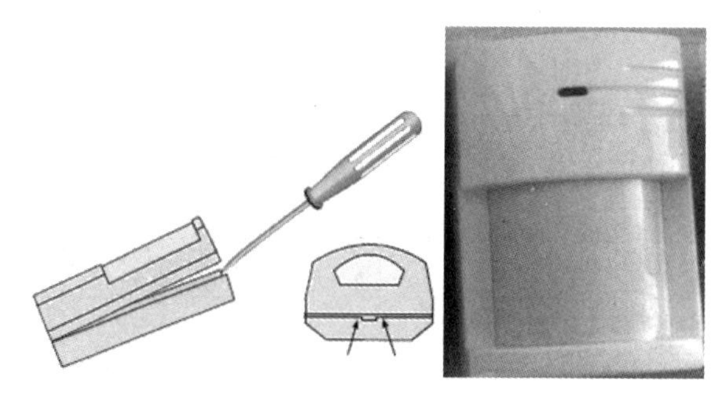

图 2-56　被动红外探测器的外形图

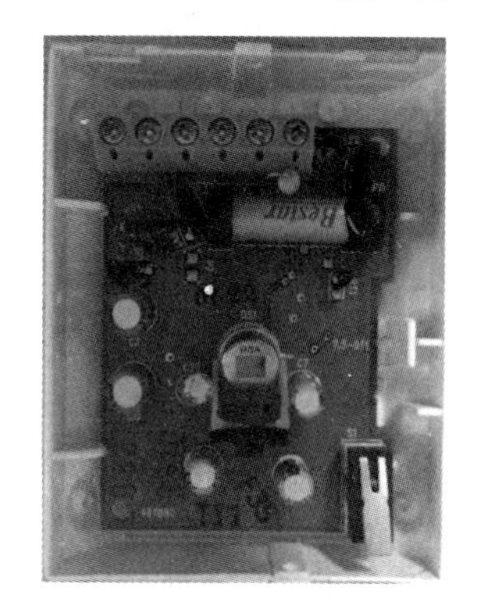

图 2-57　被动红外探测器的电路板图

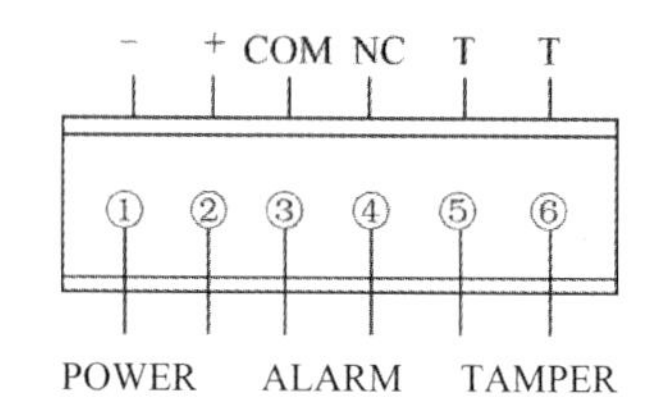

图 2-58　被动红外探测器的接线端子图

2.4.5　被动红外探测器的调试

被动红外探测器主要通过步测方式进行调试，主要调试其最远探测距离、探测角度、最大探测宽度、下视死角区。

1．探测器上电自检

探测器在通电后 2min 内自检和初始化，在这期间除了指示灯闪烁，探头不会有任何反应，请等待 2min 后再进行步测。要求自检期间，探测范围内无移动目标，当红色 LED 停止闪烁时，则探测器做好了测试准备，否则应重新检查保护区内的干扰因素。

2．探测器灵敏度选择

一般来说，被动红外探测器灵敏度有标准型和加强型两种，可根据开盖后的探测器电路板上跳线来完成选择。标准型是指设定可最大限度地防止误报警，用于恶劣的环境及防宠物环境。而加强型是指只需要遮盖一小部分保护区即可报警，正常环境下使用此设定，可提高探测性能。

3．查看指示灯

根据被动红外探测器说明书，查看探测器变色 LED 的指示情况，从而得知探测器自检、探测器报警、探测器正常警戒的指示灯情况。

4．步测并调整被动红外探测范围

（1）装上外壳。

（2）通电后，至少等 2min 再开始步测。

（3）先步行通过探测范围的最远端，然后向探测器靠近，测试几次。从保护区外开始步测，观察 LED。触发指示灯报警的位置为被动红外探测范围的边界。

（4）从相反方向进行步测，以确定两边的周界。应使探测中心指向被保护区的中心。

注：左右移动透镜窗，探测范围可水平移动 ±10°。

（5）从距探测器 3～6m 处慢慢地举起手臂，并将手臂伸入探测区，标注被动红外报警的下部边界。重复上述做法，以确定其上部边界。探测区中心不应向上倾斜。

注：如果不能获得理想的探测距离，那么应上下调整探测范围（-10°～+2°），以确保探测器的指向不会太高或太低。调整时拧紧调节螺钉，上下移动电路板，上移时被动红外视场区向下移。

2.4.6 被动红外探测器的安装与调试实训

1. 实训目的

（1）能够按工程设计及工艺要求对被动红外探测器进行检测、安装、连线与调试。
（2）能够对被动红外探测器的安装质量进行检查。
（3）会编写被动红外探测器的安装与调试说明书。

2. 必备知识点

（1）掌握被动红外探测器的工作原理。
（2）了解当前被动红外探测器的主流品牌与安装方式。
（3）熟悉被动红外探测器的接线端子及其使用方法。
（4）熟悉被动红外探测器的不同安装方式。
（5）熟悉被动红外探测器的最佳探测方向。
（6）会使用电源、被动红外探测器与闪光报警灯组成报警电路。
（7）会将被动红外探测器接入报警控制器中。

3. 实训设备与器材

博世 DS940T-CHI 被动红外探测器（壁挂式）	1个
二芯线缆与四芯线缆	若干
闪光报警灯	1个
直流 12V 电源	1个
万用表	1个
螺钉旋具	若干
水平尺	1把
米尺	1卷
电源线（三插头）	1根

4. 实训内容

将被动红外探测器安装在指定墙壁位置，并使用闪光报警灯、直流 12V 电源、导线组成一个简单的入侵报警检测电路。当检测到警戒区域有入侵行为或者探测器外壳被打开而触发报警后，闪光报警灯会有状态改变（亮到灭或灭到亮），同时对探测器防范的水平范围和垂直范围进行验证。要求先画出电路示意图，然后进行安装、连线与调试。

按照图2-59接线，验证被动红外探测器的常闭触点与防拆触点。

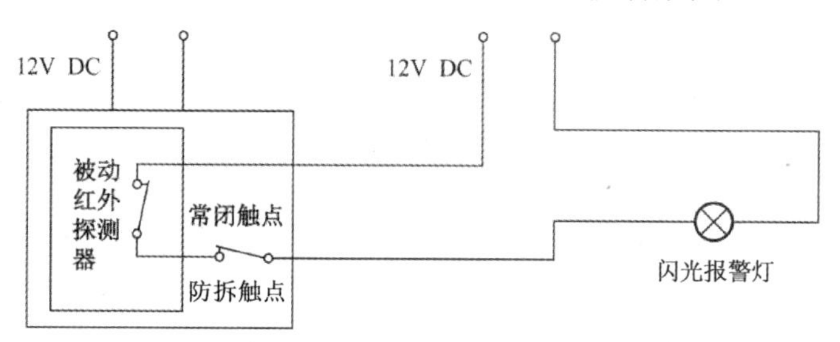

图2-59 被动红外探测器的接线图

5．实训要求

掌握被动红外探测器的组成、结构和工作原理，熟悉各接线端子的作用和功能，掌握系统的工作原理图。

（1）将探测器从包装盒内取出，根据现场警戒距离核对要安装设备的型号及探测距离，仔细对照图样核对要安装的设备。安装前特别注意检查探测器的密封效果，探测器密封应完整、可靠。

（2）用螺钉旋具将探测器外壳的固定螺钉取下，拆下探测器外壳，露出探测器进线孔、接线端子排，并将拆下的外壳、螺钉妥善保管。用万用表电阻挡或蜂鸣挡测试NC端子、COM端子、防拆开关的导通性是否完好。

（3）根据探测器的警戒范围确定适当的安装高度，用随机附带的管卡或定制的管卡、螺钉加带平垫片和弹簧垫圈，将探测器底板固定在墙面上，并保证底板与墙面紧固连接。

（4）采用壁挂式安装，将探测器底板与安装面居中贴平，用记号笔按照支架安装孔位置做好标记，根据支架安装孔的孔径大小使用适当的钻头在探测器底板上开安装孔。用适当长度的螺钉将探测器底板固定在墙面上。

（5）在探测器底板内用绝缘胶布或绝缘垫将安装螺钉钉头覆盖，检查确认安装螺钉钉头的绝缘情况，确保不会搭接电路板造成短路。

（6）将探测器电路板按原位固定在底板上，并将探测器连接线缆沿引线槽引至探测器接线端子排。

（7）根据探测器接线说明书连接电源线缆，确保探测器电源正、负极的连线正确。

（8）根据调试电路的要求连接信号线缆。

（9）合上探测器外壳，并将紧固螺钉拧紧。

（10）对探测器进行入侵报警与防拆调试。并使用尺子对探测器水平防范范围和垂直防范范围进行验证。

（11）实训结束后，使用CAD画图，画出接线端子图、电路连接图、安装示意图等，并按要求完成安装与调试说明书。

6．调试要求

探测器接线完成并安装好后，给探测器通电。通电后至少等2min再开始进行步测。步测时横穿探测区。触发闪光报警灯时，则确定该位置为探测区的边缘。从两个方向对探测器进行步测，以确定探测边界。如果达不到预定的探测范围，那么试着上下调整探测区，使它不要太高或太低。向上移动电路板会使探测区下移。定位后，拧紧垂直调节螺钉。

注：设备通电等待 2min，完成自检后再开始步测。先从探测器防范范围水平方向靠近探测器，直到触发探测器报警瞬间点，记录探测位置。然后从相反方向进行步测，以确定两边的周界，应使探测器中心指向被保护区的中心，用米尺量出水平防范范围。在离探测器 3 ~ 6m 处慢慢举起手臂，并将手臂伸入探测区，标注探测器报警的下部边界，重复上述做法，以确定其上部边界。探测区中心不应向左右倾斜，如果不能获得理想的探测距离，那么应左右调整探测范围，以确保探测器的指向不会偏左或偏右。

7. 实训注意事项

（1）被动红外探测器属于空间控制型探测器。

（2）由于红外线的穿透性能较差，因此在监控区域内不应有障碍物，否则会出现探测“盲区”。

（3）安装探测器时，要注意探测器窗口与警戒通道的相对角度，防止出现“死角”。

（4）警戒区域不应出现高大的遮挡物及其他频繁活动物体的干扰。在室外、太阳直射处、冷热气流下、空调通风口、吊扇等转动的物体下、热源附近、窗户及未绝缘的墙壁、有宠物的地方应避免安装，切勿将探测器对着动物可爬上的楼梯等。

（5）为了防止误报警，不应将探测器探头对准任何温度会快速改变的物体，特别是发热体。

（6）应使探测器具有最大的警戒范围，使所有可能的入侵者都能处于红外警戒的光束范围之内；并使入侵者的活动有利于横向穿越光束带区，这样可以提高探测的灵敏度。

（7）壁挂式的探测器需要安装在离地面约 2～3m 的墙壁上。

（8）在同一室内安装数个探测器时，也不会产生相互之间的干扰。

（9）注意保护菲涅耳透镜。

（10）谨防丢失螺钉。

任务5　双技术探测器的安装与调试

双技术探测器的安装与调试

任务描述

大楼的顶层平台必经通道采用被动红外探测器来防护，但是如果通道经常有小猫小狗活动，则会引起不必要的误报警，如何增强系统的报警精准度，降低误报率显得尤为重要。

任务分析

双技术探测器又称双鉴探测器或复合式探测器，它是将两种探测技术组合在一起，且只有当两种探测技术同时探测到人体移动时才报警的探测器，有效降低了探测器的误报率。

人们对几种不同的探测技术进行了多种不同组合方式的试验，如超声波-微波双技术探测器、双被动红外双技术探测器、微波-被动红外双技术探测器、超声波-被动红外双技术探测器、玻璃破碎声响-振动双技术探测器等，以微波-被动红外双技术探测器的误报率为最低，市面上常见的双技术探测器以微波+被动红外居多。本书主要以微波-被动红外双技术探测器为例进行介绍。

知识准备

2.5.1 双技术探测器的工作原理

微波-被动红外双技术探测器实际上是将微波探测与被动红外探测两种探测技术整合在一起，并将两种探测方式的输出信号共同送到“与门”电路去触发报警的探测器。“与门”电路的特点是：当两个输入端同时为 1（高电平）时，其输出才为 1（高电平），其中信号值大于报警阈值表示高电平，反之为低电平，即只有当两种探测技术的传感器都探测到移动的人体目标时，才可触发报警，又可称为双鉴探测器，其工作原理如图 2-60 所示。

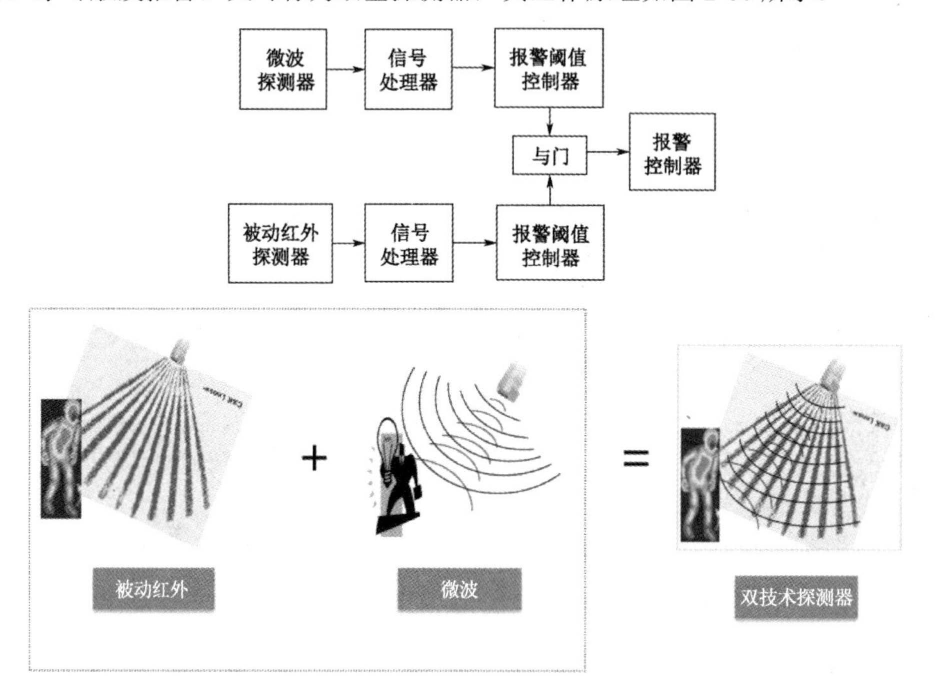

图 2-60　微波-被动红外双技术探测器的工作原理图

2.5.2 双技术探测器的安装原则

由于微波探测器一般对沿轴向移动的物体最敏感，而被动红外探测器则对横向切割探测区的人体最敏感，因此，为使这两种探测器都处于较敏感状态，在安装微波-被动红外双技术探测器时，将这两种探测器的径向安排成相互垂直的状态，即使探测器轴线与被保护对象的方向成 45° 夹角，则对移动人体的探测灵敏度将会提高。双技术探测器的最佳安装位置示意图如图 2-61 所示。

（1）安装双技术探测器时，要兼顾两种探测器的灵敏度，使其达到最佳状态。壁挂式微波-被动红外双技术探测器应安装在与可能入侵方向成 45° 角的方位（若受条件限制，则应优先考虑被动红外单元的探测灵敏度），高度为 2.2m 左右，并视防范具体情况确定探测器与墙壁的倾角。

（2）微波-被动红外双技术探测器采用吸顶式安装时，一般安装在防范部位上方的天花板上，且必须水平安装。

（3）微波-被动红外双技术探测器安装在楼道时，一般安装在楼道端，视场正对楼道走向，高度为2.2m左右。

（4）探测器正前方不准有遮挡物和可能遮挡物。探测器应避免安装在如下的位置：室外、太阳光下、冷热气流下、转动的物体下、热源附近、空调通风口、窗户及未封闭的墙等处。探测区域的上部为非防宠物区域，不要将探测器直对着宠物可能爬上的地方。

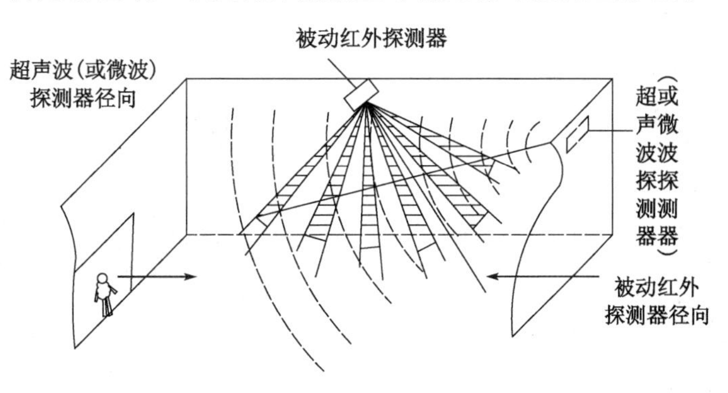

图 2-61　双技术探测器的最佳安装位置示意图

2.5.3　双技术探测器的安装

（1）在安装双技术探测器前，应检查安装部位的建筑结构、材料状况，壁挂式双技术探测器安装的墙壁应坚实、不疏松，甄别需要安装探测器的吊顶的材质、坚固情况，若吊顶不够坚实，则在安装过程中采取加固措施。

（2）检查双技术探测器支架的安装情况，支架本身应结构合理、强度足以保证探测器的安装要求，支架安装应牢固、端正，位置合理。

（3）将探测器从包装盒内取出，拆开探测器，取下安装底板，并将取下的探测器电路板放入包装盒妥善保管。

（4）安装探测器底板。根据安装位置不同，安装方式可分为壁挂式和吸顶式两种。

① 壁挂式安装。

将探测器底板与支架安装面居中贴平，用记号笔在支架安装孔位置做好标记；根据支架安装孔的孔径大小使用适当的钻头在探测器底板上开安装孔；用适当长度的螺钉将探测器底板固定在支架上。

② 吸顶式安装。

在安装设备的位置用适宜的钻头在吊顶上开出线孔，将探测器底板与吊顶贴平，用记号笔在底板安装孔位做好标记；根据吊顶出线孔位置在探测器底板上做好标记，并用适宜的钻头在探测器面板上开进线孔后，用适当长度的螺钉将探测器底板固定在吊顶上。

（5）在探测器底板内用绝缘胶布或绝缘垫将安装螺钉钉头覆盖，检查确认安装螺钉钉头的绝缘情况，确保不会搭接电路板造成短路。

（6）将探测器电路板按原位固定在底板上，并将探测器连接线缆引入。

（7）根据探测器接线说明书连接电源线缆，并确保探测器的电源正、负极的连线正确。

（8）根据入侵报警控制器要求连接信号线缆。

（9）将探测器外壳盖好，并将紧固螺钉拧紧。

2.5.4 双技术探测器的接线

以博世蓝色系列 DS835 探测器为例，该探测器是壁挂式安装的防宠物型探测器。

将一字螺钉旋具插入开关，取下外壳，DS835 探测器的外形图和 DS835 探测器的电路板图如图 2-62 和图 2-63 所示。DS835 探测器的接线端子图如图 2-64 所示。

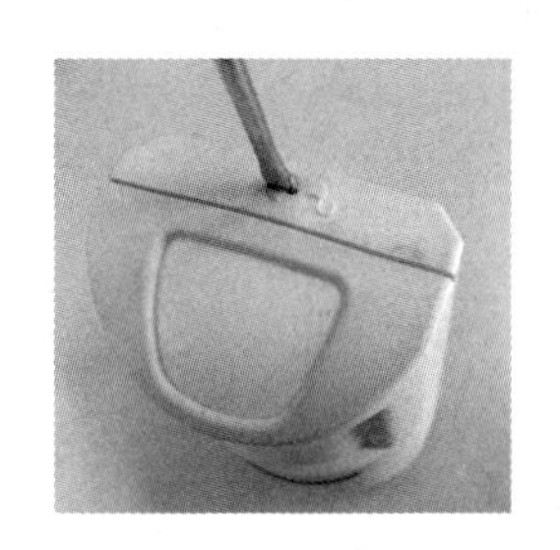

图 2-62 DS835 探测器的外形图

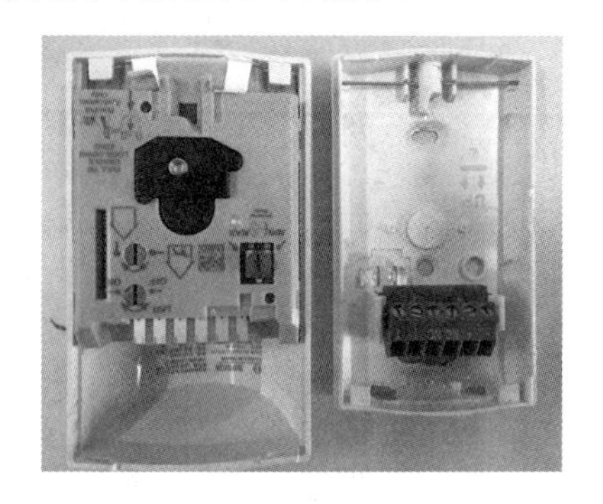

图 2-63 DS835 探测器的电路板图

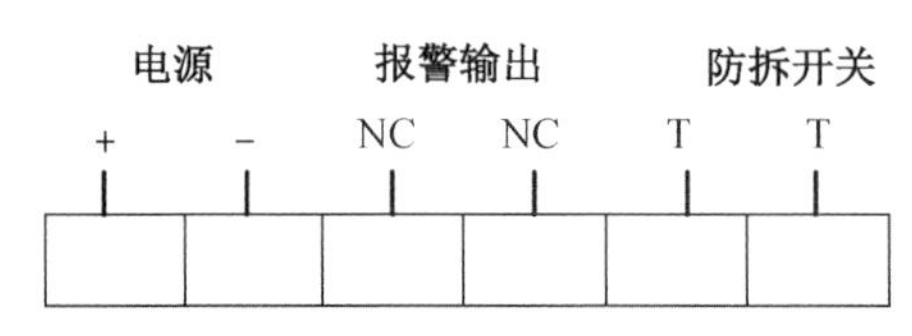

图 2-64 DS835 探测器的接线端子图

2.5.5 双技术探测器的调试

双技术探测器的调试主要是对探测器进行步测，分别从被动红外和微波探测角度进行调试。

探测器刚通电时，系统进入自动检测状态，指示灯闪烁约 10s 后熄灭，探测器正式进入正常工作状态后方能步测，在此期间不能触发探测器报警，否则容易引起误报警。调试前确保 LED 为打开模式，确定是否需要开启防宠物模式。

1. 设置被动红外探测范围

把微波调到最小，盖上外壳。

（1）通电后，至少等 2min，再开始步测。

注：在预热期间，LED 闪亮，直至探测器稳定（约 1 ~ 2min），且在 2s 内未探测到移动目标。LED 停止闪烁表明探测器做好了测试准备。保护区内无运动物体时，LED 应处于熄灭状态。若 LED 亮起，则重新检查保护区内影响微波或被动红外技术的干扰因素。

（2）先步行通过探测范围的最远端，然后向探测器靠近，测试几次。从保护区外开始步测，观察 LED。先触发指示灯的位置为被动红外探测范围的边界。

（3）从相反方向进行步测，以确定两边的周界。应使探测中心指向被保护区的中心。

（4）从距探测器 3～6m 处慢慢地举起手臂，并将手臂伸入探测区，标注被动红外报警的下部边界。重复上述做法，以确定其上部边界。探测区中心不应向上倾斜。

（5）确定好位置后拧紧螺钉。

2. 设置微波探测范围

注：在去掉/重装外壳之后，应等待1min，这样，探测器的微波部分就会稳定下来。在下列步测的每个步骤间，至少应间隔10s。这两点很重要。

（1）进行步测前，LED应处于熄灭状态。

（2）跨越探测范围的最远端进行步测。从保护区外开始步测，观察LED。先触发指示灯的位置为微波探测范围的边界。

如果不能达到应有的探测范围，那么应微调增大微波的探测范围。继续步测（去掉/重装外壳之后，等待1min），并调节微波直至达到理想探测范围的最远端。

注：不要把微波调得过大，否则探测器会探测到探测范围外的运动物体。

（3）全方位步测，以确定整个探测范围。步测间隔至少为10s。

3. 调整微波与被动红外到设定值后，设置探测器的探测范围

（1）进行步测前，LED应处于熄灭状态。

（2）全方位步测以确定探测周界。

2.5.6 双技术探测器的安装与调试实训

双技术探测器实操

1. 实训目的

（1）能够按工程设计及工艺要求对双技术探测器进行检测、安装、连线与调试。

（2）能够对双技术探测器的安装质量进行检查。

（3）会编写双技术探测器的安装与调试说明书。

2. 必备知识点

（1）掌握双技术探测器的工作原理。

（2）了解当前双技术探测器的主流品牌与安装方式。

（3）熟悉双技术探测器的接线端子及其使用方法。

（4）熟悉双技术探测器的不同安装方式。

（5）熟悉双技术探测器的最佳探测方向。

（6）会使用电源、双技术探测器与闪光报警灯组成报警电路。

（7）会将双技术探测器接入报警控制器中。

3. 实训设备与器材

博世DS835探测器	1个
二芯线缆与四芯线缆	若干
闪光报警灯	1个
直流12V电源	1个
万用表	1个
螺钉旋具	若干
水平尺	1把
米尺	1卷

4．实训内容

将双技术探测器安装在指定墙壁位置，并使用闪光报警灯、直流 12V 电源、探测器、导线组成一个简单的入侵报警检测电路。当检测到警戒区域有入侵行为或者探测器外壳被打开而触发报警后，闪光报警灯会有状态改变（亮到灭或灭到亮），同时对探测器防范的水平范围和垂直范围进行验证。要求先画出电路示意图，然后安装、连线与调试。

按照图 2-65 接线，验证探测器的常闭触点。接线完成并安装好后，给探测器通电。通电后至少等 2min 再开始步测。步测时，当入侵者横穿或纵跨探测区，触发报警灯时，则确定该入侵者的位置为探测区的边缘。从两个方向对探测器进行步测，以确定探测边界。如果达不到预定的探测范围，那么试着上下调整探测区，使它不要太高或太低。

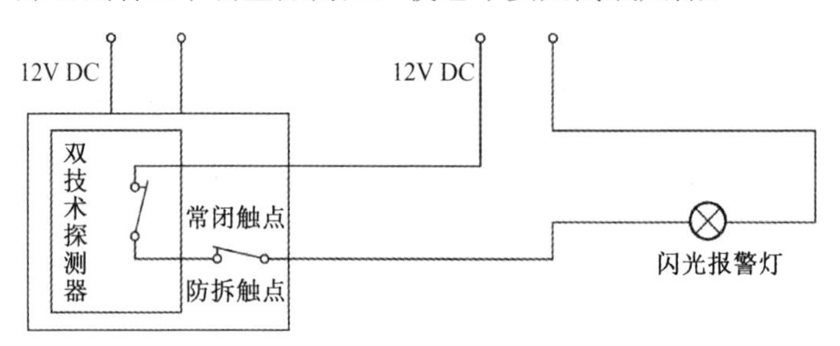

图 2-65　双技术探测器的接线图

5．实训要求

（1）将双技术探测器从包装盒内取出，根据现场警戒距离核对要安装设备的型号及探测距离，仔细对照图样核对要安装的设备。安装前特别注意检查探测器的密封效果，探测器密封应完整、可靠。用螺钉旋具将探测器外壳的锁定开关打开，推开并取下探测器外壳，露出探测器进线孔、接线端子排，如图 2-66 所示。

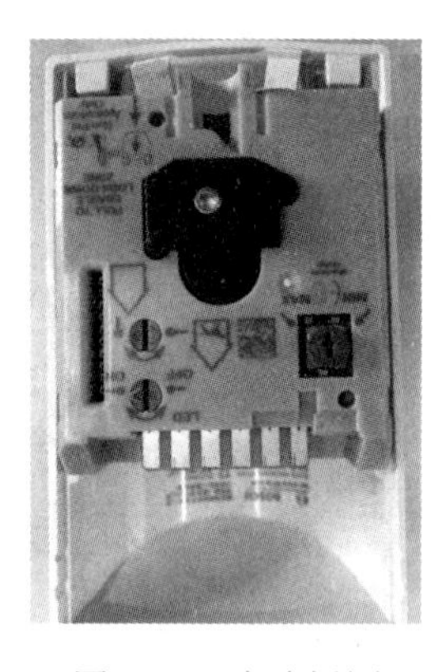

图 2-66　电路板图

（2）用万用表电阻挡或蜂鸣挡测试 NC 端子、COM 端子与防拆开关的导通性是否完好。

（3）选择安装位置，敲破导线入口及底座的安装孔，以底座为模板，在安装平面上标出安装孔的位置。

（4）布置所需的导线。把导线拉至底座后部并穿过导线入口。布线前，确保导线未通电。

（5）将供电电源限制在 DC9～16V，确保探测器电源正、负极的连线正确。

（6）报警输出接线端子为常闭报警开关回路。探测器报警时此回路将形成开路。

（7）考虑防拆开关，移开外壳时此回路将形成开路。不要将多余的电线绕在探测器内。

（8）选择 LED。选择时，若将旋钮拧到 OFF，则关闭指示灯；若将旋钮拧到 ON，则打开指示灯，如图 2-67 所示。

（9）根据需要选择是否开启防宠物模式，如图 2-68 所示。

（10）固定底座。将底座牢固地安装在安装平面上，仅使用随附螺钉，以免损坏电路板。不要把螺钉拧得太紧，因为在初次安装时位置可能不太正确。用随附的海绵封住导线入口。

（11）将探测器外壳推回，完成安装过程。

图 2-67　LED 的启闭

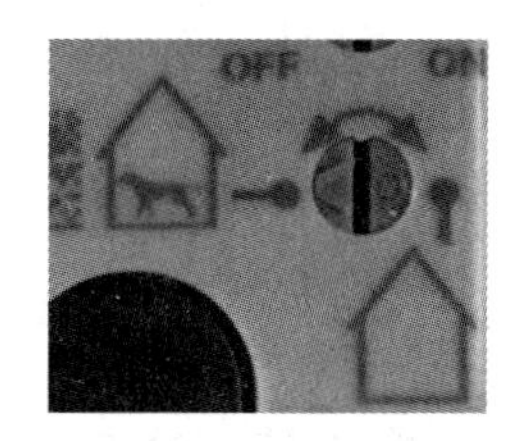

图 2-68　防宠物模式的启闭

（12）通电调试，对探测器进行入侵报警与防拆调试。并请使用尺子测出水平探测角度和垂直探测角度，对探测器的防范范围进行验证。

（13）实训结束后，使用 CAD 画图，画出接线端子图、电路连接图、安装示意图等，并按要求完成安装与调试说明书。

6. 调试要求

接线并完成安装后，给探测器通电。通电后至少等 2min 再开始步测。步测时，横穿或纵跨探测区。触发闪光报警灯时，则确定该位置为探测区的边缘。从两个方向对探测器进行步测，以确定探测边界。如果达不到预定的探测范围，那么试着上下调整探测区，使它不要太高或太低。

7. 实训注意事项

（1）警戒区域不应出现高大的遮挡物及其他频繁活动物体的干扰。

（2）绝不允许把探测器安装在触发一种技术就会引发报警的环境中。在无任何移动物体的情况下，LED 处于熄灭状态。

（3）选择安装位置：将探测器安装在入侵者最可能通过的地方。应避免安装在如下的位置：室外、太阳光下、冷热气流下、转动的物体下、热源附近、空调通风口、窗户及未封闭的墙等处。探测区域的上部为非防宠物区域，不要将探测器直对着宠物可能爬上的地方。

（4）使探测器远离外界场所（如道路、大厅、停车场）。切记：微波能穿透玻璃及大多数普通非金属构造的墙壁。不要在探测范围内安装会周期性转动的机器（如吊扇）。

（5）安装：仅使用随附螺钉，以免损坏电路板。不要把螺钉拧得太紧，因为在初次安装时，位置可能不太正确。

（6）把电路板卡入底座。

（7）接线时，不许把多余导线卷入探测器中，接线完毕才能通电。

任务 6　振动探测器的安装与调试

振动探测器的安装与调试

任务描述

家庭或公司的贵重物品一般会保存在保险柜中，保险柜一般使用锁等物理防护手段。为了有效增强保险柜的预警功能，防患于未然，为保险柜配备相应的技术防范设备是非常有必要的。

任务分析

振动探测器属于面型探测器，一般用于贵重物品保护、银行系统等，如保险柜、金库、ATM

（自动取款机）等。当被保护物体在受到冲击时，其连续的冲击频率或短暂的大的能量冲击（如爆炸）会被检测出来，并产生报警输出，从而实现相应的防护。

知识准备

2.6.1 振动探测器的工作原理

振动探测器是通过检测入侵者的走动或进行各种破坏活动时所产生的振动信号（如入侵者凿墙、钻洞、破坏门/窗、撬保险柜等），当振动信号强度超过一定电平时触发报警的一种探测器。振动探测器的工作原理图如图 2-69 所示。振动传感器是振动探测器的核心部件。常用的振动传感器有机械振动式、电动式、压电晶体式等多种类型。

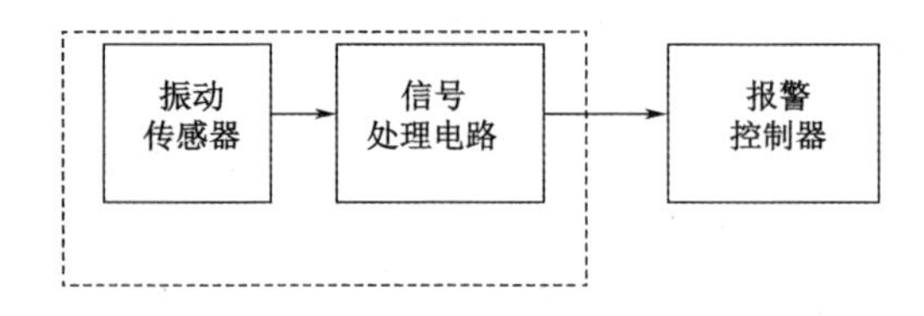

图 2-69 振动探测器的工作原理图

当振动探测器用于大范围大空间的室外时，如监狱和看守所外围、边境线，往往会采用振动光纤，其原理是由发射激光器发出直流单色光波，通过光纤耦合器分别沿正向和反向耦合进入两芯传感的光纤，形成正、反向环路马赫-泽德干涉光信号；当光纤受到沿线外界振动干扰后，将会引起光波在光纤传输中相位的变化，形成基于双环马赫-泽德干涉光信号的相位调制传感信号，该信号通过光纤耦合器和光环行器传送至光电探测器，监测干涉光信号的光强变化，实现光纤振动报警。

2.6.2 振动探测器的安装原则

振动探测器需要与被测物体紧密地连接在一起，一般先将随机的安装板安装在被测物体上，再将探测器安装在备板上，有时也可将探测器直接安装在被测物体上，与被测物体进行刚性连接，这种连接可以通过螺丝拧紧或焊接等方式实现。安装的位置要远离振动源，如电机、电冰箱等。探测器用于室外时，不要将其埋在树木、拦网桩柱附近，以免刮风时物体晃动，引起附近土地微动造成误报警。

（1）安装探测器时，远离振动源和可能产生振动的物体，如室内要远离电冰箱，室外不要安装在树下等。

（2）探测器通常安装在可能发生入侵的墙壁、地面或保险箱上，并牢固连接，探测器中传感器的振动方向尽量与入侵可能引起的振动方向一致。

（3）需要将探测器埋在地下时，应埋 10cm 深，并将周围松土砸实。

2.6.3 振动探测器的安装

振动探测器的安装方式分为墙面安装与暗埋安装两种。

将探测器从包装盒内取出，拧下探测器外壳固定螺钉，拆开探测器，取下安装盒，将探测器电路板小心取下并放入包装盒妥善保管。

1. 墙面安装

（1）将探测器安装盒与安装面贴平摆正，用记号笔在盒底安装孔位置做好标记。

（2）用冲击钻在安装孔标记处打孔。（在水泥墙、砖墙上使用不小于$\phi 6$的冲击钻头，在金属构件上使用不小于$\phi 3.2$的钻头钻孔，并用适当的丝锥攻螺纹，使用螺钉安装，在其他质地疏松的墙壁上安装时，必须采取加固措施。）

（3）将适宜的塑料胀管塞入，使塑料胀管入钉孔与墙面平齐。

（4）将探测器安装盒固定孔与墙面安装孔对正，用适宜的自攻螺钉将底板牢固固定。

2. 暗埋安装

根据探测器类型、探测范围、被保护面情况拟定安装位置，若被保护面建筑安装时已预留暗埋安装盒，则将探测器紧固安装在预留盒内，将探测器与分析仪之间的连接线缆可靠连接，用水泥或其他填充材料将探测器周围填紧压实即可。

若被保护面建筑安装时没有预留暗埋安装盒，则需要根据探测器外形尺寸在被保护面剔凿安装槽，将探测器紧固安装在槽内，将探测器与分析仪之间的连接线缆可靠连接，用水泥或其他填充材料将探测器周围填紧压实，并将安装位置恢复原状。

3. 引线、连接线缆

（1）布置所需的导线。把导线拉至底座后部并穿过导线入口。布线前，确保导线未通电。

（2）将探测器电路板按原位固定在安装盒内。

（3）供电电源为直流 12V 电源，根据探测器接线说明书连接电源线缆，并确保探测器电源正、负极的连线正确。

（4）根据入侵报警控制器要求连接信号线缆，考虑将防拆开关接入报警主机使用。

（5）固定底座。将底座牢固地安装在安装平面上，仅使用随附螺钉，以免损坏电路板。不要把螺钉拧得太紧，因为在初次安装时位置可能不太正确。用随附的海绵封住导线入口。

（6）将探测器外壳盖回，拧紧固定螺钉，完成安装过程。

2.6.4 振动探测器的接线

以大华 AEA-004 压电式振动探测器为例进行说明。

用十字螺钉旋具拧开固定螺钉，取下外壳，振动探测器的外形图和振动探测器的电路板图如图 2-70 和图 2-71 所示。振动探测器的接线端子图如图 2-72 所示。

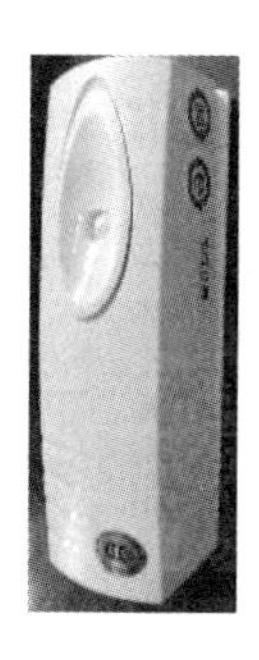

图 2-70　振动探测器的外形图

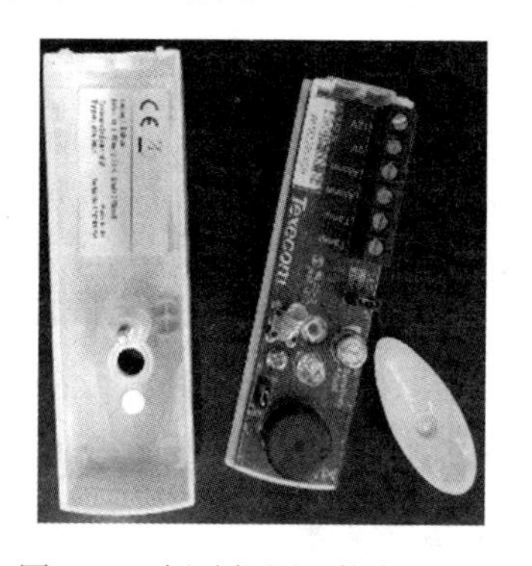

图 2-71　振动探测器的电路板图

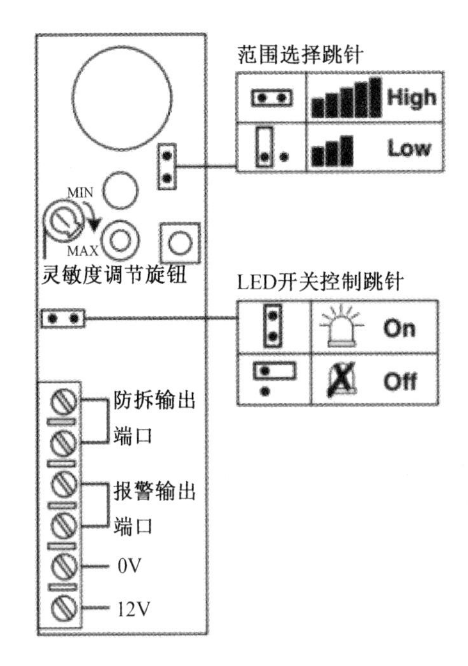

图 2-72　振动探测器的接线端子图

2.6.5　振动探测器的调试

在安装连接好振动探测器后，接通电源，用螺钉旋具轻轻地在探测器的外壳上连续划 20s 或者在其旁边敲动，就可以产生报警信号，注意不要有其他振动源的干扰，以免引起误报警。

2.6.6　振动探测器的安装与调试实训

振动探测器实操

1．实训目的

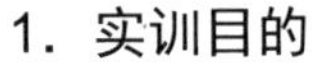

（1）能够按工程设计及工艺要求对振动探测器进行检测、安装、连线与调试。

（2）能对振动探测器的安装质量进行检查。

（3）会编写振动探测器安装与调试说明书。

2．必备知识点

（1）掌握振动探测器的工作原理。

（2）了解当前振动探测器的主流品牌与安装方式。

（3）熟悉振动探测器的接线端子及其使用方法。

（4）熟悉振动探测器的安装方式。

（5）熟悉振动探测器的调试方法。

（6）会使用电源、振动探测器与闪光报警灯组成报警电路。

（7）会将振动探测器接入报警控制器中。

3．实训设备与器材

AEA-004 探测器　　1 个

二芯线缆与四芯线缆	若干
闪光报警灯	1个
直流12V电源	1个
万用表	1个
螺钉旋具	若干
水平尺	1把
电源线（三插头）	1个

4. 实训内容

将振动探测器安装在指定位置，并使用闪光报警灯、直流12V电源、导线组成一个简单的入侵报警检测电路。当检测到警戒区域有入侵行为或者探测器外壳被打开而触发报警后，闪光报警灯会有状态改变（亮到灭或灭到亮）。要求先画出电路示意图，然后进行安装、连线与调试。

按照图2-73接线，验证振动探测器的常闭触点与防拆触点。

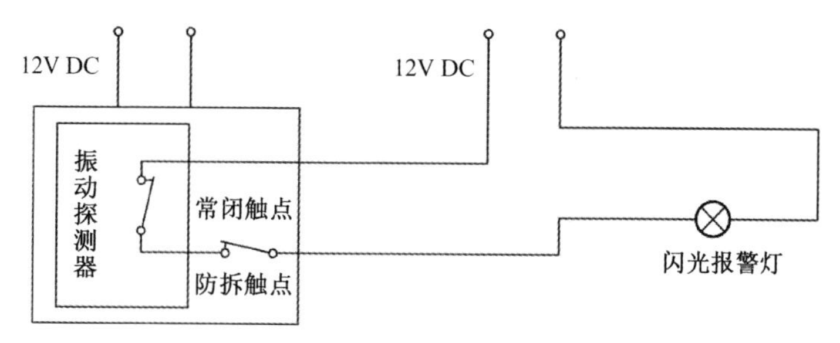

图2-73　振动探测器接线图

5. 实训要求

（1）将振动探测器从包装盒内取出，根据现场警戒距离核对要安装设备的型号及探测距离，仔细对照图样核对要安装的设备。安装前特别注意检查探测器的密封效果，探测器密封应完整、可靠。用螺钉旋具将探测器外壳的锁定开关打开，推开并取下探测器外壳，露出探测器进线孔、接线端子排，如图2-74所示。

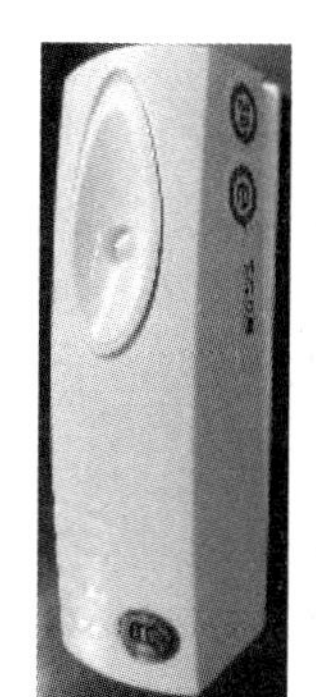

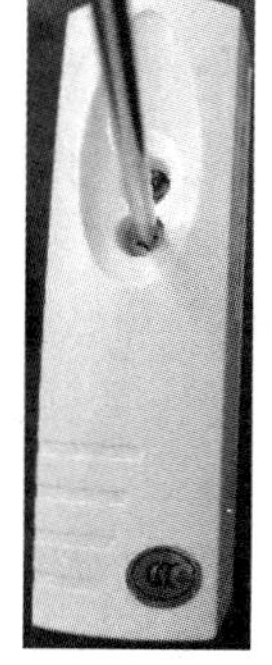
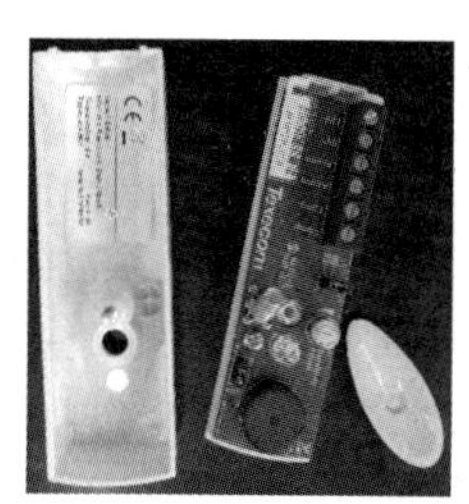

图2-74　振动探测器

（2）用万用表电阻挡或蜂鸣挡测试报警输出、防拆端子、防拆开关的导通性是否完好。

（3）将探测器连接线缆沿引线槽引至探测器接线端子排，根据探测器的警戒范围确定适当的安装高度，用随机附带的螺钉将探测器底板固定在被保护面上，并保证底板与被保护面紧固连接。

（4）安装时，将探测器底板与安装面贴平，用记号笔在安装孔位做好标记，根据出线孔位置在探测器底板上做标记，并开好固定孔。

（5）根据探测器连线说明书连接电源线缆，确保探测器电源正、负极的连线正确。

（6）完成电路连接后，不许把多余导线卷入探测器中。为探测器接线完毕后，将印制电路板装好后盖并合上前盖。

（7）通电调试，对探测器进行入侵报警与防拆调试。注意使用螺钉旋具在探测器边缘敲击发出振动即可。

（8）实训结束后，使用 CAD 画图，画出接线端子图、电路连接图、安装示意图等，并按要求完成安装与调试说明书。

6．调试要求

要求验证振动探测器的常闭触点和防拆触点，安装完成后，按照电路图完成接线并给探测器通电。通电自检完成后进行测试，分别对防拆和振动报警进行测试。

7．实训注意事项

（1）注意保护电路板拆下的螺钉。

（2）警戒区域不应有其他的振动干扰源，以减少误报警。

（3）探测器应安装在被保护面的垂直中线位置，安装数量根据被保护面的面积和探测器防护范围确定。

（4）探测器必须与安装面紧固连接，以减少振动源至探测器之间的信号衰减。

任务 7　玻璃破碎探测器的安装与调试

玻璃破碎探测器的安装与调试

任务描述

在各大影视剧中，经常能看到主角利用高科技破窗而入获取目标物，如何利用安全防范技术手段对密闭的玻璃窗或玻璃柜进行防护呢？

任务分析

玻璃破碎探测器属于面型探测器，是专门用来探测玻璃破碎的一种探测器，玻璃在破碎时发出的声音的主要频率为 10～15kHz，其他能达到这种频率的声源很少，而玻璃破碎探测器是一种只对玻璃破碎时发出的特殊的高频声响敏感的特殊的声控探测器。玻璃破碎探测器可以对高频的玻璃破碎声音（10～15kHz）进行有效检测，而对 10kHz 以下的声音信号（如说话、走路声）有较强的抑制作用。

知识准备

2.7.1　玻璃破碎探测器的工作原理

玻璃破碎探测器按照工作原理的不同大致分为两大类：一类是声控型的单技术玻璃破碎探测器，它实际上是一种具有选频作用（带宽 10～15kHz）的具有特殊用途（可将玻璃破碎时产生的高频信号驱除）的声控报警探测器；另一类是双技术玻璃破碎探测器，其中包括声控/振动型和次声波/玻璃破碎高频声响型。

声控/振动型双技术玻璃破碎探测器是将声控与振动探测两种技术组合在一起，只有同时探测到玻璃破碎时发出的高频声音信号和敲击玻璃引起的振动，才发出报警信号。

次声波/玻璃破碎高频声响双技术玻璃破碎探测器是将次声波探测技术和玻璃破碎高频声响探测技术组合在一起，只有同时探测到敲击玻璃和玻璃破碎时发出的高频声响信号和引起的次声波信号才触发报警。

2.7.2 玻璃破碎探测器的安装原则

（1）玻璃破碎探测器适用于一切需要警戒玻璃防碎的场所。

（2）安装时应将声电传感器正对着警戒的主要方向。

（3）安装时要尽量靠近所要保护的玻璃，尽可能地远离噪声干扰源，以减少误报警。

（4）窗帘、百叶窗或其他遮盖物会部分吸收玻璃破碎时发出的能量，要特别注意。

（5）探测器不要装在通风口或换气扇的前面，也不要靠近门铃，以确保工作可靠性。

2.7.3 玻璃破碎探测器的安装

根据玻璃破碎探测器安装位置的不同，安装方法有吸顶、墙面和玻璃表面安装 3 种。

1. 吸顶、墙面安装

将探测器底板与安装面贴平摆正，用记号笔在底板安装孔位置做好标记。用冲击钻在安装孔标记处打孔，将适宜的塑料胀管塞入，使塑料胀管入钉孔与墙面平齐。将探测器底板固定孔与顶板、墙面安装孔对正，用适宜的自攻螺钉将底板牢固固定。

2. 玻璃表面安装

根据探测器类型、探测范围和被保护玻璃的大小拟定安装位置。

用无水乙醇将探测器底板、玻璃内侧拟定安装位置清洗干净。在探测器底板涂抹透明玻璃胶或其他黏合剂，将探测器正对安装位置粘贴在玻璃上压紧压实，并调整探测器。待玻璃胶或黏合剂固化后，确保探测器固定在玻璃上。

玻璃破碎探测器是通过粘贴在玻璃内侧进行安装的，玻璃破碎探测器要尽量靠近所要保护的玻璃，尽量远离干扰源，如尖锐的金属撞击声、铃声、汽笛声等，以减少误报警。玻璃破碎探测器的安装图如图 2-75 所示。

（a）玻璃破碎探测器在窗上安装

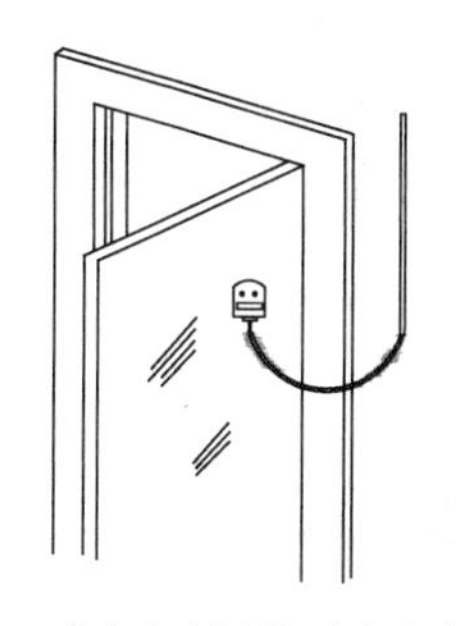

（b）玻璃破碎探测器在门上安装

图 2-75 玻璃破碎探测器的安装图

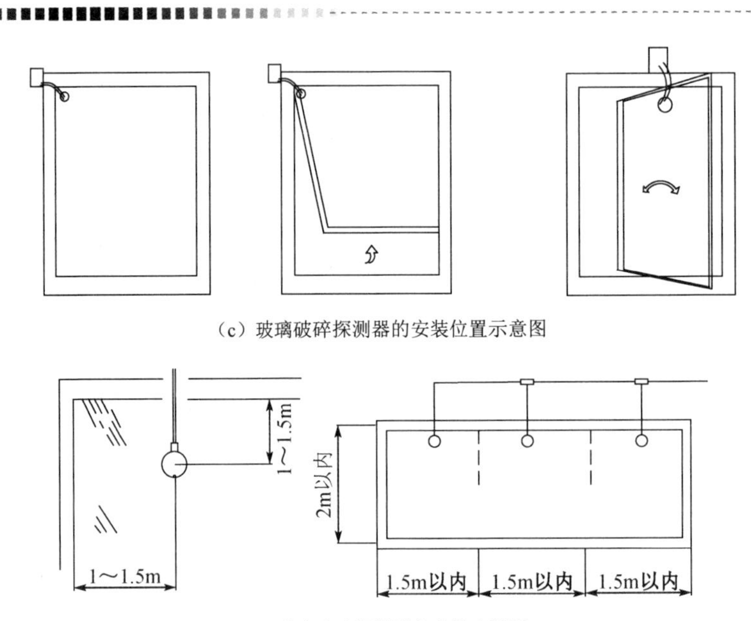

（c）玻璃破碎探测器的安装位置示意图

（d）玻璃破碎探测器的安装方法图

图 2-75　玻璃破碎探测器的安装图（续）

2.7.4　玻璃破碎探测器的接线

以大华 DH-ARD511 玻璃破碎探测器为例进行说明。

使用一字螺钉旋具抵开卡口，取下外壳，DH-ARD511 玻璃破碎探测器的外形图如图 2-76 所示。DH-ARD511 玻璃破碎探测器电路板与接线端子图如图 2-77 所示。

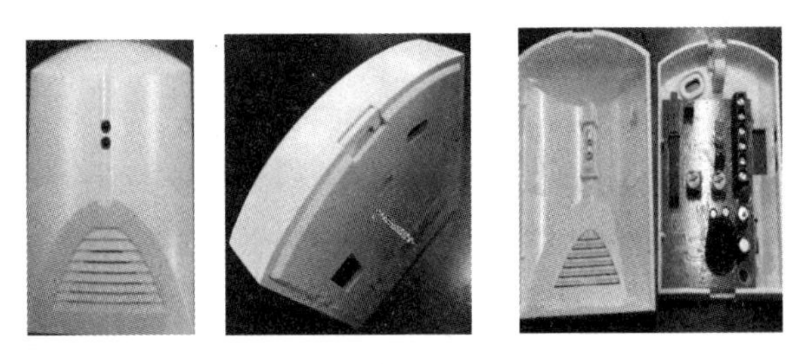

图 2-76　DH-ARD511 玻璃破碎探测器的外形图

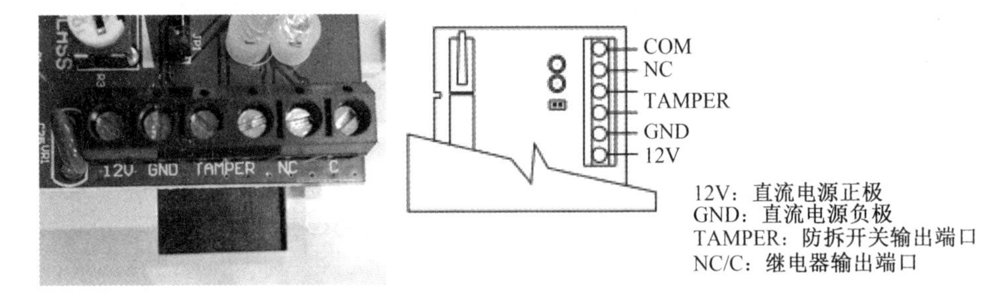

图 2-77　DH-ARD511 玻璃破碎探测器电路板与接线端子图

2.7.5　玻璃破碎探测器的调试

通常，玻璃破碎探测器的调试只能通过玻璃破碎测试器进行。然而，由于玻璃测试器也只能发出高频段信号，因此需要通过探测器上的 LED 指示灯来确认探测器是否有效。可通过玻璃破碎测试器、拍手声（或从网上下载玻璃破碎声音）检测其功能运作的情况。

2.7.6 玻璃破碎探测器的安装与调试实训

1. 实训目的

（1）能够按工程设计及工艺要求对玻璃破碎探测器进行检测、安装、连线与调试。
（2）对玻璃破碎探测器的安装质量进行检查。
（3）会编写玻璃破碎探测器安装与调试说明书。

2. 必备知识点

（1）掌握玻璃破碎探测器的工作原理。
（2）了解当前玻璃破碎探测器的主流品牌与安装方式。
（3）熟悉玻璃破碎探测器的接线端子及其使用方法。
（4）熟悉玻璃破碎探测器的调试方法。
（5）会使用电源、玻璃破碎探测器与闪光报警灯组成报警电路。
（6）会将玻璃破碎探测器接入报警控制器中。

3. 实训设备与器材

DH-ARD511 玻璃破碎探测器	1 个
二芯线缆与四芯线缆	若干
闪光报警灯	1 个
直流 12V 电源	1 个
万用表	1 个
螺钉旋具	若干
电源线（三插头）	1 个

4. 实训内容

将玻璃破碎探测器安装在指定位置，并使用闪光报警灯、直流 12V 电源、导线组成一个简单的入侵报警检测电路。当检测到有玻璃破碎声或者探测器外壳被打开而触发报警后，闪光报警灯会有状态改变（亮到灭或灭到亮）。要求先画出电路示意图，然后安装、连线与调试。

按照图 2-78 接线，验证玻璃破碎探测器的常闭触点与防拆触点。接线完成并安装好后，给探测器通电。通电自检完成后进行测试，分别对防拆功能和玻璃破碎探测功能进行测试。

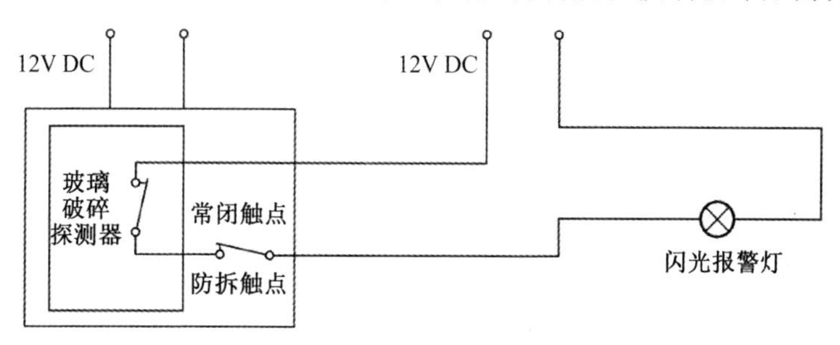

图 2-78 玻璃破碎探测器接线图

5．实训要求

（1）将玻璃破碎探测器从包装盒内取出，检查型号、外观等。

（2）使用一字螺钉旋具抵开外壳，拿下探测器外壳。仔细查看接线端子、LED 指示灯等。玻璃破碎探测器的打开示意图如图 2-79 所示。

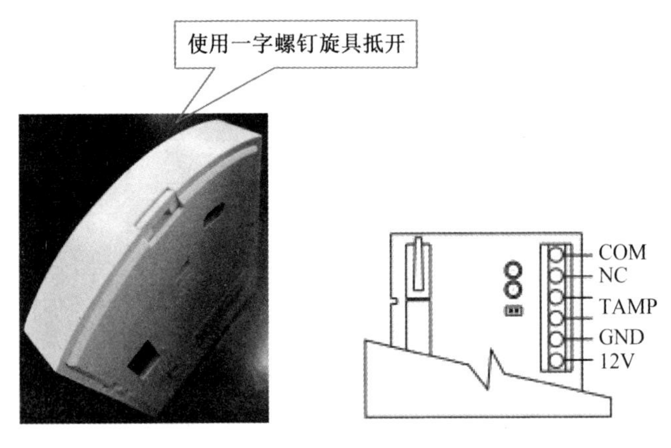

图 2-79　玻璃破碎探测器的打开示意图

（3）用万用表电阻挡或蜂鸣挡测试 NC 端子、COM 端子、防拆开关的导通性是否完好。

（4）取下电路板，以底座为模板，根据探测器的警戒范围确定适当的安装高度。

（5）根据出线孔位置在探测器底板上做标记，并开好固定孔。布置所需的导线。把导线拉至底座后部并穿过导线入口，将探测器连接线缆沿引线槽引至探测器接线端子排。布线前，确保导线未通电。

（6）安装时，将探测器底板与安装面贴平，用记号笔在安装孔位置做好标记，用随机附带的安装螺钉或选配适当长度的螺钉将探测器固定在安装位置上。

（7）供电电源为交流 12V 电源，确保探测器电源正、负极的连线正确。

（8）报警输出接线端子可根据需要选择常开或常闭报警开关回路。探测器报警时此回路将形成开路。

（9）考虑防拆开关，移开外壳时此回路将形成开路。不要将多余的电线绕在探测器内。

（10）合上外壳。

（11）通电调试，从网上下载并播放玻璃破碎声音，进行玻璃破碎探测功能测试；打开探测器外壳模拟防拆报警。

（12）实训结束后，使用 CAD 画图，画出接线端子图、电路连接图、安装示意图等，并按要求完成安装与调试说明书。

6．调试要求

要求验证玻璃破碎探测器的常闭触点和防拆触点，安装完成后，按照电路图完成接线并给探测器通电。通电自检完成后分别对防拆和报警进行测试。

7．实训注意事项

（1）在安装玻璃破碎探测器前应该使用专用测试仪或从网上下载玻璃破碎声音，进行玻璃破碎探测功能测试，确定安装位置符合防护要求方可打孔或粘贴。

（2）安装时，尽量远离干扰源，比如尖锐的金属撞击声、铃声、汽笛声等。

（3）玻璃破碎探测器在安装后不应影响门、窗的开闭。

（4）被保护玻璃及玻璃破碎探测器之间不能有障碍物。

（5）明配管线可选金属管、金属槽或阻燃 PVC 线槽，布线尽量隐蔽。

（6）玻璃破碎探测器用于探测玻璃被打碎的情形，但它不会探测子弹穿孔、自然破裂（无撞击）及卸下玻璃等情形。

任务 8 报警控制器的安装与调试

任务描述

在安全防范工程项目中，选择各类探测器在不同的使用场所进行防护，各个探测器不能单独散落在各个角度，必须通过报警控制器统一进行管理。如何将探测器统一进行管理，及时找到报警点位，对快速处理警情非常重要。

任务分析

报警控制器是入侵报警系统的核心，负责控制、管理本地报警系统的工作状态；收集探测器发出的信号，按照探测器所在防区的类型与控制器的工作状态（布防/撤防）做出逻辑分析，进而发出本地报警信号，同时通过通信网络向接警中心发送特定的报警信息。

知识准备

2.8.1 报警控制器的工作状态

报警控制器是在入侵报警系统中实施设置警戒、解除警戒，判断、测试、指示、传送报警信息及完成某些控制功能的设备，由探测源信号收集单元、输入单元、自动监控单元、输出单元组成。同时，为了使用方便，增加功能，增加了辅助人机接口键盘、显示部分、输出联动控制部分、计算机通信部分、打印机部分等。

报警控制器主要有以下 5 种基本工作状态：布防状态、撤防状态、旁路状态、24h 监控状态、系统自检与测试状态。

1. 布防状态

布防（又称设防）状态是指启动报警系统，使入侵探测器进入警戒状态。当操作人员执行了布防指令后，如从键盘输入布防密码后，使该系统的探测器开始工作，并进入正常警戒状态。布防通常有常规布防、外出布防、留守布防、紧急布防等几种形式。常规布防是指使所有防区立即处于布防状态；外出布防是人员欲外出时设置的，报警系统经过一段事先设定的时间后，所有防区进入布防状态；留守布防允许人员留在部分防区活动而不报警（留守防区需要事先设定），而其余防区进入布防状态；紧急布防是指在紧急状态下不管系统是否开启，直接进入布防状态的布防。

2. 撤防状态

撤防状态是指使报警控制器退出警戒状态或指消除刚才的警示信号，使之恢复正常的准备状态。当操作人员执行了撤防指令后，如从键盘输入撤防密码后，使该系统的探测器不能进入正常警戒工作状态，或从警戒状态下退出，使探测器无效。其中比较特殊的撤防为胁迫撤防，它主要用于被人挟持，强迫关闭报警系统时，系统可在无声状态下自动进行电话报警。

3. 旁路状态

旁路状态是指某防区暂时停止使用，当操作人员执行了旁路指令后，该防区的探测器就会从整个探测器的群体中被旁路掉（失效），而不能进入工作状态，也不会受到对整个报警系统布防、撤防操作的影响。在一个报警系统中，可以只将其中一个探测器单独旁路掉，也可以将多个探测器同时旁路掉（又称群旁路）。

4. 24h 监控状态

24h 监控状态是指某些防区的探测器处于常布防的全天候工作状态，一天 24h 始终正常警戒（如用于火警、匪警、医务救护用的紧急报警按钮，感烟火灾探测器，感温火灾探测器等）。它不会受到布防、撤防操作的影响，这也需要通过对系统的事先编程来确定。

5. 系统自检与测试状态

系统自检与测试状态是指在系统撤防时操作人员对报警系统进行自检或测试的工作状态，如可对各防区的探测器进行测试。当任何一个防区被触发时，键盘都会发出声响。

2.8.2 报警控制器的防区布防类型

防区是指入侵探测器的警戒区域，有多种类型。不同厂商生产的报警控制器的防区布防类型在编程表中不一定设置得完全相同，但综合起来看，常见的防区类型主要有以下 3 种。

（1）24h 防区：即 24h 均处于警戒状态下的防区。任何时候触发都有效，如安装紧急报警按钮、消防烟雾传感器和有害气体传感器等装置的区域。

（2）即时防区：一旦布防后，触发立即有效，如安装防入侵的主动红外探测器、窗磁传感器等装置的区域。

（3）延时防区：系统预留时间供主人布防和撤防，主人回家后触发探测器，若在有效时间内撤防，则系统不报警，否则系统报警。

注：退出延时为主人离家布防时预留有效时间，若在该时间段内触发探测器报警，则系统不报警，从而有效降低误报率。

无线控制器对无线探测器和系统工作状态的控制及布撤防类型如下。

（1）无线控制器与无线探测器之间通过国家无线电管理委员会认可的非管制无线频率 433.92MHz 进行通信，探测设备主要有无线红外探测器、门磁、遥控器、烟感探测器、可燃气体中继器等，操作人员可在无线控制器液晶面板上按厂商规定的操作码进行操作。只要输入不同的操作码，就可通过报警控制器进行编程和对探测器的工作状态进行控制。

（2）无线控制器的布撤防方式：通过面板直接操作，通过遥控器和手机 App 进行控制。

（3）无线控制器可以通过电话线、有线网络、Wi-Fi、GPRS 等多种方式向联网报警中心发送报警信息。

2.8.3　报警控制器防区接入口

探测器的报警接入口有常开和常闭两种触点，探测器与报警控制器防区的接入口如果采用常闭触点，那么需要串联线尾电阻；如果采用常开触点，那么需要并联线尾电阻。因此报警控制器防区接入口一般有如下 3 种状态。

（1）有阻值（如 10kΩ）：正常情况。就是在传感器的输出接口并联或串联一个电阻来实现。

（2）短路：触发报警。传感器动作后在防区接口对地短路，触发控制器报警。

（3）开路：被剪断报警。当剪断传感器接口和防区接口的连线时，防区接口就形成开路，触发控制器报警。

2.8.4　报警控制器的安装原则

1．检查安装位置

检查控制器安装位置的墙面、管线路由情况，尽量选择坚固的墙面和便于敷设线管、线槽的安装位置。

2．安装报警控制器

（1）根据控制器的安装高度与安装孔距的要求，用记号笔在墙面或其他固定件上做标记。

（2）根据前端设备与控制器连接的线管线槽敷设位置、管径、线槽规格及拟定的控制器安装位置，使用相应规格的金属开孔器在控制器机箱上钻线管连接孔或使用砂轮锯开线槽连接孔。

（3）为控制机箱钻孔或切口后，将边缘毛刺清理干净，使用锉刀将切口打磨平滑。

（4）用冲击钻在安装孔标记处打孔。

（5）将不小于$\phi 6$ 的膨胀螺钉塞入打好的安装孔，使膨胀螺钉的塑料胀管与墙面平齐。

（6）将报警前端控制器机箱固定孔与已安装的膨胀螺钉对正，将机箱挂在螺栓上，调整控制器位置至平直并紧贴墙面，将平垫片与弹簧垫圈套入螺栓，旋紧螺母或螺钉。

3．引入、连接线缆

将前端设备的线管线槽与控制器紧固连接，将连接线缆引入控制器，按照报警前端控制器接线图、前端设备接线表等技术文件的要求连接线缆。

2.8.5　大华报警控制器的编程与调试

大华报警主机的硬件连接

1．报警控制器的接线端子

下面以 DH-ARC2008C 报警控制器为例进行说明。打开报警控制器外壳，露出电路板与接线端子，DH-ARC2008C 报警控制器的接线端子图如图 2-80 所示。

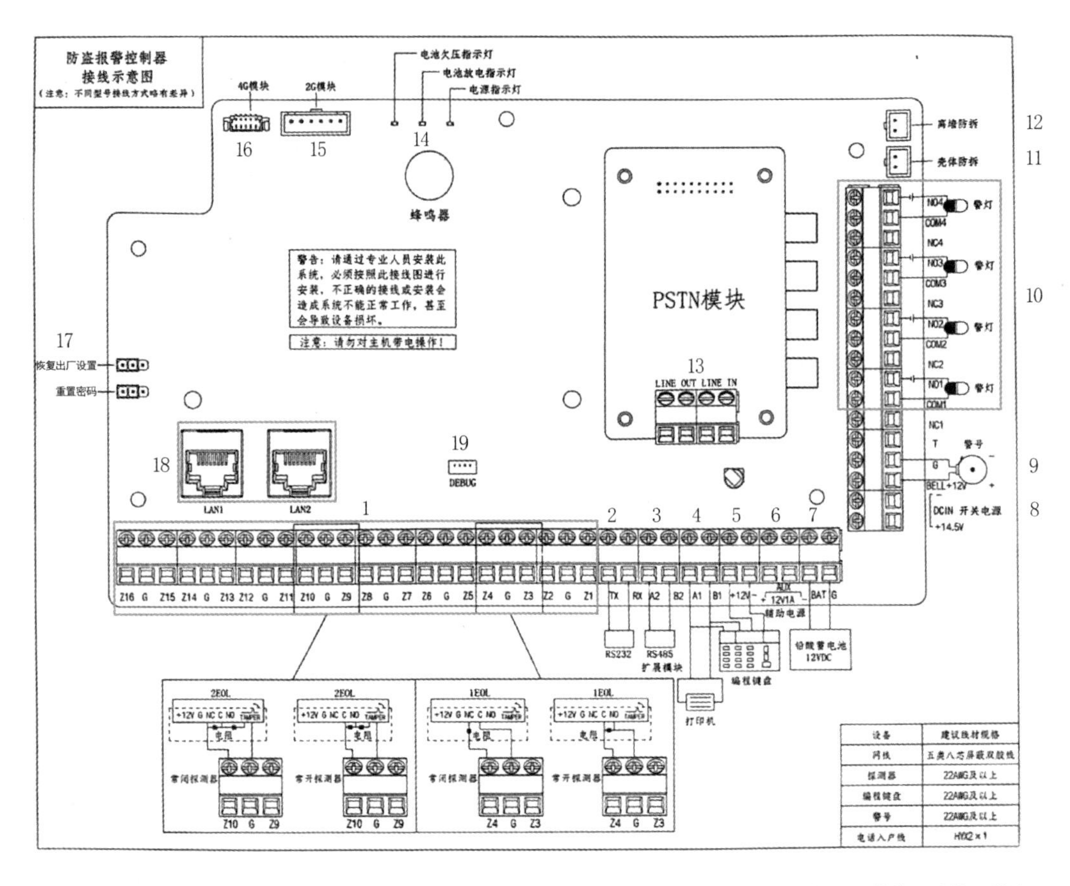

1—本地报警输入接口，支持 8 路报警输入；2—RS-232 接口；3—A2.B2 用于接入 RS-485 扩展报警输入或输出模块；
4—A1.B1 打印机或键盘接口；5—报警编程键盘电源接口；6—DC 12V 辅助电源接口，其他设备模块供电电源；
7—DC 12V 铅酸蓄电池接口；8—DC 14.5V 电源接口；9—BELL、G 为警号接口，T 为警号防拆；
10—本地报警输出接口，支持 4 路报警输出；11—壳体防拆开关接口，支持 4 路报警输出；12—离墙防拆开关接口；
13—LINE OUT 为电话机接口，LINE IN 为用户线接口；14—状态指示灯，从左往右依次为电池在位或欠压指示灯、
电池放电指示灯、电源指示灯；15—2G 模块接口；16—4G 模块接口；17—恢复出厂设置接口和重置密码接口；
18—网络接口，设备的 LAN1 默认 IP 地址为 192.168.1.108，LAN2 的默认 IP 地址为 192.168.2.108；
19—DEBUG 接口，调试使用。

图 2-80　DH-ARC2008C 报警控制器的接线端子图

1）报警输入接线

DH-ARC2008C 支持 8 路本地报警输入，对应接口为 Z1～Z8，支持常开、常闭探测器的两态接法、四态接法和五态接法。若无须接入探测器的防拆，则需要将主机配置成两态接法；若需要支持探测器的防拆，则需要将主机配置成四态接法；若需要支持探测器的防拆和防遮挡，则需要将主机配置成五态接法，如图 2-81 和图 2-82 所示。

（1）一态（0EOL）接法：不接电阻，直接接入探测器，探测器状态发生改变即报警。

（2）两态（1EOL）接法：探测器串联接入 1 个电阻，探测器线路发生短路、断路或状态改变都会报警。

（3）四态（2EOL）接法：探测器串联接入 2 个电阻，探测器线路发生短路、断路、状态改变或探测器被拆开都会报警。

（4）五态（3EOL）接法：探测器串联接入 3 个电阻，探测器线路发生短路、断路、状态

改变、探测器被拆开或探测器被遮挡都会报警（目前国内暂时无防遮挡的探测器）。

EOL（End of Line，线尾电阻）一般连接在线尾，与探测器串联使用（防短、防断、防拆）。

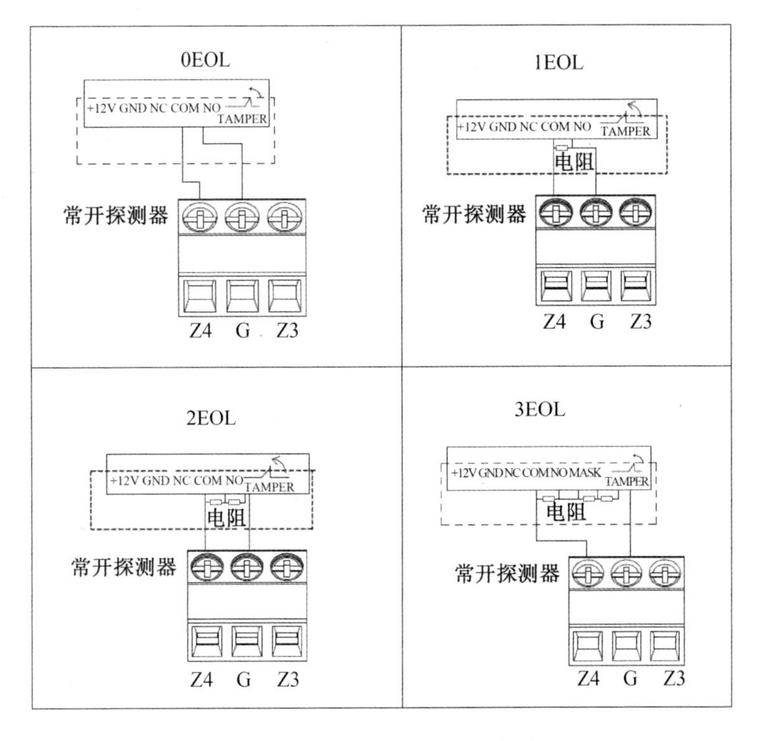

图 2-81　探测器接线（常开类型）

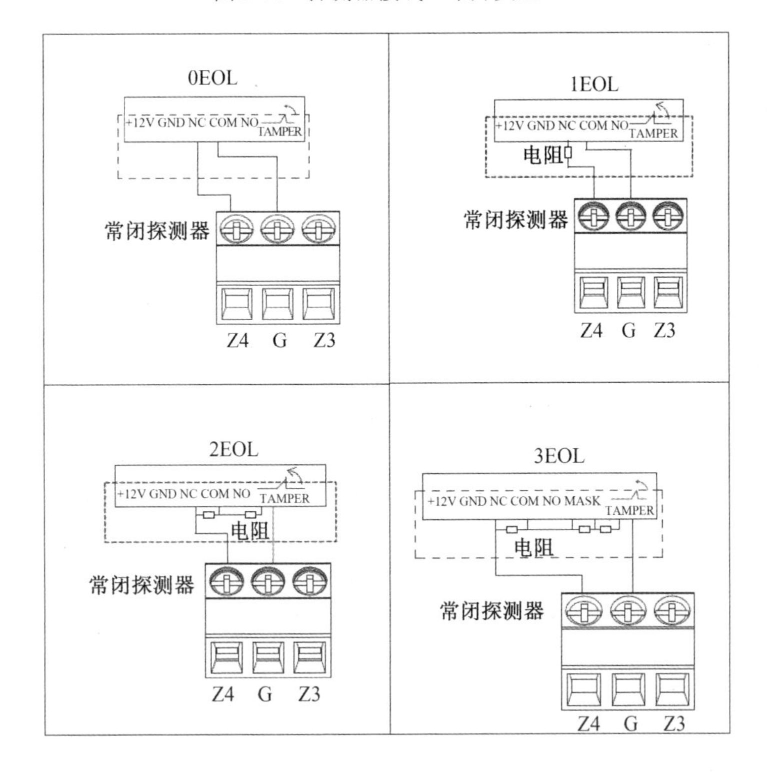

图 2-82　探测器接线（常闭类型）

控制器本地 8 个防区需要接 2.7kΩ电阻，使用前应先确保每一路电阻已经正确接好。如果本地的 8 个防区输入有不用的情况，不接探测器时，那么默认也要加入 2.7kΩ的短接电阻（注意是 2.7kΩ电阻）；或者使用 Web 软件把本地的不使用的防区（默认是 1～16 通道）进行“隔离或旁路”处理，否则，不使用的防区会出现报警触发事件，影响系统布防设置等基本操作。

2）键盘连接

键盘是报警系统中的控制指示设备，可以将报警信息以图像、文字的形式直观展示出来，也可以实现对报警控制器的相关配置。

键盘的“B”和“A”接口分别连接报警控制器的 B1 和 A1 接口，“-”和“+”接口分别连接报警控制器的接地“-”接口和“+12 V”接口。键盘连接示意图如图 2-83 所示。键盘前面板示意图如图 2-84 所示。

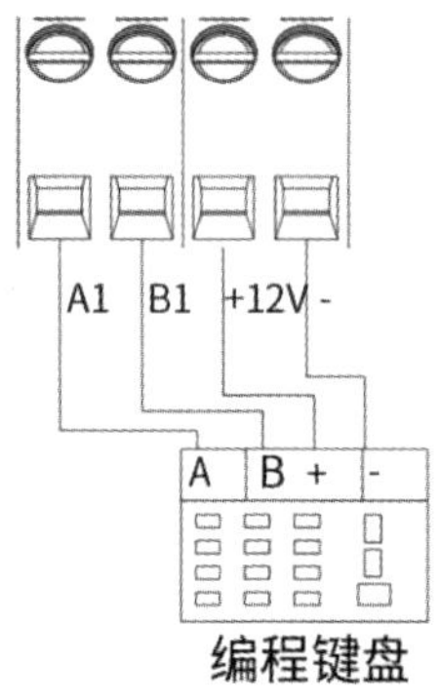
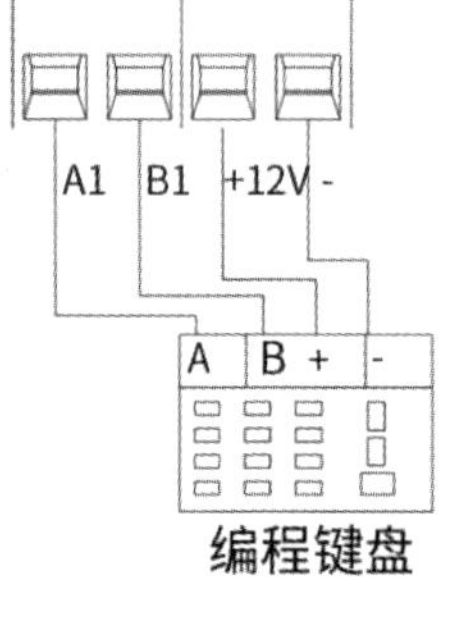

图 2-83　键盘连接示意图

图 2-84　键盘前面板示意图

键盘上电后，按住ENTER键，给键盘上电，同时按住ENTER键不松手，直至键盘界面被点亮并显示操作语言选项（中文和 English）。

通过∧或∨键，选择合适的语言后，按ENTER键。

通过∧或∨键，选择“RS-485 地址”后，按ENTER键，输入键盘地址，再次按ENTER键。断电重启键盘。

键盘前面板图标说明表如表 2-5 所示。

表 2-5　键盘前面板图标说明表

图标	名称	意义
	故障图标	• 发生故障：红色常亮。 • 无系统故障：熄灭
	布撤防指示灯	• 绿色常亮：处于布防状态。 • 熄灭：处于撤防状态
	网络指示灯	• 连接正常：绿色常亮。 • 连接有异常：熄灭
	通信指示灯	• 绿色闪烁：键盘成功注册到报警控制器。 • 熄灭：键盘未注册到报警控制器
	菜单键	• 进入主菜单界面。 • 返回上一级菜单。 • 在输入界面短按此键，清除上一个输入的编码。 • 在主界面短按此键，查看防区状态

续表

图标	名称	意义
0~9	数字符号键	输入数字（0~9）
	*键	符号键（*）。在全局模式下长按此键 3s，查询本地信息，按上翻页键和下翻页键切换页面
	#键	符号键（#）
	火警键	在任何模式下长按此键 3s，设备都会向报警控制器发送火警信息
	医疗键	长按此键 3s，设备向报警控制器发送医疗报警信息
	上翻页键	• 在菜单中按此键可向上翻页。 • 在主界面下短按此键，查询子系统布撤防状态
	下翻页键	• 在菜单中按此键可向下翻页。 • 在主界面下短按此键，查询设备故障状态
	确认键	确认设置按键
	一键布防	长按此键 3s，对所有的子系统执行布防操作
	旁路按键	对防区执行暂时旁路操作

3）警号接线

警号的接口负载能力为 12V/1A。警号正极接入 BELL，警号负极接入 G，警号接线示意图如图 2-85 所示。

4）报警输出接线

报警输出接线支持 4 路报警输出，对应接口为（NC1.COM1.NO1）~（NC4.COM4.NO4）。报警输出接线图如图 2-86 所示，图中的 NC 表示常闭端，COM 表示公共端，NO 表示常开端。

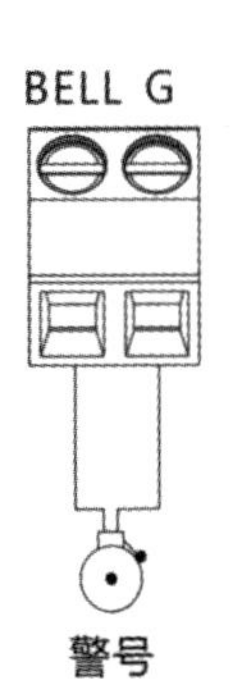

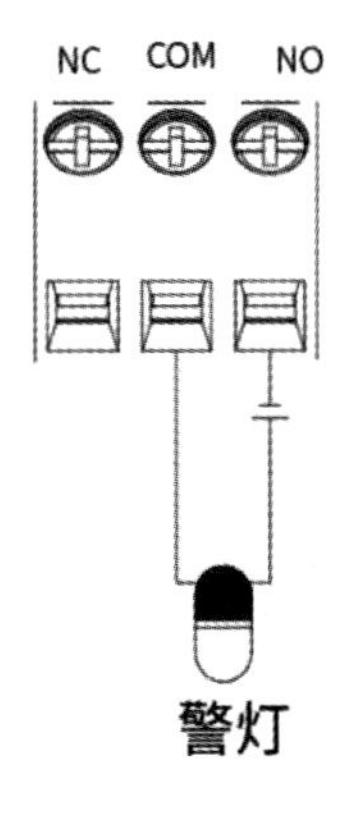

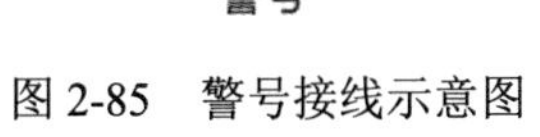

图 2-85　警号接线示意图　　图 2-86　报警输出接线图

外接设备（如闪光报警灯）需要单独供电，闪光报警灯的负载能力小于或等于 12V/1A。

5）PSTN 接线

图 2-87 所示为 PSTN 接线图，左侧端子接话机线，右侧端子接入户线。

图 2-87　PSTN 接线图

2. 报警控制器的密码设置

大华报警主机的编程与调试

首次使用或者在恢复出厂设置后首次使用设备时，需要设置 admin 用户的登录密码，同时可设置预留手机号码，用于在遗忘管理员登录密码时重置密码。设备的 LAN1 默认 IP 地址为 192.168.1.108，LAN2 默认 IP 地址为 192.168.2.108。

将计算机的 IP 地址设置为与报警控制器的 IP 地址同一个网段后打开浏览器，在地址栏中输入设备的默认 IP 地址，按“Enter”键。

（1）设置设备所在位置的时区和系统时间，单击“下一步”按钮，如图 2-88 所示。

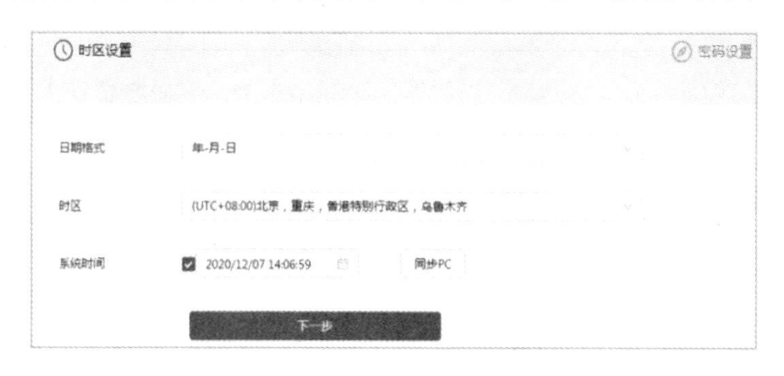

图 2-88　时区和系统时间设置

（2）设置 admin 用户的登录密码。将密码设置为 8～32 位非空字符，密码可以由字母、数字和特殊字符（除“'”“"”“;”“:”“&”外）组成。密码必须由其中的 2 种或 2 种以上字符组成，请根据密码强弱提示设置高安全性密码。admin 用户的登录密码设置如图 2-89 所示。

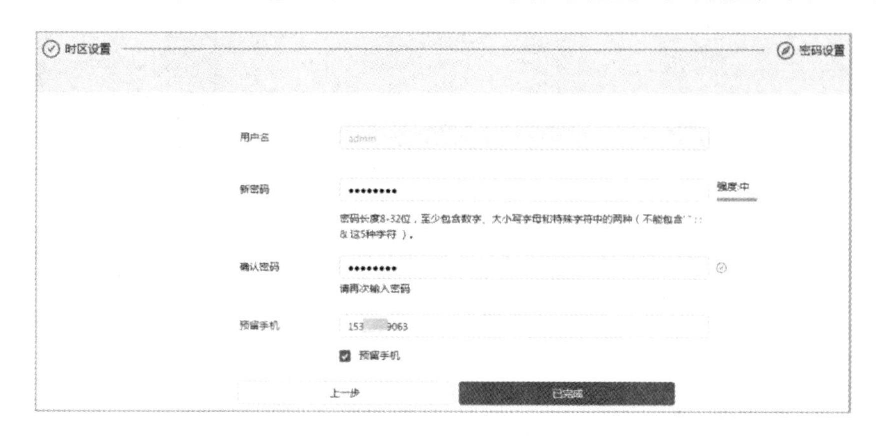

图 2-89　admin 用户的登录密码设置

勾选“预留手机”复选框，输入预留的手机号码。输入预留的手机号码后，在重置密码时，扫描二维码，输入预留手机号码后接收到的安全码可重置 admin 用户的登录密码。单击“已完成”按钮后，系统提示初始化成功，并显示登录界面，如图 2-90 所示。

图 2-90　登录界面

建议使用版本为谷歌 41.0 及以上、IE9.0 及以上或火狐 50.0 及以上的浏览器，也可在浏览器地址栏中输入设备的 IP 地址，按“Enter”键。

输入用户名和密码，单击“登录”按钮。

3. 报警控制器的调试

1）设置 IP 地址

设置计算机的 IP 地址，使之与报警控制器的 IP 地址为同一个网段。

在浏览器地址栏中输入设备的 IP 地址，按“Enter”键。

输入用户名和密码，单击“登录”按钮进入报警控制器界面，如图 2-91 所示，选择“网络设置”选项，如图 2-92 所示，可根据要求修改设备的 IP 地址。

图 2-91　报警控制器界面

图 2-92　网络设置界面

2）防区设置

在图 2-91 中选择“报警配置”选项，进入防区配置界面，如图 2-93 所示，单击图中的按钮进行各个防区的传感器感应方式、防区类型和传感器类型等的设置。防区类型与探测器类型设置如图 2-94 所示。防区参数说明表如表 2-6 所示。

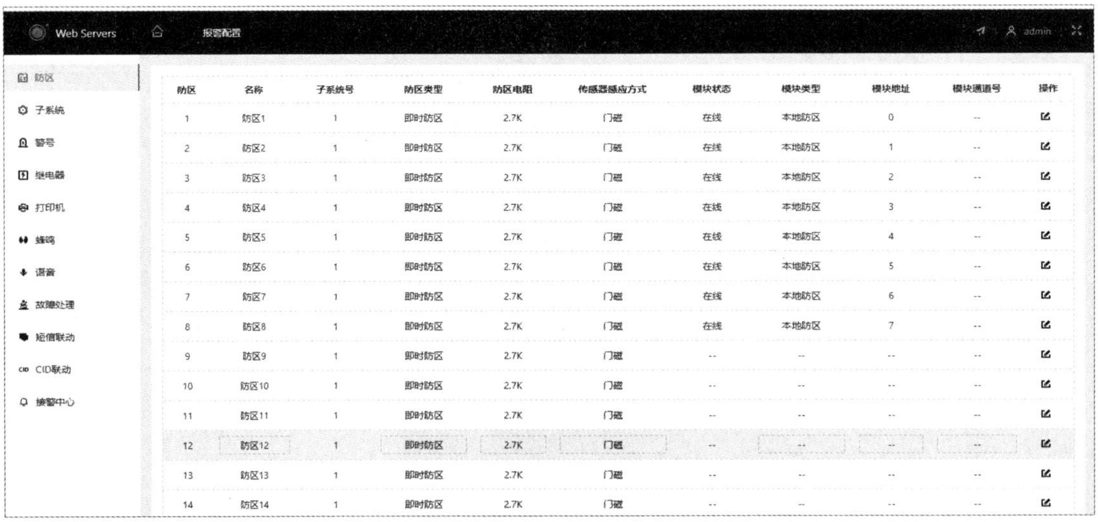

图 2-93　防区配置界面

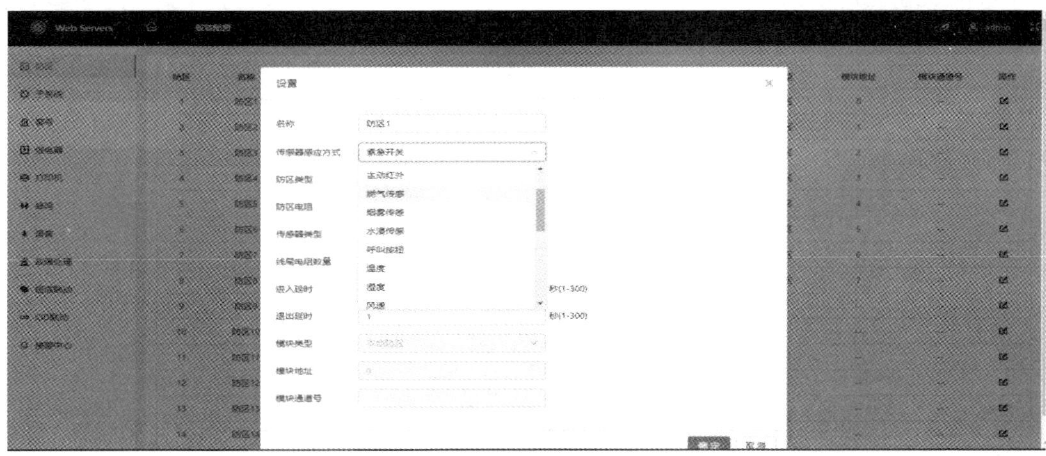

图 2-94　防区类型与探测器类型设置

表 2-6　防区参数说明表

参数	说明
传感器感应方式	根据实际接入的探测器类型选择
防区类型	根据实际需要选择
防区电阻	MBUS 模块选择 10kΩ电阻，其他根据实际需要选择。2.7kΩ、4.7kΩ、6.8kΩ、10kΩ（MBUS）
传感器类型	根据传感器类型（探测器类型），选择“常开”或者“常闭”
线尾电阻数量	根据实际需要选择，一般选择 0EOL（没有电阻的情况下，正常+报警）或 1EOL（默认值，正常+报警）；如果需要支持防短、防拆功能，那么请选择 2EOL（正常+报警+防短+防拆）；如果需要支持防遮挡功能，那么请选择 3EOL（正常+报警+防短+防拆+防遮挡）
进入延时	单位为 s，当系统处于布防状态时，一旦触发该防区，则启动倒计时系统不会马上发出报警，允许操作者在该时间段内对系统撤防，但若系统未撤防，则延时结束后系统即发出报警
退出延时	单位为 s，系统布防后提供一段设置好的延时时间，在该时间段内触发带延时功能的防区，系统不会发出报警，并且在延时结束后，这些防区才真正工作起来
模块类型	根据实际配套模块选择。MBUS、RS-708、RS-808
模块地址	按照实际模块的地址填写，建议地址从 0 开始按顺序设置。ARM801：0～254；ARM802：0～254；ARM808：0～127；ARM911：0～254；RS-708：0～15；RS-808：0～15
模块通道号	根据实际情况填写。ARM801：1；ARM802：1～2；ARM808：1～8；ARM911：1；RS-708：1～8；RS-808：1～8

3）子系统设置

报警主机采用总线制模式时，需要进行子系统的配置，比如将防区 1 与防区 2 设置为子系统 1 等分组设置。若系统仅使用分线制，则可忽略该设置。

设置日常布撤防计划，配置子系统的布撤防时间和模式。

在图 2-95 所示的“子系统”界面中，在“子系统”下拉菜单中选择子系统，关联绑定防区和键盘。

图 2-95　子系统设置界面

单击图 2-95 中的“复制”按钮，可将时间计划应用到其他日期。

单击“日常布撤防计划”选区的“设置”按钮，设置布撤防时间（默认开始时间为布防时间，结束时间为撤防时间）和布撤防模式，如图 2-96 所示。

图 2-96　日常布撤防计划

日常布撤防计划-设置参数说明表如表 2-7 所示。

表 2-7　日常布撤防计划-设置参数说明表

参数	说明
开始时间有效	到达开始时间执行布防操作，结束时间无效，不执行撤防操作
结束时间有效	开始时间无效，不执行布防操作，到达结束时间执行撤防操作
两个都有效	到达开始时间执行布防操作，到达结束时间执行撤防操作
自动模式	默认选择项，在没有故障或防区异常的情况下，到达指定时间自动布撤防成功。当防区有故障时，若选择自动模式，则布防失败
强制模式	给防区强制布防，布防成功

启用日常布撤防计划。单击“基本设置”选区的“设置”按钮，选择日期，启用布撤防计划时间，如图 2-97 所示。单击“确定”按钮，完成设置。

图 2-97　日期选择界面

4）警号设置

警号设置是指设置警号报警时长，可根据不同的防区设置。在“报警配置”界面选择“警号”选项，如图 2-98 所示。

图 2-98　警号设置

警号参数说明表如表 2-8 所示。

表 2-8　警号参数说明表

参数	说明
持续时间	输出报警时间，即报警时报警声音持续的时间
联动事件配置	主机发生事件时，会联动警号输出 防区报警事件 ：选择需要设置的防区。 子系统事件：子系统布防、撤防后的联动。如布防子系统 1 后，联动警号 1 输出。 全局事件：当发生系统事件或紧急事件时，联动警号输出

5）继电器设置

继电器设置即配置外接继电器，设置各个通道的继电器输出情况，当主机发生事件时，联动继电器输出，若不使用扩展功能，则忽略该步骤。

在“报警配置”界面选择“继电器”选项，单击 按钮进行参数配置，如图 2-99 所示。

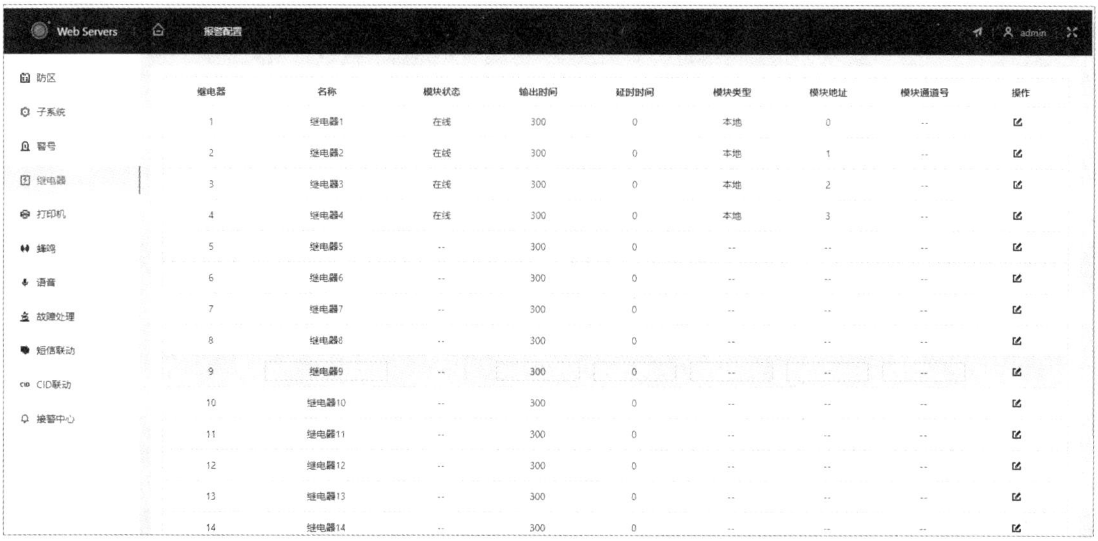

图 2-99　继电器配置

6）故障检测设置

设置主机故障检测项，当发生故障时产生联动报警；关联故障键盘，当发生故障时，键盘灯被点亮或键盘有声音输出。登录 Web 界面，选择“报警配置”→“故障处理”选项，启用需要的故障检测项。例如，当未接入蓄电池时，可以在该选项中取消蓄电池检查报警等信息。故障检测设置如图 2-100 所示。

7）旁路设置

在报警管理的“防区”选项中进行旁路设置。选择需要旁路的防区，进行永久或者暂时旁路，如图 2-101 所示。在主界面选择“报警管理”选项，进入旁路设置界面，在左侧栏中找到旁路后进行相关设置。

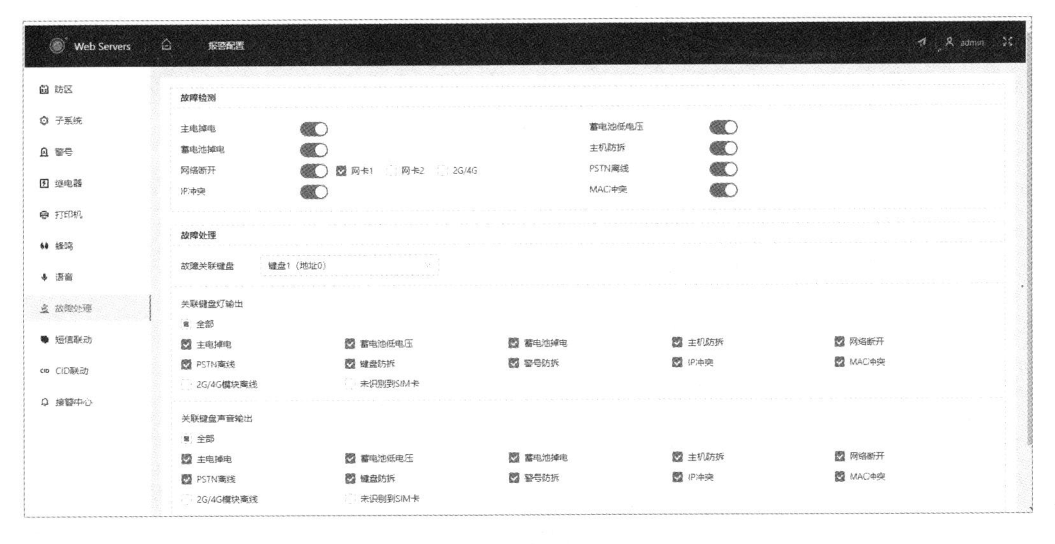

图 2-100　故障检测设置

Web Servers　报警配置　报警管理　admin

子系统　防区　继电器　警号

布防　撤防　消警　暂时旁路　永久旁路　旁路恢复　刷新

	防区号	名称	子系统	报警状态	布防状态	旁路状态	故障状态
	1	防区1	子系统1	正常	撤防	暂时旁路	正常
☑	2	防区2	子系统1	正常	撤防	正常	正常
	3	防区3	子系统1	正常	撤防	暂时旁路	正常
	4	防区4	子系统1	正常	撤防	暂时旁路	正常
	5	防区5	子系统1	报警	撤防	正常	正常
	6	防区6	子系统1	正常	撤防	暂时旁路	正常
	7	防区7	子系统1	正常	撤防	暂时旁路	正常
	8	防区8	子系统1	正常	撤防	暂时旁路	正常
	9	防区9	子系统1	正常	撤防	正常	正常
	10	防区10	子系统1	正常	撤防	正常	正常
	11	防区11	子系统1	正常	撤防	正常	正常
	12	防区12	子系统1	正常	撤防	正常	正常
	13	防区13	子系统1	正常	撤防	正常	正常
	14	防区14	子系统1	正常	撤防	正常	正常

图 2-101　旁路设置

8）键盘布撤防操作

- 布防操作：1234
- 撤防操作：1234
- 消警操作：1234*1
- 单防区布防操作：1234*10*+防区号
- 单防区撤防操作：1234*11*+防区号
- 防区旁路恢复操作：1234*7*防区号 □
- 防区暂时旁路操作：1234*8*防区号 □
- 防区永久旁路操作：1234*9*防区号

4. 报警控制器的复位方法与清除配置

（1）在主机主板右上角的三根跳线排针上进行复位操作，将复位按钮跳帽从默认的两根换到另外两根，断电等待 6s 后重新上电，完成复位操作。

（2）登录 Web 界面，选择“系统管理”→“设备维护”→“维护”命令，单击“恢复出厂配置”按钮，输入 admin 用户的登录密码，单击“确定”按钮，系统将重新启动，并将除 IP 地址之外的所有参数恢复到出厂默认值。

5. 配置备份

导入或者导出系统配置文件，当多台设备需要进行相同的参数配置时，可使用配置备份文件。登录 Web 界面，选择“系统管理”→“设备维护”→“配置备份”命令。单击“请选择文件”按钮，选择需要导入的配置文件。单击“导入文件”按钮，完成备份数据的系统配置导入。单击“导出配置文件”按钮，根据界面提示保存 Web 端的所有配置文件。

2.8.6 大华报警控制器的编程与调试实训

大华报警控制器的编程与调试实训

1. 实训目的

（1）熟悉报警控制器分线制的使用。

（2）会完成各类前端探测器与报警控制器的连接，能够分别使用分线制组建入侵报警系统，并完成设备连接。

（3）会对报警控制器进行编程，并对系统进行调试。

2. 必备知识点

（1）掌握报警控制器与探测器的连接。

（2）掌握报警控制器与键盘的连接。

（3）掌握报警控制器键盘与控制器的通信设置。

（4）掌握闪光报警灯的连接。

（5）掌握编程方法并会进行调试。

3. 实训设备与器材

DH-ARC2008C	1 台
入侵探测器	3 种不同探测原理

键盘 DH-ARK50C	1 套
编程软件	1 套
线材	若干
工具包	1 套
电源线（220V）	1 根
计算机	1 台

4. 实训内容

（1）熟悉 DH-ARC2008C 报警控制器的使用，画出系统接线示意图。

（2）完成报警控制器与探测器的分线制连接。

（3）使用浏览器访问报警控制器进行编程，并完成调试。

（4）在 SmartPSS Plus 中完成报警控制器的导入。

5. 实训要求

（1）应掌握报警控制器与探测器的分线制连接，会使用线尾电阻完成主机与探测器之间的防区连接；未使用的防区注意加接线尾电阻或使用软件隔离或旁路，以免影响使用。

（2）完成报警控制器与键盘的连接。

报警控制器具有 RS485 接口 A、B 和两路电源接口，与键盘完成连接。

（3）完成键盘与报警控制器的通信。

（4）完成报警控制器与闪光报警灯的连接。

（5）完成报警主机 IP 地址的修改。

（6）会使用键盘进行编程设置并调试。

（7）会使用键盘进行布撤防、消警等处理。

（8）会使用 Web 端进行编程配置与提示。

（9）会使用 Web 端进行防区隔离、布撤防、旁路操作。

（10）会使用软件或硬件方式对报警控制器进行复位操作。

（11）实训结束后，使用 CAD 画图，画出接线端子图、电路连接图、安装示意图等，并按要求完成安装与调试说明书。

6. 调试要求

要求防区 1 为 24h 防区；防区 2 为即时防区；防区 3 为延时防区，延时时间为 5s，退出延时时间为 10s；其他防区旁路。各防区对应的探测器自选。

7. 实训注意事项

DH-ARC2008C 报警控制器分线制的线尾电阻的阻值为 2.7kΩ。

2.8.7 博世 CC408 报警控制器的编程与调试

博世 CC408 报警控制器的连接+CC408 硬件认识

1. 报警控制器的接线端子

博世 CC408 报警控制器是一款具有 8 个防区的控制器，CC408 报警控制器的外形图如图 2-102 所示。

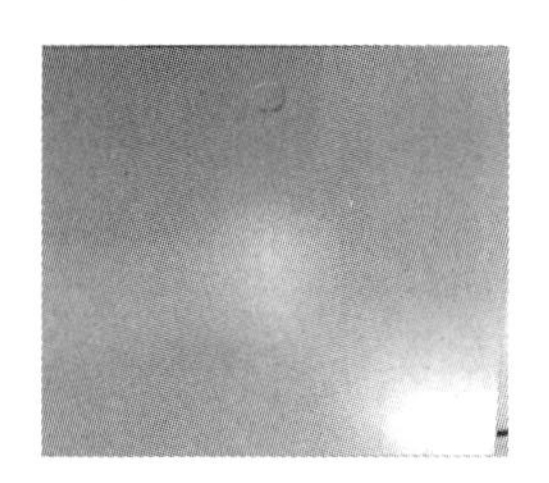

图 2-102　CC408 报警控制器的外形图

打开报警控制器的外壳，露出电路板与接线端子，如图 2-103 和图 2-104 所示。

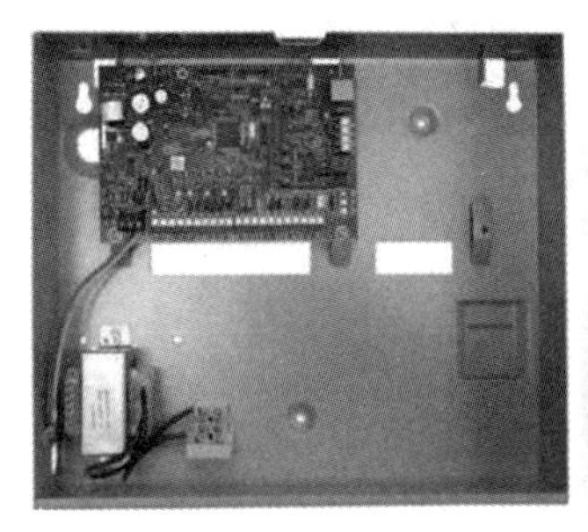

图 2-103　CC408 报警控制器的电路板图

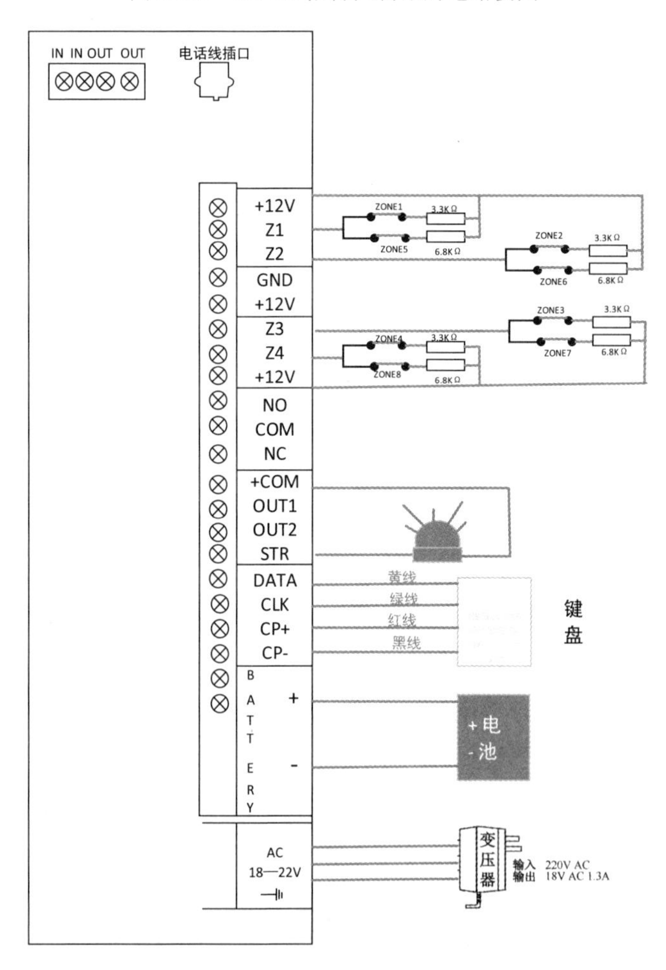

图 2-104　CC408 报警控制器的接线端子图

（1）电源连接。

如图 2-105 所示，分别接入交流 220V 电源和蓄电池给系统供电（不通电）。

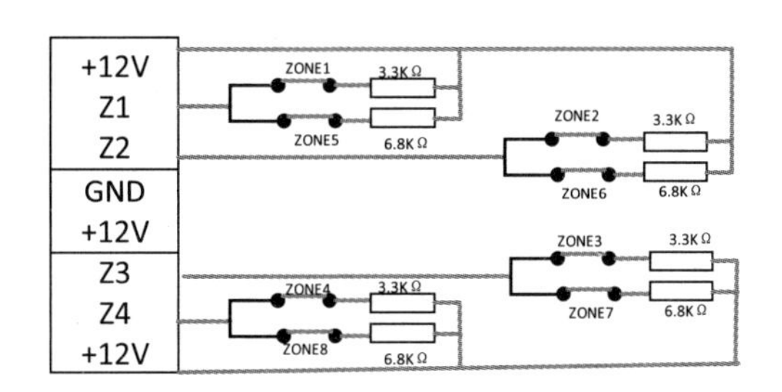

图 2-105　8 个防区接口

（2）完成 8 个防区的硬件连接。

通过接线端子 Z1～Z4 与+12V 间分别接入 3.3kΩ和 6.8kΩ线尾电阻的方式获得 8 个防区。注意线尾电阻必须接到探测器内部以避免被恶意破坏。

（3）控制键盘接入。

将 ICP-CP508 液晶键盘接入报警控制器，注意不同线色对应的位置，避免短路。

（4）接入闪光报警灯。

将闪光报警灯接入对应的输出接口，注意正、负极。

2. 报警控制器的编程

博世 CC408 报警控制器的编程（上）

博世 CC408 报警控制器的编程（下）

CC408 报警控制器是博世公司生产的一款带 2 个分区的 8 个防区防盗报警控制器。编程数据储存在不易丢失信息的 EPROM 储存器中。即使在全部电源丢失期间，也可保留所有相关的配置和用户数据。其编程方法可以是系统键盘编程、手提式编程器，或者通过 Alarm Link 编程软件进行编程。下面主要介绍系统键盘编程的方法。具体编程方式是先输入地址码，然后输入要改变的数据（10～15）。

注： CC408 报警控制器物理防区的接口只有 4 个，1 个接口对应 2 种不同阻值的线尾电阻（3.3kΩ/ 6.8kΩ）来实现 8 个防区对应的物理接口，如图 2-105 所示。

1）供电电源

CC408 报警控制器的电源可以通过交流 220V 电源供电，同时可以配备蓄电池作为备用电源。

2）报警主机键盘与指示灯

CC408 报警控制器通过 ICP-CP508 液晶键盘实现编程、布撤防设置及状态查看等。该键盘通过防区指示灯数字 1～8 与工作状态指示灯分别表示编程与系统信息。ICP-CP508 液晶键盘如图 2-106 所示。

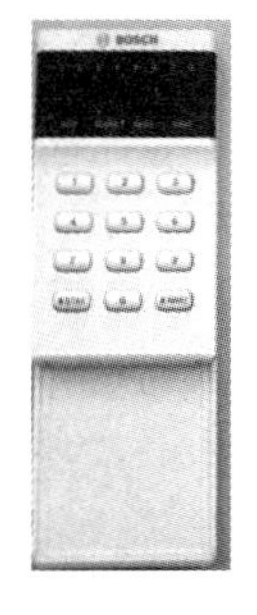

图 2-106　ICP-CP508 液晶键盘

（1）防区指示灯。

防区指示灯一般用于显示各个防区状态，防区指示灯说明如表 2-9 所示。在编程状态，防区指示灯表示的是编程所需的数据，数据指示灯说明如表 2-10 所示。在系统故障时，通过防区指示灯可以查看具体故障信息。

表 2-9　防区指示灯说明

指示灯	说明
亮起	防区未准备好布防
熄灭	防区已准备好布防
快速闪亮（每 0.25s 变换一次）	防区在报警
慢速闪亮（每 1s 变换一次）	防区被手动旁路

表 2-10　数据指示灯说明

数值	防区 1 指示灯	防区 2 指示灯	防区 3 指示灯	防区 4 指示灯	防区 5 指示灯	防区 6 指示灯	防区 7 指示灯	防区 8 指示灯	MAINS 指示灯
0									
1	√								
2		√							
3			√						
4				√					
5					√				
6						√			
7							√		
8								√	
9	√							√	
10									√
11	√								√
12		√							√
13			√						√
14				√					√
15					√				

（2）工作状态指示灯。

工作状态指示灯总共有 4 个，一般用于指示系统工作、报警和故障灯状态。在编程模式下，4 个灯具有不同的功能。

① MAINS 指示灯。

MAINS 指示灯一般用于显示系统的交流电供电是否正常。在编程模式下，MAINS 指示灯亮起仅代表数字 10。MAINS 指示灯说明如表 2-11 所示。

表 2-11　MAINS 指示灯说明

指示灯	说明
亮起	交流电正常
熄灭	交流电中断

② STAY 指示灯。

STAY 指示灯用于显示系统处于周界布防状态 1 或周界布防状态 2。在处于安装员编程模式或使用主码功能时，STAY 指示灯还将与 AWAY 指示灯一同闪亮。STAY 指示灯说明如表 2-12 所示。

表 2-12　STAY 指示灯说明

指示灯	说明
亮起	在周界布防状态 1 或周界布防状态 2 下布防系统
熄灭	系统没有在周界布防状态下布防
快速闪亮	防区旁路模式，或正在设置周界布防状态 2 下的防区
每 3min 闪一次	日间报警状态开/关指示灯

③ AWAY 指示灯。

AWAY 指示灯用于显示系统正常布防。在处于安装员编程模式或使用主码功能时，AWAY 指示灯还将与 STAY 指示灯一同闪亮。AWAY 指示灯说明如表 2-13 所示。

表 2-13　AWAY 指示灯说明

指示灯	说明
亮起	系统为正常布防
熄灭	系统不是正常布防

④ FAULT 指示灯。

FAULT 指示灯用于显示系统已探测到故障。当探测到系统有故障时，FAULT 指示灯闪亮，键盘将会每 1min 鸣叫一次。按一次 AWAY 键，将会确认故障（如 FAULT 指示灯亮起），取消鸣叫。FAULT 指示灯说明如表 2-14 所示。

表 2-14　FAULT 指示灯说明

指示灯	说明
亮起	有系统故障需要排除
熄灭	系统正常，无故障
闪亮	有系统故障等待确认

需要查看故障信息时，则长按键盘上的“5”键直至听到两声鸣音，键盘防区 LED 指示灯将显示故障状态，如表 2-15 所示。长按键盘上的“#”键将退出故障查看状态。

表 2-15　故障状态

防区指示灯	故障
1	电池电压低
2	日期/时间复位
3	探测器故障
4	警铃故障
5	电话线故障
6	EPPROM 故障
7	保险丝故障
8	通信故障

（3）键盘声音的辨别。

CC408 报警控制器可通过键盘声音来提示各种操作，辨别键盘声音即可知道操作是否成功，如表 2-16 所示。

表 2-16　声音提示说明

指示灯	说明
一声短鸣	按动了一个键盘按键；在周界布防状态 1 或周界布防状态 2 下布防时，退出时间已到
两声短鸣	系统已接收了您的密码
三声短鸣	所需功能已执行
一声长鸣	正常布防的时间已到；所需操作被拒绝或已失败
每 1s 一声短鸣	步测模式已激活或出现自动布防前的提示
每 2s 一声短鸣	电话监测模式已激活

3）编程设置

CC408 报警控制器的编程一般需要设置防区类型、延时时间、报警输出时间等信息，具体的设置是在指定的地址单元内进行数据的改变，数据变化范围为 0～15，每个数据代表不同的含义，具体见说明书。

（1）防区类型。

CC408 报警控制器总共可以提供 8 个防区，每个防区由 7 位地址组成，以防区 1 为例，地址范围为 267～273，要完成防区 1 的设置，就需要对 7 个地址单元进行编程设置。防区 1 的地址范围如图 2-107 所示。

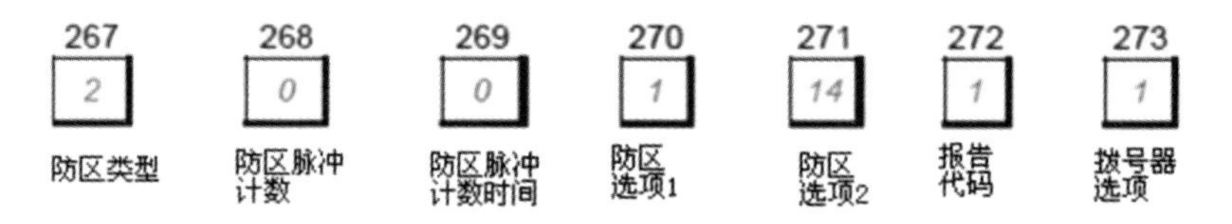

图 2-107　防区 1 的地址范围

CC408 报警控制器的 8 个防区对应的地址有 56 个，地址范围为 267～322。

从图 2-107 得出对防区的编程主要是对防区类型、脉冲计数、脉冲计数时间等进行设置。根据表 2-17 可为防区设置不同的防区类型。

表 2-17　防区类型

数码	防区类型	数码	防区类型
0	即时防区	8	24h 挟持报警防区
1	传递防区	9	24h 防拆报警防区
2	延时 1 防区	10	备用
3	延时 2 防区	11	钥匙开关防区
4	备用	12	24h 盗警防区
5	备用	13	24h 火警防区
6	24h 救护防区	14	门铃防区
7	24h 紧急防区	15	未使用

注：传递防区是 CC408 报警控制器特有的防区类型，若其自行触发，则相当于一个即时防区。若传递防区在延时防区后触发，则剩余的延时时间将从延时防区传递至传递防区。传递可以有序也可以无序。工厂预设值为序列传递。若传递防区在系统撤防时仍未复位，则防区复位报告将自动发至接收端。

（2）防区脉冲计数。

防区脉冲计数是指系统在一定时间内接到某防区报警固定次数后才触发警报的计数，固定次数可设置在 0～15 之间。防区脉冲计数时间指的是系统报警所需触发脉冲计数的时间段。

（3）输出设置。

CC408 报警控制器有 5 个可编程输出口，一般常用的为继电器输出。每一种可编程输出占 6 位地址，输出设置地址信息如图 2-108 所示。每个地址对应 1 个数据，代表不同的意思。CC408 报警控制器输出设置地址范围为 368～397。

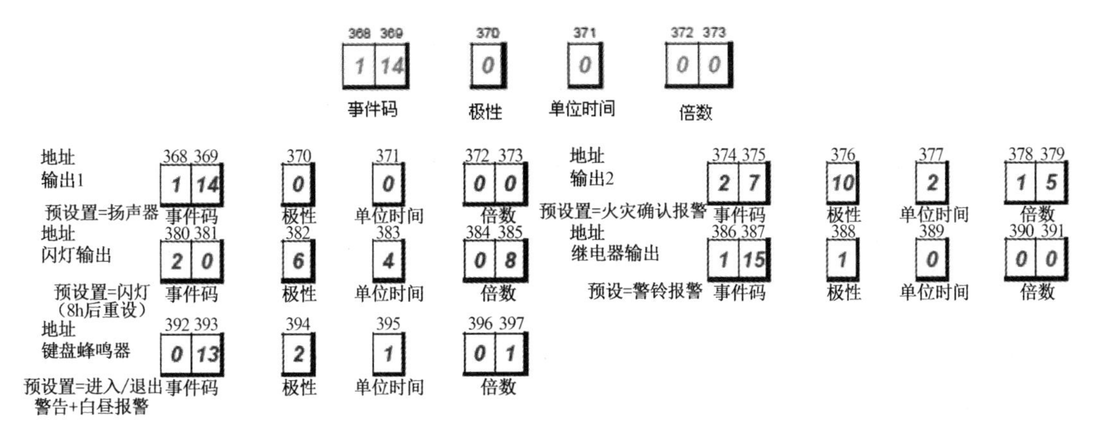

图 2-108　输出设置地址信息

（4）进入延时与退出延时设置。

① 进入延时时间设置：进入延时时间是指系统布防时，延时防区被触发后，在进入延时时间内，若系统撤防，则不报警；若系统不撤防，则在延时时间结束后系统将发出报警。CC408 报警控制器的进入延时时间有两个，分别是进入延时时间 1 和进入延时时间 2。进入延时时间 1 对应的是防区类型中的进入延时 1 防区，进入延时时间 2 对应的是防区类型中的进入延时 2 防区，两个延时时间的设置方法是一样的。进入延时时间 1 对应的编程地址为 398～399。进入延时时间 2 对应的编程地址为 400～401。进入延时时间的计算过程如下。

地址398～399
进入延时时间1

地址398=单位增加值为1s（0～15s）
地址399=单位增加值为16s（0～240s）

4	1

延时时间 1=4×1+1×16=20s

地址400～401
进入延时时间2

地址400=单位增加值为1s（0～15s）
地址401=单位增加值为16s（0～240s）

8	2

延时时间 2=8×1+2×16=40s

② 退出延时时间设置：退出延时时间是指系统开始进入布防，但还没有正式进入布防状态的这段时间，这段时间内若触发探测器，则系统不会报警。退出延时时间对应的编程地址为 402 与 403。退出延时时间的计算过程如下。

地址402～403
退出延时时间（正常/隔离状态）

地址402=单位增加值为1s（0～15s）
地址403=单位增加值为16s（0～240s）

12	3

退出延时时间=12×1+3×16=60s

（5）系统编程。

系统编程采用系统键盘编程方法，在完成硬件连接后上电，在系统未布防状态下，经键盘进入系统编程模式。系统在布防或报警器鸣叫时是不能进入安装员编程模式的。

① 输入安装员密码“1234”+#，听到两声鸣叫，且若 STAY 指示灯和 AWAY 指示灯同时闪亮，则表示已进入了安装员编程模式。

② 编程方式是先输入地址+#，后输入编程数据+*。

地址输入方法：　　　　地址数字+#
数据输入方法：　　　　数据+*
进入下一地址方法：　　地址数字+#或#
返回上一地址方法：　　地址数字+#或*

③ 编好程序后输入 960+#退出编程。

（6）恢复出厂值。

系统恢复出厂值可通过两种方法完成，分别是软件复位法和硬件复位法。

① 软件复位法。

在编程状态下，输入 961+#后，输入 960+#退出编程。

② 硬件复位法。

断开主机交流电与备用电池；持续按下 DEFAULT 键；接通交流电源后，等待 3～5s，松开 DEFAULT 键，使用主码撤防。

3．报警控制器的调试

完成 CC408 报警控制器与探测器、电源、键盘、闪光报警灯等的连接，进入调试环节。

1）布防

在退出编程后输入 2580+#实现 CC408 报警控制器布防。

2）撤防

使用 2580+#实现 CC408 报警控制器撤防。

3）防区旁路

设置防区旁路时，首先 CC408 报警控制器要进入编程模式进行允许该防区旁路设置，然后退出编程模式，通过键盘设置：*+*+防区号+*+#。

4）静音报警

将图 2-107 防区选项 1 的值设置为 4，实现指定防区的静音报警配置。

2.8.8　博世 CC408 报警控制器的安装与调试实训

博世 CC408 报警控制器实操

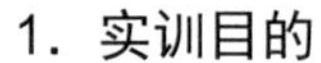

1．实训目的

（1）会阅读 CC408 报警控制器安装手册，并能够掌握其使用的基本方法。

（2）能正确安装 CC408 报警控制器。

（3）能根据设计要求与前端设备正确连线。

（4）能根据设计要求设置程序并完成调试；能编制安装与调试说明书。

2．必备知识点

（1）CC408 报警控制器供电电源。

CC408 报警控制器供电电源的供电方式有几种？请分别描述。

（2）CC408 报警控制器接线端子与功能。

用图描述 CC408 报警控制器接线端子并阐述其功能。

（3）键盘认识。

① 防区指示灯。

用图或表描述。

② 工作状态指示灯。

CC408 报警控制器有几个工作状态指示灯？请用文字和表描述每个工作状态指示灯的功能。

③ 键盘声音的辨别。

辨别键盘声音并知道其含义。

（4）硬件连接。

① 确定硬件接线方式并接线。

使用线尾电阻 3.3kΩ和 6.8kΩ方式，将 CC408 报警控制器置于正常工作状态，报警输出接闪光报警灯。

② 检查接线无误后通电。

检查接线无误并得到教师允许后通电。

（5）编程方法。

① 进入编程模式。

在布防状态下是否可以进入编程模式？请描述进入编程模式的方法。

② 确定输入程序。

进入编程模式，完成以下地址内数据的修改，编程练习表如表 2-18 所示。

表 2-18　编程练习表

地址	0	1	2	3	4	5	6	7	8	9	10	11	12	13	14	15	16	17	18	19	20	21	22	23
数据	0	1	2	3	4	5	6	7	8	9	10	11	12	13	14	15	6	7	8	9	10	11	12	13

说明：CC408 报警控制器中的数据范围：0～15。

③ 编写程序。

请输入程序表 2-18 的程序。

请描述地址输入方法。

请描述数据输入方法。

请描述进入下一地址方法。

请描述返回上一地址方法。

④ 退出编程模式。

⑤ 切断所有电源后再开机，查看表 2-18 中的程序是否有变化。

⑥ 将数据恢复出厂状态。

将数据恢复出厂状态有几种方法？请分别描述其方法。

（6）防区类型。

① CC408 报警控制器有几种防区类型？

② 防区类型概念说明。

请完成表 2-19 中内容的填写。

表 2-19　防区类型说明表

防区类型	防区名称	防区说明（请用文字分别对防区概念进行解释，并填写在表格中）
0	即时防区	
1		
…		
15		

③ CC408 报警控制器可设几个防区？

④ CC408 报警控制器每个防区的设置。

（7）防区选项

① 地址码。

② 设置内容。

③ 取值范围。

④ 默认值。

请完成表 2-20 中内容的填写。

表 2-20　防区设置表

序号	地址	设置内容	默认值	取值范围	设置内容说明
1	n	防区类型		0～15	
2	$n+1$	脉冲计数			
3	$n+2$				
4	$n+3$				
5	$n+4$				
6	$n+5$				
7	$n+6$				

说明：n 为防区设置的首地址，如防区 1 参数设置的首地址为 267。

（8）根据设计要求设置防区参数。

根据设计要求设置防区参数，并将参数填写到表 2-21 中。

要求防区 1 为即时防区，且在 3s 内触发 2 次后报警；防区 2 为延时防区，将进入延时时间设置为 25s；防区 3 为 24h 紧急防区；防区 4 为延时防区；防区 5 为传递防区，将进入延时时间设置为 25s；防区 6 为即时防区，且在 1s 内触发 2 次后报警；防区 7 为 24h 挟持报警防区；防区 8 为防拆防区；系统退出延时时间为 10s。

表 2-21　编程数据表

防区号	防区类型	计数脉冲	计数时间	防区选项 1	防区选项 2	报告代码	拨号器选项
1							
2							
3							
4							
5							
6							
7							
8							

（9）系统操作。

① 布防。

请描述 CC408 报警控制器如何进行布防操作。

② 撤防。

请描述 CC408 报警控制器如何进行撤防操作。

③ 防区旁路。

请描述 CC408 报警控制器如何进行防区旁路操作。

④ 故障分析。

请描述 CC408 报警控制器如何进入故障分析模式。

⑤ 闪灯测试。

请描述如何进行闪灯测试。

⑥ 输出编程。

请描述如何进行输出编程。

（10）系统计时。

① 进入延时。

如何设置 CC408 报警控制器进入延时时间？请描述其操作。

② 退出延时。

如何设置 CC408 报警控制器退出延时时间？请描述其操作。

③ 系统时间和系统日期。

如何设置 CC408 报警控制器系统时间和系统日期？请描述其操作。

3. 任务步骤

（1）使用 CC408 报警控制器、6 个紧急报警按钮、1 对 DS422 主动红外探测器、1 个振动探测器 DS1525、1 个闪光报警灯构成小型入侵报警系统，并画出接线原理图。

（2）列出所需工具和器材。

（3）领取实验器材（包括实验工具和电子元件）。

（4）在安装与调试前根据实训引导文详细阅读相关设备的说明书。

（5）将各种探测器按照安装指南接线，检查接线情况。

（6）经教师检查接线正确后通电（注意：一定要检查，防止损坏实验器材）。查看各个探测器工作指示灯，判断各个探测器是否正常工作。

（7）进入编程。要求防区 1 为即时防区，且在 3s 内触发 2 次后报警；防区 2 为延时防区，将进入延时时间设置为 25s；防区 3 为 24h 紧急防区；防区 4 为延时防区；防区 5 为传递防区，延时时间设置为 25s，退出延时时间为 10s；防区 6 为即时防区，且在 1s 内触发 2 次后报警；防区 7 为 24h 挟持报警防区；防区 8 为防拆防区。各防区对应的探测器自选。

（8）退出编程。

（9）对报警控制器进行布撤防。

（10）调试入侵报警系统。人为设置报警信号，试验整个系统的报警功能，确保系统能够正常工作。

（11）改变报警控制器的软件设置，进行不同的报警设置，直到熟练掌握报警系统。

知识点考核

一、选择题

1．双技术探测器又称双鉴探测器，是将两种技术组合在一起构成的探测器，以下对双技术探测器描述不正确的是（　　）。

A．探测原理不同　　B．探测区域大致相同
C．灵敏度相同　　D．安装要求基本相同

2．安装磁开关探测器前，应用万用表（　　）测量，保证磁开关能在标称间距内接通。

A．交流电流挡　　B．电压挡　　C．电阻挡　　D．直流电压挡

3．被动红外探测器的工作原理是利用晶态材料的（　　）效应来探测人体的红外辐射。

A．正压电　　B．光电　　C．逆压电　　D．热释电

4．总线制系统用线量少，设计施工方便，因此被广泛应用到大型入侵报警系统中，在总线制系统中，每个探测器都具有自己的地址码，控制器采用（　　）的方式按不同的地址访问每个探测器。

A．随机　　B．同时　　C．巡检　　D．任意

5．在选择玻璃破碎探测器的最佳安装位置时，一般不建议安装在（　　）上。

A．墙壁　　B．天花板　　C．玻璃　　D．经常开关的门

6．关于紧急报警按钮的描述，正确的是（　　）。

A．壁装时，按钮底边距离地面高度宜为1.4m
B．紧急报警按钮被按下后无须自锁功能
C．紧急报警按钮应具备报警后自动复位功能
D．安装紧急报警按钮要考虑美观性，无须考虑隐蔽性

7．为防止室内被动红外探测器底板固定螺钉与电路板搭接造成短路，底板内螺钉钉头建议用（　　）覆盖。

A．绝缘胶布　　B．标签纸　　C．普通胶布　　D．透明胶带

8．可以形成封闭性探测区的各种探测器都可以成为周界入侵探测器，以下不是周界防范用的探测器的是（　　）。

A．振动电缆探测器　　B．平行电缆探测器
C．主动红外探测器　　D．被动红外探测器

9．室内双技术探测器的轴线方向与警戒通道的最佳角度是（　　）。

A．30°　　B．45°　　C．90°　　D．180°

10．（　　）是整个报警系统的核心，它决定了探测器和控制器之间的通信方式和系统状态监控方式，也决定了报警系统与其他安防子系统的集成方式。

A．探测器　　B．报警控制器　　C．放大器　　D．通信模块

11．壁挂式报警探测器需要根据（　　）调整探测角度。

A．防区　　B．功率大小　　C．报警方式　　D．传输距离

12．为了安装安防设备的支架，可以用于打固定孔的工具有（　　）。

A．切割机和冲击钻　　B．榔头和切割机
C．榔头和螺钉旋具　　D．冲击钻和电锤

13．主动红外探测器的灵敏度主要以（　　）来描述。

A．感光电压　B．遮光时间　C．漏报警　D．误报警

14．安装入侵探测器时，应确保对防护区域的有效覆盖，当多个探测器的探测范围有（　　）时，应避免相互干扰。

A．分离　B．交叉覆盖　C．人员进出　D．不明确

15．为保证振动探测器的最佳防范效果，应将其安装在被保护面的（　　）位置。

A．最左端　B．最右端　C．垂直中线　D．左上角

二、判断题

1．在探测设备的选型中，所选用的探测器应能避免各种可能的干扰，杜绝误报警，减少漏报警。（　　）

2．报警系统必须具备防破坏功能，系统的防破坏功能通常通过探测器自身的设置和报警控制器一起实现。（　　）

3．主动红外探测器利用无线电波的多普勒效应，实现入侵目标的探测。（　　）

4．振动探测器主要适用于保险箱的金属表面、银行保险库的混凝土表面等的防护，只能用于室内。（　　）

5．在入侵报警系统中，探测范围即探测器所防范的区域，又称工作范围。通常有下面几种表示方法：探测距离、探测视场角、探测面积或体积。（　　）

6．振动探测器在室外应用时，不要将其埋在树木、拦网桩柱附近，以免刮风时物体晃动，引起附近土地微动造成误报警。（　　）

7．报警控制器控制探测器为旁路状态，是指操作人员执行了旁路指令后，该防区的探测器就会从整个探测器的群体中被旁路掉，而不能进入工作状态。在一个报警系统中，只能将其中一个探测器单独旁路。（　　）

8．入侵报警控制器又称报警控制主机，负责控制、管理本地报警系统的工作状态；收集探测器发出的信号，按照探测器所在防区的类型与控制器的工作状态做出逻辑分析，进而发出本地报警信号，同时通过通信网络向接警中心发送报警信息。（　　）

9．被动红外探测器和主动红外探测器的区别在于：工作时探测器中的传感器是否向防范现场发射红外能量。（　　）

10．双技术探测器又称双鉴器或复合式探测器。它是将两种探测技术结合在一起，以“相或”的关系来触发报警的。（　　）

11．因为紧急报警按钮是人为触发的，所以紧急报警信号的优先级最高。（　　）

三、思考题

1．请描述紧急报警按钮的常开输出端与公共端之间在报警与警戒（非报警）状态时是什么关系？如与直流 12V 电源、闪光报警灯组成报警电路，电路如何绘制，闪光报警灯什么时候被点亮？

2．解释紧急报警按钮必须有自锁功能的原因。

3．开关型探测器一般有哪些？请列举出 6 种。

4．简述主动红外探测器的工作原理。

5．如何区分红外接收端和红外发射端？

6．如何使用万用表检查探测器报警输出端是否正常？

7．简述遮挡时间调整位置与探测器灵敏度的关系。

8．请描述被动红外探测器防拆开关的功能。

9．常见的防区类型有哪些？它们有什么区别？

第3章

视频监控系统设备安装与调试

能力目标

视频监控系统（Video Surveillance System，VSS）是指利用视频技术探测、监视监控区域并实时显示、记录现场视频图像的电子系统，可为关键的、敏感的场所提供实时视频监控和录像，通过实时监控可以及时发现或阻止危险、违法、犯罪事件的发生，并且录像数据是企业、公安、司法在事后取证时的重要证据。视频监控系统主要由前端设备、传输系统、处理/控制部分和记录/显示部分组成。本章重点介绍该系统中常用设备的安装与调试方法。

学习目标

1. 掌握视频监控系统的组成，熟悉系统前后端设备、传输设备的工作原理。
2. 掌握各类摄像机的功能与存储设备的使用方法，掌握摄像机的常规安装与调试方法。
3. 会组建视频监控系统。
4. 熟练掌握视频监控系统中各设备的操作使用方法，能按监控系统性能指标要求对系统进行调试、检测。

素质目标

1. 提高公共安全治理水平。
2. 坚持安全第一、预防为主。
3. 培养实事求是、安全至上、爱家爱国、诚实守信的职业素养。

任务1 基础知识

视频监控系统基础知识

任务描述

小王为了完成某大楼视频监控系统设备的安装与调试工作，需要学习视频监控系统基础知识，以确保项目的顺利开展。

任务分析

小王需要学习视频监控系统的组成、摄像机的分类、摄像机的安装方式、摄像机的成像原理、摄像机的主要参数等基础知识。

知识准备

3.1.1 视频监控系统的组成

视频监控系统主要由前端设备、传输系统、处理/控制部分和记录/显示部分组成，如图 3-1 所示。

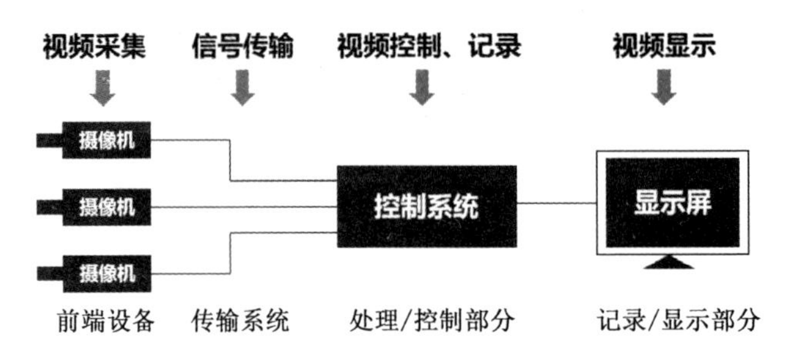

图 3-1　视频监控系统组成图

前端设备主要包括摄像机、镜头、云台、防护罩和支架，负责音/视频信号的采集，实现光电转换和声电转换。

传输系统的常见设备为视频光端机、介质转换器、网络设备（如交换机、路由器、防火墙等）、宽带接入设备等，负责音/视频信号、云台/镜头控制信号的传输，根据监控点与监控中心的不同距离采用不同的传输介质，大致可以分为同轴线缆、网络、光缆、无线等传输方式。

处理/控制部分的常见设备有矩阵、多画面分割器、云台解码器、码分配器、控制键盘、视频管理服务器、存储管理服务器等，是系统的核心，由其完成视频监视信号的转发、图像编解码、监控数据记录和检索、录像存储分配管理、给前端发送控制信息等功能。

记录/显示部分的常见设备有监视器、显示器、大屏、解码器、PC、视频磁带录像机、数字视频录像机（DVR）、网络视频录像机（NVR）、IP SAN/IP NAS 等，负责图像的显示、音/视频信号的存储。

3.1.2 摄像机的分类

1. 按工作原理分类

按工作原理分类，摄像机可以分为数字摄像机和模拟摄像机，以及中间过渡产品HDCVI/HDTVI。数字摄像机通过双绞线传输压缩的数字视频信号，模拟摄像机通过同轴电缆传输模拟信号。数字摄像机与模拟摄像机的区别除了传输方式，还有清晰度，数字摄像机的像素可达到百万高清效果。

2. 按产品形态分类

按产品形态分类，摄像机可以分为枪型摄像机、半球型摄像机、球型摄像机、云台摄像机、筒型摄像机、鱼眼半球型摄像机、海螺半球型摄像机、一体化摄像机、针孔摄像机、双目摄像机、全景摄像机等类型。摄像机外形如图 3-2 所示。枪型摄像机一般用于小区、仓库、学校、医院、办公楼楼道口等长方形场所。半球型摄像机一般用于娱乐场所、超市、酒店、办公楼或住宅楼入口等场所。球型摄像机一般用于小区、仓库、办公楼门口、车站、机场等大范围场所。

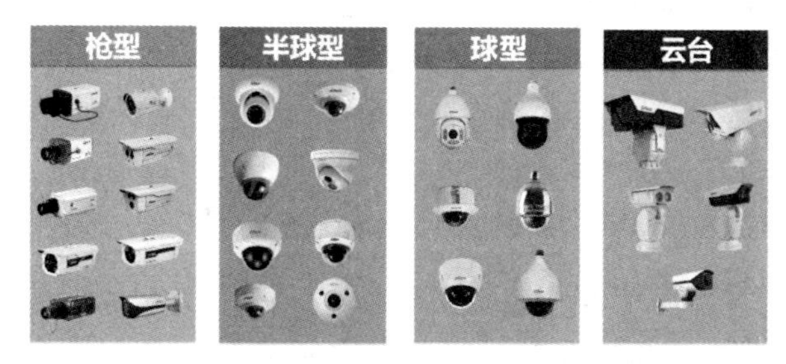

图 3-2　摄像机外形

3. 按摄像机的传感器尺寸分类

按摄像机的传感器尺寸分类，摄像机可以分为 1/4 英寸（宽 3.2mm，高 2.4mm，对角线 4mm）、1/3 英寸（宽 4.8mm，高 3.6mm，对角线 6mm）、1/2 英寸（宽 6.4mm，高 4.8mm，对角线 8mm）、2/3 英寸（宽 8.8mm，高 6.6mm，对角线 11mm）、1 英寸（宽 12.7mm，高 9.6mm，对角线 16mm）等类型。传感器的尺寸越大，感光面积越大，成像效果越好。

4. 按成像清晰度分类

按成像清晰度分类，摄像机可以分为 480 电视线、540 电视线、800 电视线、1100 电视线等类型。

5. 按分辨率分类

按分辨率分类，摄像机可以分为 4CIF、D1 分辨率，一般称之为标清摄像机，720P 及以上分辨率的摄像机称为高清摄像机。也有厂商以 130 万、200 万、300 万、500 万、800 万等像素来进行区分。

6. 按应用环境分类

按应用环境分类，摄像机可以分为针孔摄像机、摄像笔、烟感摄像机、普通摄像机、防暴摄像机、防爆摄像机等类型。

1）针孔摄像机

针孔摄像机即超微型摄像机，它的拍摄孔径确实只有针孔一般的大小，而摄像头的大小大概有一元硬币那么大。在大多数情况下，针孔摄像机被应用在保护人们的生命、财产和隐私上。

2）摄像笔

摄像笔是世界上第一款采用内置存储器的微型数码摄像机，是目前世界上最小的微型摄像机。它隐藏在钢笔中，具备摄像、录音、拍照等功能，是现代尖端科技与传统应用的完美结合。

3）烟感摄像机

烟感摄像机的外形是烟感探测器的形状，一般很难被认出，主要是起到隐蔽作用，多用在较敏感场所，为了不引起客人的反感而采用。当场所中的烟雾浓度达到一定值以后，因为传感器产生微弱电流而被放大器放大直接驱动摄像机或通过伺服系统产生的动作驱动摄像机，进行拍摄，直到记录设备被烧坏，所以记录设备最好远离采集现场。

4）普通摄像机

普通摄像机主要包括枪型摄像机、球型摄像机、半球型摄像机等。

5）防暴摄像机

防暴摄像机就是在外来暴力打击下仍然可以保证部件正常工作的摄像机，其特点是其外壳具有很强的抗冲击能力。

6）防爆摄像机

防爆摄像机属于防爆监控类产品，是防爆行业与监控行业的交叉产物，因为在具有高危可燃性、爆炸性现场不能使用常规的摄像产品，所以需要具有防爆功能且有国家权威机构颁发的相关证书的产品才能称得上是防爆摄像机。

3.1.3 摄像机的安装方式

吸顶式安装方式：通过吊具将摄像机固定在天花板上，是可将摄像机调整至一定高度的安装方式。

壁挂式安装（又称壁装）方式：依靠支架将摄像机固定在墙壁上的安装方式。

立柱式安装（又称柱装）方式：将摄像机固定在道路立柱上的安装方式。现有方式是通过抱箍和钣金构造一个平面来实现安装的。

桌面式安装方式：将摄像机固定或平稳放置在桌子表面的安装方式，如家用监控摄像机的安装等。

嵌入式安装方式：一般只适合室内吊顶场合，多用于半球型摄像机、球型摄像机等有透明罩的摄像机。

横杆式安装方式：将摄像机固定在道路横杆上的安装方式。当有的摄像机需要横跨马路或稍微露出马路的一部分，需要最大范围地清晰拍摄路面情况时，需要采用该安装方式，如马路上的车流抓拍摄像机等。

墙角式安装方式：将摄像机固定到墙角的一种安装方式。现有方式是通过钣金在墙角构造一个平面来实现安装的。

摄像机的各类安装方式如图 3-3 所示。

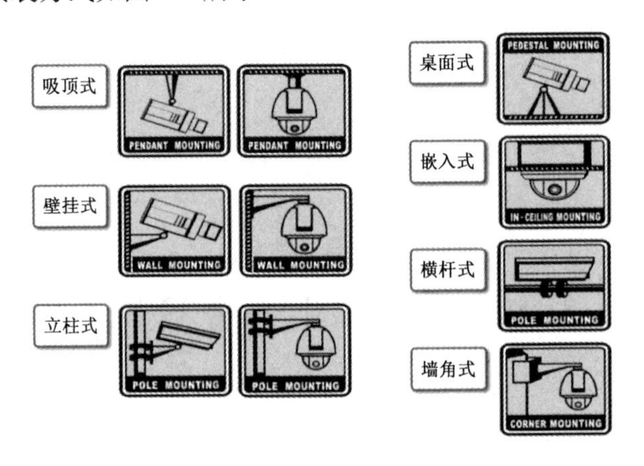

图 3-3 摄像机的各类安装方式

3.1.4 摄像机的成像原理

摄像机的主要作用是将光学图像信号（简称光信号）转变为电信号，以便存储或传输，由光学系统（主要指镜头）、光电转换系统（主要指图像传感器：CCD 和 CMOS）和电路系统（视频处理系统）组成。

当用摄像机拍摄物体时，此物体上反射的光被摄像机镜头收集，使其聚焦在摄像器件的受光面（摄像管的靶面）上，通过摄像器件把光转变为电能，即得到了“视频信号”。该电信号很微弱，需要先通过预放电路进行放大，再经过各种电路进行处理和调整，最后得到的标准信号可以送到录像机等记录媒介上记录下来，或通过传播系统传播或送到监视器上显示出来。

目前光学转换系统的图像传感器主要有 CCD 和 CMOS 两种。其中 CCD 是记录光线变化的半导体组件，能够把光学影像转化为数字信号。一块 CCD 上包含的像素数越多，其提供的画面分辨率也就越高，是标清监控时代的主导，具有成像品质好、功耗低、灵敏度高、体积轻的特点。CMOS 是利用硅和锗两种元素做成的半导体，是电压控制的一种放大器件，能够将光信号转化为电能，与大规模集成电路的生产工艺相同。其图像品质弱，成像品质（灵敏度）有所提升，响应速度快，功耗更低。

模拟摄像机由镜头、传感器、处理器组成，先通过镜头将景物成像在传感器的感光面上，再通图像传感器将光信号转化成电信号，最后由处理器（DSP）进行模数转换、图像处理，实现各种功能，输出 CVBS 信号，模拟摄像机的成像原理图如图 3-4 所示。

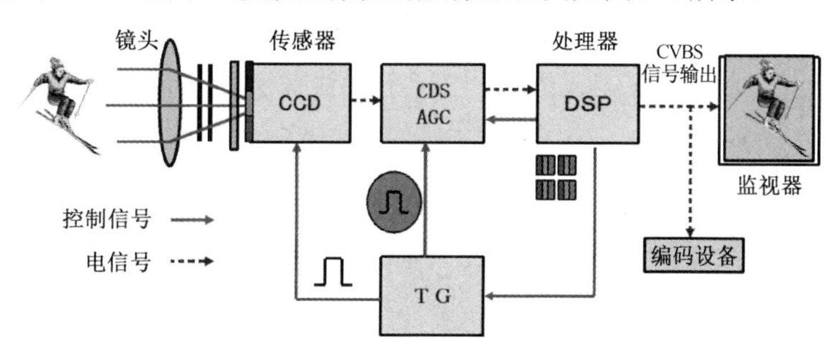

图 3-4　模拟摄像机的成像原理图

网络摄像机（Internet Protocol Camera，IPC）主要由镜头、光电转换设备、模/数转换器等部分组成。光线通过镜头进入传感器，被转换成数字信号，由内置的信号处理器进行预处理，处理后的数字信号经编码压缩后，通过网络接口在网络上进行传输。网络摄像机的成像原理如图 3-5 所示。

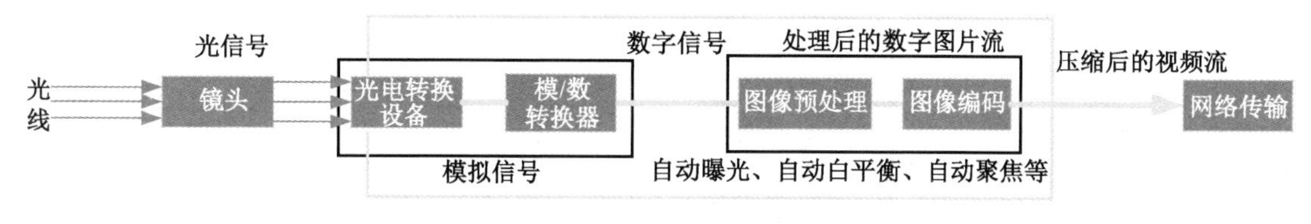

图 3-5　网络摄像机的成像原理

3.1.5 摄像机的主要参数

1. 帧率

一帧就是一幅静止的画面，连续的帧就形成了动画（视频），每秒 25 帧以上称为全帧率。

2. 分辨率

分辨率是指分辨物理量细节的能力，分辨率越大表示分辨细节的能力越强，是影像清晰度或浓度的度量标准，它是一个表示平面图像精细程度的概念。分辨率一般是指视频图像的大小或尺寸，常见的视频图像分辨率有 D1、960H、720P、1080P 等。

对数字监控系统而言，分辨率即画面的清晰度，即图像由多少像素构成。对模拟监控系统而言，分辨率是反映摄像机分辨图像细节的能力，在与图像高度相同的宽度上可以分辨的黑白相间的线数，用 TVL 表示。

通常，分辨率被表示成每一个方向上的像素数量。一般来说，图像的分辨率越高，包含的像素越多，图像就越清晰，同时，也会增加其占用的存储空间。

注：标清是物理分辨率在 720P（1280 像素 × 720 像素）以下的一种视频格式（D1/DCIF/CIF），具体地说，是指分辨率在 400 线及以下的 VCD、DVD、电视节目等“标清”视频格式，即标准清晰度。

准高清（High Definition，HD）是指物理分辨率达到 720P（1280 像素 × 720 像素）及以上，720P 是指视频的垂直分辨率为 720 线逐行扫描，它是高清的入门级标准，相当于 2.5 个 D1 的分辨率。

高清（Full HD）是指物理分辨率最高可达 1920 像素 × 1080 像素，分为 1080P 和 1080I，显示设备的水平分辨率达到 1080 线，1080P 的图像分辨率相当于 6 个 D1 的分辨率。1080I 是指 1080 线的隔行扫描，1080P 是指 1080 线的逐行扫描。

超清是 4K，得自其水平方向的像素数，4K 的分辨率 4 倍于 1080P，8 倍于 720P。

3. 码率

码率（码流）是指数据传输时单位时间传送的数据位数，单位为 kbit/s，即媒体流传输时单位时间传送的数据位数。多媒体系统中有两种码率模式：CBR（恒定码率）和 VBR（可变码率）。

4. 最低照度

最低照度是衡量摄像机优劣的一个重要参数，有时省掉“最低”两个字而直接简称“照度”。照度是指物体被照亮的程度，采用单位面积所接收的光通量来表示，单位为 lx。最低照度是当被摄景物的光亮度低到一定程度而使摄像机输出的视频信号电平低到某一规定值时的景物光亮度值，反映摄像机的灵敏度。最低照度值越小，摄像机档次越高。

彩色摄像机的最低照度：2～5lx。

黑白摄像机的最低照度：0.1lx（F1.4）。

普通型摄像机的最低照度：1～3lx。

月光型摄像机的最低照度：0.1lx 左右。

星光型摄像机的最低照度：0.01lx 以下。

红外型摄像机的最低照度：0lx，采用红外照明。

5. 信噪比

信噪比也是摄像机的一个重要参数，指的是信号电压对于噪声电压的比值，通常用符号 S/N 来表示。由于在一般情况下，信号电压远高于噪声电压，比值非常大，因此实际计算摄像机信噪比的大小通常都是对均方信号电压与均方噪声电压的比值取以 10 为底的对数再乘以系数 20，单位用 dB 表示。

当摄像机摄取较亮的场景时，监视器显示的画面通常比较明快，观察者不易看出画面中的干扰噪点；而当摄像机摄取较暗的场景时，监视器显示的画面就比较昏暗，观察者此时很容易看到画面中雪花状的干扰噪点。干扰噪点的强弱（干扰噪点对画面的影响程度）与摄像机信噪比指标的好坏有直接关系，即摄像机的信噪比越高，干扰噪点对画面的影响就越小。

6．亮度

理论上可见光谱都用三基色按不同比例和强度混合来表示，是表示发光体（反光体）表面发光（反光）强弱的物理量。IP 摄像机的亮度可在 0～255 间调节，可以通过调节亮度值来提高或降低画面整体亮度。

7．对比度

对比度表示一幅图像中明暗区域最亮的白和最暗的黑之间不同亮度层级的测量，差异越大代表对比度越大。

对比度对视觉效果的影响很关键，对比度越大，图像越清晰，色彩也越明亮。

高对比度对图像的清晰度、细节表现、灰度层次表现有很大帮助。

8．饱和度

饱和度是指彩色光所呈现颜色的深浅或纯洁程度。同一色调的彩色光，饱和度越高，颜色越深。在摄像机实际应用的调节中，可调范围为 0～255，数值越高代表饱和度越高，即图像色彩越鲜艳。

9．锐度

锐度表示图像边缘的对比度。将锐度调高，图像平面上的细节对比性更高，看起来更清晰。但锐度过高会引起图像失真。

10．白平衡

白平衡是指“不管在任何光源下，都能将白色物体还原为白色”的特性，它是描述显示器中红（R）、绿（G）、蓝（B）三基色混合生成后白色精确度的一项指标。对在特定光源下拍摄时出现的偏色现象，可以通过加强对应的补色来进行补偿。

通常室内使用的白炽灯、日光灯的色温不同，室外使用有色气体灯、汞灯等的色温差异同样很大，通过调节白平衡可以自动平衡图像色温，以得到优质的色度图像。

在不同色温条件下，通过调整摄像机内部的色彩电路使拍摄出来的影像抵消偏色。白平衡不当会引起偏色。

11．背光补偿

在视频监控应用的许多场合中，一种很常见的现象是在目标物体背后有很强的光照，背光补偿技术以前景暗区的亮度为参照，抬高整体的亮度以达到让人看清前景的目的，有效弥补摄像机在逆光环境下拍摄时画面主体黑暗的缺陷。

12．宽动态

宽动态是指场景中特别亮的部分和特别暗的部分同时都能看得清楚。宽动态技术是一种在非常强烈的亮度对比下，能够使摄像机看到影像的特色而运用的技术，类似背光补偿。宽动态技术利用传感器的两次曝光，使摄像机可以得到前景和后景都能看清的两张图像，并进行图像叠加。

宽动态范围是图像能分辨的最亮的亮度信号值和最暗的亮度信号值的比值，其单位用 dB 表示。

宽动态用在明暗交替的地方，当摄像机还无法达到低照度监控时，一般采用宽动态技术进行“补光”。

宽动态常用的场景：银行自动门门口、ATM 玻璃门门口、写字楼、收费站等。

宽动态不适用于快速移动物体的场景。

13. 红外 LED

红外 LED 等产品有红爆和无红爆两种。

有红爆产品使用波长为 850nm 的红外 LED 发射管，工作状态下会发出暗红色的光；无红爆产品使用波长为 940nm 的红外 LED 发射管，工作状态下红外 LED 发射管表面没有任何光亮，因此更隐蔽。

采用红外灯补光拍摄到的是黑白图像，若需要拍摄彩色图像，则需要采用白光补光灯。

14. 光敏电阻

光敏电阻一般用于光的测量、光的控制和光电转换（将光的变化转换为电的变化）。

在监控系统中，光敏电阻广泛应用于控制补光灯。

15. 日夜切换

日夜切换有电阻式和机械式两种。电阻式日夜切换采用双通滤光片，即感红外滤光片，利用摄像机内部程序实现彩色转黑白功能。机械式日夜切换（IR-CUT/ICR)采用两块滤光片，日用与夜用分开，由发动机或线圈控制其来回切换，从而达到更好的图像效果。

16. AGC

AGC（Auto Gain Control，自动增益控制）将来自传感器的信号做缩放，其放大量即增益，并自动根据信号电平调整增益幅度，优点是扩大了摄像机的动态范围，缺点是将噪声一同放大，AGC 和“彩色/黑白”的转换关系十分紧密，AGC 是摄像机自动进行彩色/黑白转换的关键指标，当 AGC 大于某一阈值时图像转换为黑白，反之亦然。

17. 强光抑制

存在强光点时，摄像机开启强光抑制功能，可以对强光点进行适当抑制，使其他区域获得一定的补偿以获得更清晰的图像。该功能常用于夜间看清车牌号。该功能的原理是降低整个画面的亮度，所以一般需要外加补光灯。

18. 移动侦测

移动侦测是指通过摄像头按照不同帧率采集得到的图像会被 CPU 按照一定算法进行计算和比较，当画面有变化时，如有人走过、镜头被移动，计算比较结果得出的数字会超过阈值并指示系统自动做出相应的处理。

19．视场角

视场角表示镜头的视野范围，在成像面尺寸一定的条件下，固定焦距的镜头就有一个固定的视野，通常用视场角来描述视野大小。视场角分为水平视场角和垂直视场角。长焦距镜头的视场角相对短焦距镜头的视场角要小。焦距影响视场角，焦距越大视场角越小，焦距越小视场角越大。

20．景深

景深是指在景象平面上成清晰像的空间深度，即物体离最佳焦点较近或较远时，镜头保持所需分辨率能力。焦距影响景深，焦距越大景深越小，焦距越小景深越大；光圈影响景深，光圈越大，图像亮度越高，景深越小。

任务2　枪型摄像机的安装与调试

任务描述

某大楼公共区域通道的全天候监控选择枪型摄像机，小王需要选择、安装与调试枪型摄像机与配套附件。

任务分析

枪型摄像机以枪状特征给予非法分子警示作用。枪型摄像机有镜头一体型和镜头分体型两种，可以根据需要进行相应的选择。

知识准备

镜头和前端设备

3.2.1　枪型摄像机的镜头与辅助配件

枪型摄像机从结构上分，可以分为镜头分体型和镜头一体型两种，如图3-6所示。

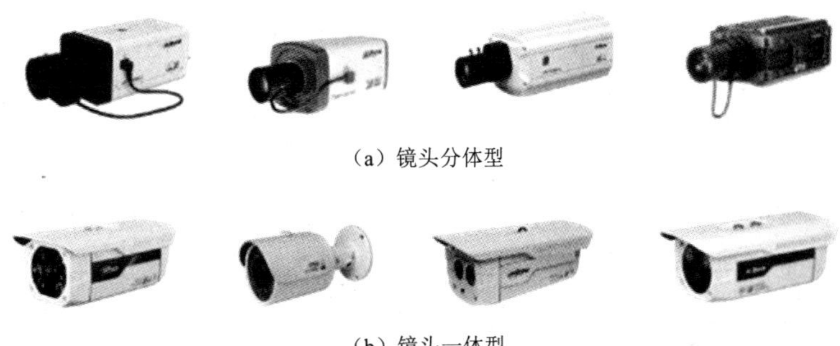

（a）镜头分体型

（b）镜头一体型

图3-6　枪型摄像机

1．镜头

1）镜头的种类

摄像机镜头是传感器之前的部件，其主要作用是汇聚光线，把自然界的景物通过镜头在感光面上映射出一个完全相似的像，相当于人眼的晶状体。影响镜头成像质量的因素主要有分辨率、锐度、景深等几个参数。一般情况下，镜头会有靶面大小的参数，在选取镜头时，镜头的靶面要略大于摄像机的传感器靶面，若镜头靶面小于摄像机的传感器靶面，则在广角端会出现暗角；若镜头靶面远大于摄像机的传感器靶面，则进入镜头的光线过多过杂，也会影响图像效果。

镜头的分类方法有很多，主要可按镜头焦距、镜头视场、镜头光圈和镜头聚焦等分类。镜头分类表如表 3-1 所示。

表 3-1　镜头分类表

按镜头焦距分类	固定焦距、手动变焦、电动变焦
按镜头视场分类	广角镜头、标准镜头、长焦镜头
按镜头光圈分类	固定光圈、手动光圈、自动光圈
按镜头聚焦分类	手动聚焦、自动聚焦、电动聚焦
按镜头透过光线分类	透红外、不透红外
按镜头接口分类	C/CS

（1）按镜头视场分类。

镜头的视场大小主要由镜头的成像尺寸与焦距来决定，一般有标准镜头、广角镜头等。

标准镜头：视场角为 53° 左右，一般应用于走道及小区周界等场所。

广角镜头：视场角≥90°，一般应用于电梯轿厢、大厅等小视距大视觉场所，可提供较宽广的视景。特殊的如鱼眼镜头，其视场角可达到 180°，属于一种超广角镜头。

长焦镜头：视场角≤20°，焦距一般在几十到上百毫米，因入射角较狭小，故仅能提供狭窄视景，适用于远距离监视。

短焦镜头：因入射角较大，可提供一个较宽广的视野。

中焦镜头：标准镜头，焦距的长度视 CCD 的尺寸而定。

变焦镜头：视场角可从广角变到长焦，焦距范围可变，用于景深大、视场角范围广的区域。

变倍镜头：也称伸缩镜头，有手动变倍镜头和电动变倍镜头两类。

可变焦点镜头：介于标准镜头与广角镜头之间，焦距连续可变，既可将远距离物体放大，又可提供一个宽广视景，使监视范围增大。变焦镜头可通过设置自动聚焦至最小焦距和最大焦距两个位置，但是从最小焦距到最大焦距之间的聚焦，则需通过手动聚焦实现。

（2）按镜头光圈分类。

镜头有手动光圈和自动光圈之分，配合摄像机使用，手动光圈镜头适用于亮度不变的应用场合；自动光圈镜头因亮度变化时其光圈亦做自动调整，故适用于亮度变化的场合。自动光圈镜头有两类：一类是将视频信号及电源从摄像机输送到透镜，以控制镜头上的光圈，这种类型称为视频输入型；另一类则利用摄像机上的直流电压来直接控制光圈，这种类型称为 DC 输入型。当在亮光上因光信号导致的模糊最小时，应使用自动光圈镜头。

（3）按镜头接口分类。

所有的监控摄像机镜头均是螺纹口的，CCD 摄像机的镜头安装有两种工业标准，即 C 安装座和 CS 安装座。两者螺纹部分相同，但两者从镜头到感光表面的距离不同，如图 3-7 所示。

C 安装座：从镜头安装基准面到焦点的距离是 17.526mm。

CS 安装座：特种 C 安装，此时应将摄像机前部的垫圈取下再安装镜头。其镜头安装基准面到焦点的距离是 12.5mm。若要将一个 C 安装座镜头安装到一个 CS 安装座摄像机上，则需要使用镜头转换器。

图 3-7 C 安装座与 CS 安装座镜头接口

注：用 C 安装座镜头直接往 CS 安装座接口摄像机上旋入时，极有可能损坏摄像机的 CCD 芯片，要切记这一点。

2）镜头选用原则

为了获得预期的摄像效果，在选用镜头时，应注意以下基本要素：被摄物体的大小、被摄物体的细节尺寸、物距、焦距、CCD 摄像机靶面的尺寸、镜头及摄像系统的分辨率等。

镜头焦距的理论计算如下：摄取景物的镜头视场角是极为重要的参数，焦距是光学系统中衡量光的聚集或发散的度量方式，指从透镜的光心到光聚集的焦点的距离。镜头视场角随镜头焦距及摄像机规格的大小而变化（其变化关系如前所述），焦距计算示意图如图 3-8 所示。

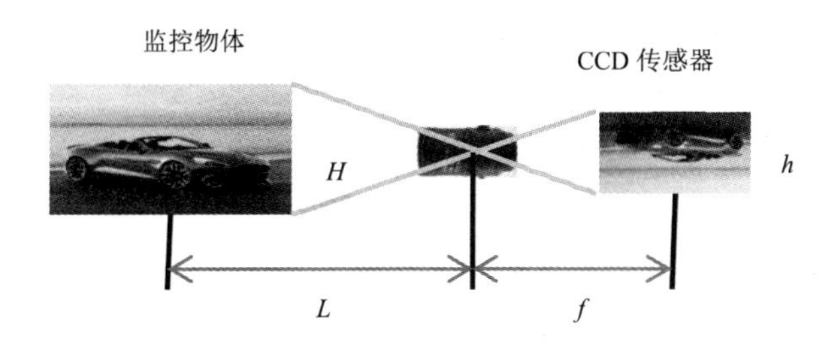

图 3-8 焦距计算示意图

覆盖景物镜头的焦距可用下述公式计算：

$$f=w\times L/W \quad 或 \quad f=h\times L/H$$

式中，f 代表镜头焦距；w 代表图像的宽度；W 代表被摄物体宽度；L 代表被摄物体至镜头的距离；h 代表图像的高度；H 代表被摄物体的高度。

例：当选用 1/2″ 镜头时，图像尺寸 h=4.8mm，w=6.4mm。景物至镜头的距离 L=3500mm，景物的实际高度 H=2500mm。

可得 f=4.8×3500/2500=6.72mm，故选用 6mm 定焦镜头即可。

3）手动、自动光圈镜头的选用

手动、自动光圈镜头的选用取决于使用环境的照度是否恒定。对于环境照度恒定的情况，如电梯轿厢内、封闭走廊内、无阳光直射的房间内，均可选用手动光圈镜头，这样可在系统初装调试中根据环境的实际照度一次性手动整定镜头光圈大小，从而获得令人满意的亮度画面。对于环境照度经常变化的情况，如随日照时间而照度变化较大的门厅、窗口及大堂内等，均需要选用自动光圈镜头，这样便可以实现画面亮度的自动调节，获得良好的、亮度较为恒定的监视画面。

4）定焦镜头和变焦镜头的选用

定焦镜头和变焦镜头的选用取决于被监视场景范围的大小，以及所要求被监视场景画面的清晰程度。在镜头规格（一般为 1/3″、1/2″和 2/3″等）一定的情况下，镜头焦距与镜头视场角的关系：镜头焦距越长，其镜头的视场角就越小。在镜头焦距一定的情况下，镜头规格与镜头视场角的关系：镜头规格越大，其镜头的视场角也越大。由以上关系可知，在镜头物距一定的情况下，随着镜头焦距的变大，在系统末端监视器上所看到的被监视场景的画面范围就越小，但画面细节越来越清晰；而随着镜头规格的增大，在系统末端监视器上所看到的被监视场景的画面范围也增大，但其画面细节越来越模糊。

在狭小的被监视环境中，如电梯轿厢内、狭小房间内，均应采用短焦距广角或超广角定焦镜头；在开阔的被监视环境中，应根据以下因素来选择镜头：被监视环境的开阔程度、用户对系统末端监视器上画面清晰程度的要求，以及被监视场景中心点到摄像机镜头之间的直线距离。在确保直线距离满足覆盖整个被监视场景画面的前提下，应尽量选用长焦距镜头，以便在系统末端监视器上获得更清晰的细节画面。

5）镜头安装

首先去掉摄像机及镜头的保护盖，然后将镜头对准摄像机上的镜头安装位置，顺时针转动镜头直到将其牢固安装到位。若镜头是自动光圈镜头，则将其控制线缆方形插头定位销与摄像机侧面的自动光圈插座定位孔对正，插入镜头控制插头并保证插接牢固。将摄像机控制开关置于“ALC”端，若镜头是直流控制型的，则将选择开关置于“DC”端；若镜头是视频控制型的，则将选择开关置于“VIDEO”端。

6）镜头拆卸

（1）将镜头按逆时针方向转动，直到拆下镜头。

（2）将自动光圈镜头电缆插头从自动光圈镜头连接器上取下。当摄像机镜头为手动光圈镜头时，本步骤省略。

（3）在已拆卸镜头的摄像机接口上装上保护盖，防止镜头被损坏。

7）使用注意事项

（1）安装前务必确认镜头及摄像机安装接口类型，安装接口类型不同时要预先装配接圈。

（2）安装镜头前务必确认镜头与 CCD 摄像机靶面尺寸的一致性。

（3）安装镜头时要保持现场清洁，不得触碰、污损镜头前后镜面及 CCD 摄像机靶面。

（4）安装镜头后应旋紧所有紧固螺钉。

（5）摄像机镜头应避免强光直射，保证 CCD 摄像机靶面不受损伤。镜头视场内不得有遮挡监视目标的物体。

（6）摄像机镜头应从光源方向对准监视目标，并应避免逆光安装；当需要逆光安装时，应降低监视区域的对比度。

（7）镜头应与 CCD 摄像机靶面尺寸相适应。摄取固定目标的摄像机可选用定焦镜头；在有视场角变化的摄像场合，可选用变焦距镜头。

（8）监视目标亮度变化范围高低相差达到100倍或昼夜使用的摄像机，应选用自动光圈或电动光圈镜头。

（9）当需要遥控时，可选用具有光对焦、光圈开度、变焦距的遥控镜头；电动变焦镜头焦距可以根据需要进行电动控制调整，使被摄物体的图像放大或缩小，焦距可以从广角短焦变到长焦，焦距越长成像越大。

2. 防护罩

摄像机防护罩是为了保护摄像机在有灰尘、雨水、高低温等情况下正常使用的防护装置，一般可分为室内防护罩和室外防护罩两种。

1）室内防护罩

室内防护罩的主要功能是保护摄像机和镜头，使其免受灰尘、杂质和腐蚀性气体的污染，并有一定的安全防护、防破坏功能，如防盗、防破坏等，同时还起着隐蔽和装饰摄像机镜头的作用，以减轻人们的反感心理。

室内防护罩要能够配合安装地点达到防破坏的目的，一般由涂漆或经氧化处理的铝材、涂漆钢材或塑料制成，如果使用塑料，那么应当使用耐火型或阻燃型塑料；必须有足够的强度，安装面必须牢固，视窗应该是清晰透明的安全玻璃或塑料；电气连接口的设计位置应该便于安装和维护。

外形美观是对室内防护罩的基本要求。摄像机室内防护罩一般都比较小且轻，制作材料有塑料、铁皮、铝合金及不锈钢等；外形有筒形、楔形、半球形和球形等；安装方式有架装、悬挂式安装和吸顶等。室内防护罩结构简单，安装方便，价格低廉。

2）室外防护罩

室外防护罩也称全天候防护罩，除防尘之外，更主要的作用是保护摄像机在各种恶劣自然环境（如雨、雪、低温、高温等）下正常工作，因此，室外防护罩不仅要具有更严格的密封结构，还要具有雨刷、喷淋、升温和降温等多种功能。室外防护罩可分为防热防晒型防护罩、防冷除霜型防护罩、防水防尘型防护罩、防爆型防护罩等。

（1）防热防晒型防护罩。室外防护罩的散热通常采用轴流风扇强迫对流自然冷却方式，由温度继电器进行自动控制。温度继电器的温控点在 35℃左右，当防护罩的内部温度高于温控点时，继电器触点导通，轴流风扇工作；当防护罩内的温度低于温控点时，继电器触点断开，轴流风扇停止工作。室外防护罩往往附有遮阳罩，防止太阳直晒导致的防护罩内温度升高。

（2）防冷除霜型防护罩。室外防护罩在低温状态下采用电热丝或半导体加热器加热，由温度继电器进行自动控制。温度继电器的温控点在5℃左右，当防护罩内温度低于温控点时，继电器触点导通，加热器通电加热；当防护罩内温度高于温控点时，继电器触点断开，加热器停止加热。室外防护罩的防护玻璃可采用除霜玻璃。除霜玻璃是指在光学玻璃上蒸镀一层导电镀膜，导电镀膜通电后产生热量，可以除霜和防凝露的玻璃。

（3）防水防尘型防护罩。室外防护罩通常还配有刮水器和喷淋器设备。刮水器在下雨时可除去防护玻璃上的雨珠，喷淋器可除去防护玻璃上的尘土。为了防雨淋，室外防护罩需要有更强的密封性，在各机械连接处和出线口都采用防渗水橡胶带密封。使用前最好能做一次淋雨水模拟试验，淋雨水的角度为45°和90°，室外防护罩不能有漏水、渗水现象。

自动加热和风冷降温功能实际上是由温感器件配以自动温度监测与控制电路在防护罩内

部完成的。而刮水器和喷淋器的工作是由前端设备控制器对供电电路进行开关量手动控制来完成的。

（4）防爆型防护罩。在化工厂、油田、煤矿等易燃、易爆场所进行视频监控时，必须使用防爆型防护罩。这种防护罩的筒身及防护玻璃均由高抗冲击材料制成，并具有良好的密封性，可确保其在爆炸发生时仍能对现场情况进行正常的监视。

室外防护罩根据外形又可分为一般防护罩、半球形吸顶防护罩、悬挂式防护罩等，如图 3-9 所示。

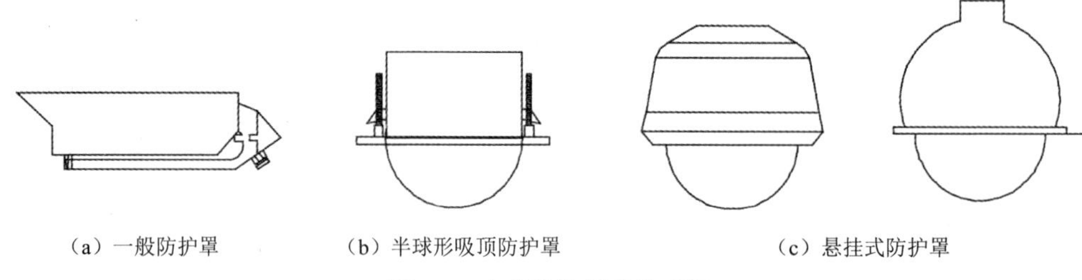

（a）一般防护罩　（b）半球形吸顶防护罩　（c）悬挂式防护罩

图 3-9　室外防护罩的外形图

3）防护罩的安装方法

（1）检查安装位置。

检查防护罩安装位置的现场情况，防护罩支架安装面应具有足够的强度，安装地点应确保有容纳摄像机防护罩的足够空间，确保防护罩安装完成后能够上下、左右转动，灵活调整摄像机监控范围。

（2）安装室内防护罩。

室内防护罩的安装方式分为壁挂式支架安装和悬挂式安装支架安装两种。

① 壁挂式支架安装室内防护罩。

- 用螺钉旋具将防护罩后盖板的固定螺钉拧下，取下后盖板。
- 将防护罩前盖板抽出或拧下固定螺钉，将前盖板取下。
- 拧下摄像机固定滑板螺钉，取出固定滑板。
- 将防护罩放置在支架安装板上，调整防护罩位置，使得防护罩底面安装面上的安装孔与支架安装孔对正。
- 使用支架上自带的固定螺钉或选配适宜的安装螺钉将防护罩底面固定在支架上。
- 将防护罩前盖板装回并用螺钉紧固。

② 悬挂式安装支架安装室内防护罩。

- 用螺钉旋具将防护罩后盖板的固定螺钉拧下，取下后盖板。
- 将防护罩前盖板抽出或拧下固定螺钉，将前盖板取下。
- 用螺钉旋具将固定防护罩底面安装座的螺钉拧下，将安装座放置在防护罩前盖板上面并使安装孔对正，用螺钉紧固。
- 将防护罩前盖板插回并用螺钉紧固。
- 将安装在防护罩前盖板的安装座螺钉孔与支架上的安装孔对正，用支架自带的固定螺钉或选配适宜的安装螺钉将防护罩底面固定在支架上。
- 将防护罩后盖板装回并用螺钉紧固。

（3）安装室外防护罩。

① 向上扳起室外防护罩的后部锁扣，将锁扣逆时针旋转半圈松开挂钩，打开防护罩前盖

板，气动拉杆可以保证防护罩前盖板始终处于打开状态。

② 拧下摄像机固定滑板螺钉，取出固定滑板。

③ 将防护罩放置在支架安装板上，调整防护罩位置，使得防护罩后盖板固定孔与支架安装孔对正。

④ 使用支架上自带的固定螺钉或选配适宜的安装螺钉将室外防护罩后盖板固定在支架上。

3. 支架

1）支架类型

支架是用于固定摄像机的部件，根据应用环境的不同，支架的形状也不相同。支架按材质可分为金属监控支架、塑料监控支架等；按使用类型可分为监控器支架、摄像机支架、探头支架、外墙角支架、云台支架等；按安装方式可分为壁挂式支架、角装支架、立柱式支架、吸顶式支架、嵌入式支架、悬挂式支架等。

支架可直接固定摄像机，也可通过防护罩固定摄像机，所有的支架都具有万向调节功能，通过对支架的调整，即可将摄像机的镜头准确地对向被摄现场。

2）支架安装方法

支架安装方法一般有壁挂式安装、立柱式安装、吸顶式安装、嵌入式安装、悬挂式安装（又称吊装）等，如图 3-10 所示。

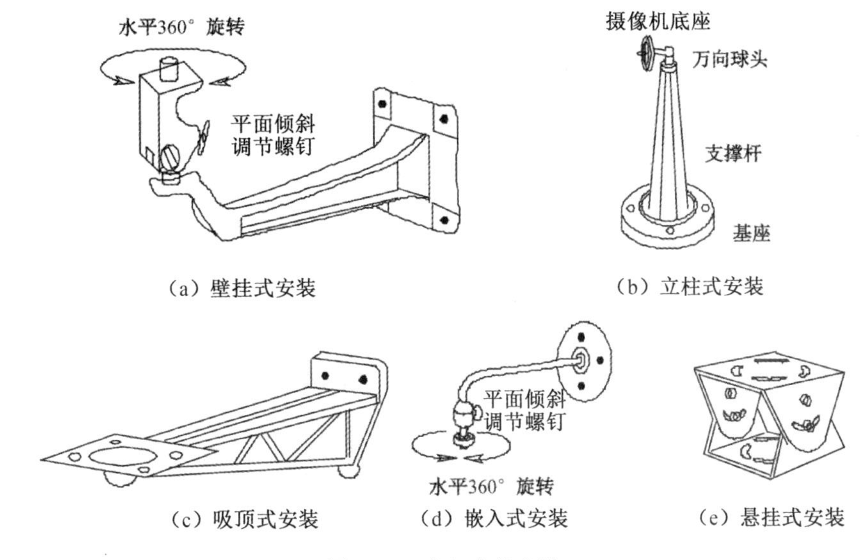

图 3-10　支架安装方法

支架安装部位标注符号如表 3-2 所示。

表 3-2　支架安装部位标注符号

安装方式	符号	安装方式	符号
壁挂式安装	W	顶棚式安装	CR
吸顶式安装	S	墙壁内安装	WR
嵌入式安装	R	台上安装	T
悬挂式安装	P	立柱式安装	CL

支架固定件主要有金属膨胀螺钉、塑料胀管、木锲、抱箍等。

（1）壁挂式摄像机立柱式支架。

如图 3-11 所示，在立柱上安装壁挂式摄像机，应提前根据立柱的直径制作立柱式支架。立柱式支架一般由抱箍和支架安装面组成。安装时旋松抱箍上的螺钉，将箍带的一端拆下来，把箍带包围在立柱的安装位置上，将箍带的一端先穿过柱装底座上的条形孔，然后穿入箍套的插孔内，旋紧箍套的锁紧螺钉，将箍带抱紧在立柱上。将电源电缆、通信电缆、视频电缆从柱装底座的中心孔、防水胶垫中心孔、支架中心孔中穿出来，留出足够的接线长度。用 M8 螺钉将支架紧固在柱装底座上。安装摄像机的立柱必须能承受摄像机、支架及柱装底座质量之和 4 倍的质量。

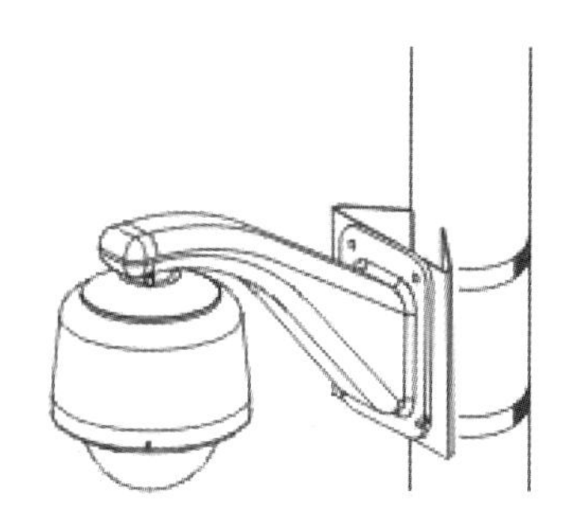

图 3-11　壁挂式摄像机立柱式支架安装

（2）悬挂式摄像机支架。

由于吸顶式一体化球型摄像机支架底座的长度很短，无法满足球型摄像机对监控视场角的要求，因此需要安装悬挂式延长支架，即在支架底座上安装悬挂式吊杆。悬挂式吊杆支架按照吊杆的直径大小分为粗杆和细杆，按照吊杆的长度又有长杆和短杆之分。

对于室外安装的一体化球型摄像机，若壁挂式支架不能满足摄像机对监控视场角的要求，则需要安装悬挂式支架。

悬挂式支架的样式有很多，其主要特点是支架中央有供外悬吊杆插入的套筒和紧固吊杆的紧固螺钉等。

① 先按照正确的方法将特制的壁挂式摄像机支架安装在墙面上，然后旋松支架套筒侧面的紧固螺钉。

② 将伸展式吊杆支架插入套筒内，调整好方向，拧紧紧固螺钉。

③ 线缆到位后，将线缆敷设至套筒内吊杆的安装端，通过吊杆内的带线将线缆从吊杆的安装端穿出。

4. 云台

1）云台的类型

云台的类型有很多，按使用环境分为室内云台、室外云台和防爆云台；按安装方式分为侧装云台、吊装云台和吸顶云台；按外形分为普通云台和球型云台，球型云台是指将云台安置在一个半球形、球形防护罩中，不仅能够防止灰尘干扰图像，还具有隐蔽、美观、快速的特点；按回转的特点可分为只能左右旋转的水平旋转云台和既能左右旋转又能上下旋转的全方位云台。各种形状的云台如图 3-12 所示。

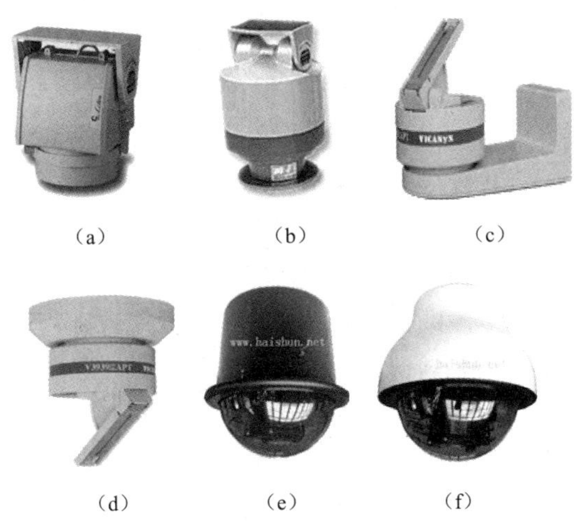

图 3-12　各种形状的云台

2）云台的安装方法

（1）检查室外云台安装位置的现场情况。

云台及支架安装面应具有足够的强度。当云台安装面强度较差而必须在该位置安装时，应采取适当的加固措施。

安装地点应确保有容纳云台及其安装组件（摄像机防护罩等）的足够空间，确保云台安装面及其安装组件在安装完成后上下、左右转动无阻滞、剐蹭。

检查支撑云台机器安装组件的支架安装情况，支架安装应平直，并牢固地与安装墙面或其他固定件连接，保证支架具有至少能够支撑 5 倍于云台机器安装组件的总质量的承载能力。

（2）检查管线路由情况。

尽量选择坚固的墙面和便于敷设线管、线槽的安装位置。

（3）云台上安装摄像机。

取出摄像机，抽出云台固定金属片，如图 3-13 所示，将摄像机固定在云台上；将焊接好的视频电缆 BNC 插头插入视频电缆的插座内确认固定牢固，接触良好；将电源适配器的电源输出插头插入监控摄像机的电源插口，并确认牢固度；将视频电缆的另一头按同样的方法接入显示器的视频输入接口，确保连接牢固，接触良好。

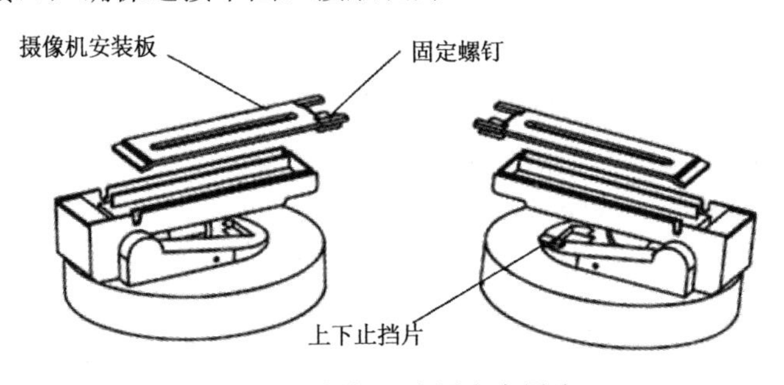

图 3-13　拆卸云台固定金属片

3.2.2　枪型摄像机的安装

枪型摄像机的安装

1. 壁挂式安装

（1）摄像机的安装墙面应具备一定的厚度，并且至少能承受 4 倍于摄像机及安装配件总质量的质量。在水泥天花板或墙面上安装时，需要先安装膨胀螺钉（膨胀螺钉的安装孔位需要和支架一致），再安装支架。

（2）在木质墙面上安装，可使用自攻螺钉直接安装。

（3）安装镜头：拆下摄像机上的镜头保护盖，将镜头对准摄像机上的镜头安装接口，顺时针旋转镜头，将其牢固安装到位，将镜头电缆插头插入摄像机侧面的自动光圈接口上，若安装手动光圈镜头，则直接将镜头安装至摄像机接口即可。

（4）SD 卡安装：若网络摄像机后面板具有 SD 卡插槽，则将 SD 卡插入即完成 SD 卡安装；若需要卸下 SD 卡，则可轻轻向内按压 SD 卡，内部弹性装置即可将 SD 卡弹出。

（5）固定支架：将摄像机支架固定在安装墙面上，如果是水泥墙面，那么需要先安装膨胀螺钉（膨胀螺钉的安装孔位需要和支架一致），然后安装支架；如果是木质墙面，那么可使用自攻螺钉直接安装支架。安装支架如图 3-14 所示。

（6）安装摄像机：使用螺钉将摄像机固定到支架上，并调整摄像机至需要监控的方位，拧紧支架紧固螺钉，固定摄像机，如图 3-15 所示。

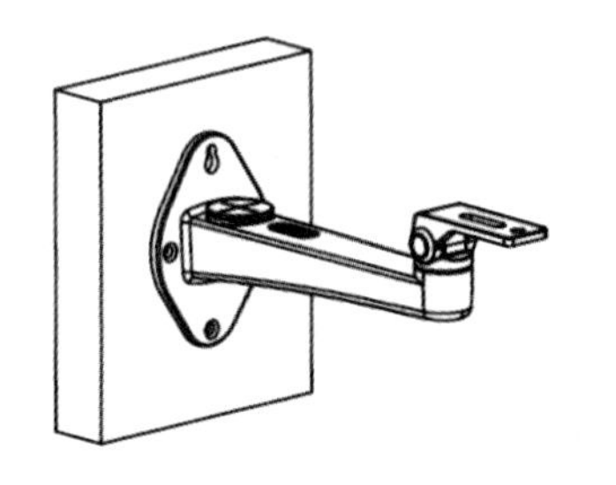

图 3-14　安装支架

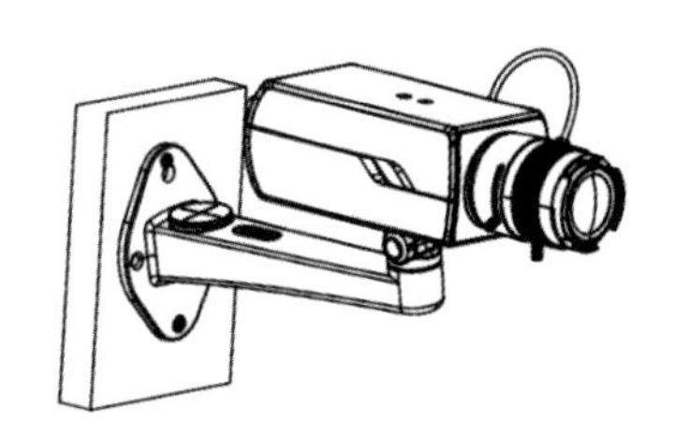

图 3-15　安装摄像机

2. 护罩式安装

（1）安装镜头：同壁挂式安装。

（2）SD 卡安装：同壁挂式安装。

（3）打开护罩：安装护罩时，向外拉开拉环并逆时针旋转 180°，向下轻压护罩外壳后取出卡扣，打开护罩。

（4）固定到底板：取出护罩中的固定底板，用螺钉将摄像机固定于底板上。

（5）固定到护罩：将固定好的底板和摄像机安装到护罩内。

（6）盖上护罩：盖好护罩，以便将防护罩安装到支架上。向下轻压护罩外壳后卡上卡扣，将卡扣顺时针旋转 180°，扣紧拉环。

（7）固定支架：支架形式支持壁挂式支架、横杆装支架和悬挂式支架安装，如图 3-16 所示。

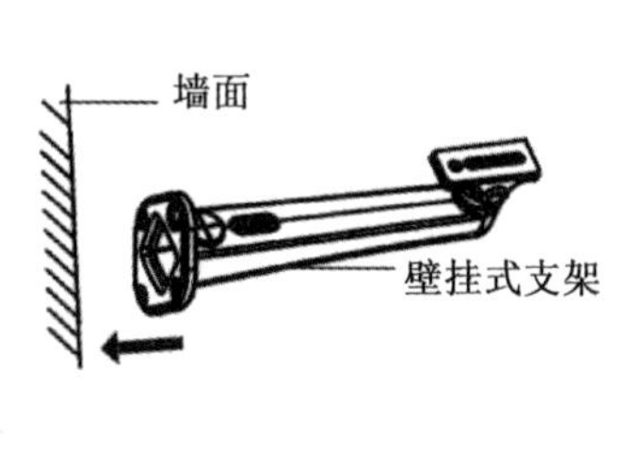

（a）壁挂式支架

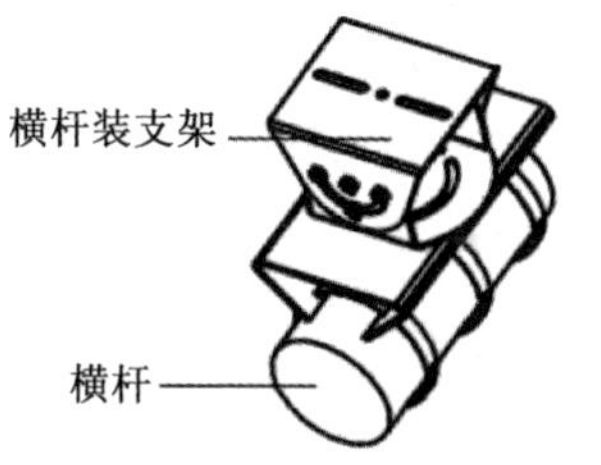

（b）横杆装支架

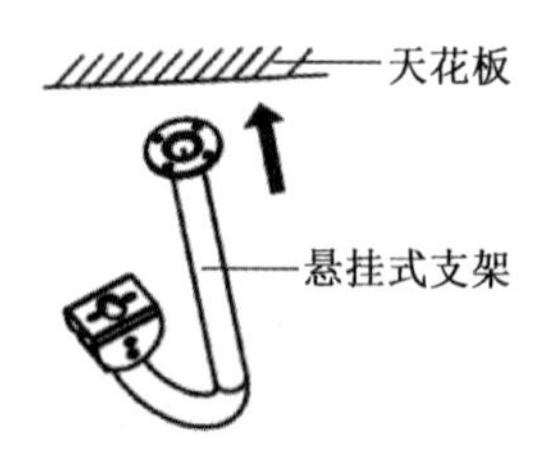

（c）悬挂式支架

图 3-16　支架形式

（8）安装护罩：使用螺钉将装有摄像机的护罩固定于支架上，如图 3-17 所示。

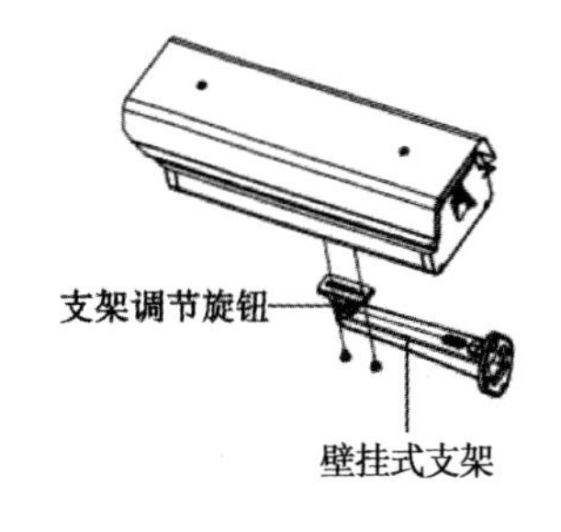

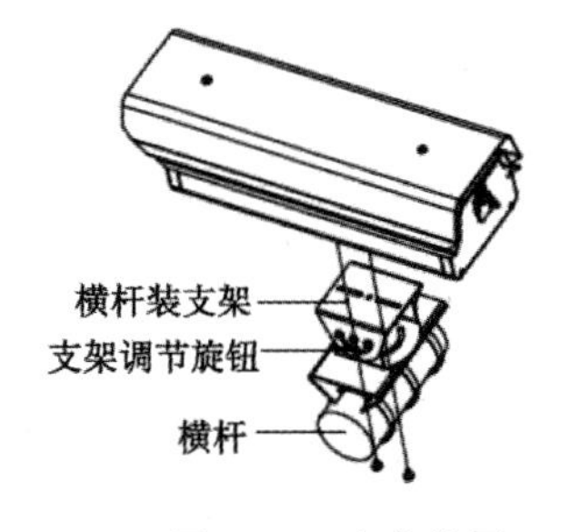

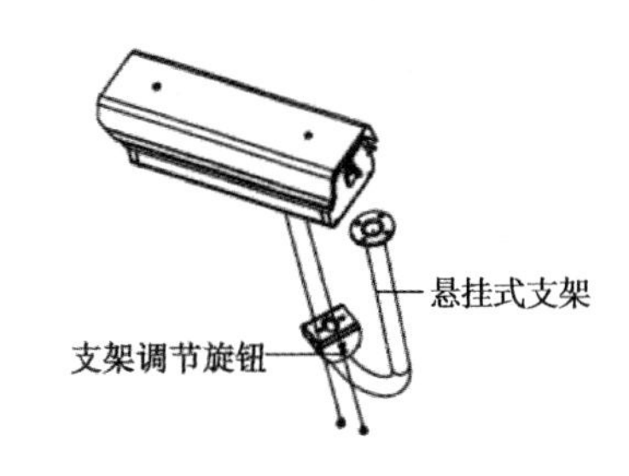

图 3-17　安装护罩

3.2.3　应用场景的选择

（1）安装摄像机时，尽量将其安装在固定的地方，摄像机的防抖功能和算法本身能对其自身的抖动进行一定程度的补偿，但是过大的抖动会影响到检测的准确性。

（2）在未开启宽动态功能时，摄像机视场内尽量不要出现天空等逆光场景。

（3）为了让目标更加稳定和准确，建议实际场景中目标尺寸在场景尺寸的 50%以下，高度在场景高度的 10%以上。

（4）尽量避免选择玻璃、地砖、湖面等反光的场景。

（5）尽量避免选择狭小或过多遮蔽的监控现场。

（6）在白天和夜晚光线充足的环境下，摄像机成像质量清晰、对比度好。如果夜间光线不足，那么需要对场景进行补光，保证目标会通过照亮的区域。

（7）摄像机安装场景选择适当可以有效地减少误报警，提高智能报警的准确率。场景中请尽量避开过多的树木遮挡，同时避免场景中有过多的光线变化，比如路过的车灯等，以减少误报警，提高智能功能的准确率；场景环境亮度不能过低，过于昏暗的场景将大大降低报警准确率。

3.2.4　枪型摄像机的调试

摄像机 IP 地址修改

枪型摄像机的调试一般按照 IP 地址修改、密码设置、图像浏览、图像参数调整等环节展开。

首次使用枪型摄像机时，需要进行激活并设置登录密码才能正常登录和使用。若不知道摄像机的 IP 地址，则可使用工具搜索获取，如大华的设备采用 Configtool 工具。

大华网络摄像机的出厂初始信息如下。

IP 地址：192.168.1.108。

管理用户：admin。

登录密码：adm123。

调试前工作：①自制一根网线；②用网线将摄像机与计算机网口连接；③将摄像机接入网络；④给摄像机供电，连上直流 12V 电源，注意电源线的正负区别（用万用表测量电源线的正负）。

按图 3-18 所示的流程图对摄像机进行调试。

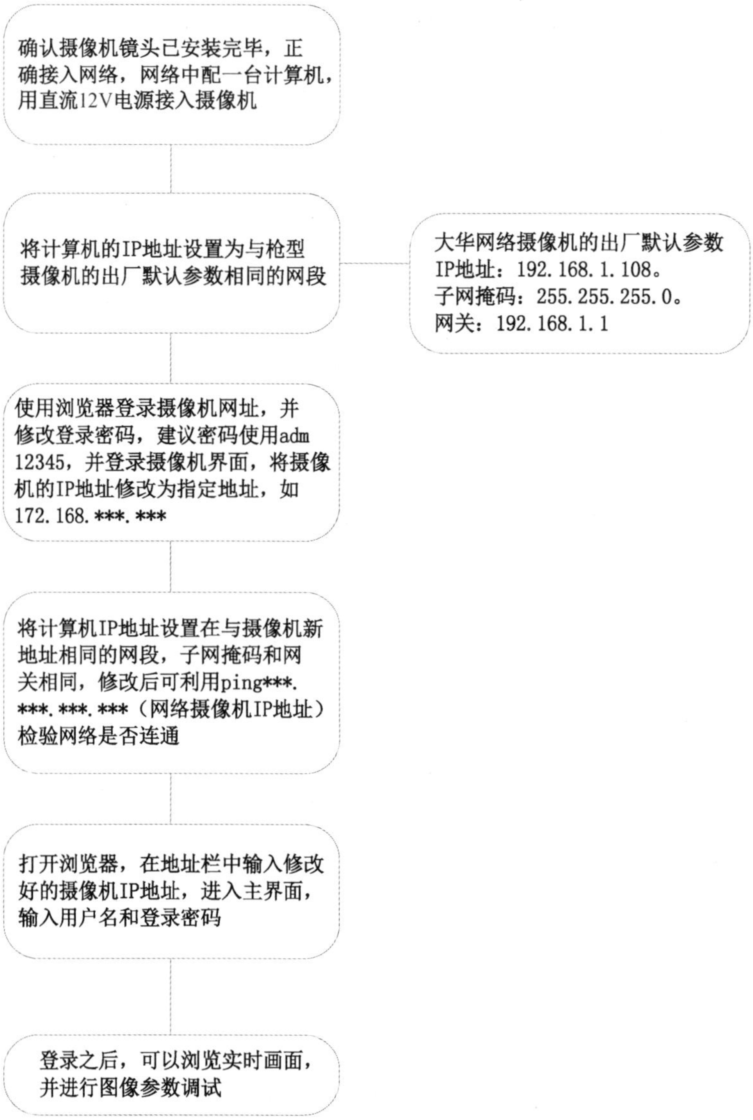

确认摄像机镜头已安装完毕，正确接入网络，网络中配一台计算机，用直流12V电源接入摄像机

将计算机的IP地址设置为与枪型摄像机的出厂默认参数相同的网段

大华网络摄像机的出厂默认参数
IP地址：192.168.1.108。
子网掩码：255.255.255.0。
网关：192.168.1.1

使用浏览器登录摄像机网址，并修改登录密码，建议密码使用adm12345，并登录摄像机界面，将摄像机的IP地址修改为指定地址，如172.168.***.***

将计算机IP地址设置在与摄像机新地址相同的网段，子网掩码和网关相同，修改后可利用ping***.***.***.***（网络摄像机IP地址）检验网络是否连通

打开浏览器，在地址栏中输入修改好的摄像机IP地址，进入主界面，输入用户名和登录密码

登录之后，可以浏览实时画面，并进行图像参数调试

图 3-18　枪型摄像机的调试流程图

3.2.5　枪型摄像机的安装与调试实训

1．实训目的

（1）能够按工程设计及工艺要求正确安装和调试枪型摄像机。

（2）会对枪型摄像机的安装质量进行检查。

（3）能够获得理想的图像效果与监视场角度。

（4）会编写枪型摄像机的安装与调试说明书。

2．必备知识点

（1）掌握枪型摄像机的工作原理。

（2）掌握枪型摄像机的安装方式。

（3）能获取实时图像。

（4）会使用网络进行图像参数调整。

3．实训设备与器材

枪型摄像机	1 台
计算机	1 台
直流 12V 电源	1 个
交换机	1 台
网线	若干
电源线	1 根
工具包	1 套

4．实训内容

（1）完成摄像机在墙面上的安装，如图 3-19 所示。固定好后拧松摄像机的调节螺钉，上下调整摄像机，按照使用需求设定好摄像机的拍摄方向，拧紧调节螺钉。

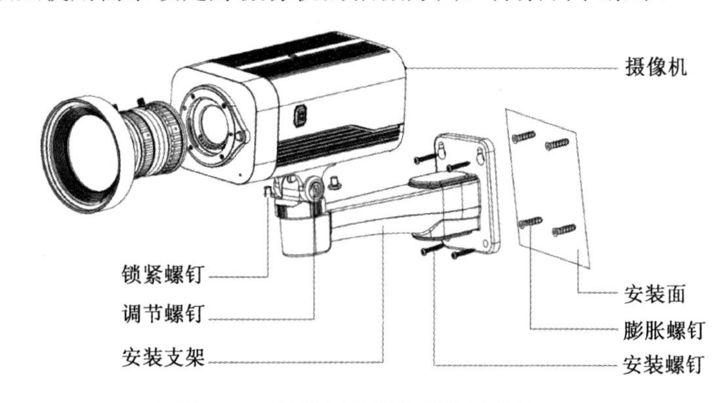

图 3-19 枪型摄像机的安装示意图

（2）绘制小型视频监控系统原理图。

（3）完成摄像机的电源线与网线的连接。

（4）完成摄像机与计算机或交换机的连接，会修改摄像机的 IP 地址。

（5）使用浏览器获得较理想的图像，对图像的白平衡、日夜切换、锐度等进行调节。

5．实训要求

（1）准备一根网线，用网线将枪型摄像机与计算机网口或交换机连接。

（2）给摄像机接上电源。

（3）使用设备搜索工具查找在线设备，找出该设备的网址。

注：

①若不知道摄像机的 IP 地址，则可使用复位功能将其复位，将其 IP 地址恢复成默认 IP 地址。

②使用浏览器访问该网址（通过设备搜索工具找到的网址），注意一定要将计算机的 IP 地址设置成与摄像机的 IP 地址相同的网段。

（4）根据需要修改摄像机的 IP 地址，设置新的登录密码。

使用“网络”→“TCP/IP”菜单命令设置新的 IP 地址，单击“保存”按钮。

（5）再次登录新的 IP 地址。

（6）完成一次抓图。

（7）完成图片路径查找与更改图片存储地址。

（8）通过浏览器实现视频动态检测与遮挡报警，并会定制报警信息。

（9）通过交换机经局域网完成不同实训台设备的访问。

（10）编写安装与调试说明书。

任务 3　球型摄像机的安装与调试

任务描述

某安全防范工程项目中需要实现广场的大范围监控目的，选择球型摄像机的话，如何选择安装位置、如何调试和配置球型摄像机，以达到最佳监控效果呢？

任务分析

球型摄像机便于安装、操作简单、外形美观、便于维护，应用于视野开阔的公共区域，如何选择安装方式？如何调试以保障其达到最佳监控效果呢？

知识准备

3.3.1　球型摄像机的整体构造

球型摄像机的整体构造如图 3-20 所示。

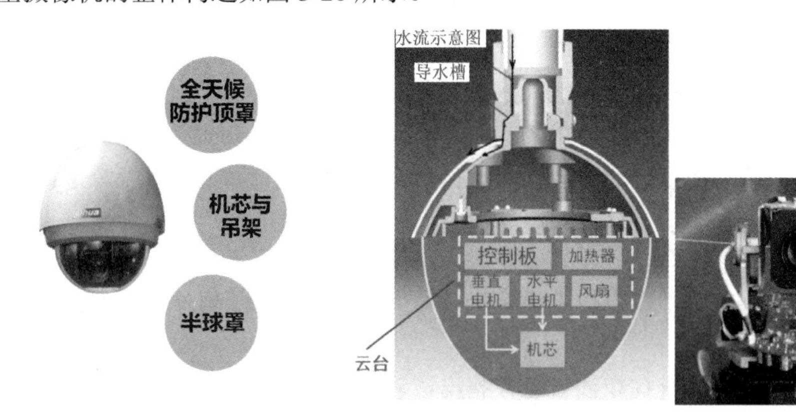

图 3-20　球型摄像机的整体构造

（1）安装支架。

安装支架是用来承载整个球型摄像机的，同时是连接和固定摄像机的支撑架，多为金属结构。安装支架一般分为侧面安装和垂直安装两种方式。

（2）全天候防护顶罩。

全天候防护顶罩内固定有摄像机吊架，摄像机吊架用于固定摄像机，全天候防护顶罩一般为金属或 ABS 工程塑料材质，具有防水、防酸雨、耐高温、抗腐蚀的作用，是球型摄像机主要部件的防护伞。

（3）半球罩。

半球罩是个半球形状的罩子，安装于全天候防护顶罩的下部，一般由耐用的全景不变形亚克力材料构成，采光率高，透明度好，透视景物不变形、不失真。

（4）摄像机吊架。

摄像机吊架一般由金属材料构成，用于固定摄像机，摄像机吊架上面同时附有内置云台和解码器。

（5）内置云台、内置解码器（机芯）。

解码器的功能主要是为摄像机提供其工作所需的电源，并通过控制信号实现控制云台上、下、左、右转动，以及实现摄像机的镜头变倍、聚焦、光圈变化的功能。解码器一般分为外置解码器和内置解码器两种。

云台的作用是，根据解码器输出的控制信号，利用云台电机的水平或者垂直转动，从而实现调整摄像机镜头位置的目的。

（6）视频（网络）信号线接口。

（7）电源、控制信号线接口。

3.3.2 球型摄像机的功能

球型摄像机的常见功能如下。

1. 预置点

预置点即在需要监视的地点设置一个预置位，记录该预置位的水平位置、垂直位置及镜头倍率，该信息将保存在设备上。当需要快速监视某个位置的目标时，可以调用预置点命令来快速准确地调出预先设置好的监视位置。

2. 巡航

巡航是指云台在固定的预置点之间来回巡视的状态。

3. 线性扫描

线性扫描是指通过设置左右边界控制云台的水平运转，实现监控画面的水平巡检。

4. 循迹

循迹是指根据预先设置的云台运转路径进行转动的操作。循迹需要先将球型摄像机的一组操作动作记录下来，包括云台的水平运动、垂直运动、变倍操作、预置点调用、停留时间等，再通过调用该组动作，让云台按照记录的路径移动。

5. 限位

限位是指控制智能球只能在设定限位区域（上、下、左、右）内运动，到达限位点后改变方向，用户无法观察区域外的场景。

3.3.3 球型摄像机的安装方式

球型摄像机的安装、配置与调试

球型摄像机的安装方式一般有立柱式安装、壁挂式安装、悬挂式安装等方式，其安装示意图如图 3-21 所示。

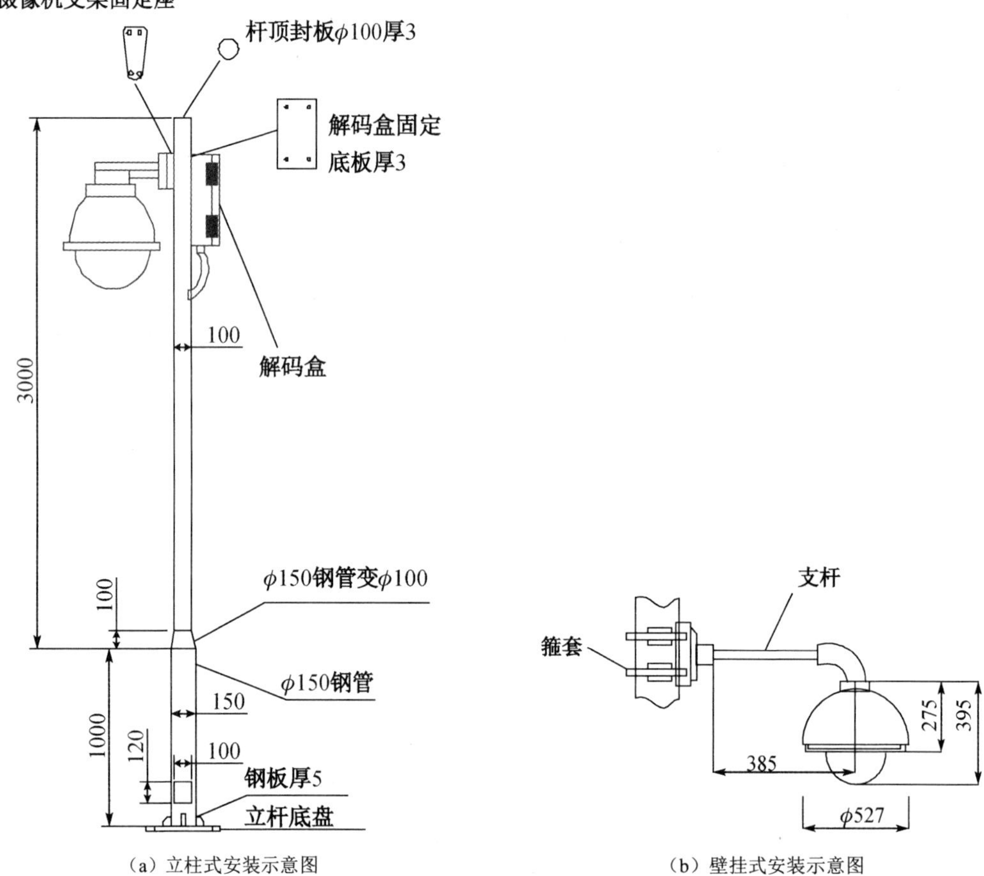

（a）立柱式安装示意图

（b）壁挂式安装示意图

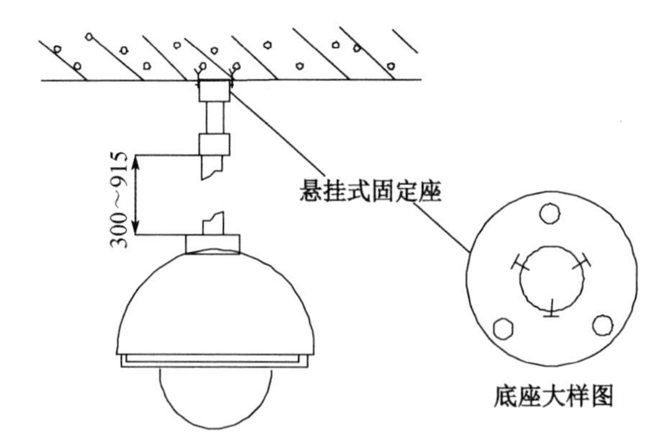

（c）悬挂式安装示意图

图 3-21 球型摄像机的安装示意图（单位：mm）

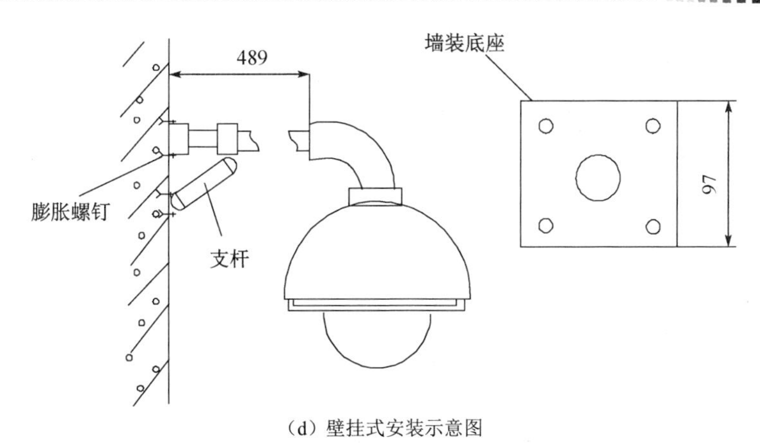

（d）壁挂式安装示意图

图 3-21　球型摄像机的安装示意图（单位：mm）（续）

3.3.4　球型摄像机的安装方法

1. 支架安装

1）壁挂式支架安装

壁挂式球型摄像机可用于室内、室外环境的硬质墙壁结构。墙壁的厚度应足够安装膨胀螺钉，且墙壁至少能承受 8 倍于球型摄像机加支架等附件总质量的质量。

壁挂式支架如图 3-22 所示。

如图 3-23 所示，以壁挂式支架底面的安装孔为基准，在墙壁上画出打孔位置并打孔，将膨胀螺钉预埋在打好的孔内，用 4 个六角螺母及平垫片将壁挂式支架拧入预埋好的膨胀螺钉。

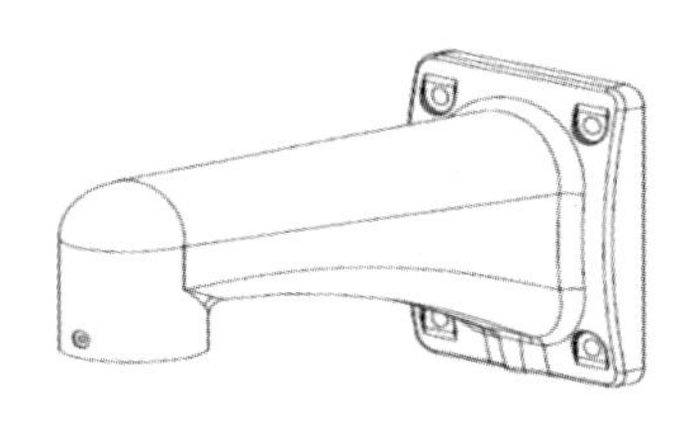

图 3-22　壁挂式支架

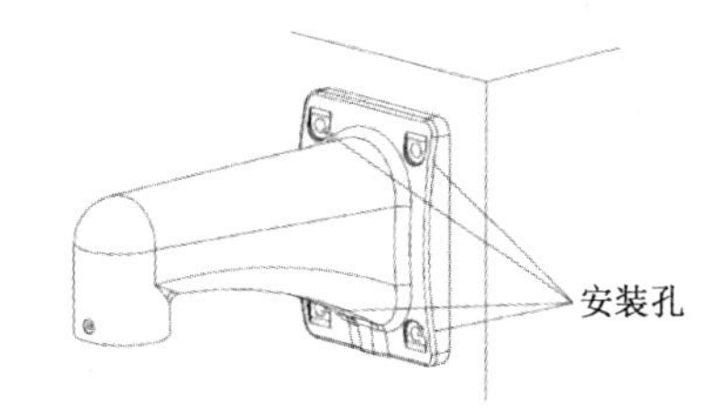

图 3-23　安装壁挂式支架

如图 3-24 所示，将球型摄像机安装到壁挂式支架上。其中复位操作可打开窗口盖，可见云台主板上有复位按键，如图 3-25 所示。安装 SD 卡时，可打开球型摄像机的前半球组件，可见 SD 卡槽位于机芯板上，如图 3-26 所示。

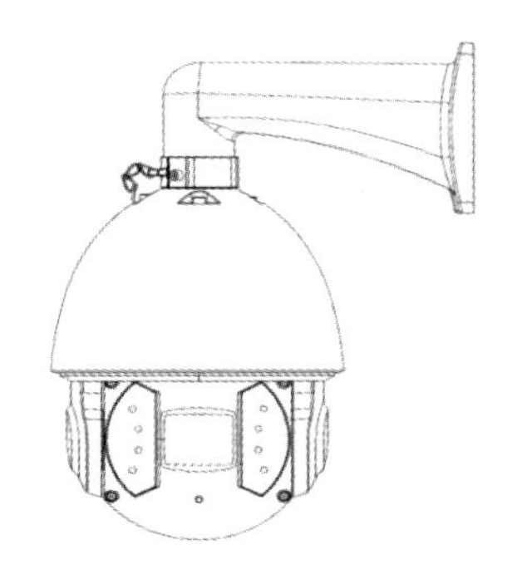

图 3-24　球型摄像机与支架的安装示意图

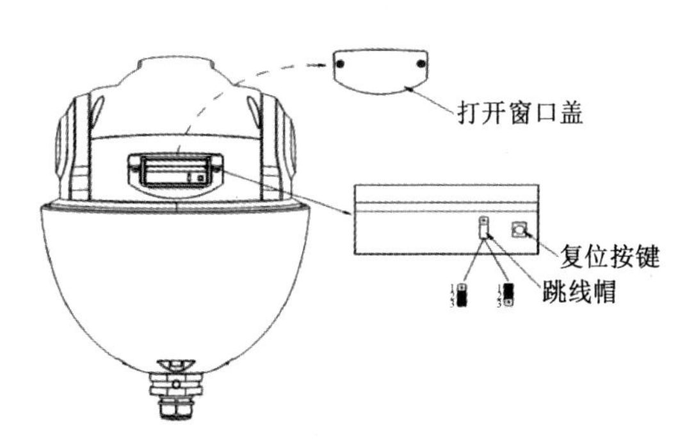

图 3-25　球型摄像机复位示意图

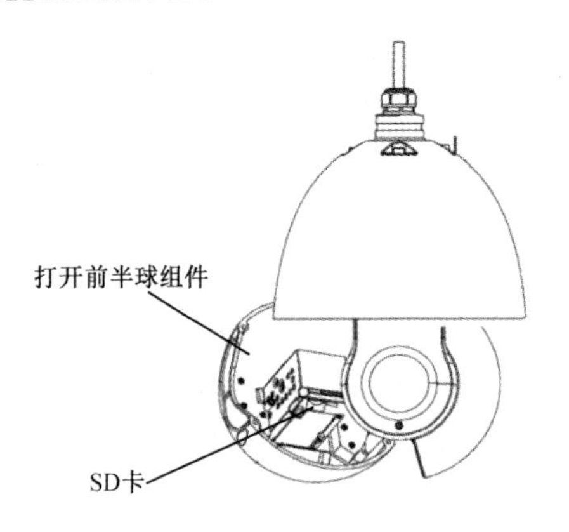

图 3-26 球型摄像机的 SD 卡安装示意图

2）悬挂式支架安装

悬挂式球型摄像机可用于室内、室外环境的硬质墙壁结构，墙壁的厚度应足够安装膨胀螺钉；墙壁至少能承受 8 倍于球型摄像机加支架等附件质量的质量。

悬挂式支架如图 3-27 所示。

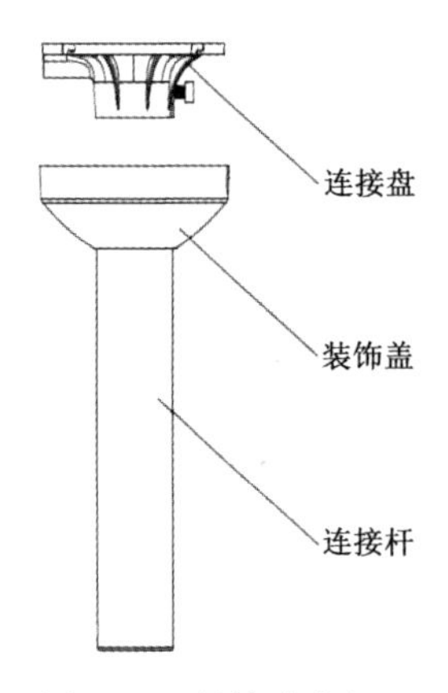

图 3-27 悬挂式支架

如图 3-28 所示，先旋松连接盘侧面的 M4 螺钉，拆分连接盘和连接杆，然后将一体化线从连接盘的底部侧面凹口处密封槽引入并穿过连接法兰的中心孔，将连接盘固定到天花板上。若球型摄像机用于室外环境，则在连接盘与天花板的贴合面、出线孔周围打上玻璃胶来密封防水。

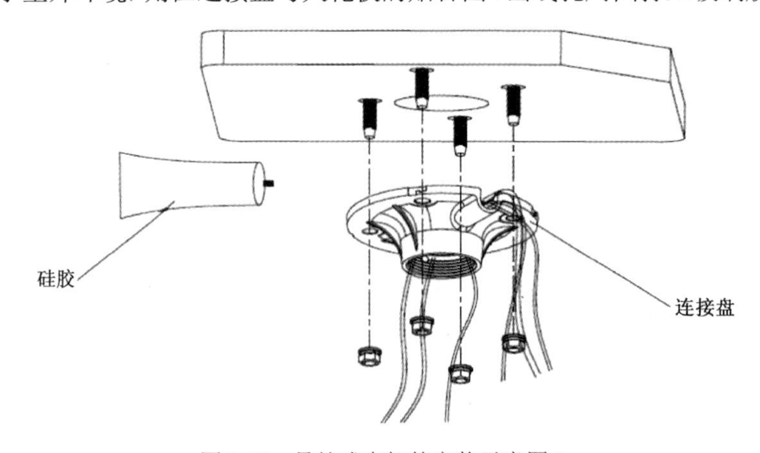

图 3-28 悬挂式支架的安装示意图 1

如图 3-29 所示，先将电线电缆穿过连接杆，然后将连接杆旋紧到连接盘上，并用 M4 螺钉拧紧，将装饰盖推入扣位直到底。若球型摄像机用于室外环境，则在连接杆上端的螺纹处缠绕足够的生料带后再将连接杆旋紧到连接盘。

悬挂式支架整机安装示意图如图 3-30 所示。

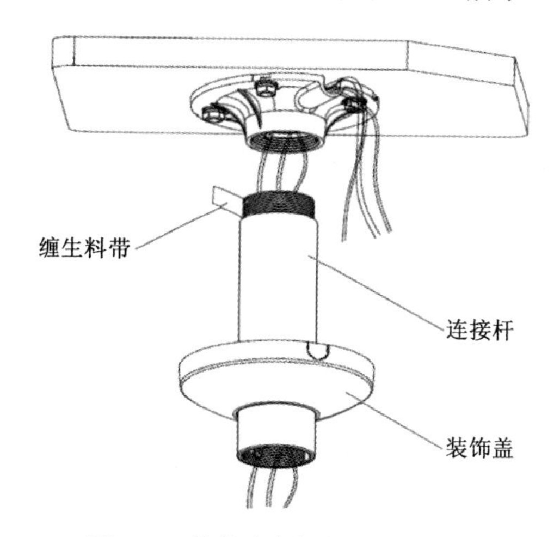

图 3-29 悬挂式支架安装示意图 2

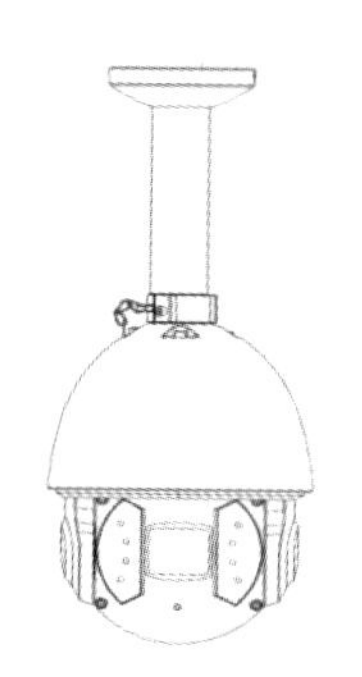

图 3-30 悬挂式支架整机安装示意图

3）角装支架安装

角装式球型摄像机可用于室内、室外环境成 90° 夹角的硬质墙壁结构，墙壁的厚度应足够安装膨胀螺钉；墙壁至少能承受 8 倍于球型摄像机加支架等附件的质量。角装支架如图 3-31 所示。

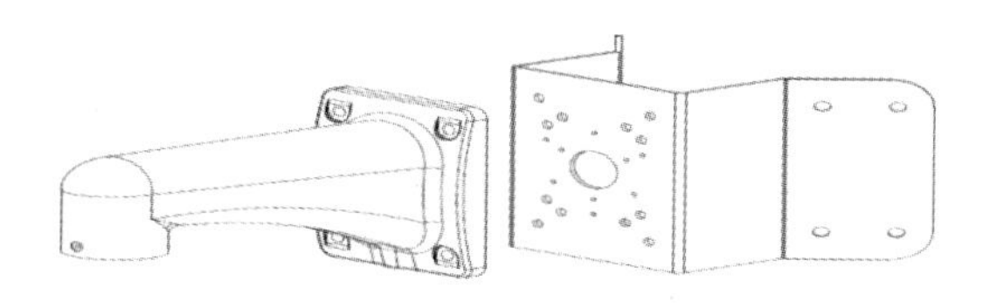

图 3-31 角装支架

如图 3-32 所示，以角装附件的安装孔为基准，在成 90° 夹角的墙壁上画出打孔位置，并打孔装上 M8 膨胀螺钉。将一体化线缆穿过角装底座的中心孔，留出足够的接线长度，并将角装底座用 M8 螺母紧固在墙壁上，在出线孔上打上玻璃胶密封防水。

角装支架整机安装示意图如图 3-33 所示。

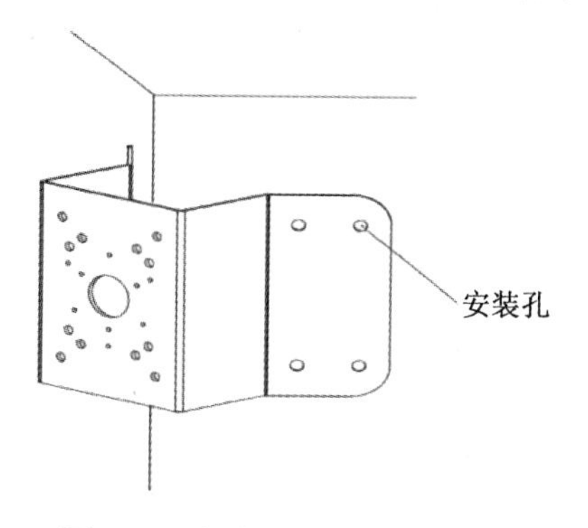

图 3-32 角装支架的安装示意图

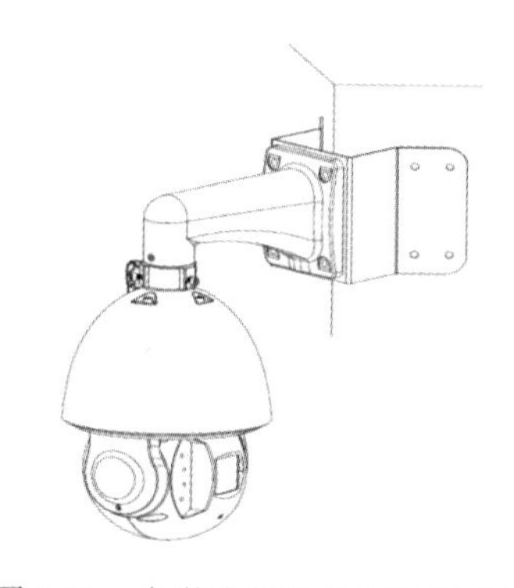

图 3-33 角装支架整机安装示意图

4）柱装支架安装

柱装式球型摄像机可用于室内、室外硬质柱状结构。柱装结构的直径应符合抱箍的安装尺寸。喉箍与柱（杆）装支架配合使用，直径可调节。柱装结构至少能承受8倍于球型摄像机加支架等附件质量的质量。柱装支架如图3-34所示。

如图3-35所示，安装抱箍与柱装支架，将电线电缆穿过柱装附件，用抱箍将柱装支架安装到柱子上，在出线孔上打上玻璃胶密封防水。安装好后，检查抱箍是否拧紧到位，有无晃动现象，防止安装不到位导致抱箍断裂。

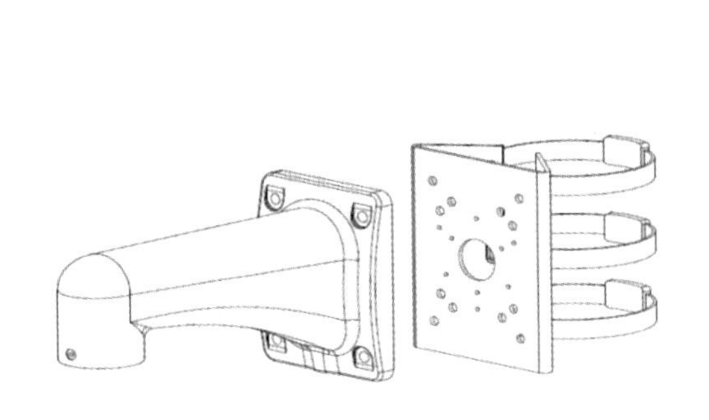

图3-34　柱装支架

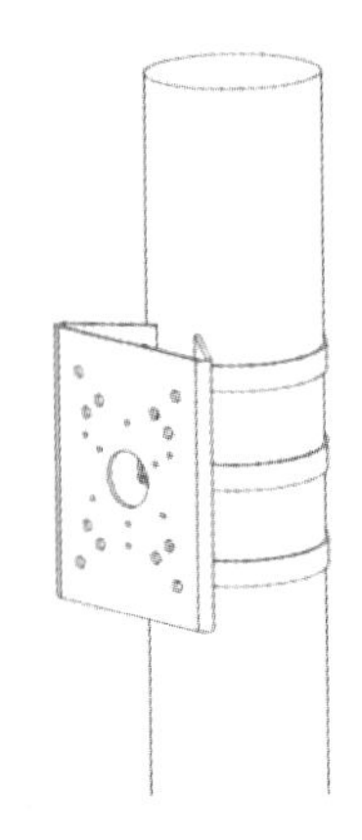

图3-35　柱装支架的安装示意图

柱装支架的整机安装示意图如图3-36所示。

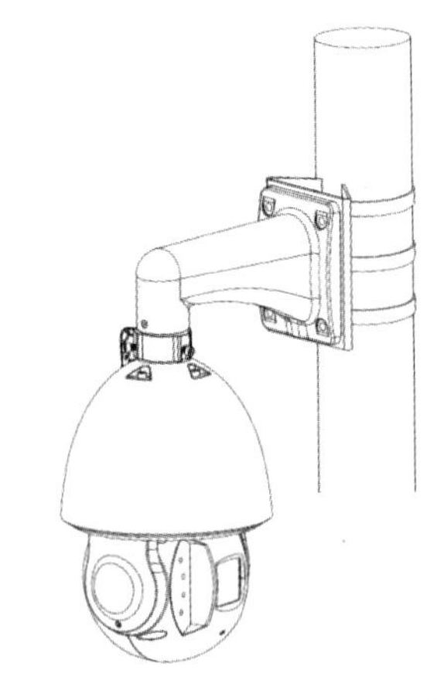

图3-36　柱装支架的整机安装示意图

2．球型摄像机安装

在安装接头的螺纹处缠上生料带后，将接头旋入壁挂式支架的管螺纹中，用螺钉固定。螺纹处理示意图如图3-37所示。

将连接好的一体化连接线缆和多功能组合线缆缓慢地伸入壁挂支架内。

将球型摄像机法兰直边处对齐到快装接头直边处，并将球型摄像机慢慢推入快装接头底部。

将快装接头M6×14不锈钢螺钉带弹垫拧入球型摄像机法兰直边处的圆孔内，将另外2个

M6×14 不锈钢螺钉拧入球型摄像机法兰的凹槽内，用内六角工具对这 3 个不锈钢螺钉进行紧固，如图 3-38 所示。

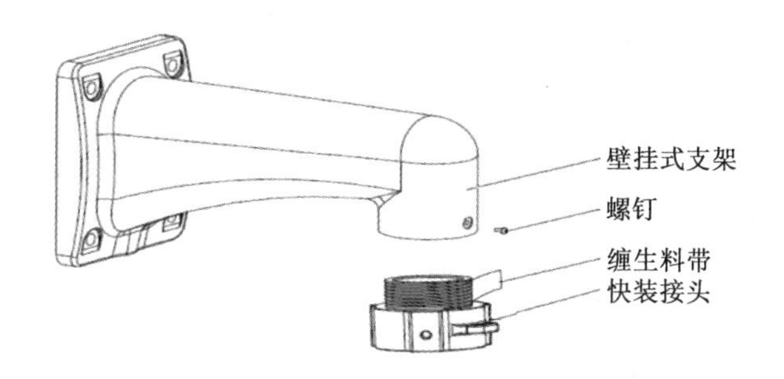

图 3-37　螺纹处理示意图

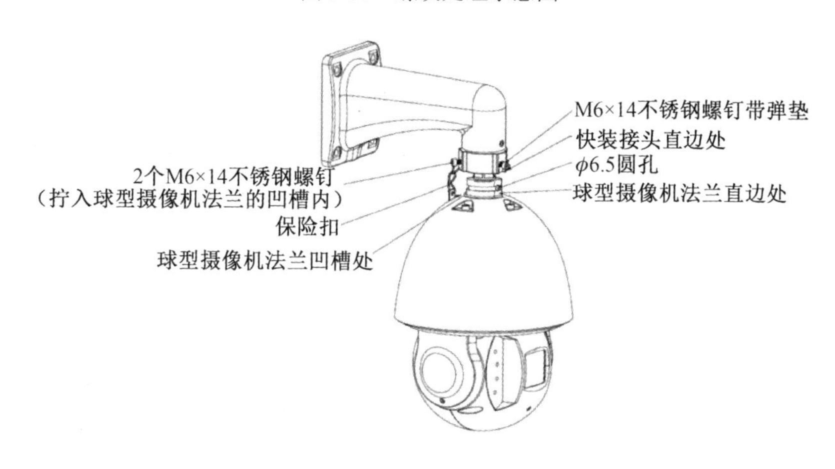

图 3-38　球型摄像机整机安装 1

检查快装接头上的 3 个不锈钢螺钉是否已经拧到位，球型摄像机是否已经可靠固定，有无松动现象，保险扣是否可靠连接。完成整机安装，如图 3-39 所示。

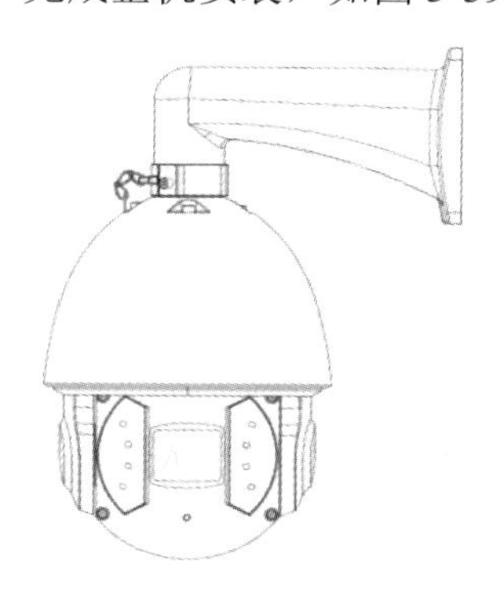

图 3-39　球型摄像机整机安装 2

3.3.5　球型摄像机的设置与调试

大华球型摄像机云台的设置

以大华球型摄像机为例进行球型摄像机的设置和调试。大华球型摄像机的出厂默认 IP 地址为 192.168.1.108（海康网络摄像机的出厂默认 IP 地址为 192.0.0.64）。

1．网络连接

球型摄像机与计算机之间常用的连接方式主要有通过网线直连和通过交换机或路由器连接两种，如图 3-40 和图 3-41 所示。

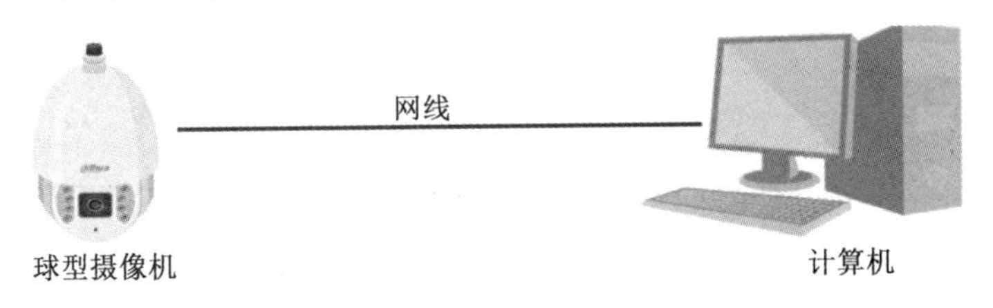

图 3-40　通过网线直连示意图

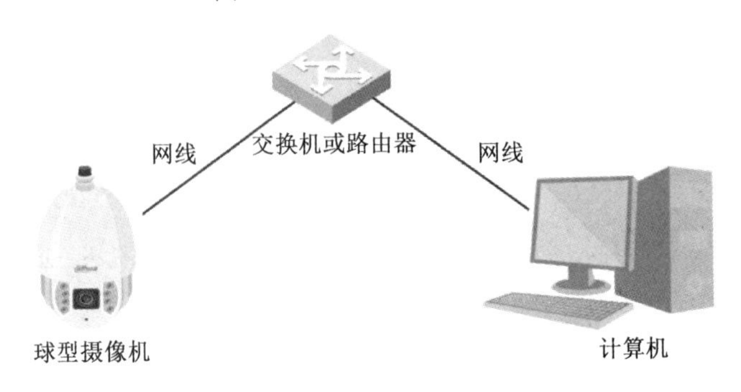

图 3-41　通过交换机或路由器连接示意图

2．设备初始化

（1）设置计算机的 IP 地址，使之与摄像机的 IP 地址在同一个网段后，打开浏览器，在地址栏中输入摄像机的 IP 地址并按“Enter”键。连接成功后，系统显示如图 3-42 所示的界面。若 IP 地址未知，则可使用 Configtool 工具。

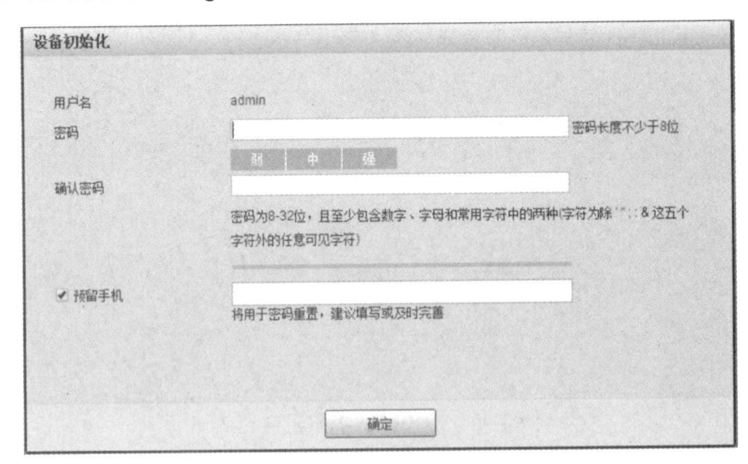

图 3-42　“设备初始化”界面

（2）设置 admin 用户的登录密码。密码可设置为 8～32 位的非空字符，可以由大写字母、小写字母、数字和特殊字符（除“'”“"”“;”“:”“&”外）组成，且至少包含 2 类字符。确认密码和新密码保持一致。

（3）设置用于密码重置的手机号码，用于忘记密码时的找回密码操作。修改计算机的 IP 地址，使之与摄像机新 IP 地址在同一个网段。

按照向导提示完成设置以后，即可进入“登录”界面，如图 3-43 所示。

图 3-43 “登录”界面

（4）输入用户名和密码，并单击“登录”按钮，进入 Web 操作界面。登录成功后，根据系统提示安装或加载控件。

注：连续 5 次输入错误密码后，设备将锁定 5min。锁定时间结束后，可以重新登录设备。

3. 登录设备

打开浏览器，在地址栏中输入摄像机的 IP 地址并按“Enter”键。输入用户名和密码，并单击“登录”按钮，进入 Web 操作界面。

4. 重置密码

当忘记 admin 用户的登录密码时，可以通过预留手机号码重置密码。

（1）打开浏览器，在地址栏中输入摄像机的 IP 地址并按“Enter”键。连接成功后，系统显示“登录”界面，如图 3-43 所示。单击“忘记密码”选项，系统显示“密码重置”界面，如图 3-44 所示。

图 3-44 “密码重置”界面

（2）根据界面提示扫描实际界面的二维码并获取安全码，在“请输入安全码”文本框中输入预留手机接收到的安全码。系统显示设置新密码界面，重新设置密码和确认密码，单击“确定”按钮，完成密码重置。

5.“预览”界面功能

登录完成以后，单击“预览”选项卡，系统显示“预览”界面，如图 3-45 所示。

1—编码设置栏；2—视频窗口调节栏；3—系统菜单栏；
4—视频窗口功能选项栏；5—云台配置栏；6—云台状态栏。

图 3-45 “预览”界面

（1）编码设置。

编码设置栏如图 3-46 所示。

图 3-46 编码设置栏

编码中的主码流是以流媒体选中的协议连接的，在主码流配置下进行视频的监视或关闭，一般用于存储和监视。

辅码流 1 是以流媒体选中的协议连接的，在辅码流 1 配置下进行视频的监视或关闭。在网络带宽不足时，用于代替主码流进行网络监视。

辅码流 2 是以流媒体选中的协议连接的，在辅码流 2 配置下进行视频的监视或关闭。在网络带宽不足时，用于代替主码流进行网络监视。

流媒体协议为选择视频监视协议，支持 TCP、UDP 和 RTP 组播。

（2）视频窗口调节。

视频窗口调节如图 3-47 所示。视频窗口调节参数设置如表 3-3。

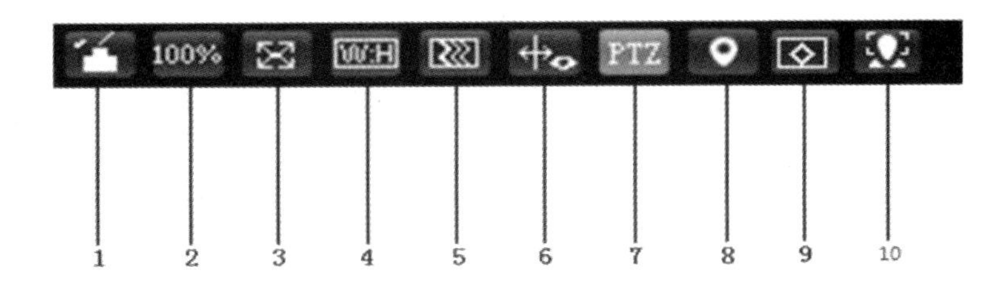

图 3-47　视频窗口调节

表 3-3　视频窗口调节参数设置

序号	参数	说明
1	图像调节	单击“图像调节”按钮，在“预览”界面右侧显示“图像调节”界面，在此调节图像亮度、对比度等参数
2	原始大小	单击该按钮，显示视频码流的实际尺寸
3	全屏	单击该按钮，全屏显示；双击画面或按“Esc”键退出全屏
4	高宽比	单击该按钮，调节画面至原始比例或适合窗口
5	流畅性调节	单击该按钮，有 3 种流畅度等级（实时、普通、流畅）可供选择，默认为普通
6	规则信息	单击该按钮，开启后“预览”界面显示智能规则，默认为开启
7	云台	单击该按钮，开启后“预览”界面显示云台配置项
8	全景云台	单击该按钮，“预览”界面显示全景图窗口，在窗口中可进行定位、调用预置点和巡航组等操作
9	抗锯齿	单击该按钮，开启抗锯齿功能，可以避免小图预览时画面出现锯齿现象
10	人脸	单击该按钮，画面以“人脸预览”界面的方式显示

6. 网络设置

若网络中没有路由设备，则需要分配同网段的 IP 地址。若网络中有路由设备，则需要设置好相应的网关和子网掩码。配置摄像机的 IP 地址和 DNS 服务器，以保证摄像机与组网中的其他设备能够互通。

（1）在系统菜单中选择“设置”→“网络设置”→“TCP/IP”命令。系统显示“TCP/IP”界面，如图 3-48 所示。

TCP/IP
主机名称　IPDome
网卡　有线(默认)
模式　静态　DHCP
MAC地址
IP版本　IPv4
地址
子网掩码
默认网关
首选DNS服务器　223.5.5.5
备用DNS服务器　223.6.6.6
开启ARP/Ping设置设备IP地址服务
默认　刷新　确定

图 3-48　“TCP/IP”界面

（2）配置 TCP/IP 参数，TCP/IP 参数说明如表 3-4 所示。

表 3-4　TCP/IP 参数说明

参数	说明
主机名称	设置当前主机设备的名称，最大长度为 15 字符
网卡	选择所要配置的网卡，默认为有线。当设备有多个网卡时，可改变默认网卡，若重新设置了默认网卡，则需要重启设备
模式	可选 DHCP 模式和静态模式。选择 DHCP 模式时，IP 地址/子网掩码/网关不可设置；选择静态模式时，需要手动设置 IP/掩码/网关
MAC 地址	显示设备的 MAC 地址
IP 版本	可以选择 IPv4 和 IPv6 两种地址格式，目前两种 IP 地址都支持，都可以进行访问
IP 地址	输入相应的数字，更改 IP 地址
子网掩码	根据实际情况设置，子网掩码前缀为数字型，输入 1～255，子网前缀部分标识一个特定的网络链路，通常包括了一个层次化的结构

7．云台设置

1）预置点

预置点是指摄像机当前所处的环境。可以通过调用预置点迅速将云台和摄像头调整至该环境。配置步骤如下。

（1）选择“设置”→“云台设置”→“功能”→“预置点”命令，系统显示“预置点”界面，如图 3-49 所示。

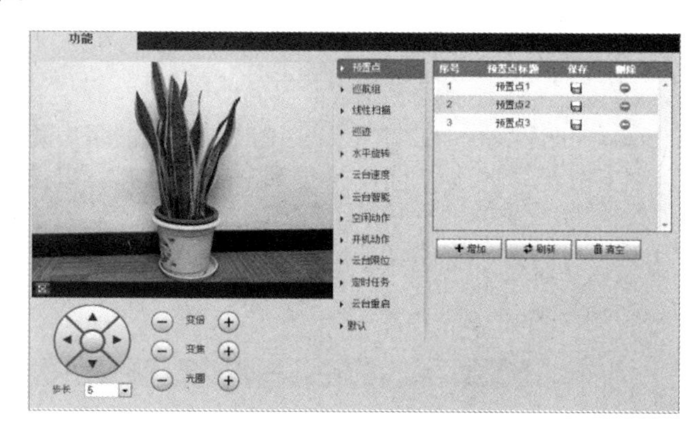

图 3-49　“预置点”界面

（2）在配置界面左下角单击各按键，以调节云台的方向、变倍、变焦和光圈的大小，以将摄像机调整至合适的监控位置。

（3）单击“增加”按钮。在列表中将该位置添加为预置点，并在预置点列表中显示。

（4）单击 按钮，保存该预置点。

（5）对预置点进行相关操作。双击“预置点标题”选项可修改该预置点在监控屏幕上显示的标题名称。单击 按钮可删除该预置点。单击“清空”按钮可清空所有预置点。

2）巡航组

巡航组是指摄像机根据设定的预置点进行自动运动。配置步骤如下。

首先需要预先设置若干预置点。

（1）选择“设置”→“云台设置”→“功能”→“巡航组”命令，系统显示“巡航组”界面，如图 3-50 所示。

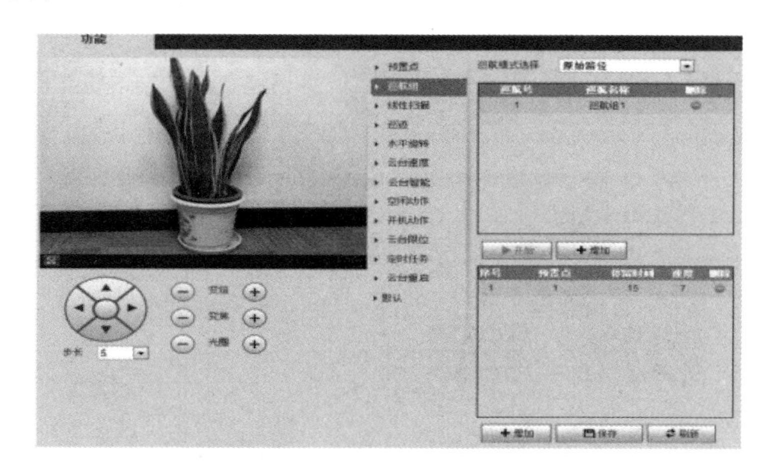

图 3-50　“巡航组”界面

（2）单击界面右上角列表下方的“增加”按钮，添加巡航路线。

（3）单击界面右下角列表下方的“增加”按钮，添加若干预置点。

（4）对巡航组进行相关操作。双击“巡航名称”选项可修改该巡航路线的名称。双击“停留时间”选项可设置该预置点停留的时间。双击“速度”选项可修改巡航速度。巡航速度的默认值为 7，取值范围为 1～10，数值越大，速度越快。

（5）单击“开始”按钮，开始巡航。

3）线性扫描

线性扫描是指摄像机在左右边界范围内以一定的速度来回扫描。配置步骤如下。

（1）选择“设置”→“云台设置”→“功能”→“线性扫描”命令，系统显示“线性扫描”界面，如图 3-51 所示。

（2）选择“线扫号”选项，进行线性扫描配置。

（3）拖动进度条，设置线性扫描速度。

（4）单击“设置”按钮后，调节摄像机的方向，使其达到合适的位置。

（5）单击“设置左/右边界”按钮，将该位置设置为摄像机的“左/右边界”。

（6）单击“开始”按钮，开始线性扫描。

（7）单击“停止”按钮，停止线性扫描。

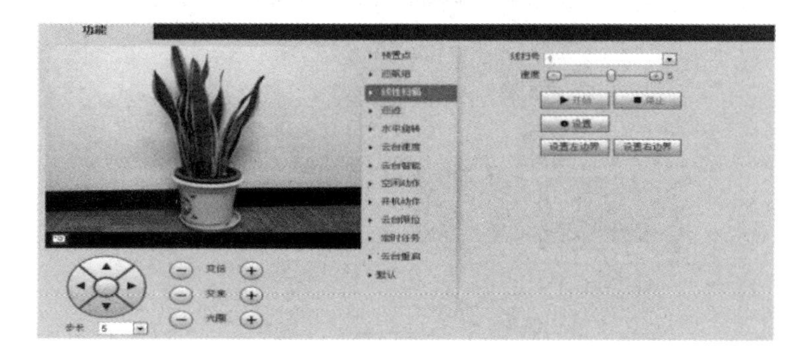

图 3-51　“线性扫描”界面

4）巡迹

巡迹能够连续记录用户对摄像机的水平运动、垂直运动、变倍、预置点调用等操作。记录并保存完毕后，可以直接调用该巡迹路线。配置步骤如下。

（1）选择“设置”→“云台设置”→“功能”→“巡迹”命令，系统显示“巡迹”界面，如图 3-52 所示。

图 3-52　“巡迹”界面

（2）选择“巡迹号”选项，进行巡迹配置。

（3）单击“设置”按钮，并单击“开始记录”按钮，按照需要操作云台。

（4）单击“停止记录”按钮，完成记录。

（5）单击“开始”按钮，摄像机开始巡迹。

（6）单击“停止”按钮，停止巡迹。

5）水平旋转

水平旋转是指摄像机以一定的速度水平 360° 连续旋转。配置步骤如下。

（1）选择“设置”→“云台设置”→“功能”→“水平旋转”命令，系统显示“水平旋转”界面，如图 3-53 所示。

（2）拖动“旋转速度”进度条，设置旋转速度。

（3）单击“开始”按钮，摄像机即以该速度开始水平旋转。

6）云台限位

云台限位功能一般用来设置摄像机的云台区域，使摄像机只能在设定的区域内运动。配置步骤如下。

图 3-53　“水平旋转”界面

（1）选择“设置”→“云台设置”→“功能”→“云台限位”命令，系统显示“云台限位”界面，如图 3-54 所示。

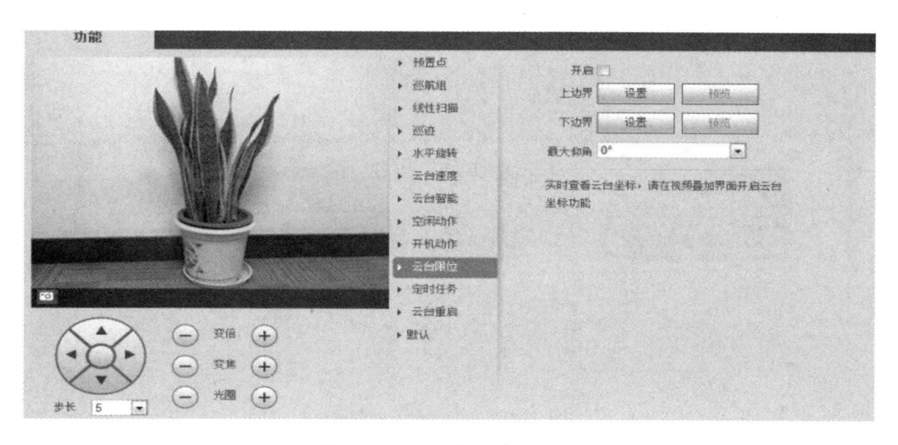

图 3-54 “云台限位”界面

（2）勾选“开启”复选框，开启云台限位功能。

（3）控制摄像机云台转动到需要的边界位置，单击“设置”按钮，设置上边界。

（4）控制摄像机云台转动到需要的边界位置，单击“设置”按钮，设置下边界。

（5）单击“预览”按钮，可预览已经设置的上/下边界。

7）云台重启

云台重启功能可重启云台。配置步骤如下。

（1）选择“设置”→“云台设置”→“功能”→“云台重启”命令，系统显示“云台重启”界面，如图 3-55 所示。

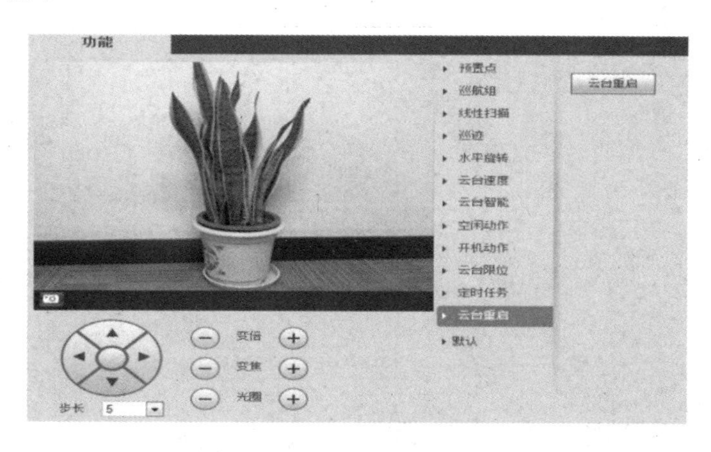

图 3-55 “云台重启”界面

（2）单击“云台重启”按钮，系统重新启动云台。

8）恢复云台默认

恢复云台默认功能可以恢复云台的默认设置，该功能将删除用户对云台的所有配置。操作步骤如下。

（1）选择“设置”→“云台设置”→“功能”→“默认”命令。系统显示“默认”界面，如图 3-56 所示。

图 3-56 “默认”界面

（2）单击“默认”按钮，云台恢复默认设置。

8. SmartPSS 的基本操作

1）添加设备

（1）搜索添加设备。

① 在“设备管理”界面单击“自动搜索”按钮，系统显示“自动搜索”界面。

② 设置设备网段，单击“搜索”按钮，系统显示搜索结果，如图 3-57 所示。

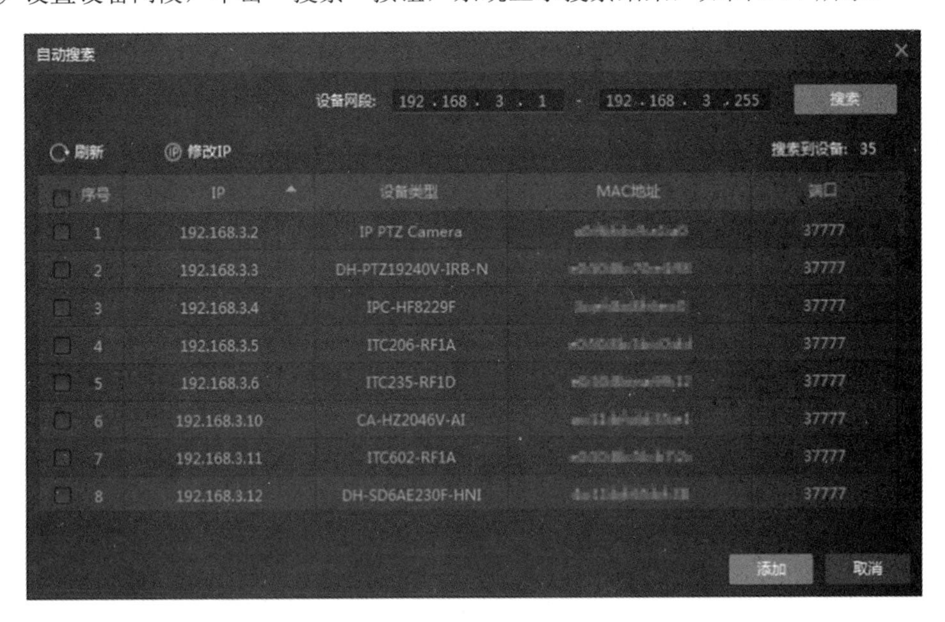

图 3-57 搜索结果示意图

③ 选择需要添加的设备，单击“添加”按钮，系统弹出“信息”对话框。

④ 单击“确定”按钮，系统弹出“登录信息”对话框。

⑤ 输入登录设备的“用户名”和“密码”，单击“确定”按钮，系统显示添加的设备列表，如图 3-58 所示。

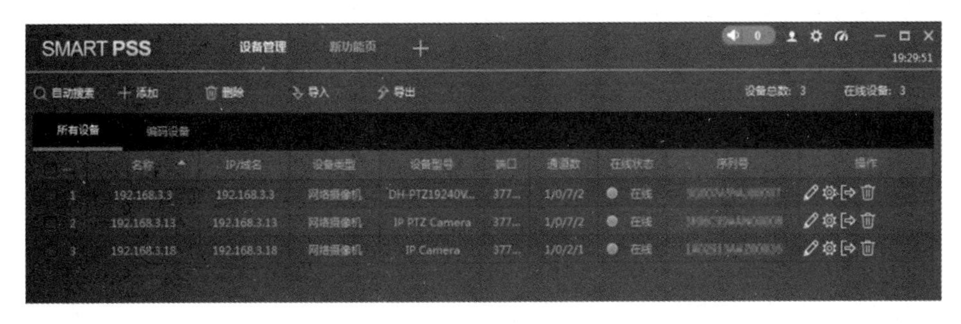

图 3-58　设备列表

单击图标，进入“修改设备”界面，该界面支持修改设备信息，包括设备名称、IP 地址/域名、端口、用户名和密码，也可以双击设备，进入“修改设备”界面。

单击图标，进入“设备配置”界面，该界面支持配置设备的摄像头、网络信息、事件、存储计划和系统信息等。

设备处于登录状态，图标显示为，单击该图标，退出设备登录，同时图标变为。

单击图标，删除设备。

当在系统设置中选择“显示设备编码”选项时，操作栏显示该图标。单击图标，自定义设备编码，用于对接键盘时操作设备。

（2）手动添加设备。

添加单个设备，在已知设备的 IP 地址或域名时添加单个设备，建议采用手动添加方式。

① 在“设备管理”界面单击“添加”按钮，系统显示“手动添加”界面，如图 3-59 所示。

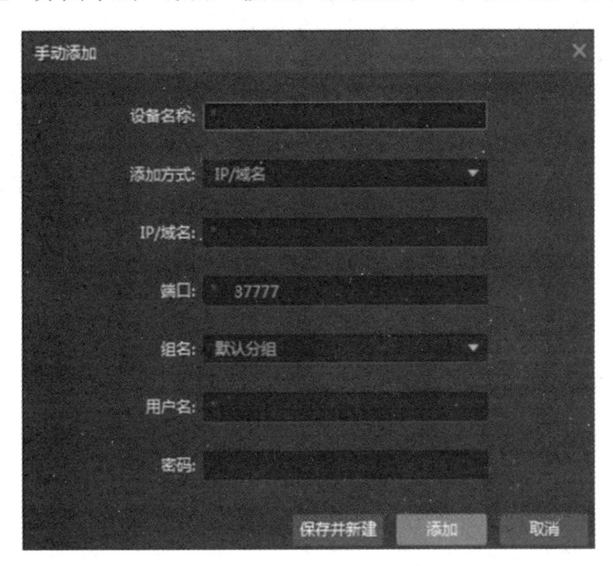

图 3-59　“手动添加”界面

手动添加设备选型说明如表 3-5 所示。

表 3-5　手动添加设备选型说明

参数	说明
设备名称	设备的名称，建议以设备监视区域命名，便于维护
添加方式	选择设备的添加方式
IP/域名	通过设备的 IP 地址或域名添加设备

续表

参数	说明
端口	当“添加方式”为“IP/域名”时，需要设置该参数。设备的端口号默认为37777，请根据情况填写
组名	选择设备所在的分组
用户名	登录设备的用户名
密码	登录设备的密码

② 单击“添加”按钮，完成设备添加。

2）界面简介

单击“+”按钮，在“新功能页”界面选择“预览”选项，系统显示“预览”界面，如图3-60所示。

1—设备列表区；2—预览窗口区；3—云台控制区；4—视图创建区；5—轮巡选择区；6—视频比例和窗口数设置区。

图3-60 “预览”界面

3）开启预览

实时查看摄像头采集视频数据，同时支持本地录像、抓图、开启音频、语音对讲、即时回放、切换码流、智能叠加等操作。

选择“预览”窗口，在设备列表区双击需要预览的设备。将设备列表中需要预览的设备拖至预览窗口。

4）调整监视窗口数

单击 [图标] 中的任意图标，可以调整监视窗口数，其中前三个图标为用户收藏的常用窗口，第四个图标为自定义窗口，第五个图标为全屏显示。

3.3.6 球型摄像机的安装与调试实训

1. 实训目的

（1）能够按工程设计及工艺要求正确安装球型摄像机，并进行连线与调试。
（2）会对球型摄像机的安装质量进行检查。
（3）会使用浏览器与客户端软件对设备进行控制。
（4）会编写安装与调试说明书。

2. 必备知识点

（1）会安装球型摄像机。
（2）会查找球型摄像机的 IP 地址并修改。
（3）会使用客户端软件或 Web 端对球型摄像机进行控制。

3. 实训设备与器材

大华智能球型摄像机	1 台
电源线	1 根
交流 24V 电源（变压器）	1 个
计算机	1 台
交换机	1 台
工具包	1 套
网线	2 根
客户端软件	1 套

4. 实训内容与要求

（1）将球型摄像机采用壁挂式安装方法安装于指定位置。
（2）完成球型摄像机电源线与网线的连接。完成小型监控系统的连接。
（3）设置球型摄像机的 IP 地址，将其接入局域网内。
（4）使用计算机实现对球型摄像机的控制、图像的显示与记录，完成表 3-6，并完成安装与调试指导书。

表 3-6 实训内容

序号	操作任务	操作步骤	注意事项
1	通过浏览器获得摄像机图像		
2	通过浏览器控制云台，会设置预置点、线性扫描、巡航组、巡迹		
3	通过浏览器进行抓图与查询、图片存储、路径修改等		
4	通过浏览器实现视频动态检测与遮挡报警，并会定制报警信息		
5	将摄像机和报警主机添加到 SmartPss 中		
6	使用 SmartPss 获取图像，并对摄像机进行云台控制		
7	使用 SmartPss 抓图、本地录像、回放录像、录像路径修改等		
8	使用 SmartPss 实现视频动态检测的弹屏报警功能		

5．注意事项

（1）注意保管随机附带的使用手册等。

（2）安装机芯等设备时切勿触碰镜头，清洁镜头应使用镜头纸。

（3）安装完毕后，务必取下镜头保护盖等，以免影响图像质量。

任务4 存储设备的安装与调试

任务描述

对待事物，人们一般都愿意相信自己的眼睛，因此视频监控系统可以充分满足人们眼见为实的心理。某大楼公共区域通道的全天候监控需要用存储设备进行存储，因此需要小王进行存储设备的安装与调试。

任务分析

由于存储设备可以记录过去发生的事情，为查案、办案、处理各类纠纷等场景服务，实现有据可查，所以掌握常用存储设备及其使用方法非常重要。

知识准备

视频监控系统—DVR与NVR基础知识

3.4.1 数字视频录像机

1．DVR接口

DVR（Digital Video Recorder，数字视频录像机）的基本功能是将模拟的音/视频信号转变为数字信号存储在硬盘上，故常被称为硬盘录像机，具有对图像/语音进行长时间录像、录音、远程监视和控制的功能，集录像、画面分割、云台镜头控制、报警控制、网络传输等功能于一身。

DVR常用的接口有BNC、VGA、RCA、RJ45、HDMI等。

（1）BNC：同轴电缆接头，用于传输模拟信号，可以隔绝视频输入信号，使信号间干扰减少，达到更好的信号响应效果。BNC接口如图3-61所示。

图3-61 BNC接口

（2）VGA：是显卡上应用最为广泛的接口，它传输红、蓝、绿模拟信号及同步信号。由于VGA将视频信息分解为R、G、B三基色和HV行场信号进行传输，因此在传输过程中的损耗小。VGA接口如图3-62所示。

（3）RCA：俗称莲花插座，又称AV端子，既可用来传输音频信号，又可用来传输视频信号。

（4）RJ45：通常用于数据传输，最常见的应用为网卡接口。

（5）HDMI：高清晰度多媒体接口，是一种数字化/音频接口技术，是适合影像传输的专用型数字化接口，可同时传送音频和影像信号，最高传输速率可达5Gbit/s，且无须在信号传送前进行数/模转换或模/数转换。HDMI接口如图3-63所示。

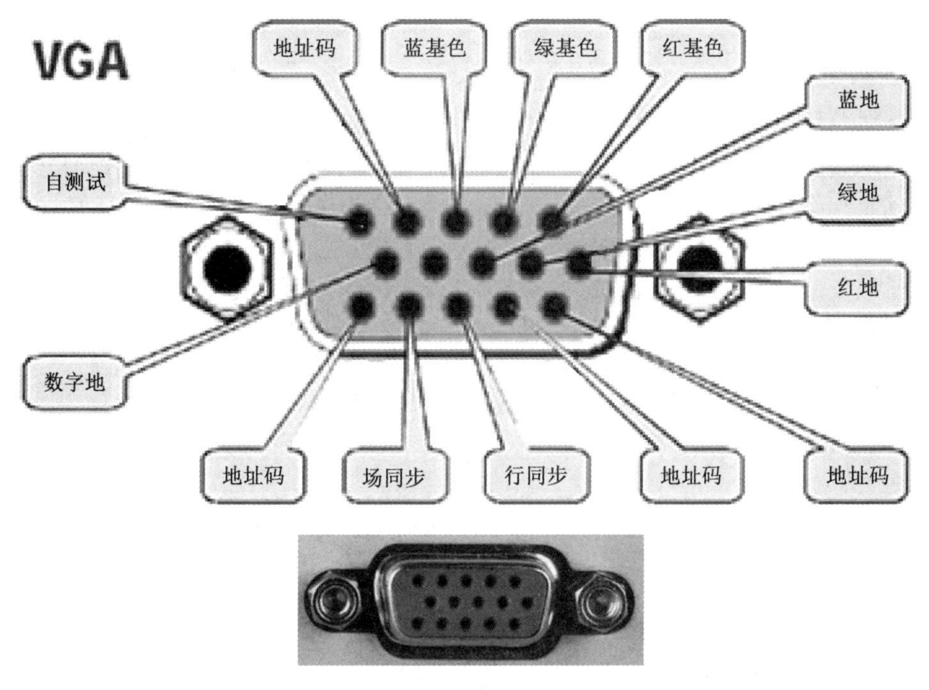

图 3-62 VGA 接口

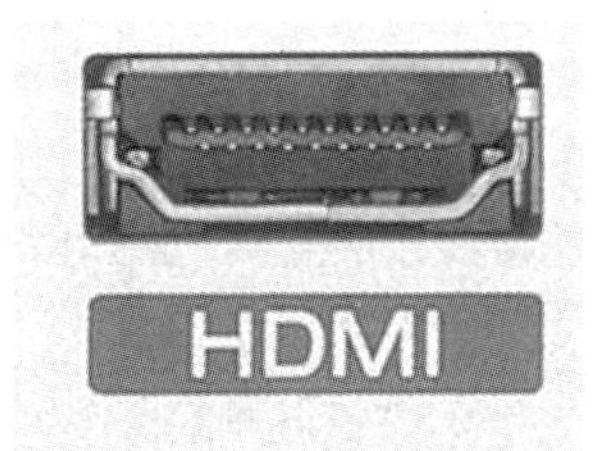

图 3-63 HDMI 接口

2．比特率

Kbit/s 又称比特率，指的是数字信号的传输速率，也就是每秒钟传送多少个千位的信息（K 表示千位，Kb 表示的是多少千个位）；Kbit/s 也可以表示网络的传输速率，为了直观地表示网络的传输速率较快，一般公司都使用 Kb（千位）来表示。KB/s 表示每秒传送多少千字节，1KB/s=8Kbit/s（一般简写为 1KB/s=8Kbit/s）。上网时的网速是 512Kbit/s，如果将其转换成字节，就是 512/8=64KB/s（即 64 千字节每秒）。

3．DVR 的容量配置

DVR 的容量配置估算公式如下。

所需配置的硬盘容量（单位为 GB）=码流量（Mb/s）×3600×24×路数×时间（天）÷1024÷8

例：输入为 8 路的硬盘录像机，采用 512Kbit/s 码率存储，每天定时录像 12h，录像资料保留 15 天，所需硬盘容量是多少？

解：　时长：15×12×8=1440h；

　　　码率：512÷1024=0.5Mbit/s；

　　　所需硬盘容量：0.5×3600×1440/(8×1024) ≈316GB

3.4.2 网络视频录像机

1. NVR 的定义

NVR（Network Video Recorder，网络视频录像机）的最主要功能是通过网络接收网络摄像机设备传输的数字视频码流，并进行存储、管理，从而实现网络化带来的分布式架构优势。NVR具有可以同时观看、浏览、回放、管理、存储多个网络摄像机的功能。

NVR 产品前端与 DVR 不同。DVR 产品前端就是模拟摄像机，可以把 DVR 当作模拟视频的数字化编码存储设备，而 NVR 产品的前端可以是网络摄像机、视频服务器（视频编码器）、DVR（编码存储），设备类型更为丰富，更为注重网络应用。

2. NVR 的存储容量配置

NVR 存储容量的计算如下。

存储天数计算方法：

第一步：计算单个通道每小时所需要的存储容量 s1，单位为 MB，

$$s1=D\times3600s\div8\div1024MB$$

其中：D 为码率（录像设置中的“位率/位率上限”），单位为 Kbit/s。

第二步：确定录像时间要求后，计算单个通道所需的存储容量 s2，单位为 MB，

$$s2=s1\times24\times t$$

其中：t 为保存天数，24 表示一天 24h 录像。

第三步：确定视频通道数 N，计算最终所需容量 s3=s2×N。

例 1：1 路视频的码率为 2Mbit/s，该视频每天的存储时间为 10:00-14:00，15:30-20:30，录像保留 15 天，所需存储容量是多少？

解：录像保留期内的录像总时长=9×15=135h

$$存储容量=2\div8\times3600\times135\div1024\ \approx118.65GB$$

例 2：某项目有 100 路摄像机，每路数字视频流按 2Mbit/s 算，存储 7 天，集中存储磁盘阵列至少需要多少个 1TB 硬盘？

解：存储总容量（TB）=100×2Mbit/s×1024（M 变 K）×1024（K 变 B）×3600s×24h×7 天÷8（bit）÷1024（B 变 K）÷1024（K 变 M）÷1024（M 变 G）÷1024（G 变 T）≈14.4T，至少需要 15 个 1TB 硬盘。

3. NVR 与 DVR 的区别

NVR 相对来说适合高清、远程管理，网络的优势使其系统部署灵活、扩容方便。

1）工作原理

NVR 与 DVR 工作原理的区别如图 3-64 所示。

2）连接方式

NVR 与 DVR 连接方式的区别如图 3-65 所示。

3）系统信号流

NVR 与 DVR 信号流的区别如图 3-66 所示。

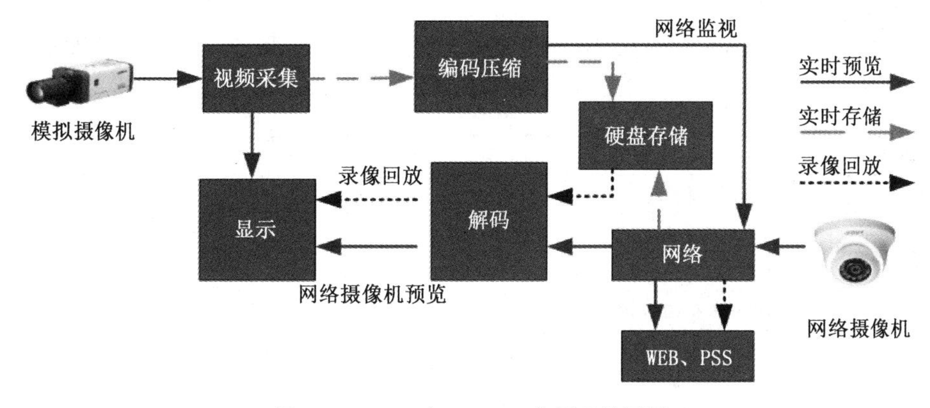

图 3-64 NVR 与 DVR 工作原理的区别

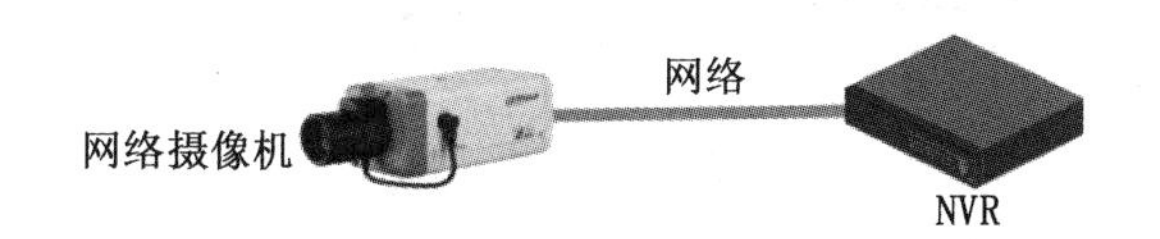

图 3-65 NVR 与 DVR 连接方式的区别

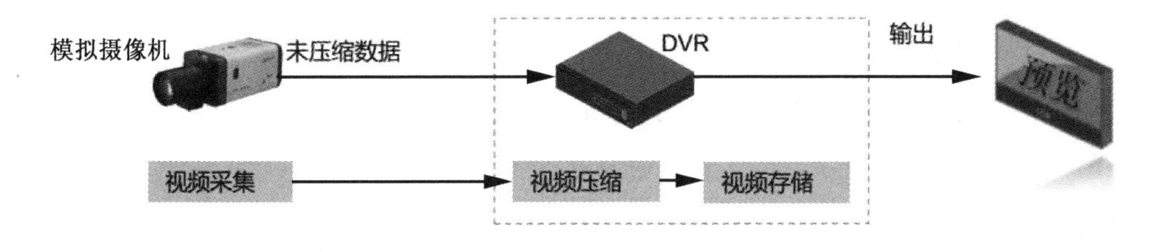

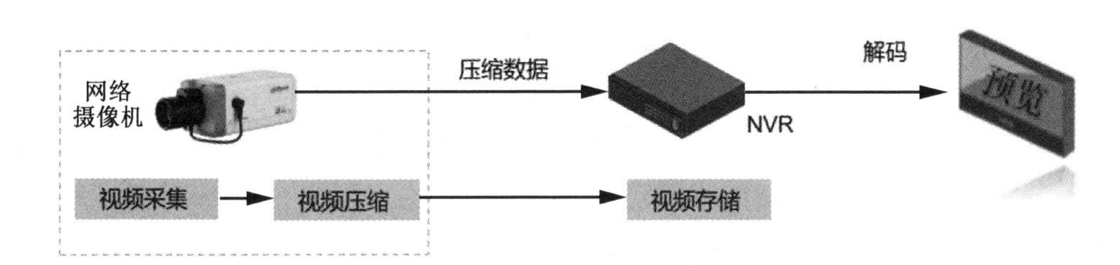

图 3-66 NVR 与 DVR 信号流的区别

3.4.3 磁盘阵列

RAID（Redundant Arrays of Independent Disks，磁盘阵列）有“独立磁盘构成的具有冗余能力的阵列”之意。磁盘阵列是由很多价格较便宜的磁盘组合成的一个容量巨大的磁盘组，利用个别磁盘提供数据所产生的加成效果提升整个磁盘系统效能。利用这项技术，可以将数据切割成许多区段，将其分别存放在各个硬盘上。

RAID 技术的数据条带化可以缩短硬盘寻道时间，提高存取速率；通过对几块硬盘同时读取来提高存取速率；通过镜像或存储奇偶校验实现数据的冗余保护。常用的 RAID 阵列主要有

RAID 0、RAID 1、RAID 5、RAID 10 和 RAID 50。常用的 RAID 阵列如表 3-7 所示。

表 3-7 常用的 RAID 阵列

RAID 阵列	特点
RAID 0	数据条带化，无校验
RAID 1	数据镜像，无校验
RAID 5	数据条带化，校验信息分布式存放
RAID 10	是 RAID 0 和 RAID 1 的结合，同时提供数据条带化和镜像
RAID 50	先做 RAID 5，后做 RAID 0，能有效提高 RAID 5 的性能

磁盘阵列还能利用同位检查的观念，在数组中任意一个硬盘有故障时，仍可读出数据，在数据重构时，将数据经计算后重新置入新硬盘中。磁盘阵列图如图 3-67 所示。

图 3-67 磁盘阵列图

3.4.4 网络集中存储

网络集中存储主要有以下几种方式。

DAS——直接连接存储，采用 SCSI 技术和 FC 技术，将外置存储设备通过光纤连接，直接连接到一台计算机上，数据存储是整个服务器结构的一部分。

NAS——网络附加存储，是一种专业的网络文件服务器，或称为网络直联存储设备，使用 NFS 协议或 CIFS 协议，通过 TCP/IP 进行文件级访问。

SAN——存储区域网络，以数据存储为中心的专用存储网络，网络结构可伸缩，可实现存储设备和应用服务器之间数据块级的 I/O 数据访问。按照所使用的协议和介质，SAN 分为 FC SAN、IP SAN、IB SAN。IP SAN 基于成熟的以太网技术，由于其使用 IP 协议，因此能容纳所有 IP 协议网络中的组件。IP SAN 采用标准的 TCP/IP 协议，数据可以在以太网上传输。各种存储系统的比较如表 3-8 所示。

表 3-8 各种存储系统的比较

类型项目	DAS	NAS	FC SAN	IP SAN
性能	高	低	高	高
可扩充性	低	低	高	高
周边设备	SCSI 卡	以太网卡、以太网交换机	光纤通道卡、光纤通道交换机	以太网卡、以太网交换机
共享能力	低	高	高	高
价格	低	低	高	低
市场定位	中	低	高	中高

3.4.5　云存储

云存储可以实现存储完全虚拟化，大大简化应用环节，节省客户建设成本，同时提供更强的存储和共享功能。云存储中的所有设备对使用者完全透明，任何地方、任何被授权用户都可以通过一根接入线与云存储连接，进行空间与数据访问。用户无须关心存储设备的型号、数量、网络结构、存储协议、应用接口等，应用简单透明。云存储对使用者来讲，不是指某一个具体的设备，而是指一个由许许多多个存储设备和服务器所构成的集合体。使用者使用云存储并不是使用某一个存储设备，而是使用整个云存储系统带来的一种数据访问服务，所以严格来讲，云存储不是存储，而是一种服务。

3.4.6　NVR 硬盘的安装

以 1 盘位安装为例介绍硬盘的安装。初次安装时，要检查是否已安装硬盘，推荐使用企业级或监控级硬盘，不建议使用 PC 硬盘。

拆卸设备机箱盖的固定螺钉（包括后面板的 2 个螺钉和左右侧板的 2 个螺钉），如图 3-68 所示。

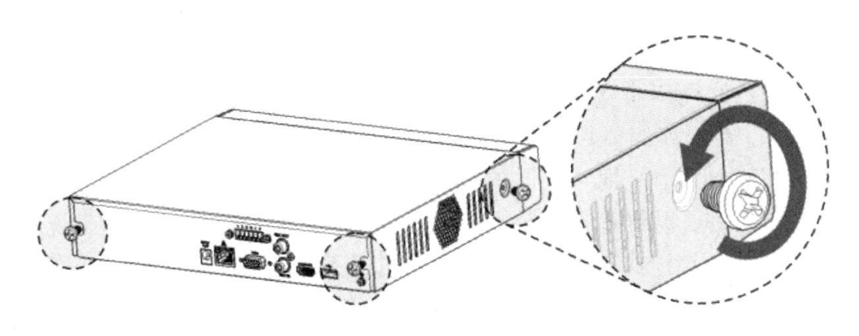

图 3-68　螺钉拆卸

沿图 3-69 所示的箭头方向取下机箱盖。

将硬盘对准底板的 4 个孔放置，如图 3-70 所示。

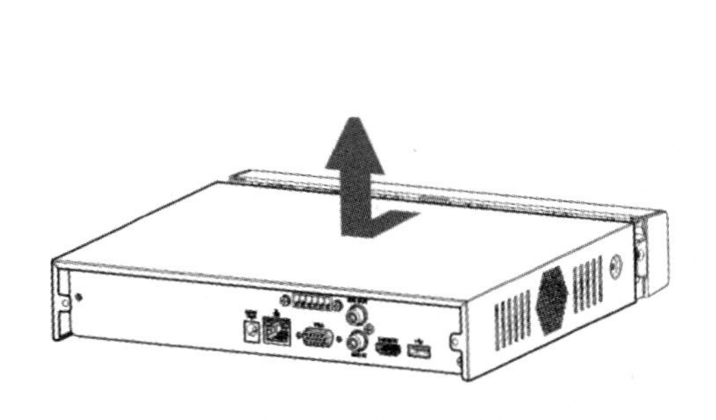

图 3-69　取下机箱盖

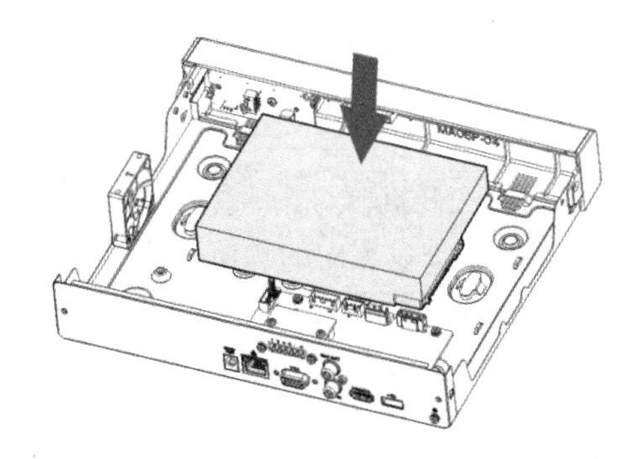

图 3-70　硬盘放置

翻转设备，将螺钉对准硬盘孔并锁紧，固定硬盘至底板，如图 3-71 所示。

连接硬盘和设备的数据线和电源线，如图 3-72 所示。

合上机箱盖，并锁定设备后面板和侧板上的螺钉（包括后面板的 2 个螺钉和左右侧板的 2 个螺钉），安装完成，如图 3-73 所示。

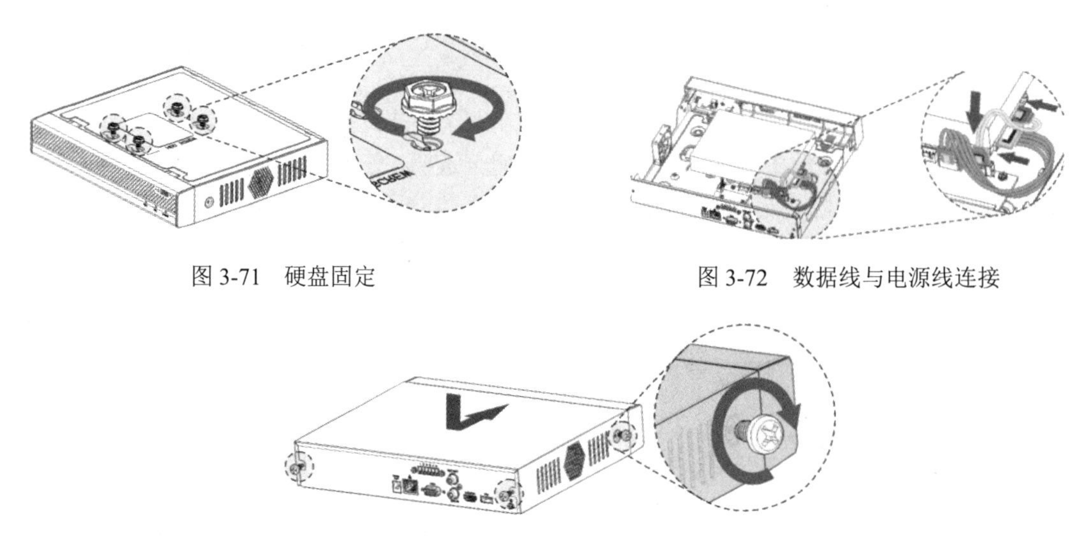

图 3-71　硬盘固定

图 3-72　数据线与电源线连接

图 3-73　锁定机箱

3.4.7　流媒体

流媒体是指在互联网中使用流式传输技术的连续时基媒体，如音频、视频或多媒体文件，是为解决多媒体播放时网络带宽问题的技术，涉及流媒体数据的采集、压缩、存储、传输及网络通信等多项技术。对于流媒体数据的接收者来说，由于不需要等到整个多媒体文件全部正确无误地接收就可收看、收听音/视频媒体内容，因此采用流媒体技术时不需要将全部数据下载，可以大大缩短等待时间，也节省了大量的磁盘空间；对于流媒体的发布者来说，通过对视频流的码率、帧率的控制，使视频在不同的网络带宽环境下达到比较好的传输效率，面对多个用户同时申请同一流媒体内容时，并不会大幅增加对网络带宽的需求。流媒体技术已经在互联网上广泛用于多媒体文件的实时传输。

3.4.8　NVR 显示器端的基本操作

本书以大华 NVR 系列为例进行介绍。

1．设备初始化

设备首次开机时，需要设置 admin 用户的登录密码，可启用手势密码登录方式和设置密码保护。密码保护设置中的预留手机号码可在重置密码时使用，扫描二维码，输入预留手机号码接收到的安全码后即可重置 admin 用户的登录密码。

如果未设置预留手机号码或者需要变更预留手机号码，那么可以选择“主菜单”→“设置”→“系统”→“用户管理”命令，进入“设备初始化”界面进行设置和修改密码。“设备初始化”界面如图 3-74 所示。

2．修改 IP 地址

选择“主菜单”→“设置”→“网络”→“TCP/IP”命令，系统显示“TCP/IP”界面，如图 3-75 所示。根据实际网络规划，修改设备的 IP 地址（大华设备默认的 IP 地址为 192.168.1.108）。

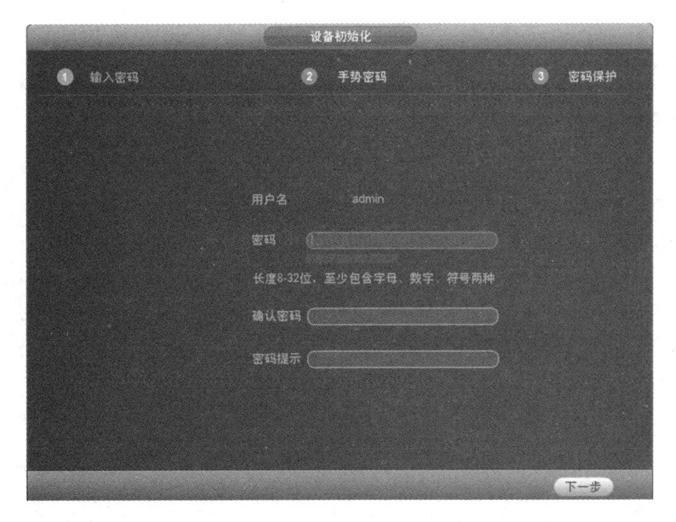

图 3-74　“设备初始化”界面

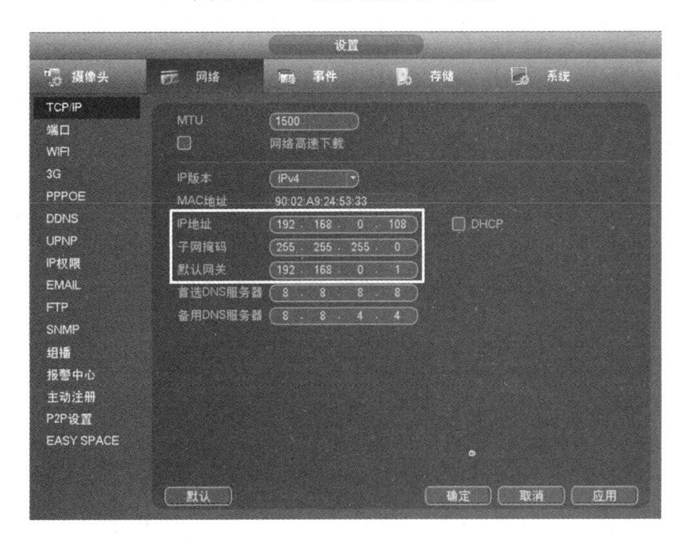

图 3-75　“TCP/IP”界面

3．添加远程设备

添加远程设备后，NVR 设备可以接收、存储和管理远程设备传输的视频码流，从而实现网络化带来的分布式优势。同时可查看、浏览、回放、管理和存储多个远程设备。

登录 NVR 后，选择“主菜单”→“设置”→“摄像头”→“远程设备”命令，在“预览”界面，右键选择“远程设备”命令。

有如下三种方法可以添加远程设备。

（1）搜索添加。

单击“设备搜索”按钮，界面上方列表将显示搜索到的远程设备，如图 3-76 所示。双击远程设备，或者勾选远程设备前的复选框并单击“添加”按钮，即可将此设备加入“已添加设备”列表。

（2）手动添加。

单击“手动添加”按钮。系统显示“手动添加”界面，如图 3-77 所示。远程设备的 RTSP 端口号默认为 554；输入远程设备的 HTTP 通信端口，默认为 80；TCP 协议通信提供服务的端口可根据用户实际需要设置，默认为 37777。

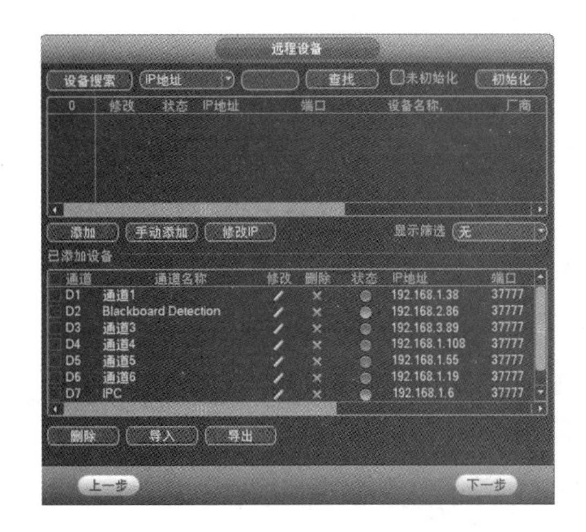

图 3-76　自动添加远程设备

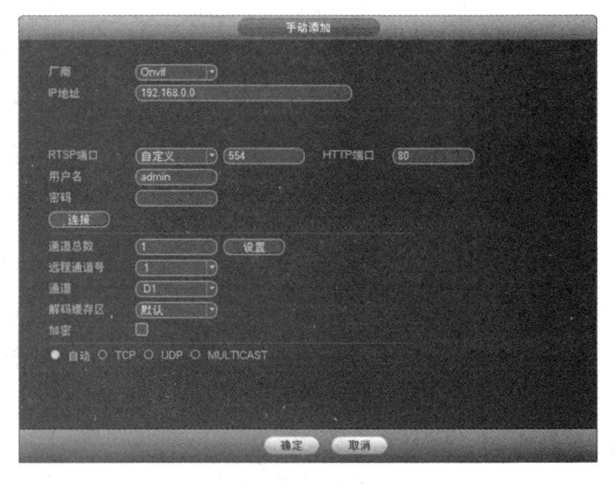

图 3-77　“手动添加”界面

（3）添加第三方设备。

确保摄像头与 NVR 的 IP 地址在相同网段，且不存在 IP 地址冲突；在 NVR 主菜单选择“摄像头”→“远程设备”命令，选择手动添加设备，厂商选择 ONVIF，填写摄像头的 IP 地址、端口及用户名密码。如果不确认这些信息，那么可在网页上访问摄像头，查看或联系摄像头厂商咨询；填写完成后单击“添加”按钮，查看摄像头是否在线。若摄像头还是不在线，则确认摄像头是否开启了 ONVIF 功能，以及 ONVIF 版本和 NVR 是否匹配。

注：部分厂商的摄像头需要进行特殊设置。例如，对海康摄像头，需要通过网页访问摄像头，开启 ONVIF 功能，新建 ONVIF 协议的用户，并关闭非法登录锁定功能。

4．设置录像计划

选择“主菜单”→“设置”→“存储”→“存储计划”命令，系统显示“录像”界面，如图 3-78 所示。根据实际录像需求，在时间段示意图中拖动或者单击按钮，设置录像时间与录像类型，一般有普通录像、智能录像、动检录像等。

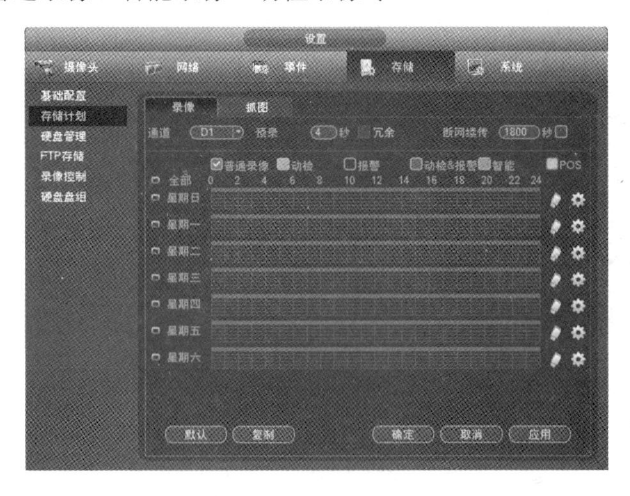

图 3-78　“录像”界面

5．回放录像

选择“主菜单”→“录像回放”命令或在“预览”界面右键选择“录像查询”命令，系统显示“录像查询”界面，如图 3-79 所示。根据选择的录像类型、录像时间、通道等搜索条件回放录像。

图 3-79 “录像查询”界面

6. 关机

选择“主菜单”→“关闭系统”命令，系统显示“关闭系统”界面，单击“关闭”按钮。

7. 日期设置

选择“主菜单”→“设置”→“系统”→“普通设置”→“日期设置”命令，进入“日期设置”界面，如图 3-80 所示。

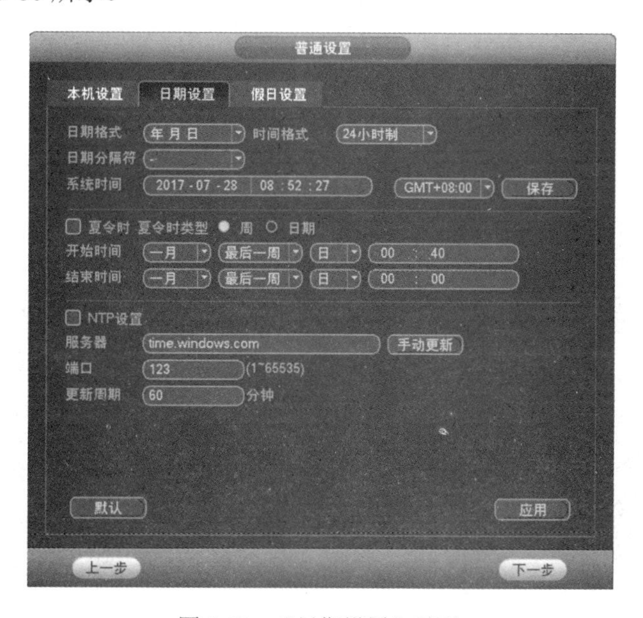

图 3-80 “日期设置”界面

NVR 使用入门

NVR 存储与回放

NVR 的配置

3.4.9 NVR 的 Web 端操作

1. 登录

首次登录设备时，需要执行设备初始化配置，打开浏览器，在地址栏中输入 NVR 的 IP 地址，按“Enter”键，系统显示“Web 登录”界面，如图 3-81 所示。登录后，系统显示“预览”界面。在“Web 登录”界面，可以进行系统配置、设备管理、网络配置等操作。

图 3-81 “Web 登录”界面

2. 密码找回

当遗忘 admin 用户的登录密码时，可以通过如下方式重置密码。

（1）重置密码功能开启时，可通过手机扫描本地界面二维码进行密码重置。

（2）重置密码功能关闭时，可通过回答之前配置的“密保问题”来找回密码。

（3）若之前未配置“密保问题”，则系统直接提示“密码重置已关闭!”，需要联系技术客服。

（4）单击“设置”界面下的“相机设置”选项，将前端摄像机加入至 NVR。

3. 添加摄像机

添加摄像机界面如图 3-82 所示。

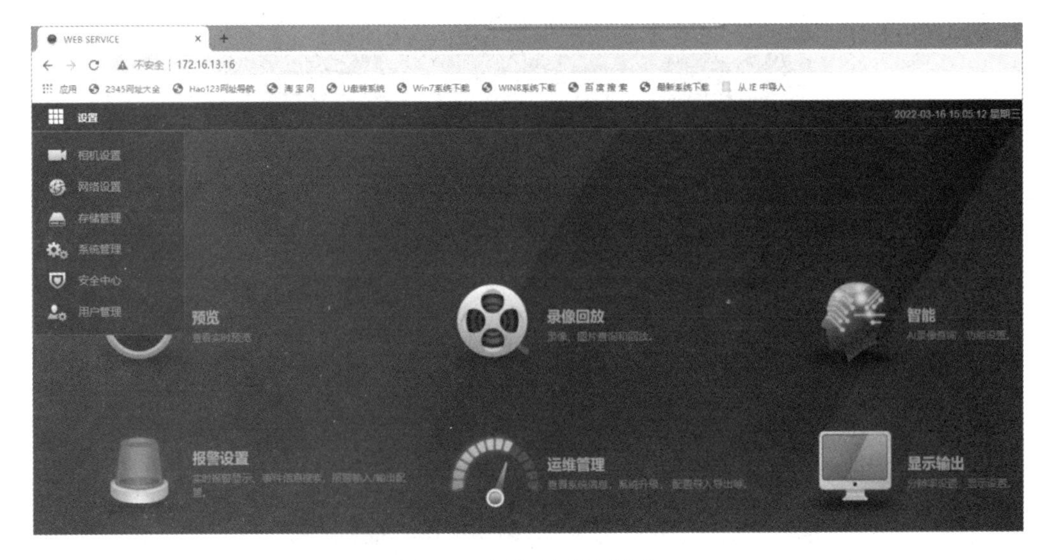

图 3-82 添加摄像机界面

选择“自动搜索”或“手动添加”方式加入摄像机，以自动搜索为例，单击“搜索”按钮，勾选要添加的摄像机，如图 3-83 所示。

相机设置

远程设备　图像属性　编码设置　通道名称

远程设备　远程升级

IP地址　搜索

	序号	预览	状态	IP地址	端口	设备名称	厂商
	16	LIVE	✓	172.16.10.16	37777	HCVR	私有
	17	LIVE	✓	172.16.9.16	37777	7E0A85APAGBEA9C	私有
	18	LIVE	✓	172.16.0.17	37777	4E002D5PAN19FF1	私有
	19	LIVE	✓	172.16.0.29	37777	4F07D48PAGD1E15	私有
✓	20	LIVE	✓	172.16.5.16	37777	4G07F91GA198ACA	私有
	21	LIVE	✓	172.16.0.25	37777	4F074B4PAK8C193	私有

搜索设备　添加　手动添加　修改IP

图 3-83　选择摄像机

若成功添加设备后，摄像机显示不在线，则单击“修改”按钮，修改摄像机密码，如图 3-84 所示。输入正确的摄像机密码，如图 3-85 所示。密码正确后，连接状态变成绿色，说明摄像机添加成功。

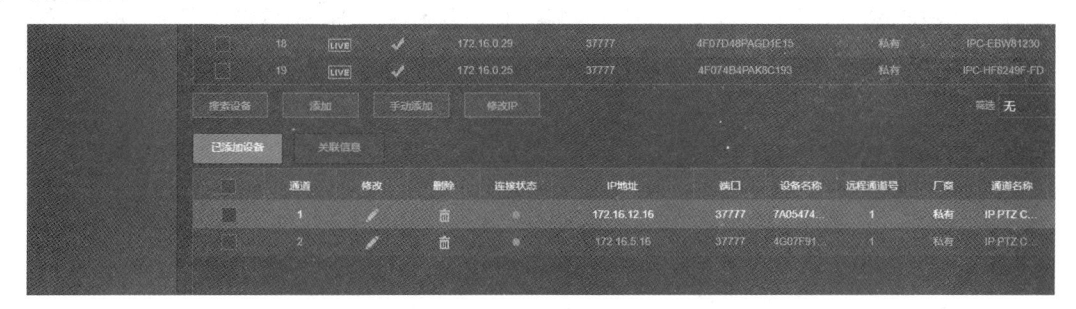

图 3-84　修改摄像机密码

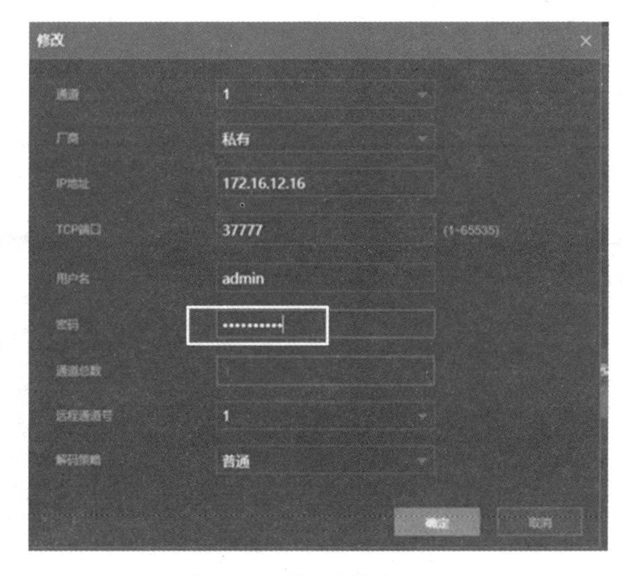

图 3-85　输入摄像机密码

进入“预览”界面，单击相应的摄像机，获取实时图像，如图 3-86 所示。

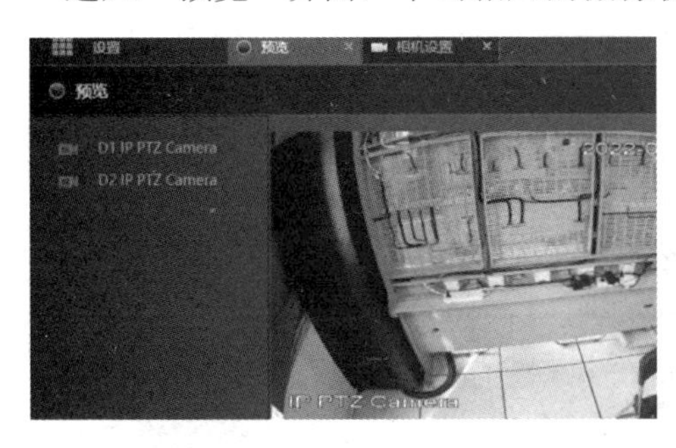

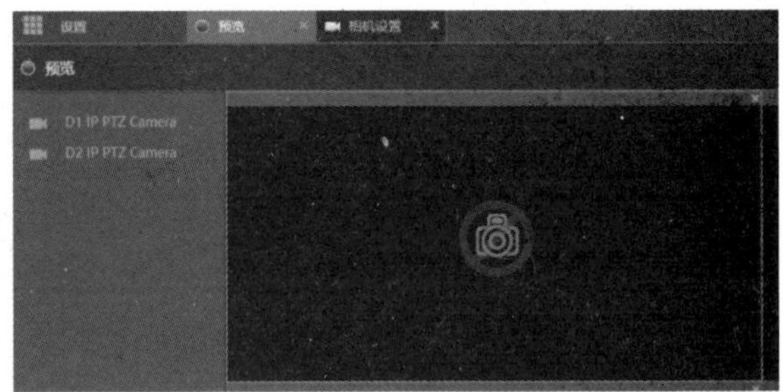

图 3-86　“预览”界面

4．设置录像计划

选择“存储管理”→“录制计划”命令，显示“录制计划”界面，进行存储配置，如图 3-87 所示。

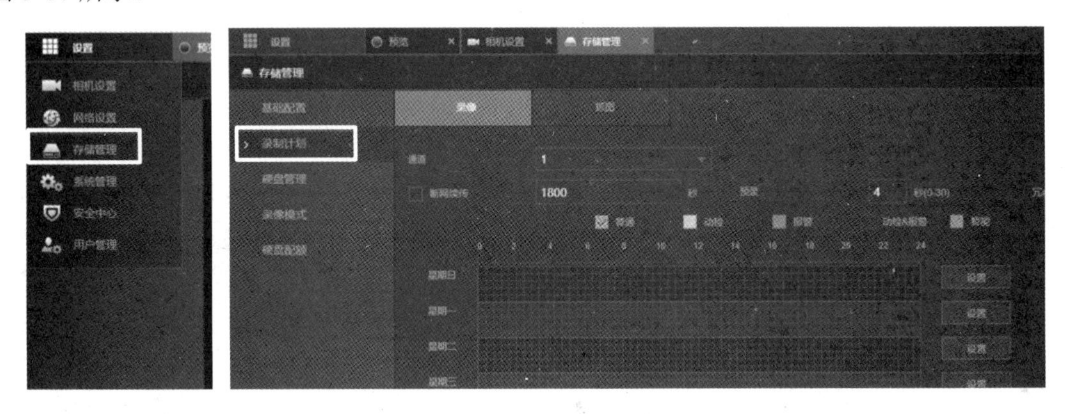

图 3-87　“录制计划”界面

首先选择需要录像的通道，也就是选择对哪个摄像机进行录像。然后单击右侧的“设置”按钮进行配置，如图 3-88 所示。

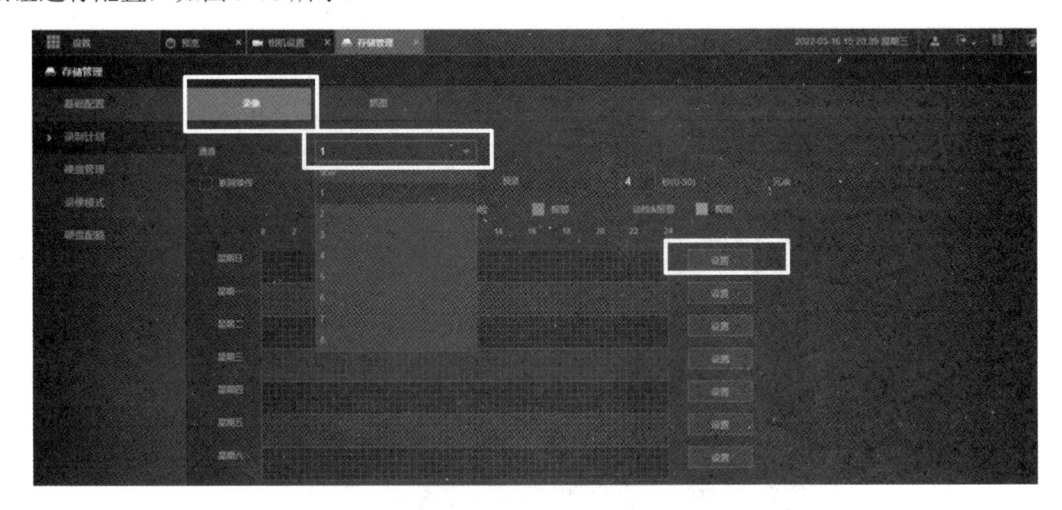

图 3-88　设置录像通道

选择不同的录像类型，如图 3-89 所示，选择时间和录像种类，设置完成后单击“确定”

按钮，显示“录像计划（普通录像）配置完成”界面，如图 3-90 所示。

图 3-89　选择录像类型

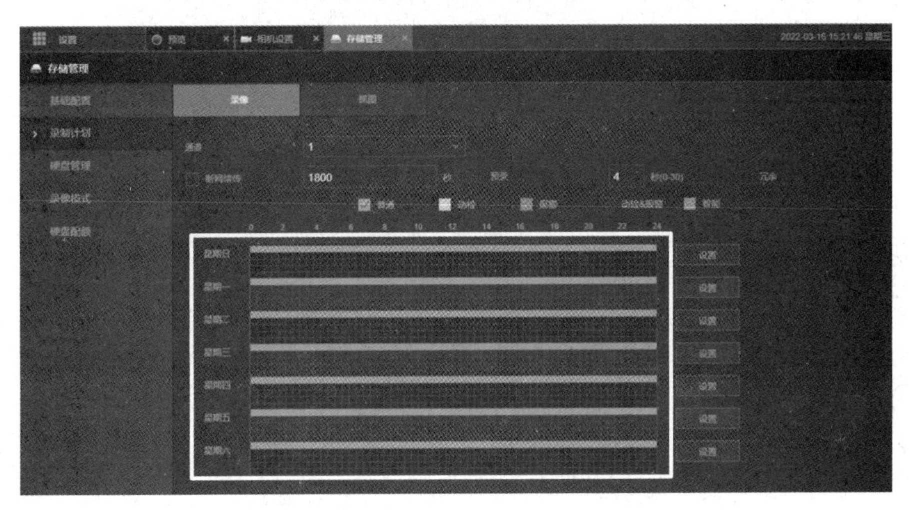

图 3-90　“录像计划（普通录像）配置完成”界面

录像计划配置完成后单击“录像模式”选项，确保打开“自动模式”界面。完成设置即可开始录像，生成录像文件，如图 3-91 所示。

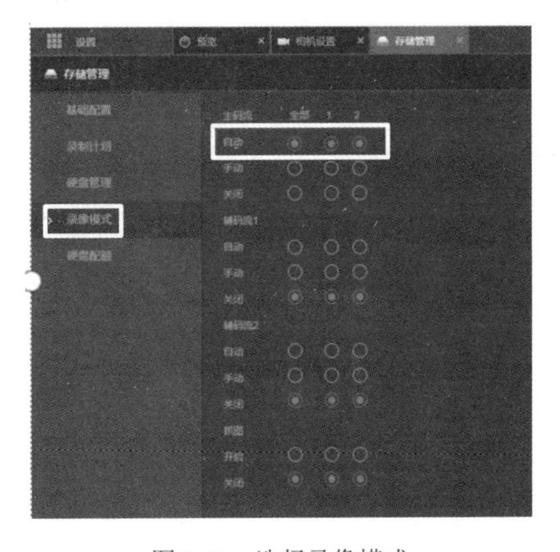

图 3-91　选择录像模式

5．回放录像

单击主界面的“录像回放”按钮，弹出“录像回放”界面，如图 3-92 所示，选择需要回放的录像的年、月、日和通道，看到下面有一个条（见图 3-93 中框选位置），单击该条，即可出现相应的录像。若需要调整录像时间，则可单击该条进行放大以获取更准确的时间点，如图 3-93 所示。

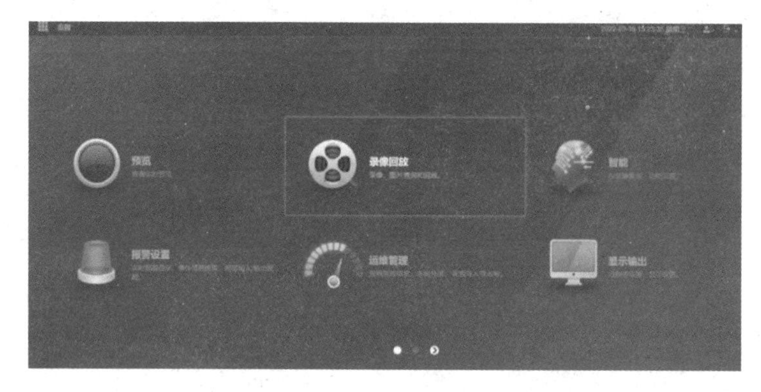

图 3-92 “录像回放”界面

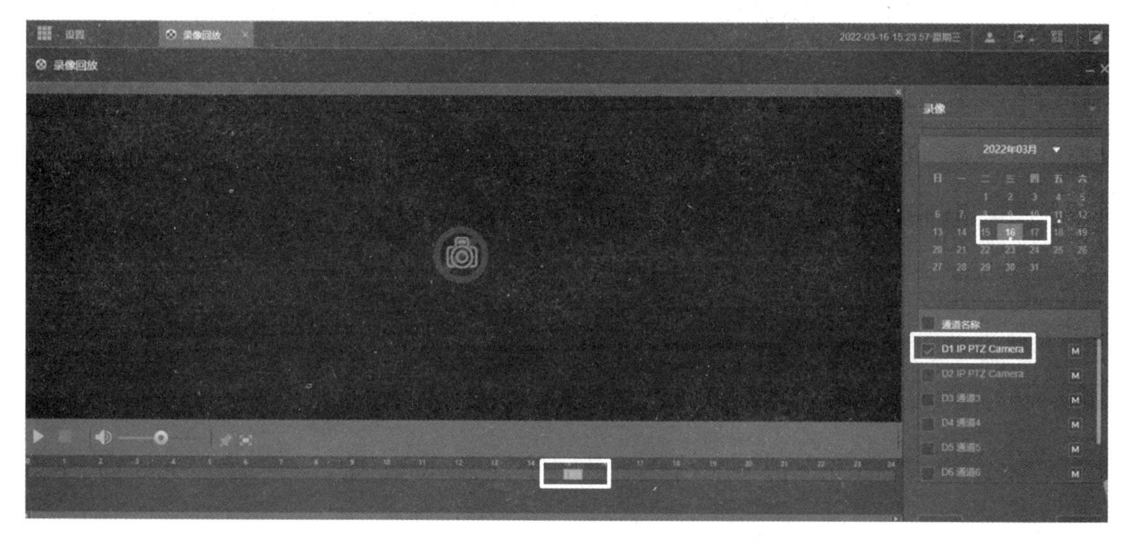

图 3-93 录像回放

3.4.10 NVR 端云台的功能配置

NVR 端云台的功能设置

1．设置预置点

进入“云台设置”界面，单击“预置点”选项卡，系统显示“预置点”界面，如图 3-94 所示。通过方向按钮转动摄像头至需要的位置，在预置点输入框中输入预置点值，单击“设置”按钮，完成预置点设置。

2．设置点间巡航

进入“云台设置”界面，单击“点间巡航”选项卡，系统显示“点间巡航”界面，如图 3-95 所示。在“巡航线路”数值框中输入巡航线路值；在预置点输入框中输入预置点值，单击“增加预置点”按钮，即可在该巡航线路中增加预置点。

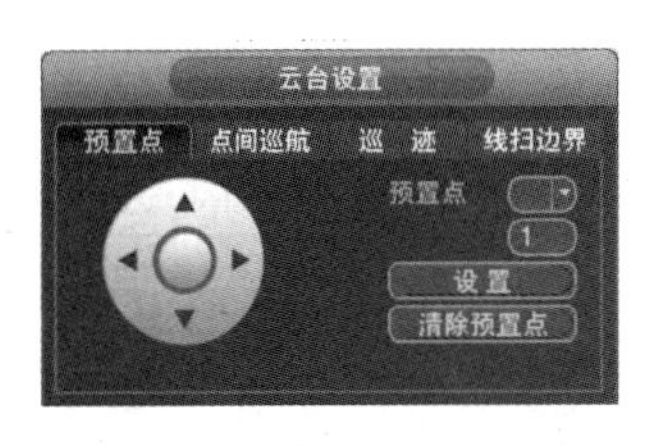

图 3-94 “预置点”界面

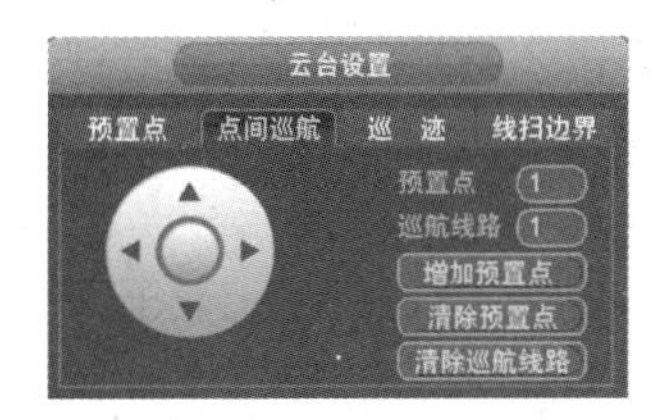

图 3-95 “点间巡航”界面

3. 设置巡迹

进入“云台设置”界面，单击“巡迹”选项卡，系统显示“巡迹”界面，如图 3-96 所示。在“巡迹”数值框中输入巡迹值；单击“开始”按钮，进行方向的调整操作，也可以回到云台设置主界面进行“变倍”、“聚焦”、“光圈”或“方向”等一系列的操作，单击“结束”按钮结束操作。

4. 设置线扫边界

进入“云台设置”界面，单击“线扫边界”选项卡，系统显示“线扫边界”界面，如图 3-97 所示。通过方向按钮选择摄像头线扫的左边界，并单击“左边界”按钮；通过方向按钮选择摄像头线扫的右边界，并单击“右边界”按钮，完成线扫设置。

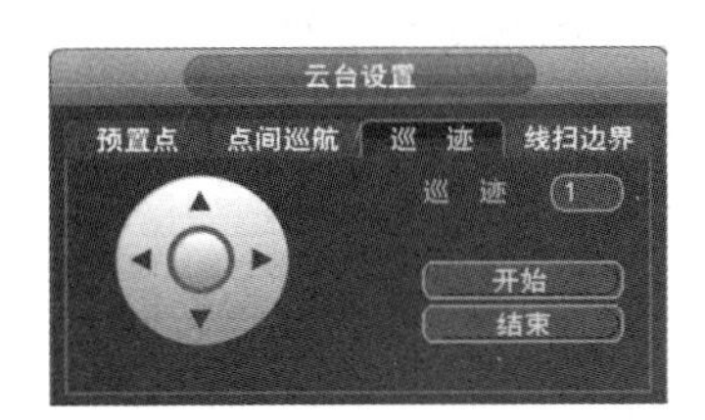

图 3-96 “巡迹”界面

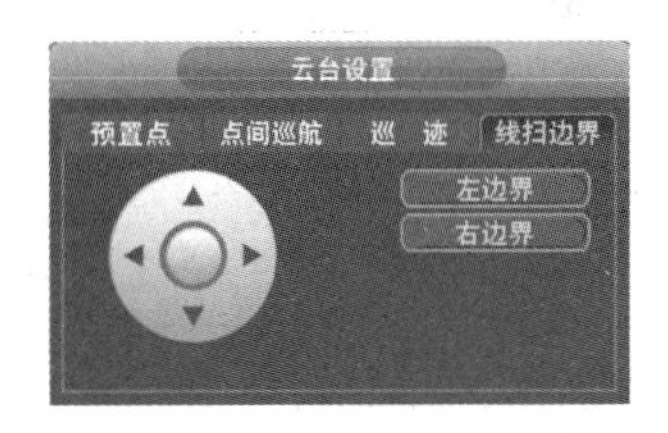

图 3-97 “线扫边界”界面

5. Raid 配置

RAID 是一种把多个独立的物理磁盘按不同的方式组合形成一个逻辑磁盘组，从而提供比单个磁盘更高的存储性能和数据冗余的技术。

选择“主菜单”→“设置”→“存储”→“Raid”→“Raid 配置”命令，进入“Raid 配置”界面，如图 3-98 所示。

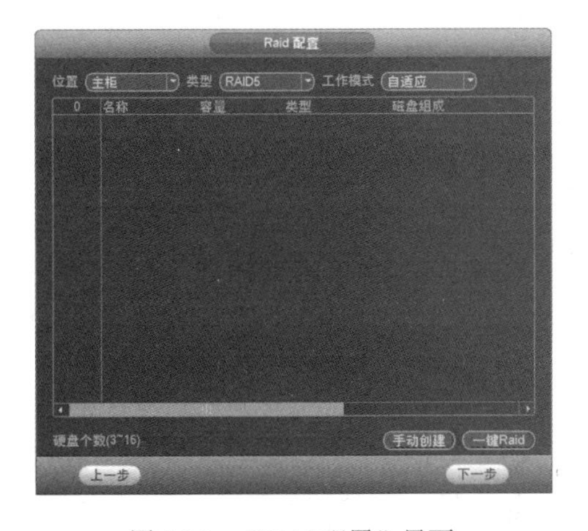

图 3-98 “Raid 配置”界面

“一键 Raid”。单击“一键 Raid”按钮，无须选择磁盘，系统自动创建一个 RAID5。“一键 Raid”仅支持创建 RAID5，至少需要 3 个磁盘。

手动创建。选择 Raid 类型，按照系统提示选择硬盘个数。单击“手动创建”按钮，系统提示将清空数据。单击“确定”按钮，系统执行创建操作。

6．编码设置

选择“主菜单”→“设置”→“摄像头”→“编码设置”→“视频码流”命令，系统显示“编码设备”界面，如图 3-99 所示。

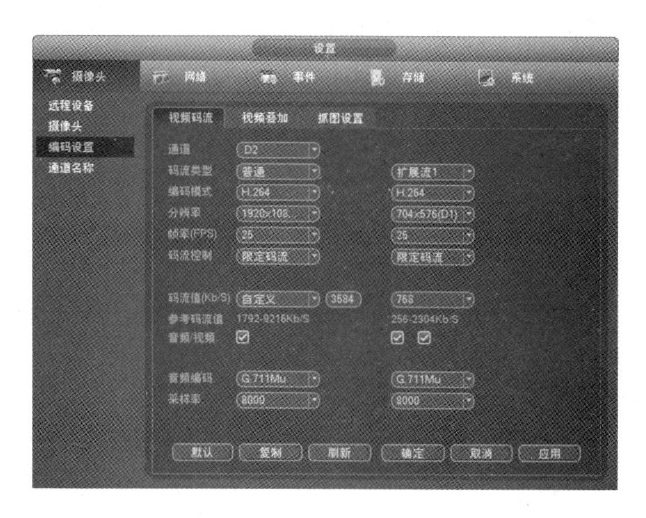

图 3-99　“编码设置”界面

其中，主码流包括普通码流、动检码流和报警码流，辅码流仅支持普通码流。活动帧率控制（ACF）功能是指使用不同帧率进行录像，针对重要事件使用高帧率录像，针对定时事件使用低帧率录像。动态检测录像和报警录像的帧率可单独设置。

视频的编码模式主要有以下几种。

H.264：Main Profile 编码模式。

H.264H：High Profile 编码模式。

H.264B：Baseline Profile 编码模式。

H.265：Main Profile 编码模式。

MJPEG：在这种编码模式下，视频画面需要较高的码流值才能保证图像的清晰度，为了使视频画面达到较佳效果，建议使用相应参考码流值中的最大码流值。

注意事项：固定码流值——码流变化较小，码流值大小在设置的“码流值”附近变化。

可变码流——码流值会随着环境状况等发生变化。

主码流——设置码流值改变画质的质量，码流值越大画质越好。参考码流值提供最佳的参考范围。

辅码流——在限定码流模式下，码流值大小在设置值附近变化；在可变码流模式下，码流会随着画面变化而自适应调整，但始终保持在设置的最大值附近。

7．视频叠加

视频叠加是指设置监控画面上的叠加时间信息、通道信息或区域遮挡框。设置区域遮挡框后，被遮挡的区域无法显示，以保证该区域的隐私。

选择“主菜单”→“设置”→“摄像头”→“编码设置”→“视频叠加”命令，系统显示“视频叠加”界面，如图 3-100 所示。

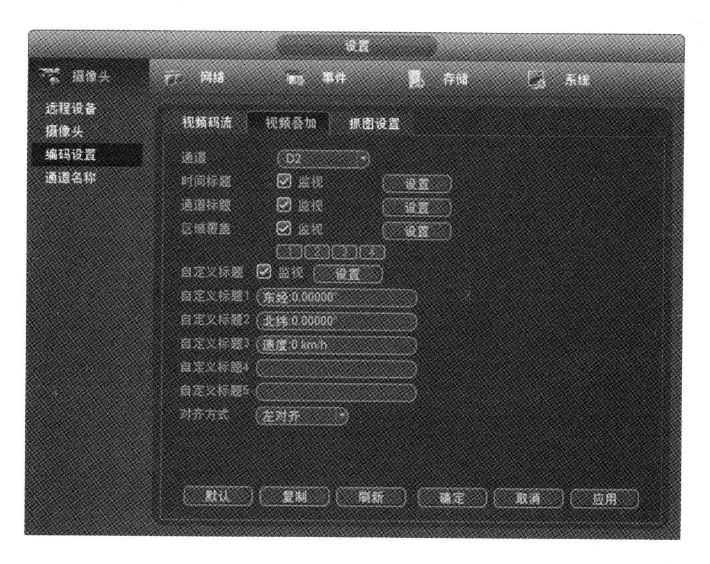

图 3-100 “视频叠加”界面

（1）时间标题。

在“时间标题”或“通道标题”选项后勾选“监视”或“预览”复选框。

勾选“监视”复选框，在录像的画面中将显示时间标题和通道标题。

勾选“预览”复选框，在预览的画面中将显示时间标题和通道标题。

单击“设置”按钮后，拖动时间标题或通道标题至合适的位置后，右击返回“视频叠加”界面。单击“应用”按钮，完成设置。完成设置后回放录像文件时，在录像画面上将显示时间信息或通道信息。

（2）区域覆盖。

设置通道画面的覆盖区域后，将无法实时监视覆盖区域，勾选“区域覆盖”选项对应的“监视”复选框。

在“监视”复选框下方将显示“1、2、3、4”选项，代表覆盖区域的个数；选择一个或多个覆盖区域，单击对应的“设置”按钮；在通道画面中设置覆盖区域的大小和位置后，右击返回“视频叠加”界面，可以对每个区域块进行大小拉伸和位置拖移；单击“应用”按钮，完成设置。

8．抓图设置

抓图设置是指设置不同类型的抓拍图像参数，包括抓拍图像质量、频率等，选择“主菜单”→“设置”→“摄像头”→“编码设置”→“抓图设置”菜单，系统显示“抓图设置”界面，如图 3-101 所示。

9．通道名称

选择“主菜单”→“设置”→“摄像头”→“通道名称”命令，系统显示“通道名称”界面，如图 3-102 所示。

在“预览”界面右键选择“顺序调整”命令，系统显示“顺序调整”界面，如图 3-103 所示。根据实际情况，在“顺序调整”界面将通道拖动至需要调整的窗口中，或者在“预览”界面拖动两个窗口进行交换，可以通过“预览”界面右下角的通道号查看当前的通道顺序，单击“应用”按钮，完成通道顺序调整。

图 3-101 “抓图设置”界面

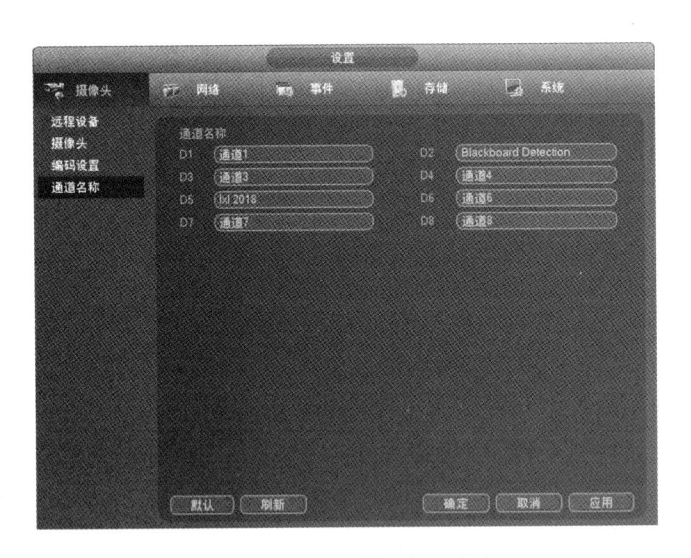

图 3-102 “通道名称”界面

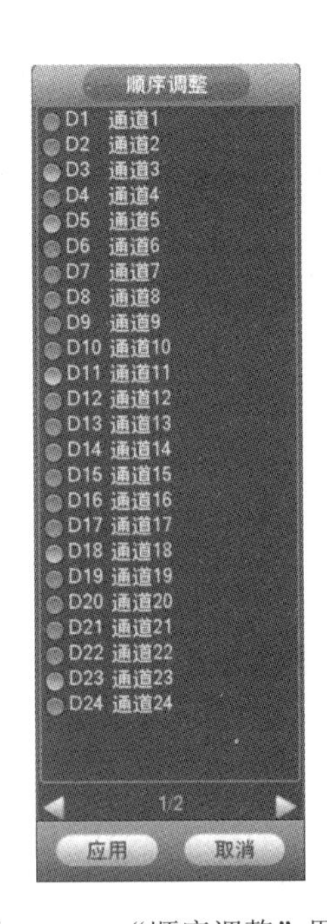

图 3-103 “顺序调整”界面

10．预览控制条

通过预览控制条上的快捷图标，可以执行即时回放、局部放大、实时备份、手动抓图、语音对讲、添加远程设备、切换码流操作。将鼠标移至当前通道画面的上方中间区域时，系统显示预览控制条，如图 3-104 所示。当鼠标在该区域停留 6s 无操作时，控制条将自动隐藏。

11．预览右键菜单

通过右键菜单可以快速地访问对应的功能界面并执行相关操作，包括自动聚焦、录像查询、手动控制等，如图 3-105 所示。

图 3-104 预览控制条

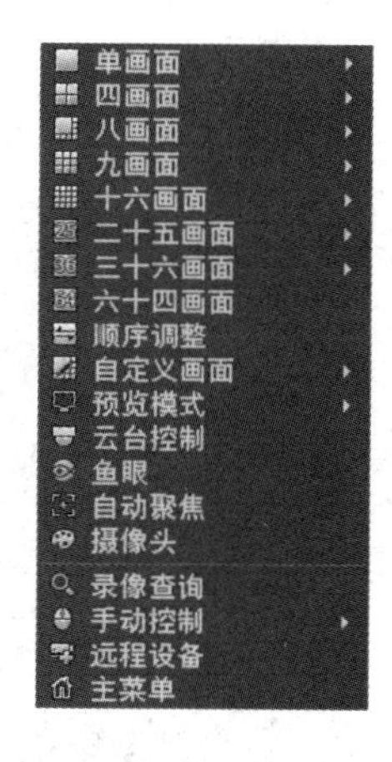

图 3-105 右键菜单

（1）画面分割：可选择画面分割模式和通道数。

（2）顺序调整：调整“预览”界面的通道画面显示顺序。

（3）自定义画面：选择自定义的画面分割方式。

（4）预览模式：可选择普通、车牌识别、人脸检测、人脸比对和全局相机 5 种预览模式。当选择全局相机模式时，选择对应的摄像机通道，可预览全局相机画面。

（5）云台控制：进入“云台设置”界面。

（6）鱼眼：可设置鱼眼的安装模式和显示模式。

（7）自动聚焦：进行自动聚焦设置，该功能需要前端设备支持。

（8）摄像头：设置摄像头的图像属性。

（9）录像查询：查询录像文件，回放录像。

（10）手动控制：控制录像模式和报警模式。

12. 轮巡设置

通过轮巡设置功能可以实现多个视频画面的循环播放。设置轮巡后，系统按照通道组合轮流播放视频画面，每组画面显示一定时间后，自动跳转至下一组画面。

轮巡优先级：报警轮巡 > 动检轮巡 > 普通轮巡。

选择“主菜单”→“设置”→“系统”→“显示输出”→“轮巡”命令，系统显示“轮巡”界面，如图 3-106 所示。

勾选“开启轮巡”复选框；可采用单画面或多画面模式（当“画面分割”为“单画面”时，多个画面逐一循环播放；当“画面分割”为“多画面”时，多个画面以 4 个为一组，轮流播放）；设置轮巡间隔的时间，即每组画面的显示时间，时间范围为 5～120s，默认为 5s，单击“确定”按钮，完成轮巡设置。

13. 云台控制

云台承载摄像设备及防护罩并能够进行远程全方位控制。云台控制是指对云台设备进行方向转动（包括上、下、左、右，左上、左下、右上和右下）、聚焦、变倍、光圈、快速定位等操作，如预置点、点间巡航、巡迹等。

云台控制与方向键配合使用。在“预览”界面右键选择“云台控制”命令，系统显示“云台控制”界面 1，如图 3-107 所示，单击右侧的按钮后显示如图 3-108 所示的界面。

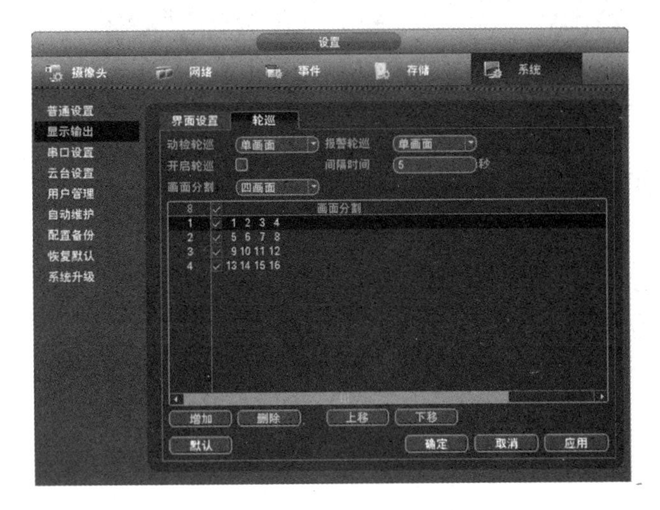

图 3-106　“轮巡”界面

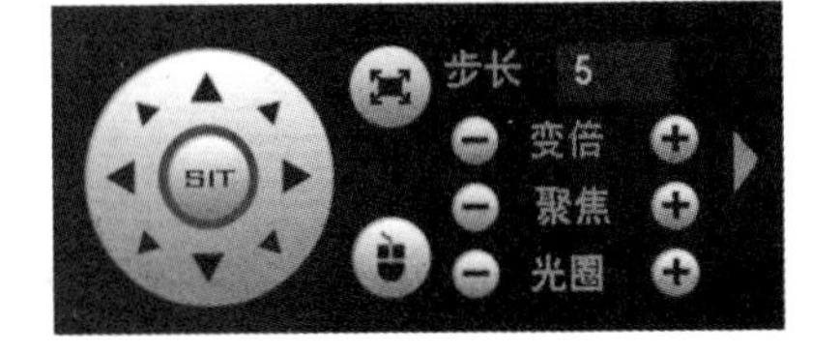

图 3-107　“云台控制”界面 1

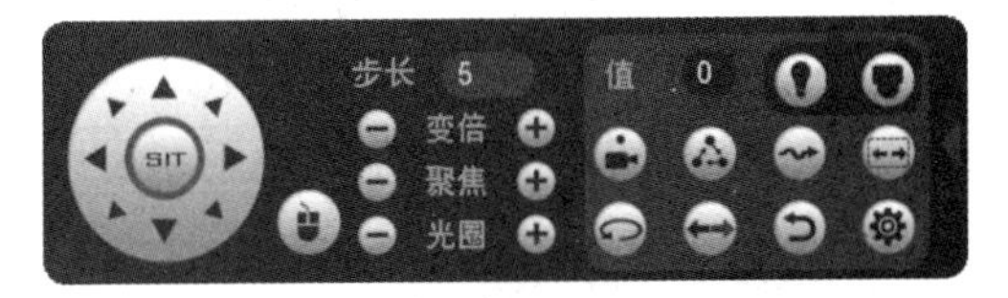

图标	功能	图标	功能
	预置点		水平旋转
	点间巡航		翻转
	巡迹		复位
	线扫		单击该图标，系统显示“云台设置”界面
	辅助开关		进入菜单

图 3-108　“云台控制”界面 2

14. 云台功能调用

（1）调用预置点。

进入图 3-108 所示的界面，在“值”数值框中输入需要调用的预置点。单击图标，即可进行调用。再次单击图标，停止调用预置点。

（2）调用巡迹。

进入图 3-108 所示的界面，在“值”数值框中输入需要调用的巡迹。单击图标，即可进行调用。摄像机自动地按设定的运行轨迹不停地往复运动。再次单击图标，停止巡迹。

（3）调用点间巡航。

进入图 3-108 所示的界面，在“值”数值框中输入需要调用的点间巡航。单击图标，即可进行调用。再次单击图标，停止巡航。

（4）调用线扫。

进入图 3-108 所示的界面，在“值”数值框中输入需要调用的线扫。单击图标，摄像机开始按已设置的线扫路线进行线扫操作。再次单击图标，停止线扫。

（5）调用水平旋转。

进入图 3-108 所示的界面，单击图标，摄像机相对于原来的位置进行水平旋转。

15. 视频检测

视频检测采用计算机视觉和图像处理技术，通过分析视频图像，检查图像中是否出现足够的变化。当图像出现足够的变化（如出现移动物体、视频画面模糊等现象）时，系统执行报警联动动作。

（1）动态检测。

当监控画面出现移动目标，并且移动速度达到预设的灵敏度时，系统执行报警联动动作。选择“主菜单”→“设置”→“事件”→“视频检测”→“动态检测”命令，系统显示“动态检测”界面，如图 3-109 所示。动态检测参数设置表如表 3-9 所示。

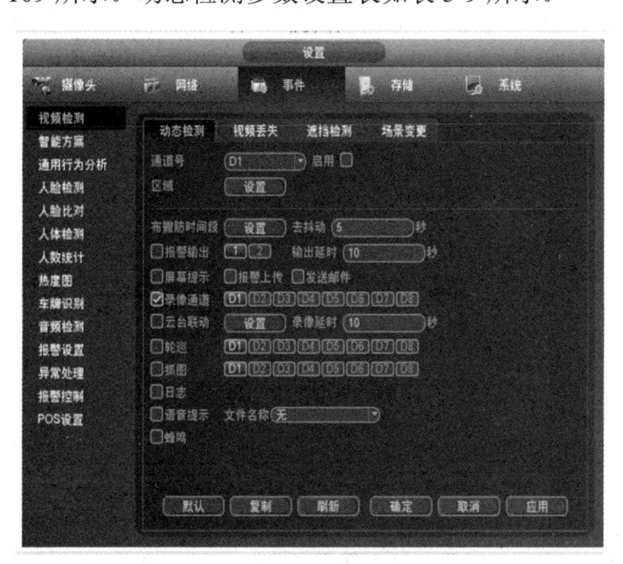

图 3-109 “动态检测”界面

表 3-9 动态检测参数设置表

参数	说明
通道号	勾选“启用”复选框，选择要设置视频检测的通道
区域	设置动态检测的区域范围
布撤防时间段	设置布撤防时间，在设置的时间范围内才会联动对应的配置项启动报警
去抖动	在设置的去抖动时间段内只记录一次报警事件
报警输出	在报警输出口对接报警设备（如灯光、警笛等），发生报警时，NVR 设备将报警信息传送到报警设备
输出延时	报警结束后，报警延长一段时间后停止，时间范围为 0～300s
屏幕提示	发生报警时，NVR 设备的本地主机屏幕上提示报警信息
报警上传	勾选该复选框，发生报警时，NVR 设备上传报警信号到网络（包含报警中心）。选择“主菜单”→“设置”→“网络”→“报警中心”命令进行网络设置后使用

续表

参数	说明
发送邮件	勾选该复选框，发生报警时，NVR 设备发送邮件到设定邮箱通知用户。要求已设置邮箱，选择“主菜单”→“设置”→“网络”→“EMAIL”命令，系统显示“EMAIL”界面后进行设置后使用
录像通道	勾选该复选框，并选择所需的录像通道（可复选），发生报警时，NVR 设备启动该通道进行录像。要求已开启动检录像和自动录像功能
云台联动	勾选该复选框，单击“设置”按钮，选择联动云台的通道和云台动作，发生报警时，NVR 设备联动该通道执行对应的云台动作。例如，联动通道 1 的云台转至预置点 X。动态检测报警只支持联动云台预置点。要求已设置对应的云台动作
录像延时	报警结束时，录像延长一段时间后停止，时间范围为 10～300s
轮巡	勾选该复选框，并选择轮巡的通道，发生报警时，NVR 设备的本地界面轮巡显示选择的通道画面。要求已设置轮巡间隔时间及轮巡模式；报警联动轮巡结束后，“预览”界面恢复为轮巡前的画面分割模式
抓图	勾选该复选框，并选择抓图的通道，发生报警时，NVR 设备对选择的通道进行触发抓图。要求已开启动检抓图和自动抓图功能
日志	勾选该复选框，发生报警时，NVR 设备在日志中记录报警信息
语音提示	勾选该复选框，在“文件名称”下拉框中选择对应的语音文件，发生报警时，系统播放该语音文件。要求已添加了对应的语音文件，选择“主菜单”→“设置”→“系统”→“语音管理”→“文件管理”命令进行设置
蜂鸣	勾选该复选框，发生报警时，NVR 设备启动蜂鸣器鸣叫报警
复制	设置完某个通道后，可单击“复制”按钮，将该通道的设置应用到其他通道。在动态检测设置中，由于各个通道的视频画面一般不同，因此使用复制功能时，动态检测的区域参数无法被复制。在进行设置复制时，只能复制相同类型的设置。例如，通道 1 的遮挡检测只能复制到其他通道上的遮挡检测，不能复制到其他类型上

（2）视频丢失。

连接远程设备后，当检测到远程设备出现视频丢失时，系统执行报警联动动作。选择“主菜单”→“设置”→“事件”→“视频检测”→“视频丢失”命令，系统显示“视频丢失”界面，如图 3-110 所示，在该界面中可对参数进行配置。“视频丢失”界面没有“区域”和“灵敏度”参数，其他参数与动态检测类似。单击“应用”或“确定”按钮，完成视频丢失报警设置。

图 3-110 “视频丢失”界面

（3）遮挡检测。

当监控画面被物体遮挡，导致监控画面输出为单一颜色图像时，系统执行报警联动动作。选择“主菜单”→“设置”→“事件”→“视频检测”→“遮挡检测”命令，系统显示“遮挡检测”界面，如图 3-111 所示，在该界面中可对参数进行配置。“遮挡检测”界面没有“区域”和“灵敏度”参数，其他参数与动态检测类似。单击“应用”或“确定”按钮，完成遮挡检测报警设置。

图 3-111　“遮挡检测”界面

（4）场景变更。

当监控画面由当前的场景切换为另一个场景时，系统执行报警联动动作。选择“主菜单”→“设置”→“事件”→“视频检测”→“场景变更”命令，系统显示“场景变更”界面，如图 3-112 所示，勾选“启用”复选框，开启场景变更功能。单击“应用”或“确定”按钮，完成场景变更设置。

图 3-112　“场景变更”界面

16．通过 SmartPSS 手动添加 NVR

在 SmartPSS 的“设备管理”界面单击“添加”按钮，可通过手动或自动模式添加 NVR，同前面 NVR 添加摄像机配置。以手动添加为例，系统弹出“手动添加”界面，如图 3-113 所示，进行设备参数设置，单击“添加”按钮，完成设备添加。

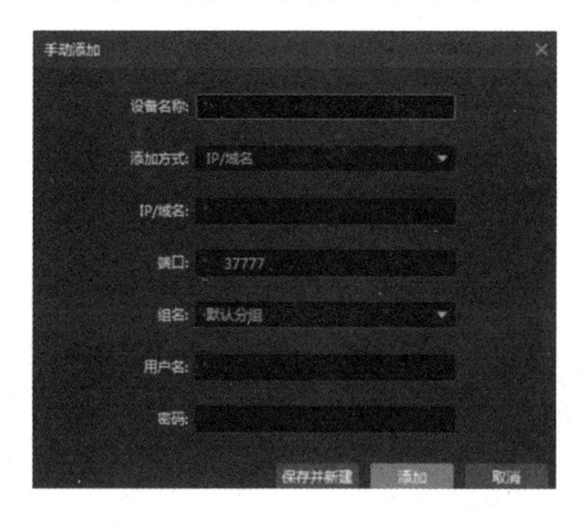

图 3-113　“手动添加”界面

3.4.11　NVR 的安装与调试实训

1．实训目的

（1）掌握 NVR 硬盘的安装方法。
（2）掌握 NVR 的使用方法。
（3）会接入摄像机并获得图像。
（4）会设置录像类型与回放录像。

2．必备知识点

（1）NVR 的作用。
（2）NVR 的接口。
（3）NVR 的使用方法。

3．实训设备与器材

NVR（DH-NVR4208-4KS2）　1 台
计算机　1 台
软件　1 套
网线　5 根
导线　若干
枪型摄像机　1 台
球型摄像机　1 台
半球型摄像机　1 台
交换机　1 台
工具包　1 套
直流 12V 电源　2 个
交流 24V 电源　1 个

4．实训内容

安装 NVR 的硬盘；NVR 的初始化操作；完成 NVR 与摄像机的连接；完成摄像机电源的

连接；通过 NVR 获取所有摄像机的图像信号，对球型摄像机进行控制；设置录像计划，并进行回放；通过 NVR 进行动态检测、视频丢失 、视频遮挡等设置。NVR 接口如图 3-114 所示。NVR 接口说明如表 3-10 所示。

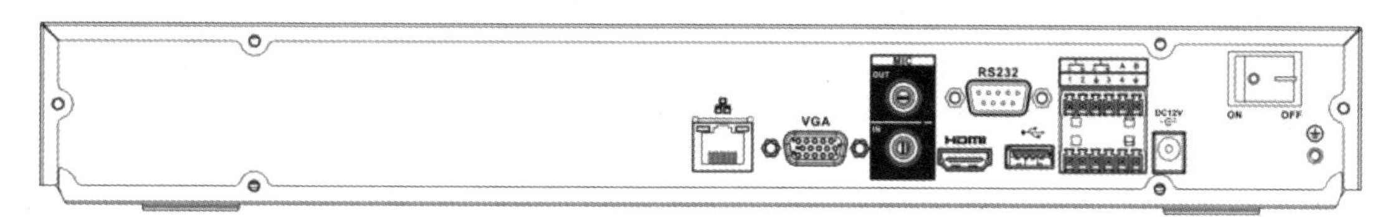

图 3-114 NVR 接口

表 3-10 NVR 接口说明

标识	接口名称	接口功能
	电源开关	电源开关
DC12V /	电源输入接口	电源接口
MIC IN	音频输入接口	语音对讲输入接口，接收来自话筒、拾音器等设备输出的模拟音频信号
MIC OUT	音频输出接口	输出模拟音频信号给音箱等设备。 （1）语音对讲输出。 （2）单画面视频预览声音输出。 （3）单画面视频回放声音输出
1～4	报警输入接口	（1）报警输入接口，接收外部报警源的开关量信号，可以为常开型或常闭型报警输入。 （2）当用外部电源对报警输入设备供电时，报警输入设备需要与设备共地
	报警接地端	报警输入接地端
NO1、NO2、C1、C2	报警输出接口	报警输出接口，给外部报警设备发出报警信号，外部报警设备需有电源供电。 NO：常开型报警输出接口。 C：报警输出公共接口
A/B	RS485 通信接口	RS485 控制设备的线，用于 RS485 连接，如外部球型摄像机云台等设备
	网络接口	10/100/1000Mbit/s 自适应以太网接口，连接网线
	USB 接口	连接鼠标、存储设备、刻录光驱等
RS232	RS232 透明调试串口	用于普通串口调试，配置地址，传输透明串口数据
HDMI	高清晰度多媒体接口	高清音/视频信号输出接口，给具有接口的显示设备传输未经压缩的高清视频和多声道音频数据
VGA	VGA 视频输出接口	视频输出接口，输出模拟视频信号，可连接显示器观看模拟视频输出
	接地端	接地孔
PoEports	PoE 接口	内置 Switch，支持 PoE，可为前端摄像机供电

5．实训要求

要求会安装 NVR 的硬盘；会设置 NVR 的 IP 的地址；会连接并添加摄像机至 NVR；会使用 NVR 进行球型摄像机的控制；能获得实时监控画面；能回放录像文件；会设置视频检测。

完成硬盘安装与 NVR 初始化后，按照表 3-11 中的内容完成实训要求。

表 3-11　NVR 实训要求

序号	操作任务	操作步骤	注意事项
1	使用浏览器登录 NVR，对 NVR 进行时间设置		
2	根据 IP 地址添加远程设备（包括第三方设备添加）		
3	通过 NVR 获得摄像机图像，并对各个通道进行名称设置		
4	通过 NVR 对各个通道进行轮巡设置		
5	在 NVR 端对球型摄像机进行云台控制设置，要求会设置并调用预置点、设置点间巡航、巡迹、线扫等		
6	通过 NVR 对各路摄像机做动态检测、视频丢失、视频遮挡、场景变更等设置与调试，要求能弹屏，能根据不同报警类型录像并进行录像查询等		
7	使用 SmartPSS 软件实现动态检测、视频丢失、视频遮挡，要求能弹屏、联动录像，球型摄像机要求能转到规定预置点处等		
8	使用 SmartPSS 软件录像并进行录像查询等		

6. 实训注意事项

（1）设备关机时，不要直接关闭电源开关，请使用前面板上的关机按钮（按下时间大于 3s）使设备自动关掉电源，以免损坏硬盘。

（2）请保证设备远离高温的热源及场所。

（3）请保持设备机箱周围通风良好，以利于散热。

（4）设置 IP 地址时，注意不要有冲突。

任务 5　视频分析技术

视频分析技术

任务描述

视频监控系统可以获取监控画面图像，由于一般项目中监控点位多，全靠监控人员实时查看画面，较难发现异常情况，因此如何使用视频分析技术帮助监控人员减少工作量，又能及时发现异常情况并报警，在视频监控系统中非常重要。

任务分析

传统监控画面只是监控，没有预警；安保监控人员主观上无法实现全天候“瞪眼值守”；传统监控只满足了事后查证功能，并且这些视频资料是在案件发生后，在海量视频数据中筛查出来的，工作量非常大。视频分析技术采用带有预警功能的视频监控系统，可以减轻监控人员的工作量，避免或阻止危害事件的发生或蔓延。

根据视频分析功能，通过在不同的场景中预设不同的报警规则，一旦目标在场景中出现并违反预定的规则，系统就会自动发出报警，监控室自动弹出报警信息并发出警示音，有助于及时发现警情并进行处理，减少或避免危害事件的发生。

知识准备

3.5.1　视频分析技术简介

视频分析技术能够对视频中的异常行为进行实时提取和筛选，并及时发出报警，使视频监控系统从原先的被动式事后查证转变成主动式事前预防，彻底改变了传统监控只能“监”不能“控”的被动状态。

视频分析技术一般包括通用行为分析、人脸检测、人脸比对、人数统计、热度图等，可由摄像机端自带的分析芯片实现，称为前智能，也可由后端控制设备完成，称为后智能。

前智能：指特定 IPC 自身支持智能分析，如 Smart IPC，而 NVR 只需要支持检测和显示 IPC 传来的智能报警信息，并支持对 IPC 进行智能分析配置和录像回放。

后智能：指前端 IPC 不支持智能分析，由 NVR 或后端控制设备对其进行智能分析。

前、后智能可在 NVR 端进行设置，并开启对应的智能方案。选择“主菜单”→“设置”→“事件”→“智能方案”命令，系统显示“智能方案”界面，如图 3-115 所示。

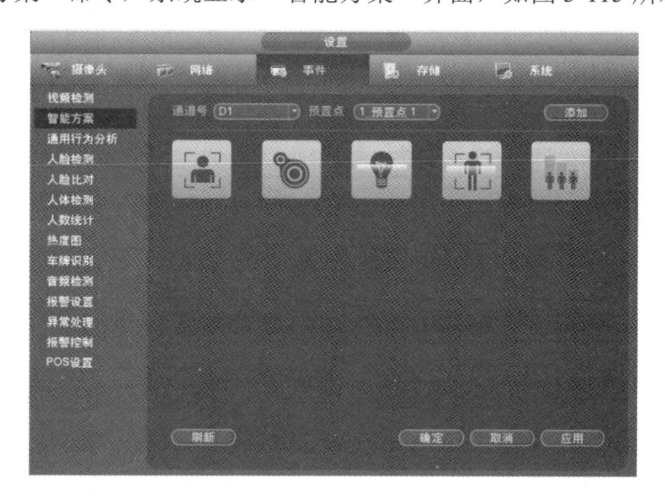

图 3-115　“智能方案”界面

选择“通道号”和“预置点”选项，并单击“添加”按钮，该预置点将显示在预置点列表中，如图 3-116 所示。只有带云台控制功能的摄像机才具备“预置点”功能。

图 3-116　预置点列表

在预置点列表中选择需要添加智能方案的预置点，并单击对应的智能方案图标，为其添加智能方案。NVR 设备支持的智能方案配置包括通用行为分析、人脸检测、人数统计等。单击“应用”或“确定”按钮，完成智能方案配置。

注：通用行为分析和人脸检测在同一个预置点的方案中互斥。例如，添加预置点 1 的智能方案为通用行为分析时，人脸检测方案图标将置灰，无法选择。

3.5.2 通用行为分析

通用行为分析是指通过对图像处理和分析，提取出视频中的关键信息，并与预先设置的检测规则进行匹配，当检测到的行为与检测规则匹配时，系统执行报警联动动作。常见的有绊线入侵、区域入侵、物品遗留、快速移动、人员聚集、停车检测、物品搬移、徘徊检测等智能检测，如表 3-12。

表 3-12 通用行为分析规则

规则	作用
绊线入侵	当检测目标按照设定的运动方向穿越绊线时，系统执行报警联动动作
区域入侵	当检测目标进入、离开或穿越监控区域时，系统执行报警联动动作
物品遗留	当检测目标停留在监控区域的时间超过设定的持续时间时，系统执行报警联动动作
快速移动	当检测目标在监控区域内的移动速度达到设定的报警速度时，系统执行报警联动动作
人员聚集	当监控区域内的人数大于设定的人员聚集最大模型，并且聚集时间超过设定的持续时间时，系统执行报警联动动作
停车检测	当检测目标停留在监控区域的时间超过设定的持续时间时，系统执行报警联动动作
物品搬移	当检测目标被搬离监控区域的时间超过设定的持续时间时，系统执行报警联动动作
徘徊检测	当检测目标在监控区域内徘徊的时间超过设定的持续时间时，系统执行报警联动动作； 目标触发一次报警后，若在报警间隔时间内还在区域时，则会再次报警
穿越围栏	当检测目标按照设定的方向穿越设置的围栏时，系统执行报警联动动作

通用行为分析场景要求目标总占比不超过画面的 10%。目标在画面中的大小不小于 10 像素×10 像素，遗留物目标大小不小于 15 像素×15 像素（CIF 图像）；目标高宽不超过 1/3 图像高宽；建议目标高度为画面高度的 10%左右。目标和背景的亮度值差异不小于 10 个灰度级。至少保证目标在视野内连续出现 2s，运动距离超过目标自身宽度，且不小于 15 像素（CIF 图像）。在条件允许的情况下，尽量降低监控分析场景的复杂度；不建议在目标密集，光线频繁变化的场景中使用智能分析功能。尽量避开玻璃、反光地面和水面等区域；尽量避开树枝、阴影及蚊虫干扰区域；尽量避开逆光场景，避免光线直射。

通用行为分析的实现。选择“主菜单”→“设置”→“事件”→“通用行为分析”命令，系统显示“通用行为分析”界面，如图 3-117 所示，选择需要设置通用行为分析的“通道号”，单击“增加”按钮，并根据实际需求，选择对应的规则类型，根据设置的规则类型，配置相关参数，单击“确定”按钮，完成通用行为分析设置，如图 3-118 所示。

（1）绊线入侵。

当检测目标按照设定的方向穿越绊线时，系统执行报警联动动作。

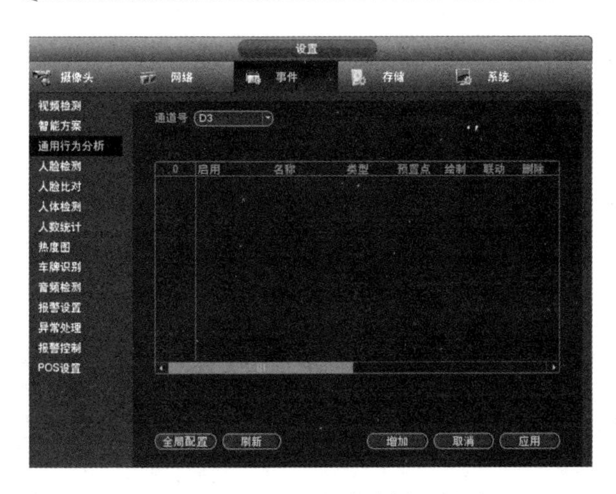

图 3-117　“通用行为分析”界面

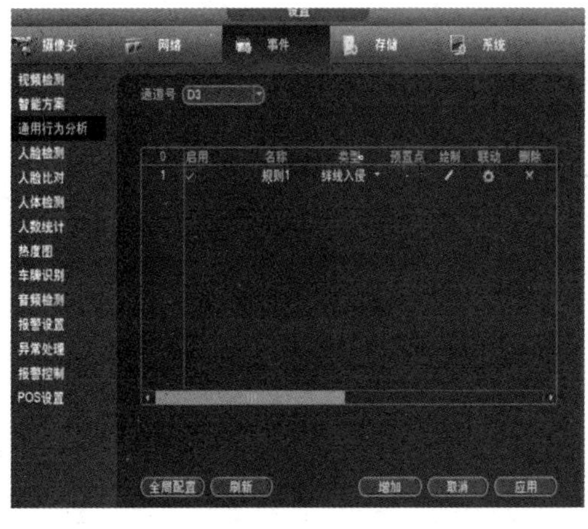

图 3-118　规则类型选择

选择“类型”为“绊线入侵”，其设置如图 3-119 所示。单击图标绘制检测规则，在显示的监控画面中绘制绊线，如图 3-120 所示；绊线的方向可设置为 A→B、B→A、A↔B；在监控画面中按住鼠标左键绘制绊线，绊线可以是直线、曲线或多边形，单击“确定”按钮，完成规则设置。单击图 3-119 中的联动设置按钮进入联动设置界面，如图 3-121 所示。

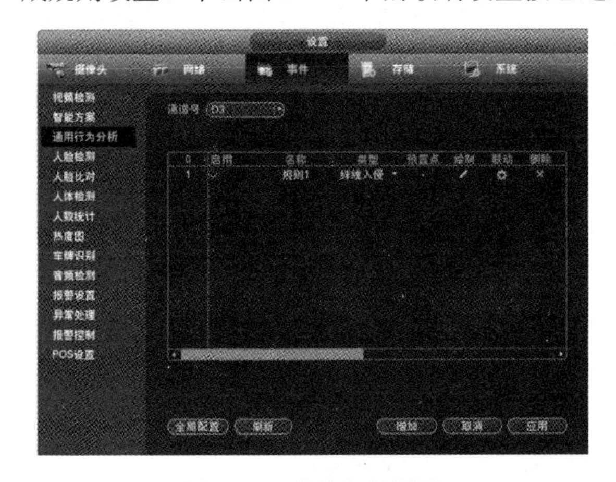

图 3-119　绊线入侵设置

图 3-120　绊线入侵绘制

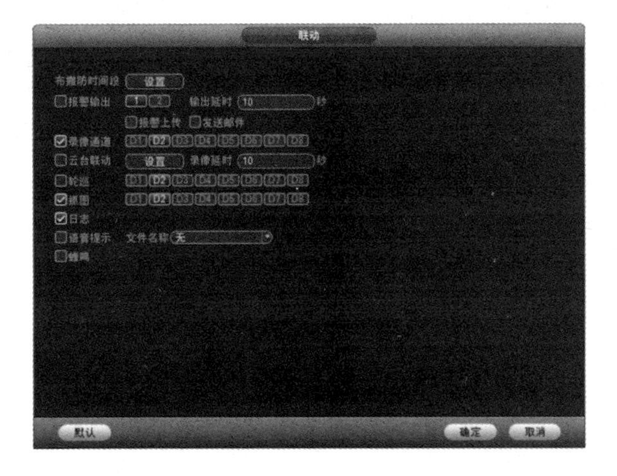

图 3-121　绊线入侵联动设置

按照表 3-13 设置参数，单击“确定”按钮，保存报警设置，系统显示“通用行为分析”界面；选择“启用”命令，并单击“应用”按钮，完成绊线入侵设置。

表 3-13　绊线入侵参数说明

参数	说明
布撤防时间段	设置布撤防时间，在设置的时间范围内才会联动对应的配置项启动报警
报警输出	在报警输出口对接报警设备（如灯光、警笛等），发生报警时，NVR 设备将报警信息传送到报警设备
输出延时	表示报警结束时，报警延长一段时间后停止，时间范围为 0～300s
报警上传	勾选该复选框，发生报警时，NVR 设备上传报警信号到网络（包含报警中心）
发送邮件	勾选该复选框，发生报警时，NVR 设备发送邮件到设定邮箱通知用户
录像通道	勾选该复选框，并选择所需的录像通道（可复选），发生报警时，NVR 设备启动该通道进行录像
云台联动	勾选该复选框，单击“设置”按钮，选择联动云台的通道和云台动作，发生报警时，NVR 设备联动该通道执行对应的云台动作。例如，联动通道 1 的云台转至预置点 *X*
录像延时	报警结束时，录像延长一段时间后停止，时间范围为 10～300s
轮巡	勾选该复选框，并选择轮巡的通道，发生报警时，NVR 设备的本地界面轮巡显示选择的通道画面
抓图	勾选该复选框，并选择抓图的通道，发生报警时，NVR 设备对选择的通道进行触发抓图
日志	勾选该复选框，发生报警时，NVR 设备在日志中记录报警信息
语音提示	勾选该复选框，在“文件名称”下拉框中选择对应的语音文件，发生报警时，系统播放该语音文件
蜂鸣	勾选该复选框，发生报警时，NVR 设备启动蜂鸣器鸣叫报警

（2）区域入侵。

该功能可侦测视频中是否有物体跨越设置的警戒面，根据判断结果联动报警。

当检测目标经过监控区域的边缘，进入、离开或穿越监控区域时，系统执行报警联动动作。

选择“类型”为“区域入侵”，其设置如图 3-122 所示。

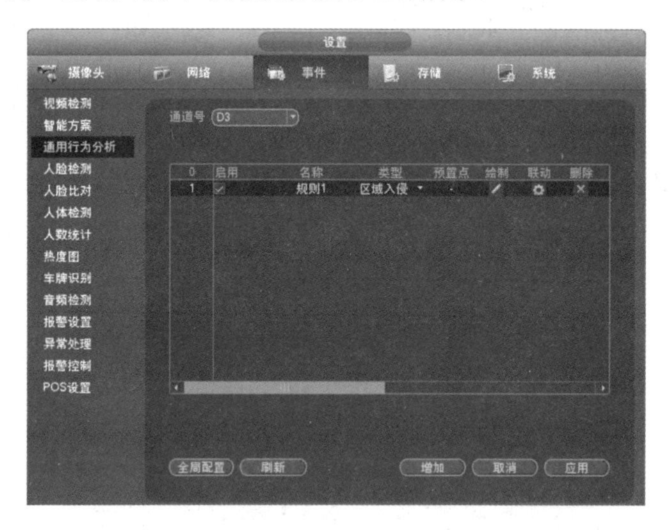

图 3-122　区域入侵设置

绘制检测规则。单击图标，在显示的监控画面中绘制检测区域，如图 3-123 所示。在监控画面中按住鼠标左键绘制检测区域，单击“确定”按钮，完成规则设置。

配置参数并保存，区域入侵参数说明如表 3-14 所示。

选择“启用”命令，并单击“应用”按钮，完成区域入侵设置。

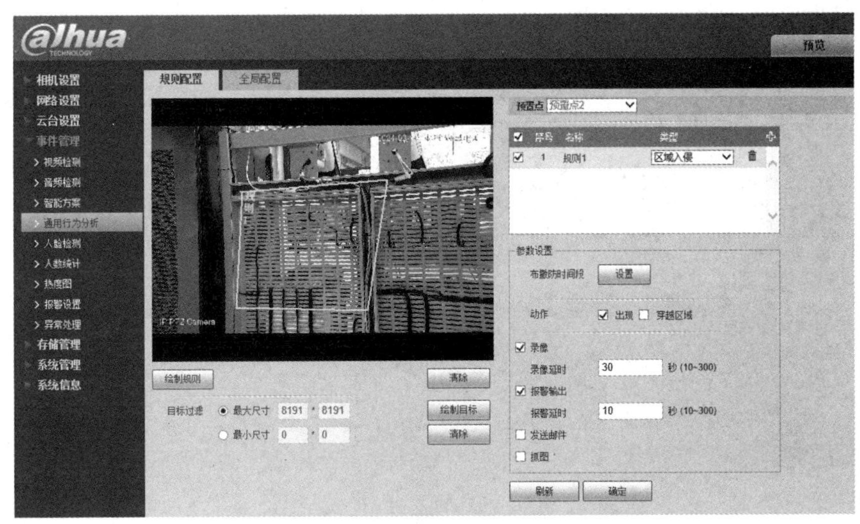

图 3-123 区域入侵绘制

彩色图

表 3-14 区域入侵参数说明

参数	说明
预置点	根据实际需要，选择需要设置通用行为分析检测的预置点
规则名称	自定义规则名称
动作	设置区域入侵的动作，可选择出现、穿越区域
方向	设置穿越区域的方向，可选择进入、离开、进出
目标过滤	单击图标，可设置目标过滤，如图 3-123 所示。选中黄色线框，通过鼠标来调节区域大小。每个规则可设置 2 个目标过滤（最大尺寸和最小尺寸），即当通过目标小于最小目标或者大于最大目标时，不会产生报警。设置的最大尺寸不得小于最小尺寸

（3）物品遗留。

当检测目标停留在检测区域的时间超过设定的持续时间时，系统执行报警联动动作。

选择“类型”为“物品遗留”，其设置如图 3-124 所示。

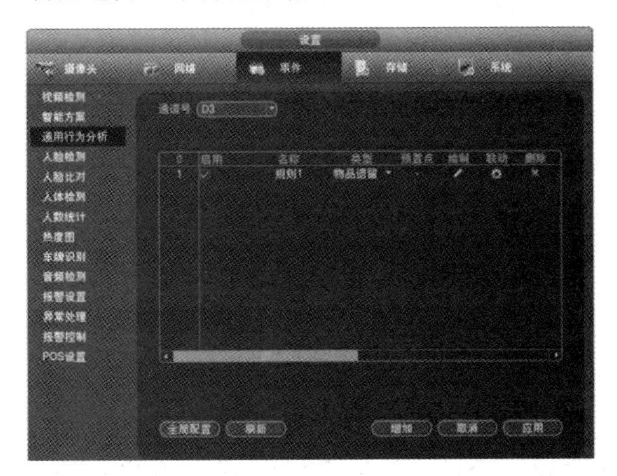

图 3-124 物品遗留设置

在显示的监控画面绘制绊线，如图 3-125 所示。在监控画面中按住鼠标左键绘制检测区域，单击“确定”按钮，完成规则设置。

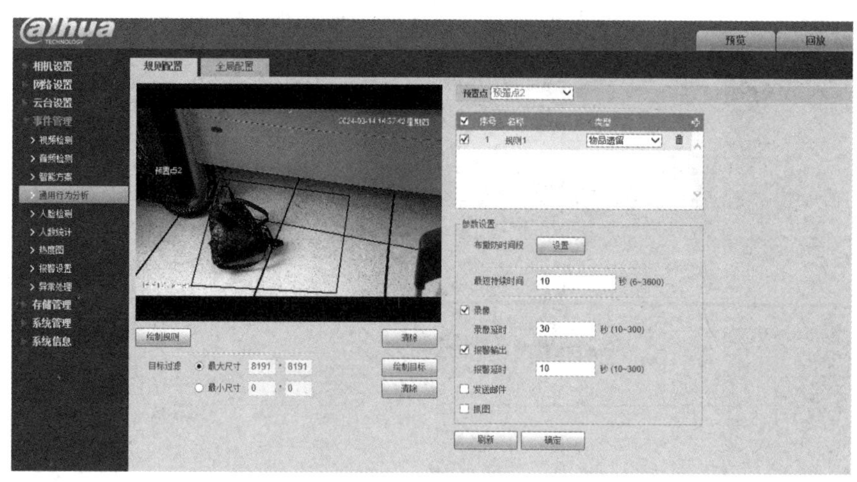

图 3-125　物品遗留绘制

彩色图

配置参数并保存，物品遗留参数说明如表 3-15 所示。

表 3-15　物品遗留参数说明

参数	说明
预置点	根据实际需要，选择需要设置通用行为分析检测的预置点
规则名称	自定义规则名称
持续时间	设置从检测目标遗留至触发报警的最短时间
过滤目标	单击图标，可设置目标过滤，如图 3-125 所示。选中蓝色线框，通过鼠标来调节区域大小。每个规则可设置 2 个目标过滤（最大尺寸和最小尺寸），即当通过目标小于最小目标或者大于最大目标时，不会产生报警。设置的最大尺寸不得小于最小尺寸

选择“启用”命令，并单击“应用”按钮，完成物品遗留设置。

（4）快速移动。

当检测目标在监控区域内的移动速度达到设定的报警速度时，系统执行报警联动动作。选择“类型”为“快速移动”，其设置如图 3-126 所示。

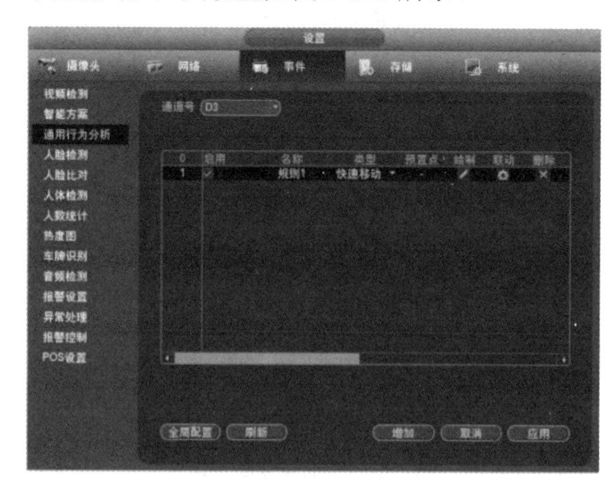

图 3-126　快速移动设置

绘制检测规则。在显示的监控画面中绘制规则，如图 3-127 所示。在监控画面中按住鼠标左键绘制检测区域。单击“确定”按钮，完成规则设置。

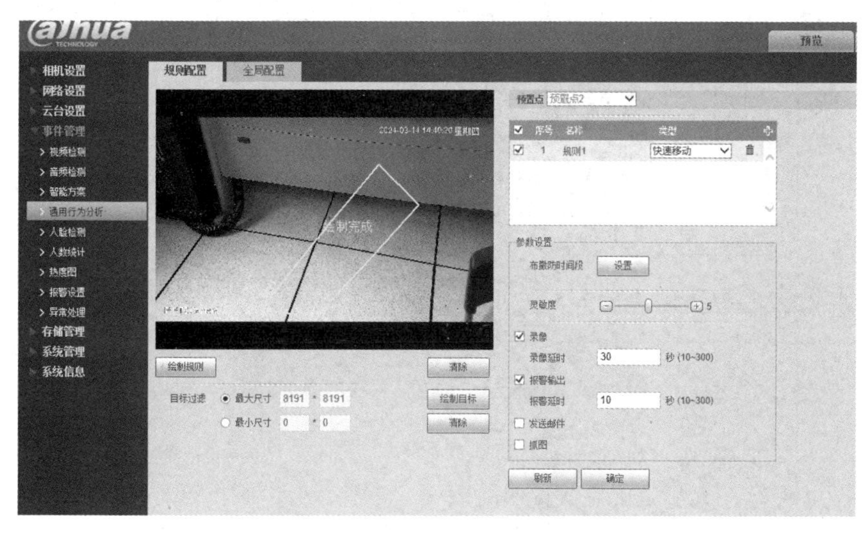

图 3-127 快速移动绘制

彩色图

配置参数并保存，快速移动参数说明如表 3-16 所示。

表 3-16 快速移动参数说明

参数	说明
预置点	根据实际需要，选择需要设置通用行为分析检测的预置点
规则名称	自定义规则名称
灵敏度	设置触发报警的灵敏度，可选 1～10，默认为 5
目标过滤	单击图标，可设置目标过滤，如图 3-127 所示。选中黄色线框，通过鼠标来调节区域大小。每个规则可设置 2 个目标过滤（最大尺寸和最小尺寸），即当通过目标小于最小目标或者大于最大目标时，不会产生报警。设置的最大尺寸不得小于最小尺寸

选择“启用”命令，并单击“应用”按钮，完成快速移动设置。

（5）人员聚集。

当监控区域内的人数大于设定的人员聚集最大模型对应的人数，并且聚集时间超过设定的持续时间时，系统执行报警联动动作。

选择“类型”为“人员聚集”，其设置如图 3-128 所示。

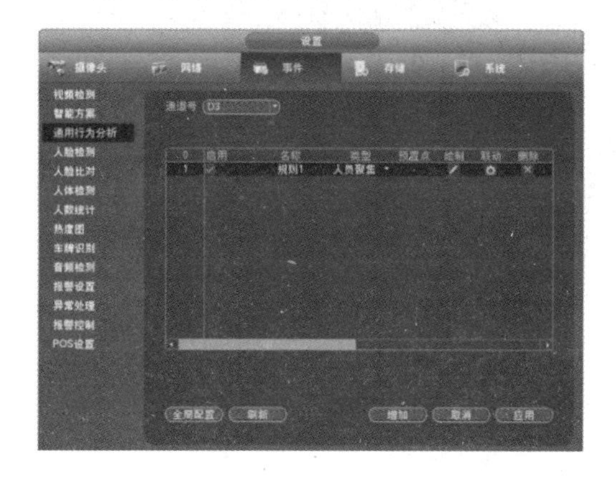

图 3-128 人员聚集设置

绘制检测规则。单击图标，在显示的监控画面中绘制规则，如图 3-129 所示。在监控画面中按住鼠标左键绘制检测区域。单击“确定”按钮，完成规则设置。

图 3-129　人员聚集绘制

配置参数并保存，人员聚集参数说明如表 3-17 所示。

表 3-17　人员聚集参数说明

参数	说明
预置点	根据实际需要，选择需要设置通用行为分析检测的预置点
规则名称	自定义规则名称
持续时间	设置从检测目标出现在区域内到触发报警的最短时间
灵敏度	设置触发报警的灵敏度，可选 1～10，默认为 5
目标过滤	单击图标，可在场景中绘制最小聚集区域模型。当指定区域内的人数大于该模型对应的人数并超过持续时间时，触发报警

选择“启用”命令，并单击“应用”按钮，完成人员聚集设置。

（6）停车检测。

当检测目标停留在监控区域的时间超过设定的持续时间时，系统执行报警联动动作。

选择“类型”为“停车检测”，如图 3-130 所示。

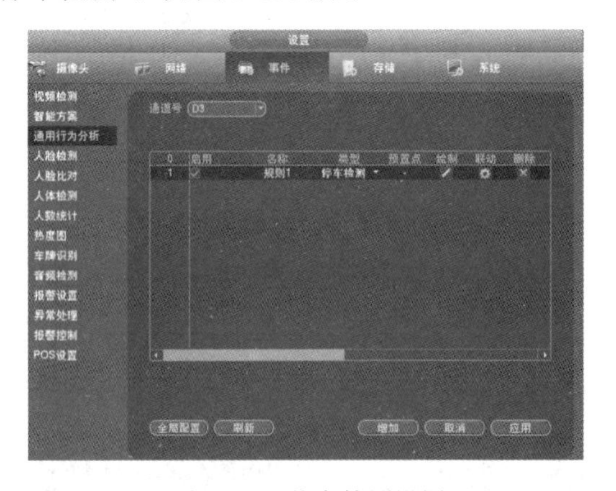

图 3-130　停车检测设置

绘制检测规则。单击图标，在显示的监控画面绘制规则，如图 3-131 所示。在监控画面中按住鼠标左键绘制检测区域。单击“确定”按钮，完成规则设置。

配置参数并保存，停车检测参数说明如表 3-18 所示。

图 3-131　停车检测绘制

彩色图

表 3-18　停车检测参数说明

参数	说明
预置点	根据实际需要，选择需要设置通用行为分析检测的预置点
规则名称	自定义规则名称
持续时间	设置从检测目标停留至触发报警的最短时间
目标过滤	单击图标，可设置目标过滤，如图 3-131 所示。选中黄色线框，通过鼠标来调节区域大小。每个规则可设置 2 个目标过滤（最大尺寸和最小尺寸），即当通过目标小于最小目标或者大于最大目标时，不会产生报警。设置的最大尺寸不得小于最小尺寸

选择“启用”命令，并单击“应用”按钮，完成停车检测设置。

（7）物品搬移。

当检测目标被搬离监控区域的时间超过设定的持续时间时，系统执行报警联动动作。

选择“类型”为“物品搬移”，如图 3-132 所示。

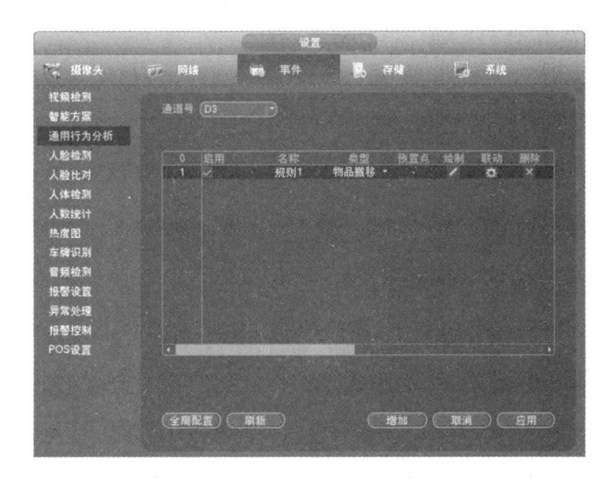

图 3-132　物品搬移设置

绘制检测规则。单击图标，在显示的监控画面绘制规则，如图 3-133 所示。在监控画面中按住鼠标左键绘制检测区域。单击“确定”按钮，完成规则设置。

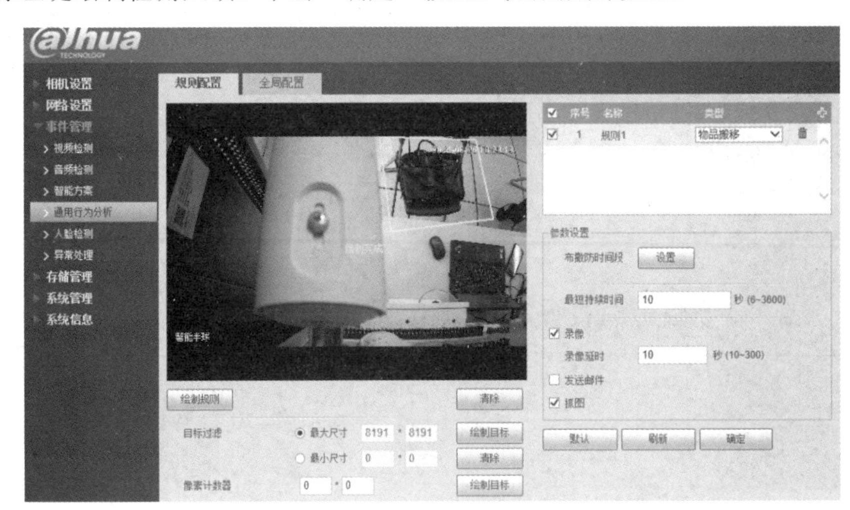

图 3-133　物品搬移绘制　　彩色图

配置参数并保存，物品搬移参数说明如表 3-19 所示。

表 3-19　物品搬移参数说明

参数	说明
预置点	根据实际需要，选择需要设置通用行为分析检测的预置点
规则名称	自定义规则名称
持续时间	设置从检测目标被搬离至触发报警的最短时间
目标过滤	单击图标，可设置目标过滤，如图 3-133 所示。选中蓝色线框，通过鼠标来调节区域大小。每个规则可设置 2 个目标过滤（最大尺寸和最小尺寸），即当通过目标小于最小目标或者大于最大目标时，不会产生报警。设置的最大尺寸不得小于最小尺寸

选择“启用”命令，并单击“应用”按钮，完成物品搬移设置。

（8）徘徊检测。

当检测目标在监控区域内徘徊的时间超过设定的持续时间时，系统执行报警联动动作。选择“类型”为“徘徊检测”，如图 3-134 所示。

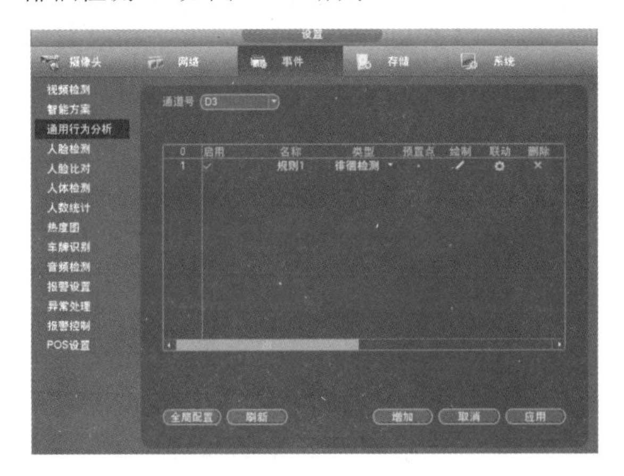

图 3-134　徘徊检测设置

绘制检测规则。单击图标，在显示的监控画面绘制规则，如图 3-135 所示。在监控画面中按住鼠标左键绘制检测区域。单击“确定”按钮，完成规则设置。

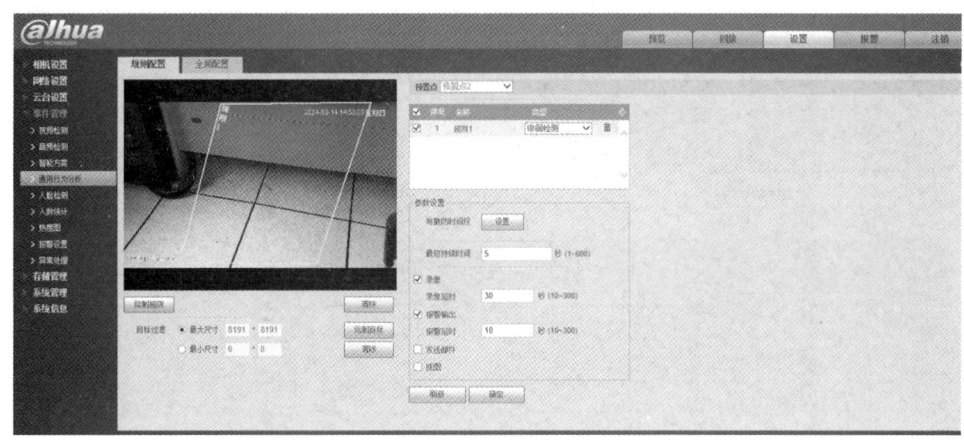

彩色图

图 3-135　徘徊检测绘制

配置参数并保存，徘徊检测参数说明如表 3-20 所示。

表 3-20　徘徊检测参数说明

参数	说明
预置点	根据实际需要，选择需要设置通用行为分析检测的预置点
规则名称	自定义规则名称
持续时间	设置从检测目标出现在区域内到触发报警的最短时间
目标过滤	单击图标，可设置目标过滤，如图 3-135 所示。选中黄色线框，通过鼠标来调节区域大小。每个规则可设置 2 个目标过滤（最大尺寸和最小尺寸），即当通过目标小于最小目标或者大于最大目标时，不会产生报警。设置的最大尺寸不得小于最小尺寸

选择“启用”命令，并单击“应用”按钮，完成徘徊检测设置。

（9）穿越围栏。

当检测目标按照设定的方向穿越监控区域内设置的围栏时，系统执行报警联动动作。

3.5.3　人数统计

人数统计配置与调试

人数统计采用视频图像分析技术，对视频中的人数及人群流动方向等信息进行有效统计。当进出监控区域的人数超过设定的人数值时，系统执行报警联动动作，一般有绊线模式和区域模式两种模式。人数统计模式如图 3-136 所示。

绊线模式

区域模式

图 3-136　人数统计模式

选择“主菜单”→“设置”→“事件”→“人数统计”命令，系统显示“人数统计”界面，如图 3-137 所示。

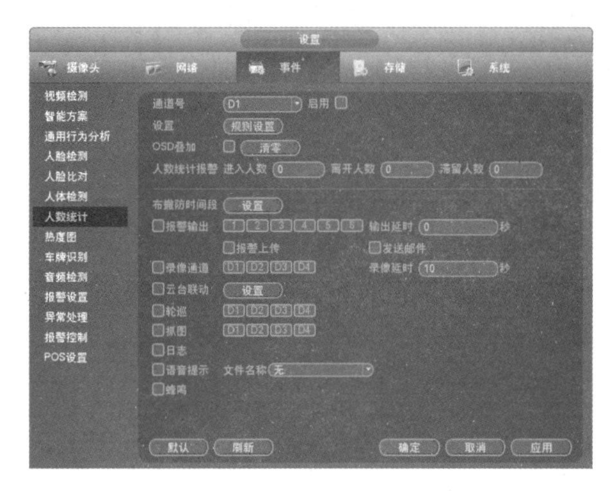

图 3-137　“人数统计”界面

配置人数统计参数，人数统计参数说明如表 3-21 所示。

表 3-21　人数统计参数说明

参数	说明
通道号	选择需要设置人数统计的通道号
启用	勾选该复选框，表示启用人数统计报警
设置	单击“规则设置”按钮，设置人数统计的规则区域、名称和方向
OSD 叠加	勾选该复选框，在监视画面中实时显示统计的人数
进入人数	设置“进入人数”，当进入区域的人数超过设置值时，系统产生报警
离开人数	设置“离开人数”，当离开区域的人数超过设置值时，系统产生报警
滞留人数	设置“滞留人数”，当滞留在区域内的人数超过设置值时，系统产生报警
布撤防时间段	设置布撤防时间，在设置的时间范围内联动对应的配置项启动报警
报警输出	在报警输出口对接报警设备（如灯光、警笛等），发生报警时，NVR 设备将报警信息传送到报警设备
输出延时	报警结束后，报警延长一段时间后停止，时间范围为 0～300s
发送邮件	勾选该复选框，发生报警时，NVR 设备发送邮件到设定邮箱通知用户。要求已设置邮箱
录像通道	勾选该复选框，并选择所需的录像通道（可复选），发生报警时，NVR 设备启动该通道进行录像。要求已开启智能录像和自动录像功能
录像延时	报警结束后，录像延长一段时间后停止，时间范围为 10～300s
云台联动	勾选该复选框，单击“设置”按钮，选择联动云台的通道和云台动作，发生报警时，NVR 设备联动该通道执行对应的云台动作。例如，联动通道 1 的云台转至预置点 X。要求已设置对应的云台动作
轮巡	勾选该复选框，并选择轮巡的通道，发生报警时，NVR 设备的本地界面轮巡显示选择的通道画面。要求已设置轮巡间隔时间及轮巡模式，报警联动轮巡结束后，“预览”界面恢复为轮巡前的画面分割模式
抓图	勾选该复选框，并选择抓图的通道，发生报警时，NVR 设备对选择的通道进行触发抓图。要求已开启报警抓图和自动抓图功能
日志	勾选该复选框，发生报警时，NVR 设备在日志中记录报警信息
语音提示	勾选该复选框，在“文件名称”下拉框中选择对应的语音文件，发生报警时，系统播放该语音文件。要求已添加了对应的语音文件
蜂鸣	勾选该复选框，发生报警时，NVR 设备启动蜂鸣器鸣叫报警

单击“应用”或“确定”按钮，完成配置。

人数统计配置完成后，可选择“主界面”→“信息”→“事件”→“人数统计”命令，进入“人数统计”界面查看人数统计报表。

3.5.4 人脸检测与识别技术

1. 人脸检测与识别技术概述

人脸识别系统是一款人脸数据提取识别检索系统，主要功能有人脸抓拍、人脸比对和人脸检索。人脸抓拍是指对视频的设定区域进行人脸检测，并抓拍清晰的人脸图像。人脸比对是指将抓拍的人脸与预先建好的人脸数据库中的人脸图像进行比对，若相似度达到设定的阈值则报警。人脸检索是指检测人脸，并利用人的脸部特征对人脸图像进行建模，系统根据人的脸部特征在人脸数据库中进行检索，检索出相似人脸，供监控管理人员核对信息。

人脸识别技术是基于人的脸部特征，对输入的人脸图像或视频流进行识别，判断是否存在人脸，若存在人脸，则进一步地给出每个人脸的位置、大小和各个面部器官的位置信息，并依据这些信息，进一步提取每个人脸中所蕴含的身份特征，并将其与已知的人脸进行比对，从而识别每个人脸的身份。

人脸与人体的其他生物特征（如指纹、掌形、虹膜、视网膜等）一样，具有唯一的生物特征性，它的唯一和不易被复制的良好特性为身份鉴别提供了必要的前提，与其他类型的生物识别比较，人脸识别具有如下特点。

非强制性：用户不需要专门配合人脸采集设备，几乎可以在无意识的状态下就可获取人脸图像，这样的取样方式没有“强制性”。

非接触性：用户不需要和设备直接接触就能获取人脸图像。

并发性：在实际应用场景下可以进行多个人脸的分拣、判断及识别。

视觉特性：“以貌识人”的特性，操作简单、结果直观、隐蔽性好。

人脸识别技术主要包括 4 个组成部分：人脸图像采集及检测、人脸图像预处理、人脸图像特征提取及人脸特征数据匹配与识别。

人脸图像采集及检测：基于人的脸部特征，对输入的人脸图像或视频流进行检测，判断是否存在人脸，若存在人脸，则进一步地给出每个人脸的位置、大小和各个面部器官的位置信息。

人脸图像预处理：对人脸的图像预处理是指基于人脸采集及检测结果，通过人脸智能算法，对选择出来的人脸图像进行优化和择优选择，挑选当前环境下最优人脸并最终服务于特征提取的过程。其预处理过程主要包括人脸图像的光线补偿、灰度变换、直方图均衡化、归一化、几何校正、滤波及锐化等。

人脸图像特征提取：人脸识别系统可使用的特征通常分为视觉特征、像素统计特征、人脸图像变换系数特征、人脸图像代数特征等。人脸特征提取的方法归纳起来分为两大类：一类是基于知识的表征方法；另外一类是基于代数特征或统计学习的表征方法。基于知识的表征方法主要是根据人脸器官的形状描述及它们之间的距离特性来获得有助于人脸分类的特征数据，其特征分量通常包括特征点间的欧氏距离、曲率和角度等。人脸由眼睛、鼻子、嘴和下巴等局部构成，对这些局部及它们之间的结构关系进行几何描述，可以作为识别人脸的重要特征，这些特征被称为几何特征。基于知识的表征方法主要包括基于几何特征的方法和模板匹配法。

人脸特征数据匹配与识别：采集到的人脸图像形成人脸特征数据，与后端人脸库中的人脸特征数据模板进行搜索匹配，设定一个人脸阈值，若相似度超过这个阈值，则把匹配得到的结果输出。这个过程又分为两类：一类是确认，是进行一对一图像比较的过程；另一类是辨认，是进行一对多图像匹配比对的过程。

2．人脸检测与识别技术的应用场景

1）人脸门禁

人脸门禁是指通过人脸门禁控制系统加强校园门禁出入管理控制，完全使用人脸识别技术替代刷卡、密码等门禁出入方式，做到精准识别，人员出入安全可靠。

2）人脸考勤

人脸考勤是指利用人脸识别记录学生出入校门、学生宿舍归寝考勤，做到无接触、精准身份信息确认，防止代打卡情况发生，并可通过视频进行事后准确复核考勤记录，做到有据可查，实施效率大大提升。

3）校园访客

访客系统利用人脸识别进行访客人员身份信息确认，简化访客登记流程，提高校园安全等级，提升校园访客进出体验与学校形象等，并有效提高接待人员接待效率，配合大华门禁控制系统，实现人脸访客安全进出管理。

4）活动签到

活动签到免除人工纸质签注记录，利用人脸识别进行活动人员名单记录及身份信息确认，有效避免代签注及真实记录活动人员身份信息。

5）校园人脸布控

校园人脸布控是指将人脸识别系统部署在学校道路、门禁、电梯等场所，通过高清视频结合人脸识别，将惯犯、危险人员照片录入人脸数据库（可与公安机关进行人脸数据对接），一旦他们闯入校区，人脸识别系统就能第一时间发现潜在的危险，并且可进行人脸路径追踪，有效提升学校安保级别。

6）人脸查询

人脸查询 App 以移动客户端为载体，通过定制化软件及人脸识别系统服务器和员工信息数据库对接，从而实现人脸和人员信息相匹配，实现移动化拍照，查询人员身份信息，提升学校的安保级别，避免因人员太多而无法确认危险人员，减少人员犯罪发生。

3．人脸识别系统

人脸识别系统由前端摄像机、人脸检测服务器、人脸识别服务器、人脸识别系统平台、人脸数据库及存储设备等组成。人脸识别系统的组成如图 3-138 所示。

前端摄像机：前端摄像机使用高清网络摄像机，主要实现图像采集、编码等功能。

人脸检测服务器：人脸检测服务器搭配高清网络摄像机对传输的实时视频流进行人脸检测、定位、跟踪、人脸图像选优，将人脸图像进行抠取，传输到人脸识别服务器进行人脸建模、比对及存储。

人脸识别服务器：对人脸检测服务器传输的人脸小图进行建模和结构化，获取人脸特征数据后为人脸实时比对识别、人脸后检索等功能提供算法支持。

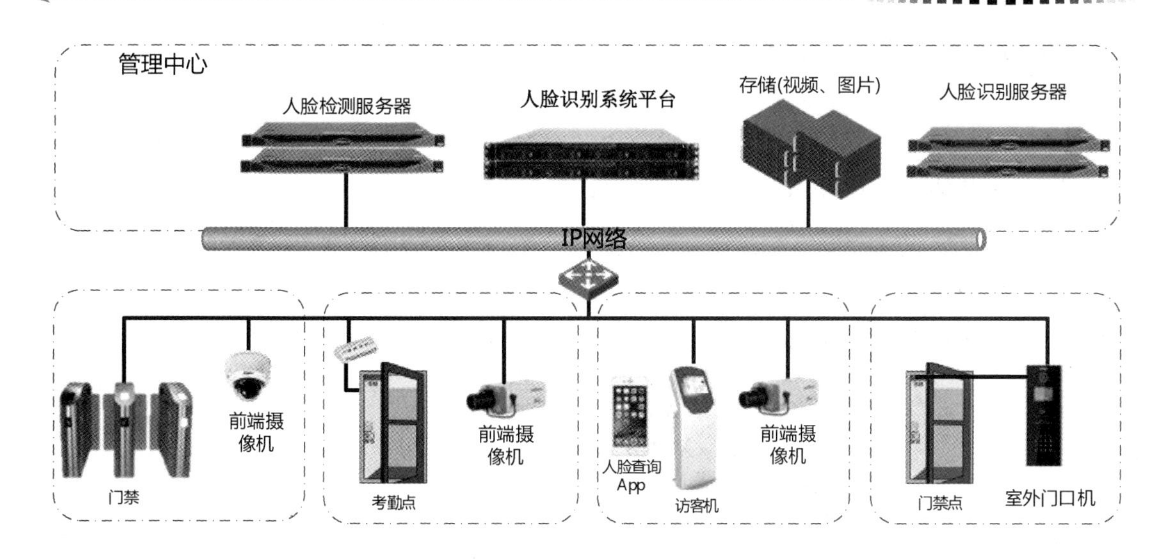

图 3-138　人脸识别系统的组成

人脸识别系统平台：人脸识别系统平台主要实现人脸系统相关的设备管理、识别场景规则设置、报警联动等配置和管理，并结合客户端实现对图像的预览检索、各种报警信息的查看等操作。

人脸数据库及存储设备：人脸数据库专门用于存储人脸系统的人脸数据，主要包括抓拍库人脸特征向量、注册库人脸小图、注册库人脸特征向量；抓拍库图像（人脸小图和抓拍大图）存储在人脸识别服务器中，当人脸识别服务器存储容量不足时，可通过扩展 IPSAN 设备或云存储等方式进行存储。

4．人脸识别流程

人脸识别流程如图 3-139 所示。

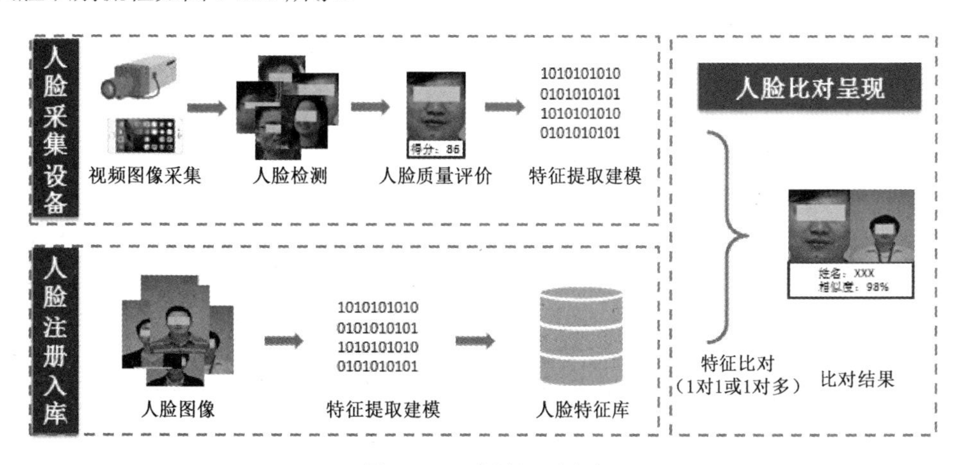

图 3-139　人脸识别流程

实时视频人脸比对：普通高清网络摄像机通过人脸检测服务器或专业人脸抓拍相机分析视频中的人脸，提取人脸图像转发给人脸识别服务器，人脸识别服务器通过智能算法，从抓拍的人脸中提取特征数据，与注册库中的人脸特征数据库进行遍历检索，由平台展现人脸比对结果。

图片检索人脸比对：通过平台客户端提交需要检索的人脸图像，人脸识别服务器提取人脸图像特征数据，与人脸抓拍库或人脸注册库中的人脸特征数据进行比对，由平台展现人脸比对结果。

5．人脸识别摄像机的安装

1）安装角度与高度

枪型摄像机的安装高度一般为 2～2.5m，水平布控距离为 3～6m，要特别注意布控宽度（指画面中部区域的宽度），枪型摄像机的安装示意图 1 如图 3-140 所示。

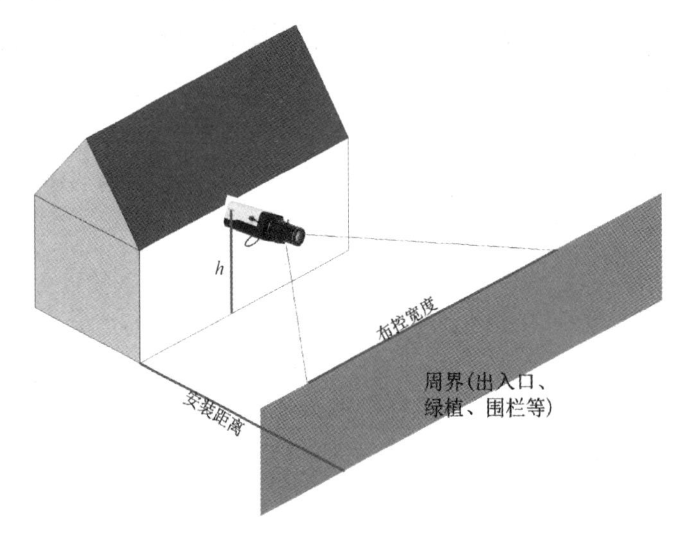

图 3-140　枪型摄像机的安装示意图 1

摄像机的水平俯角为 10°～15°，确保人脸抓拍及识别效果。前端摄像头与水平线的夹角α最好在-15°～15°之间，且人脸的像素点不小于 100 像素×100 像素，如图 3-141 所示。摄像机安装高度 h=0.18×L+1.5，L 为水平距离。

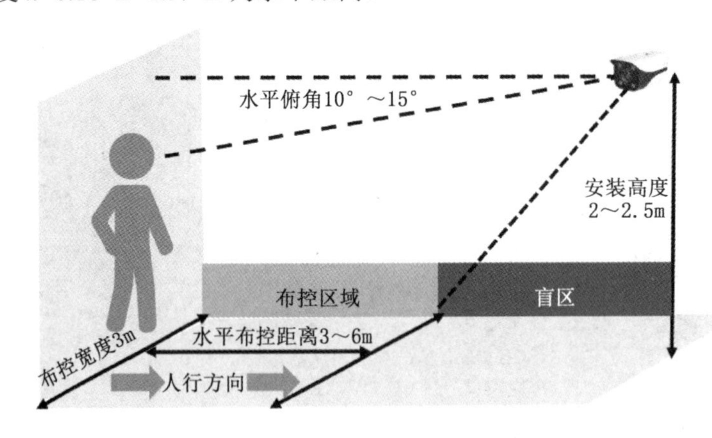

图 3-141　枪型摄像机的安装示意图 2

2）人脸大小和姿态要求

左右旋转摄像机至[-30°，30°]，旋转摄像机至俯仰角度[-15°，15°]，平面旋转摄像机至[-15°，15°]，免冠，不戴墨镜、口罩、帽子等遮挡面部的装饰物，眼镜框、头发不遮挡眼睛。

3）环境光照要求

人脸采集区域无逆光，面部无明显反光，光线均匀且无阴影。另外，为保证抓拍人脸时现场光照足够，建议在镜头画面中人脸不够亮时，相应增加照明设备，对人脸进行补光（一般应达到250～800lx）。

4）采集场景要求

（1）采集场景环境要求。

采集环境在室内，架设摄像头方式为高度大于或等于2m，长度大于或等于1m，宽度大于或等于2m。

（2）环境光照要求。

无逆光，人脸无明显反光，光线均匀无阴影。保证抓拍人脸时现场光照足够，相应增加照明设备，对人脸进行补光（应达到250～800lx）。

6．人脸识别摄像机的调试要求

1）人脸采集设计

人脸识别系统通过如下方式进行人脸采集录入，快速导入人脸注册库，进行人脸注册。

（1）固定视频摄像头人脸采集。

（2）移动终端拍照人脸采集。

（3）身份证人脸采集。

（4）网络上传人脸采集。

（5）注册库的导入图像。

注册库可外部批量导入符合格式要求的人脸图像及人员相关信息（包括姓名、生日、性别、省份、城市、证件类型、证件号码），也可删除或者修改注册库中已有人员的信息。

注册库同时支持通过单个人脸注册的方式，注册时需要输入姓名、生日、性别、省份、城市、证件类型、证件号码等信息。图像中包含多个人脸时，由人脸识别服务器负责人脸识别后，用户可选择需要注册的人脸。

2）人脸识别系统中的人脸特征数据

人脸识别系统中的人脸特征数据包括两个部分：抓拍库人脸特征数据和注册库人脸特征数据。

每条人脸特征数据的大小约为2KB，300W抓拍库、300W注册库约占空间5.7GB×2=11.4GB。

图像存储要求：图像存储12个月，每路每分钟抓拍10幅，工作时间为10h，一天存储6000幅图像。

存储一天的容量计算：0.3MB×10×60×10≈1.8GB

存储12个月共需：1.8GB×360≈0.63TB

3）视频存储计算

一般使用摄像机主码流进行前端摄像机人脸抓拍，使用辅码流进行录像存储。录像存储方案可将前端直连NVR，NVR直接存储摄像机录像。

人脸识别系统前端摄像机选用200W像素摄像机为例，视频存储按要求一般存储3个月。码率按照4MB计算。

1 路前端视频存储容量计算：4MB×60s×60min×24h×90 天÷8≈3.7TB

50 路前端视频存储容量计算：3.7TB×50=185TB

7．人脸检测的调试

1）登录摄像机 Web 端

由身高 1.7m 左右的人站在抓拍位置，进入“预览”界面，先调整缩放至合适的布控范围，再调整聚焦，使人脸清晰。注意：如果场景光线环境复杂，那么可以选择“宽动态/背光补偿”模式提高图像质量，也可以在摄像头属性界面下选择调整曝光补偿来提高图像质量。摄像机参数调整如图 3-142 所示。

图 3-142　摄像机参数调整

2）开启人脸检测功能

选择“设置”→“事件管理”→“智能方案”→“选择人脸检测智能方案”→“确定”命令，开启人脸检测智能方案及人脸检测功能。也可开启人脸增强功能，选择“设置”→“事件管理”→“人脸检测”→“启用人脸检测”命令，开启“人脸增强”功能。“开启人脸检测功能”界面和“人脸增强功能”界面如图 3-143 和图 3-144 所示。

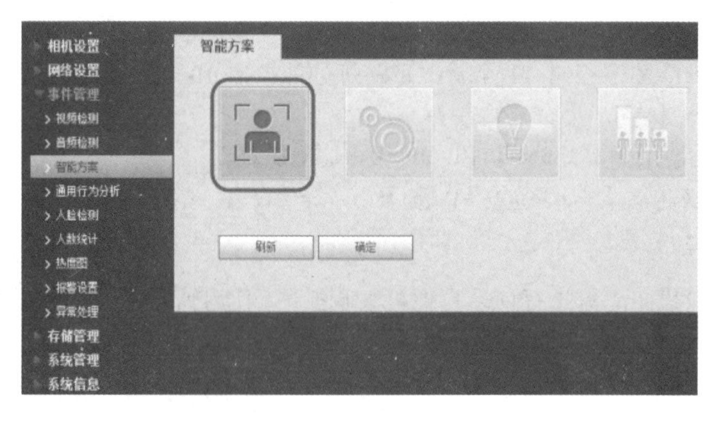

图 3-143　“开启人脸检测功能”界面

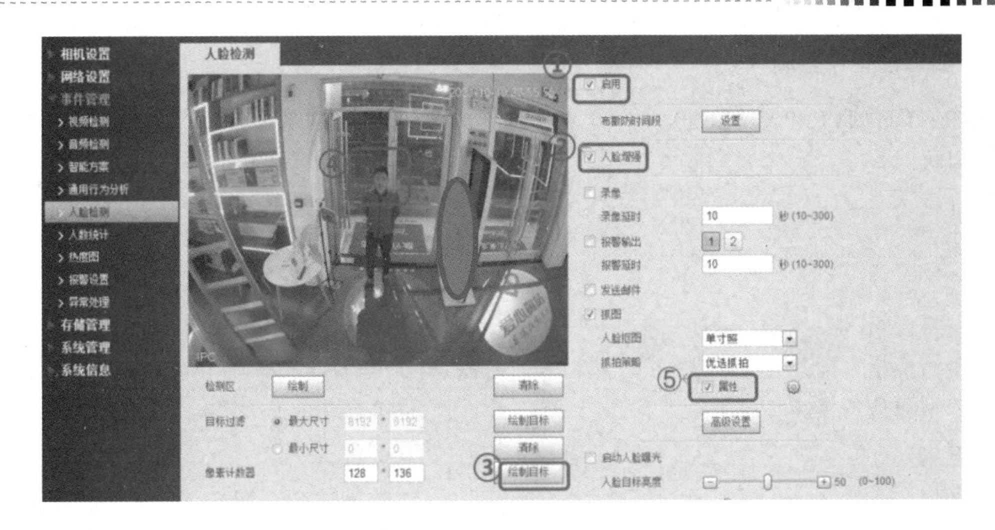

图 3-144 “人脸增强功能”界面

3）预览（效果验证）

进入“预览”界面，开启人脸抓拍侧边栏，测试人员在检测范围内来回走动，查看人脸检测效果，如图 3-145 所示。

图 3-145 人脸检测效果

3.5.5 通用行为分析实训

1. 实训目的

（1）掌握通用行为分析规则。
（2）掌握通用行为分析的使用和调试方法。

2. 必备知识点

（1）通用行为分析规则。
（2）重点掌握绊线入侵规则。
（3）会联动其他设备，会录像并回放。

3．实训设备与器材

NVR（DH-NVR4208-4KS2）	1 台
计算机	1 台
软件	1 套
网线	5 根
导线	若干
枪型摄像机	1 台
球型摄像机	1 台
半球型摄像机	1 台
交换机	1 台
工具包	1 套
直流 12V 电源	2 个
交流 24V 电源	1 个

4．实训内容

完成 NVR 与摄像机的连接；完成摄像机电源的连接；通过各类摄像机 Web 端分别登录摄像机，进行通用行为分析配置与调试，要求会设置订阅报警信息，会联动摄像机语音功能，会在发生报警信息后将球型摄像机联动到指定预置点；通过 NVR 获取所有摄像机的图像信号，要求会设定 NVR 后端智能实现通用行为分析规则并调试（NVR 后端智能与摄像机前端智能选择一种模式），会联动球型摄像机指定预置点，枪型摄像机会语音提醒，会配置智能录像计划并回放相关录像等；使用 SmartPSS 获取 NVR 上的实时图像，并进行通用行为分析。

5．实训要求

会绘制小型监控系统图，并将摄像机连接至 NVR，会将摄像机添加至 NVR，会使用 NVR 进行各类摄像机的通用行为分析规则配置与调试，能获得实时监控画面，能配合录像并回放录像文件。按照表 3-22 的内容完成实训要求。

表 3-22　实训要求 1

序号	操作任务	操作步骤	注意事项
1	绘制小型监控系统图		
2	按图连接设备，安全检查确认后通电		
3	根据 IP 地址添加远程设备（包括添加第三方设备），将 3 款摄像机添加至 NVR，并对各个通道进行名称设置		
4	通过各类摄像机 Web 端分别登录摄像机，进行通用行为分析配置与调试，要求会设置订阅报警信息，会联动摄像机语音功能，会在发生报警信息后将球型摄像机联动到指定预置点		
5	通过 NVR 获取所有摄像机的图像信号，要求会设定 NVR 后端智能实现通用行为分析规则并调试（NVR 后端智能与摄像机前端智能选择一种模式），会联动球型摄像机指定预置点，枪型摄像机会语音提醒，会配置 NVR 智能录像计划并回放相关录像等		
6	使用 SmartPSS 获取 NVR 上的实时图像，并调用之前配置的通用行为分析，进行效果调试		

6. 实训注意事项

若使用摄像机端的通用行为分析功能，则在 NVR 端确认使用前智能；若在 NVR 端配置通用行为分析功能，则启用后智能，在摄像机 Web 端关闭设备端的通用行为分析功能（前智能关闭）。

3.5.6 人数统计实训

1. 实训目的

（1）掌握人数统计的模式。
（2）掌握人数统计的使用和调试方法。

2. 必备知识点

（1）人数统计模式。
（2）会配置与调试人数统计。
（3）会使用人数统计功能联动其他设备，会录像并回放。

3. 实训设备与器材

NVR（DH-NVR4208-4KS2）	1 台
计算机	1 台
软件	1 套
网线	5 根
导线	若干
枪型摄像机	1 台
球型摄像机	1 台
半球型摄像机	1 台
交换机	1 台
工具包	1 套
直流 12V 电源	2 个
交流 24V 电源	1 个

4. 实训内容

完成 NVR 与摄像机的连接；完成摄像机电源的连接；通过各类摄像机 Web 端分别登录摄像机，进行人数统计配置与调试，要求会订阅报警，人数达到预计值后会联动摄像机语音功能，会在达到人数统计数据后将球型摄像机联动到指定预置点；通过 NVR 获取所有摄像机的图像信号，要求会使用 NVR 配置录像计划并回放相关录像等；使用 SmartPSS 获取 NVR 上的实时图像，并进行人数统计调试。

5. 实训要求

会绘制小型监控系统图，并将摄像机连接至 NVR，会将摄像机添加至 NVR，会使用 NVR 进行各类摄像机的人数统计配置与调试，能获得实时监控画面，能配合录像并回放录像文件。按照表 3-23 的内容完成实训要求。

表 3-23　实训要求 2

序号	操作任务	操作步骤	注意事项
1	绘制小型监控系统图		
2	按图连接设备，安全检查确认后通电		
3	根据 IP 地址添加远程设备（包括添加第三方设备），将 3 款摄像机添加至 NVR，并对各个通道进行名称设置		
4	通过各类摄像机 Web 端分别登录摄像机，进行人数统计配置与调试，要求会在达到人数统计数据后将球型摄像机联动到指定预置点（人数统计分别使用绊线模式和区域模式来实现）		
5	通过 NVR 获取所有摄像机的图像信号，要求会使用 NVR 配置录像计划并回放相关录像等		
6	使用 SmartPSS 获取 NVR 上的实时图像，并调用之前配置的人数统计功能，进行效果调试		

6．实训注意事项

人数统计调试时，需要注意将人数统计数据清零。

3.5.7　人脸识别摄像机的安装与调试实训

1．实训目的

（1）能够按工程设计及工艺要求正确检测、安装人脸识别摄像机。
（2）会对设备的安装质量进行检查。
（3）会组建小型视频监控系统，对设备进行连线与调试。
（4）会使用计算机上的客户端软件对设备进行控制。
（5）会编写安装与调试说明书。

2．必备知识点

（1）会安装人脸识别摄像机。
（2）掌握摄像机的接口。
（3）会查找摄像机的 IP 地址并修改 IP 地址。
（4）会使用客户端软件或 Web 端对人脸检测进行配置。
（5）会使用 NVR 进行人脸识别，会导入人脸图像。
（6）会调试人脸识别系统并在监控画面上显示结果。
（7）会使用 NVR 进行人脸记录的查询。

3．实训设备与器材

NVR（DH-NVR4208-4KS2）	1 台
计算机	1 台
软件	1 套
网线	5 根
导线	若干
大华人脸识别摄像机 DH-IPC-HFW5449K	1 台

交换机　1台
工具包　1套
直流12V电源　2个

4. 实训内容

按照要求将人脸检测摄像机安装在指定位置，使用NVR实现人脸检测，制作人脸照片并将其导入人脸库中，使用NVR进行人脸识别配置，将实时人脸与人脸库数据进行比对，并在显示画面中显示比对结果；会使用NVR智能搜索功能查找人脸录像。

5. 实训要求

（1）NVR格式化与人脸检测的配置。NVR格式化如图3-146所示。

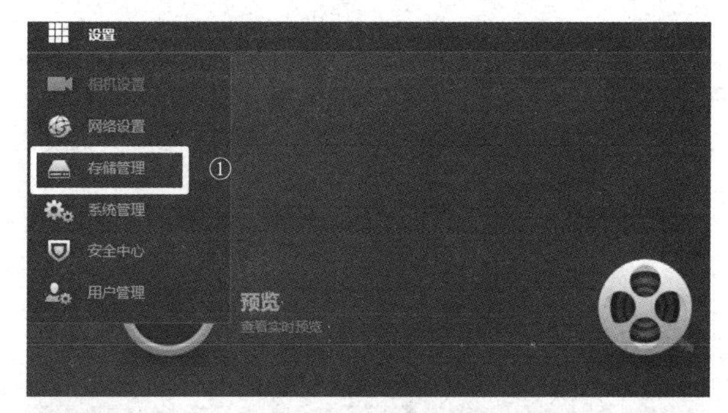

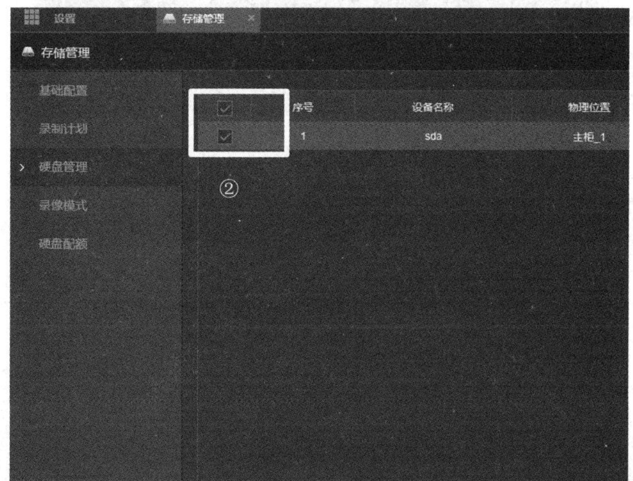

图3-146　NVR格式化

（2）开启人脸检测智能方案，选择“后智能”类型，如图 3-147 和图 3-148 所示。

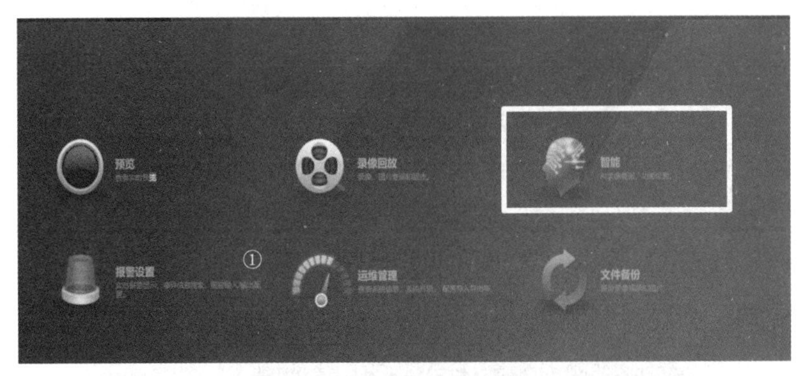

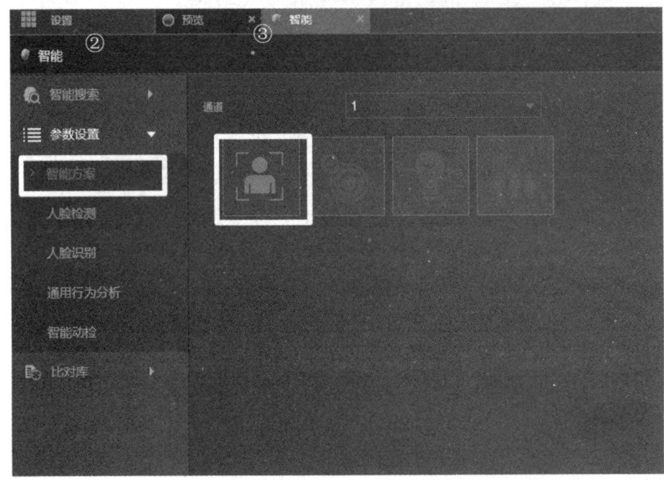

图 3-147　开启人脸检测智能方案

图 3-148　选择“后智能”类型

（3）获取人脸图像。通过实时浏览界面检测一次人脸，生成人脸图像。在智能检索的人脸检测中查找生成的人脸图像后将图像导出，如图 3-149 所示。

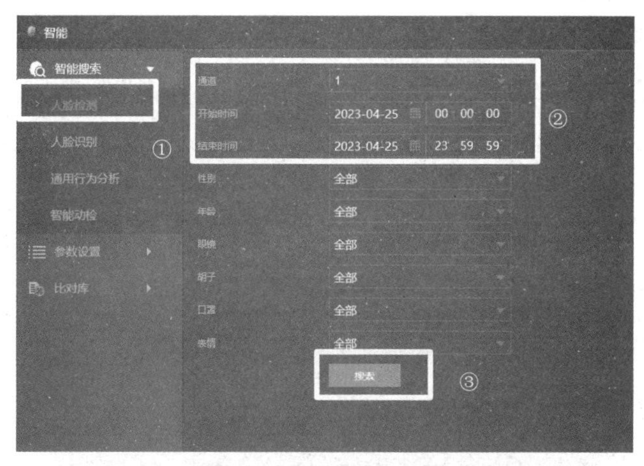

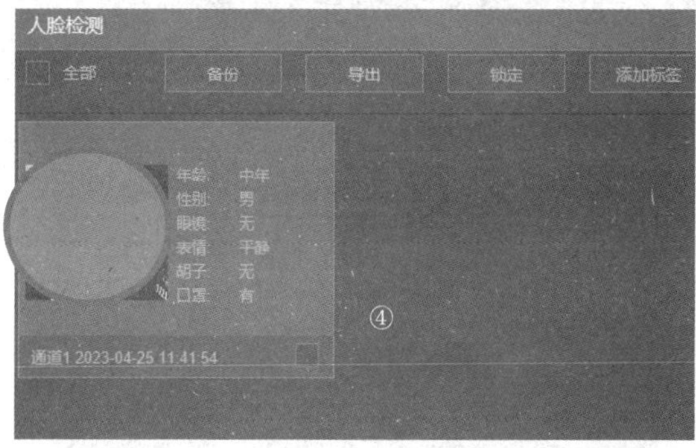

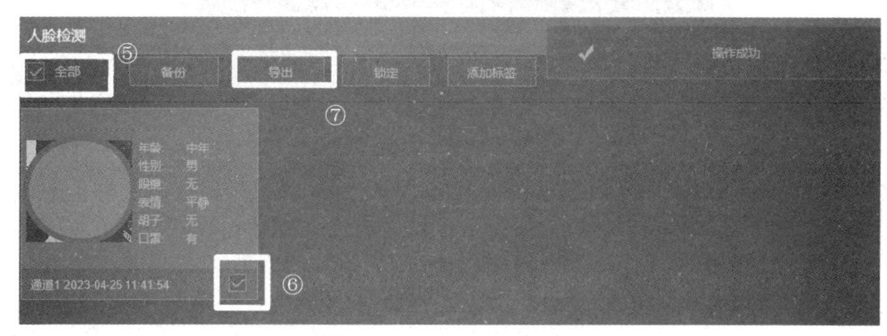

图 3-149　导出人脸图像

（4）创建人脸库。人脸库添加建模如图 3-150 所示。

图 3-150　人脸库添加建模

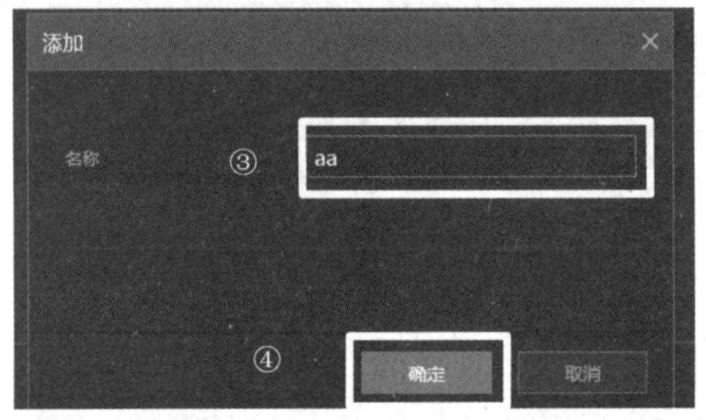

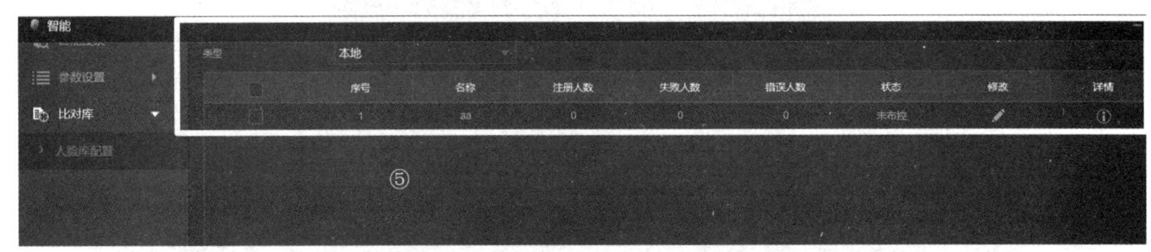

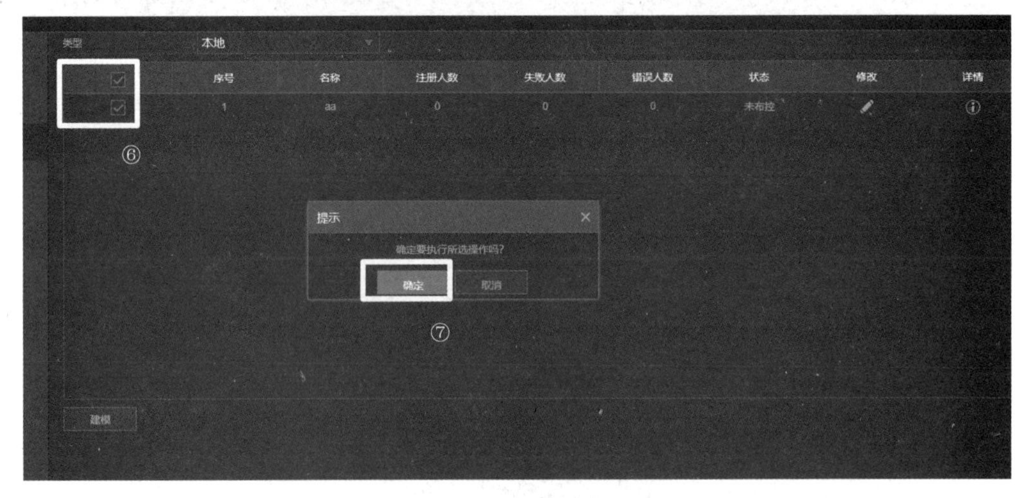

图 3-150　人脸库添加建模（续）

（5）单击“详情”按钮添加人脸，如图 3-151 所示。

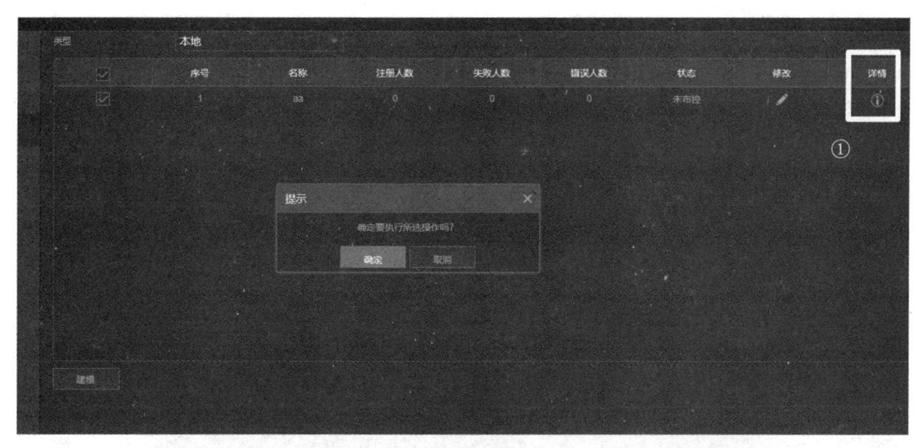
类型
本地
序号
名称
注册人数
失败人数
错误人数
状态
修改
详情
①
提示
确定
取消
建模

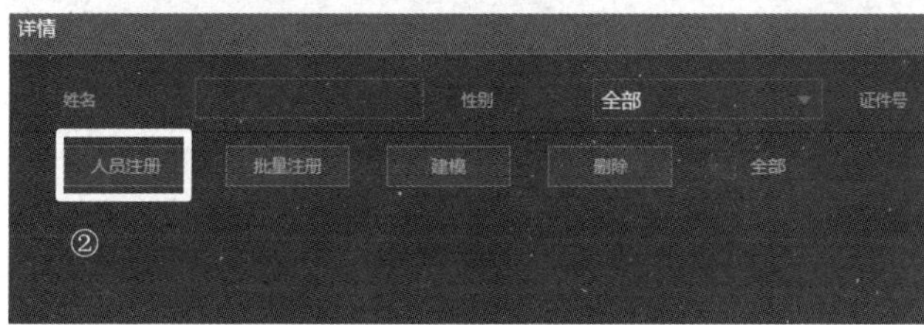
详情
姓名
性别
全部
证件号
人员注册
批量注册
建模
删除
全部
②

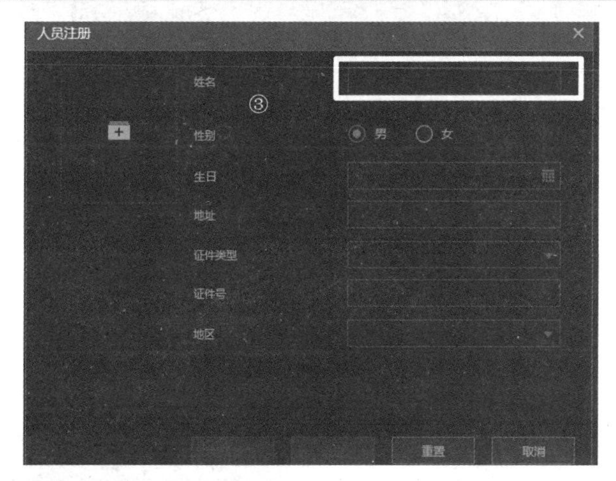
人员注册
姓名
③
性别
男
女
生日
地址
证件类型
证件号
地区
重置
取消

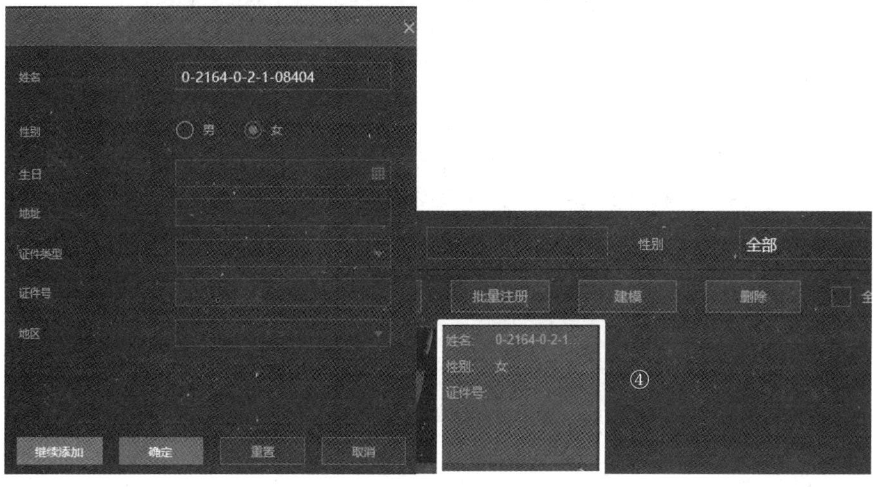
姓名
0-2164-0-2-1-08404
性别
男
女
生日
地址
证件类型
证件号
地区
继续添加
确定
重置
取消
性别
全部
批量注册
建模
删除
姓名: 0-2164-0-2-1
性别: 女
证件号:
④

图 3-151　添加人脸

图 3-151　添加人脸（续）

（6）进行人脸识别，如图 3-152 所示。

图 3-152　人脸识别

（7）浏览画面显示人脸识别结果。回到浏览画面开启 AI 浏览，实时画面显示人脸识别结果，如图 3-153 所示。

图 3-153　实时画面显示人脸识别结果

（8）查询人脸识别结果。在智能检索中进行历史人脸识别结果查询，如图 3-154 所示。

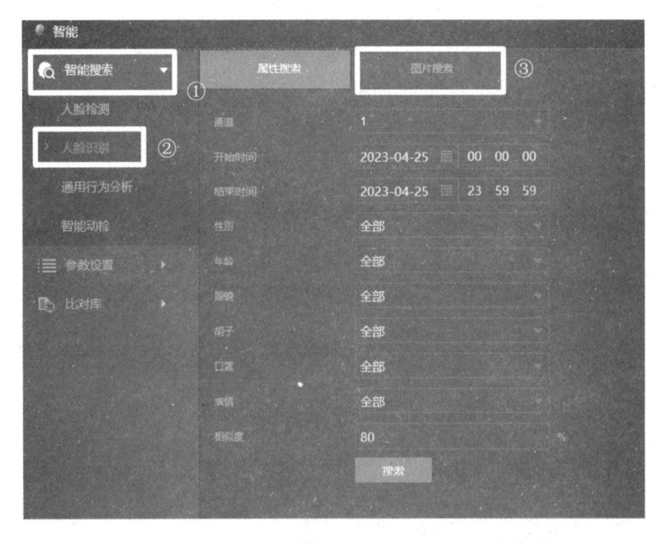

图 3-154　通过人脸图像搜索历史识别结果

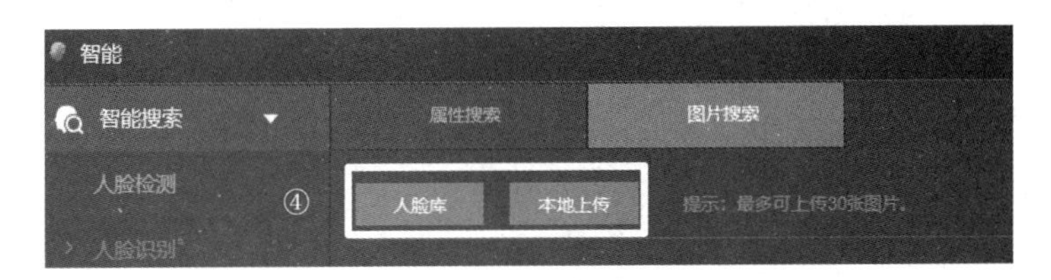

图 3-154　通过人脸图像搜索历史识别结果（续）

在人脸库中导出要识别的人脸图像进行搜索，并找到结果。

6．视频分析技术的不适用场景

视频分析技术的准确率和使用场景的复杂性有密切关系，以下是不适合进行智能视频分析的场景，在这些场景中使用，其准确率将大幅下降。

（1）如果是树林的应用场景，那么视频分析在有风时容易受到树叶摇晃的干扰，会产生较多的误报警，智能报警功能不适用。不适用场景 1 如图 3-155 所示。

（2）如果是夜间场景，亮度过低，那么无法进行智能分析，智能报警功能不适用。不适用场景 2 如图 3-156 所示。

图 3-155　不适用场景 1

图 3-156　不适用场景 2

（3）如果场景光线变化大，摄像机安装位置在车灯频繁扫到的区域，那么会产生较多的误报警，智能报警功能不适用。不适用场景 3 如图 3-157 所示。

图 3-157　不适用场景 3

任务 6　监控中心设备的安装与调试

任务描述

由于项目中视频监控系统的监控画面图像要求被汇总在监控中心，监控设备一般也安装在监控中心，因此需要掌握监控中心设备的安装与调试。

任务分析

监控中心是整个监控系统的核心，系统的各项功能均由控制部分的各种设备集成后实现。

监控中心对视频、音频、数据、报警等各种信号进行各种方式的控制、操作、处理、整合，以符合系统设计要求。

知识准备

3.6.1 监控中心主要设备

监控中心主要设备包括机柜、控制台、监视器、硬盘录像机、视频分配器、摄像机控制器、控制键盘等，如图 3-158 所示。

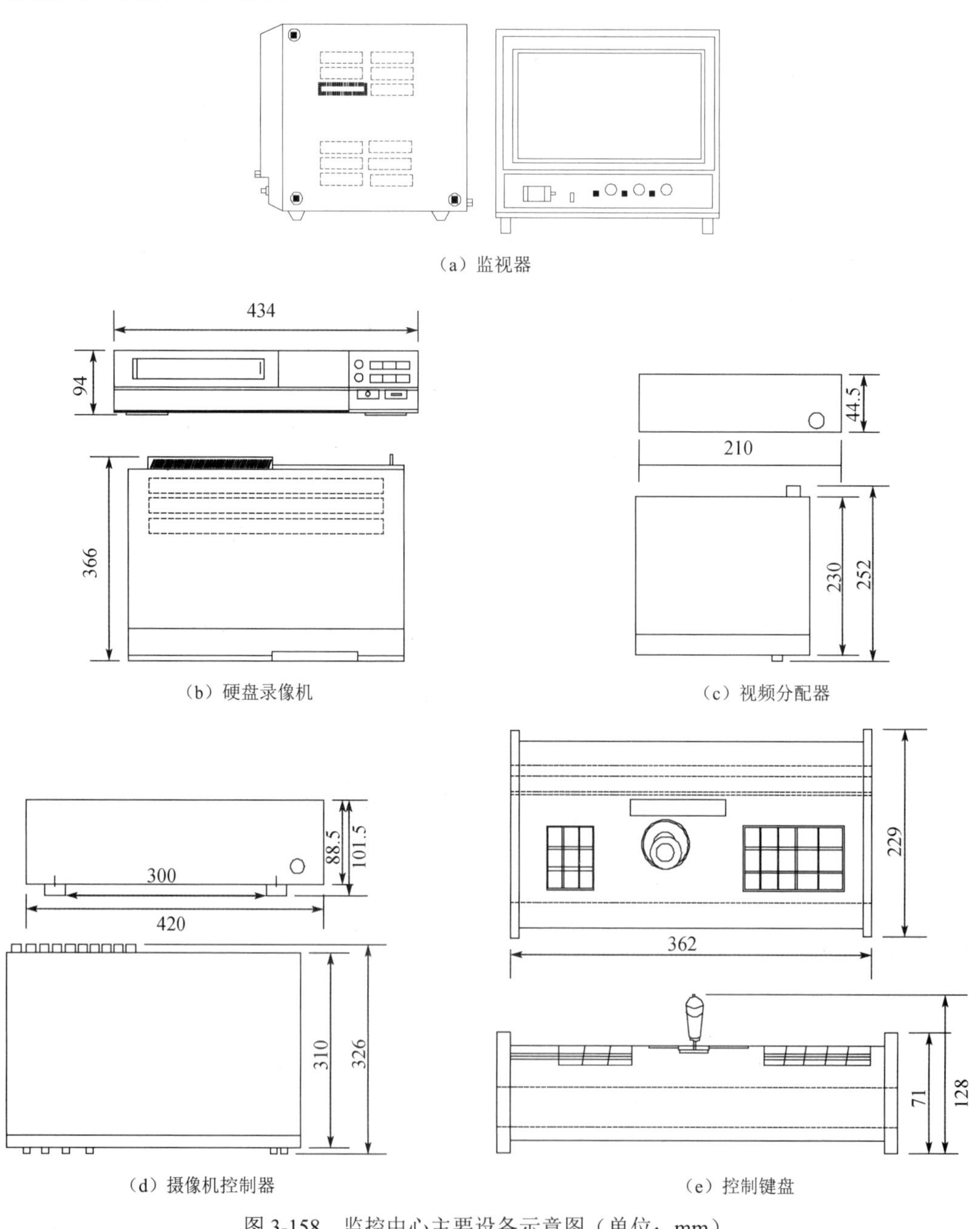

图 3-158 监控中心主要设备示意图（单位：mm）

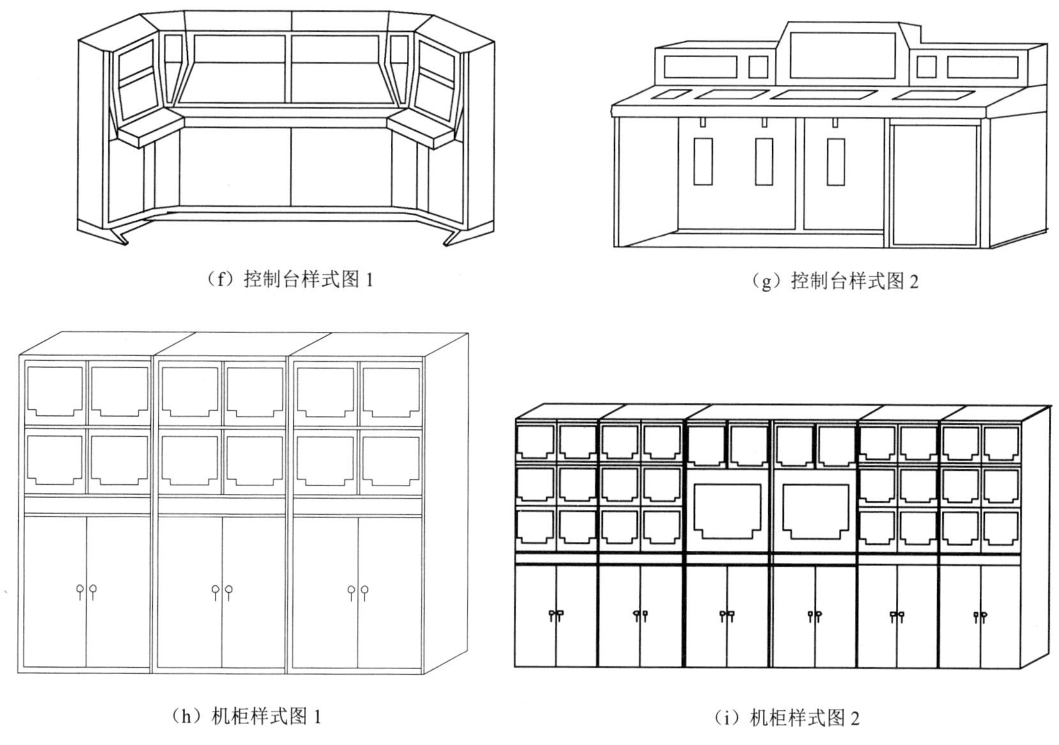
（f）控制台样式图 1　（g）控制台样式图 2

（h）机柜样式图 1　（i）机柜样式图 2

图 3-158　监控中心主要设备示意图（单位：mm）（续）

3.6.2　监控中心设备的安装

1）设备在机柜上的安装

设备在机柜上的安装流程：取下机器底部的 4 个橡胶垫脚，把机柜安装角铁装在设备两侧，用自备的 4 个螺钉把设备安装在机柜上即可，如图 3-159 所示。

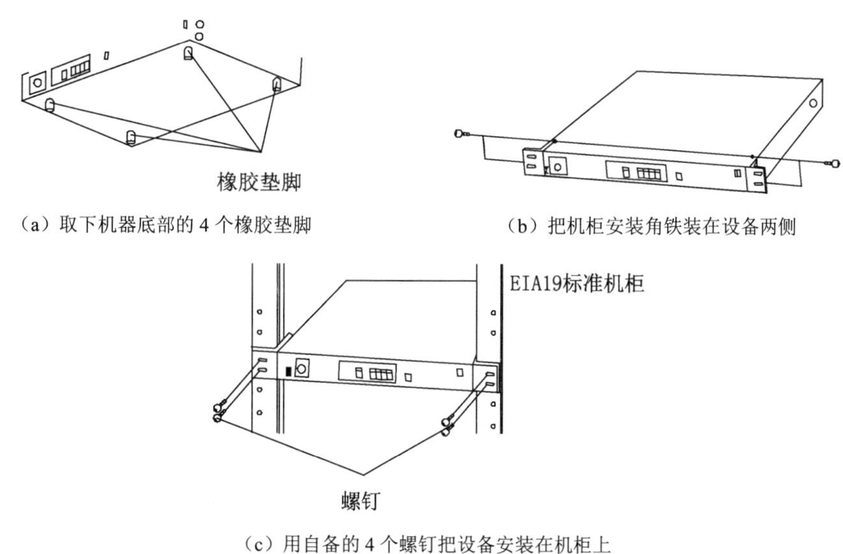

（a）取下机器底部的 4 个橡胶垫脚　（b）把机柜安装角铁装在设备两侧

（c）用自备的 4 个螺钉把设备安装在机柜上

图 3-159　设备在机柜上的安装流程

2）控制键盘在机柜上的安装

控制键盘在机柜上的安装方法如图 3-160 所示。

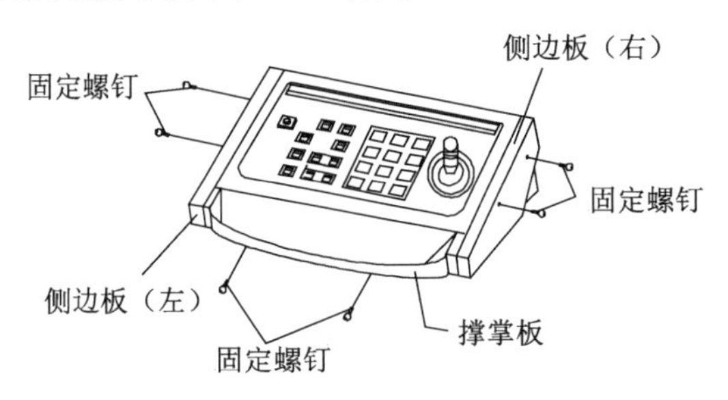

（a）取下 4 个固定螺钉，拆开设备的两侧连板；取下 2 个固定螺钉，拆开撑掌板

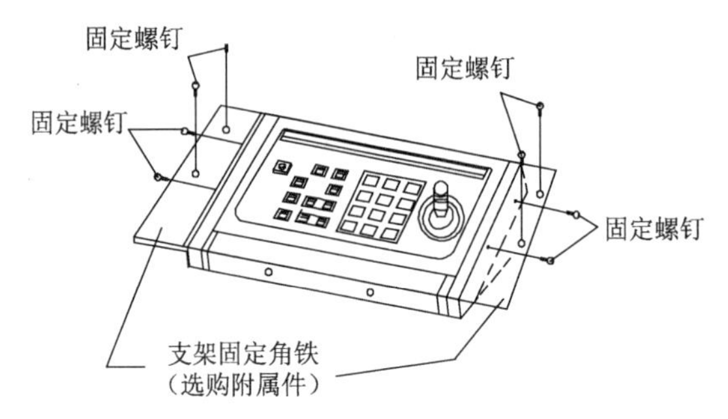

（b）用刚才取下的 2 个固定螺钉将支架固定角铁安装在设备的两侧；将此装置固定在 EIA 标准 19 英寸支架上

图 3-160　控制键盘在机柜上的安装方法

（1）确定控制键盘的安装位置。

根据设备布置图及业主的要求确定控制键盘的安装位置。

控制键盘可安装在控制台台面上或直接放置在控制台台板上，具体安装方式以方便值班人员操作为原则。

（2）控制键盘的安装步骤。

① 若控制键盘是标准 19 英寸规格，用螺钉旋具分别将键盘两侧的安装螺钉取下，取出随机安装配件中的两个挂耳，将挂耳侧面安装孔与键盘侧面的安装孔对正，用拆下的螺钉分别将两侧的挂耳紧固在键盘上。

② 将控制键盘从控制台台面正面推入，使键盘挂耳与控制台机架安装面贴平，调平找正后，用适宜的螺钉将机箱挂耳与设备机架紧固连接。

③ 若控制键盘是非标准 19 英寸规格，则在控制台机架上安装支架或托板，将控制键盘固定在支架或托板上，调整键盘倾斜角度和露出台面的高度，使得安装后控制键盘与控制台整体美观协调、方便使用。

④ 根据使用需要，控制键盘也可直接放置在控制台台板上。

3）控制台的安装方法

系统运行控制和操作宜在控制台上进行，控制台的安装应使其操作方便、灵活。安装时，控制台装机容量应根据工程需要留有扩展余地。根据技术规范要求，控制台正面与墙的净距不应小于 1.2m；侧面与墙或其他设备的净距在主要走道上不应小于 1.5m，在次要走道上不应小于 0.8m。机架背面和侧面距离墙的净距不应小于 0.8m。设备及基础、活动地板支柱要做接地连接。控制台的安装示意图如图 3-161 所示。

监控中心机房通常敷设活动地板，在地板敷设时配合完成控制台的安装，电缆可通过地板下的金属线槽引入控制台。

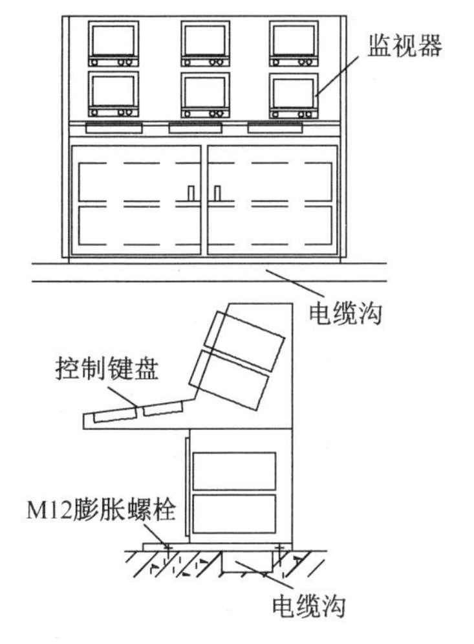

（a）控制台的安装模型图

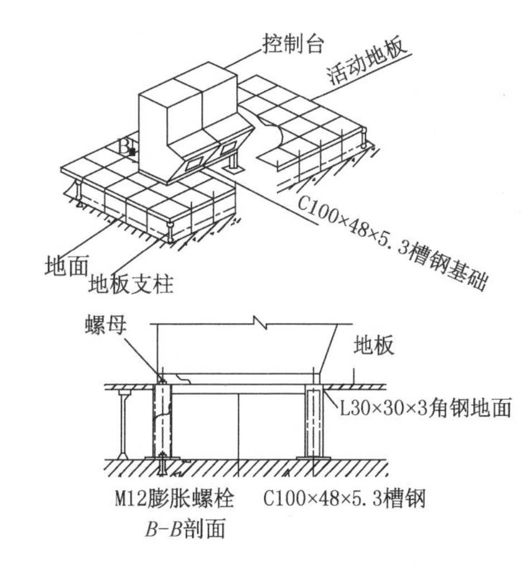

（b）控制台在活动地板上的安装模型图

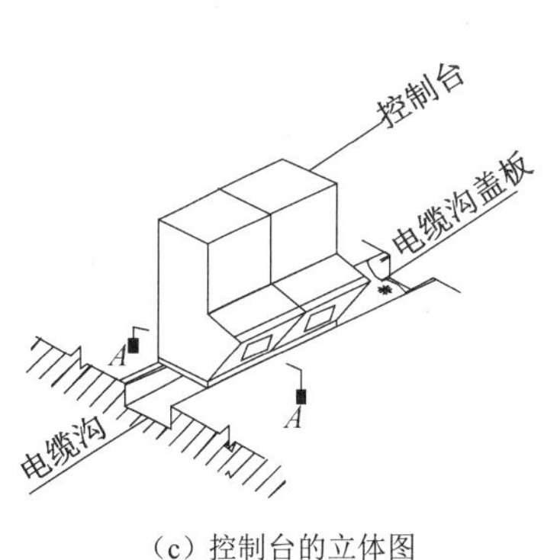

（c）控制台的立体图

控制台
螺母
控制台基础
L50×50×5角钢
M12膨胀螺栓
电缆沟
A-A剖面（方式①）
控制台
M12螺栓
L50×50×5角钢
焊接
L50×50×5角钢
A-A剖面（方式②）

（d）控制台沿电缆沟安装方法

图 3-161　控制台的安装示意图

4）机架的安装方法

在活动地板上安装机架时，可选用 L50×50×5 角钢制作机架支架，几台机架成排安装时，应制作连体支架。支架与活动地板应相互配合进行安装。

机架安装应竖直平稳，垂直偏差不得超过 1%，几台机架并排在一起，面板应在同一平面上并与基准线平行，前后偏差不得大于 3mm；两台机架中间的缝隙不得大于 3mm。对于相互有一定间隔而排成一列的设备，其面板前后偏差不得大于 5mm。机架内的设备应在机架安装好后进行安装。

机架进出线可采用活动地板下敷设金属线槽的方式。

机架外壳需要做接地连接。

常见机架规格图如图 3-162 所示，机架安装图如图 3-163 所示。

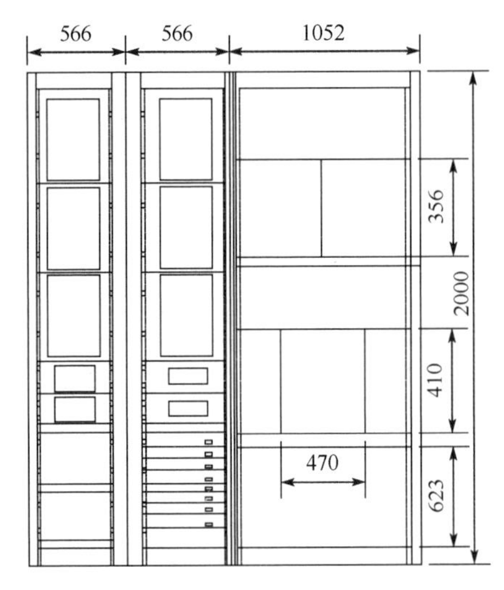

图 3-162　常见机架规格图（单位：mm）

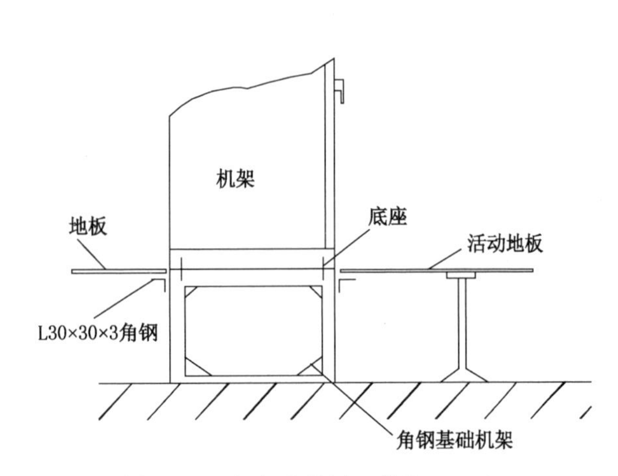

图 3-163　机架安装图（单位：mm）

5）机柜式电视墙的安装

（1）确定电视墙的安装位置。

① 根据监控中心的房间结构/面积、机柜数量和布局及业主的要求，确定电视墙的安装位置，尽可能布置合理、方便使用，并满足安全、消防规范的要求。

② 电视墙的安装位置应使屏幕不受外来光源直射，当有不可避免的直射光时应采取适当的遮光措施。

③ 电视墙机架背面和侧面与墙的净距离不应小于 0.8m。

④ 显示设备的维护在正面即可完成时，机柜、机架可以贴墙安装，但应考虑采取有利于设备散热的措施。

⑤ 电视墙机柜中心线应与控制台机柜中心保持一致，并根据监控中心房间结构/面积、电视墙机柜数量合理布局，确定电视墙与控制台的间距，以满足操作/值班人员能够完整查看全部显示画面为原则，可视实际情况适当调整，但不应小于 1.6m。

（2）划定安装基准线及固定孔位。

根据拟定的电视墙安装位置，在地面上画出安装基准线（通常以机架底座中心线为安装基准线），并按照基准线位置标记底座各固定孔位。若是地板安装，则用吸盘将拟定安装位置已铺设好的防静电地板打开，取下地板支脚和托架，将其放置在不影响安装操作的地方妥善保管。

根据拟定的电视墙安装位置，在地面上画出安装基准线（通常以机架底座中心线为安装基准线）。

（3）敷设线缆管槽。

根据监控中心主控设备、电源装置安装位置，将控制、显示、电源线缆管槽敷设至电视墙进线位置。

（4）安装电视墙机架。

① 用ϕ12 的冲击钻头在标定的安装孔位打安装孔。

② 将ϕ8 的膨胀螺钉塞入打好的安装孔，使膨胀螺钉的塑料胀管与地面平齐。

③ 将电视墙机架底座安装孔与已安装的膨胀螺钉对正，将螺栓插入底座安装孔。

④ 将水平尺贴紧在机架的水平或铅垂面上，调整机架位置及垂直度，将平垫片与弹簧垫圈套入螺钉，一边旋紧螺母一边注意检查机架水平、垂直状态，发现偏差及时调整，直至旋紧

全部固定螺母且机架保持平直。

⑤ 同一基本尺寸和相同形式的机架组合拼装时，先用 M8 的螺钉（加装平垫片和弹簧垫圈）将机架紧固连接，各面板应在同一平面上并与基准线平行，平面度偏差不得大于 3mm（弧形、折角连接除外）；两个机架中间的缝隙不得大于 3mm。对于相互有一定间隔而排成一列的设备，其面板前后偏差不应大于 5mm。

⑥ 机架安装应竖直平稳，垂直度偏差不应超过 1‰。

（5）安装电视墙顶盖板。

将顶盖板安装孔与机架顶部安装孔对正，用螺钉紧固在机架上。

（6）安装电视墙侧挡板。

将侧挡板用适宜的螺钉固定在机架上，或将侧挡板一侧与机架卡接，另一侧用锁卡锁闭。

（7）安装电视墙前面板。

根据安装在电视墙上的设备布局，将相应的前面板用螺钉紧固在机架上。

（8）恢复防静电地板。

若将电视墙机架安装在静电地板上，则完成电视墙安装后，根据电视墙基座轮廓线调整防静电地板。将地板支脚放置在控制台基座外侧，将地板托架连接好并调整平直，用砂轮锯或曲线锯按照所需尺寸切割地板。地板切口应整齐，并与控制台基座贴齐。

6）安装壁挂式电视墙

（1）检查电视墙安装墙面。

检查电视墙安装墙面的现场情况，显示设备支架安装面应具有足够的强度。支架安装面强度较差而必须在该位置安装时，应采取适当的加固措施。

（2）确定电视墙安装位置。

① 根据监控中心房间结构/面积、显示设备数量和布局及业主的要求，确定电视墙的安装位置，尽可能布置合理、方便使用，并满足安全、消防规范的要求。

② 显示设备的安装位置应使屏幕不受外来光源直射，当有不可避免的直射光时应采取适当的遮光措施。

③ 显示设备壁挂式安装时，应考虑采取有利于设备散热的措施。

④ 电视墙机柜中心线应与控制台机柜中心保持一致，并根据监控中心房间结构/面积、显示设备数量合理布局，确定电视墙与控制台的间距，以满足操作/值班人员能够完整查看全部显示画面为原则，可视实际情况适当调整，但不应小于 1.6m。

（3）划定安装基准线及固定孔位。

根据拟定的电视墙安装位置，在安装面上画出安装基准线（通常以机架底座中心线为安装基准线）。

（4）敷设线缆管槽。

根据监控中心主控设备、电源装置安装位置，将控制、显示、电源线缆管槽敷设至电视墙进线位置。

7）安装显示设备支架

（1）将显示设备支架放置在安装位置，调整平直，用记号笔在地面上标记安装孔位。

（2）用ϕ12 的冲击钻头在标定的安装孔位打安装孔。

（3）将$\phi 8$的膨胀螺钉塞入打好的安装孔，使膨胀螺钉的塑料胀管与地面平齐。

（4）将显示设备支架安装孔与已安装的膨胀螺钉对正，将螺钉插入底座安装孔。

（5）将水平尺贴紧在支架的水平面或铅垂面上，调整支架位置及垂直度，将平垫片与弹簧垫圈套入螺钉，一边旋紧螺母一边注意检查支架水平、垂直状态，发现偏差及时调整，直至旋紧全部固定螺母且支架保持平直。

（6）显示设备支架安装到位后，均应进行垂直调整，并从一端按顺序进行。支架安装应竖直平稳，垂直度偏差不应超过1‰。

（7）几个支架并排在一起时，支架与显示设备的安装面应在同一个平面上，平面度偏差不得大于 3mm。对于相互有一定间隔而排成一列的支架，其与显示设备的安装面板前后偏差不应大于 5mm。

8）安装显示设备

（1）若安装的支架是可推拉式的，则将安装盘拉出，使显示设备背板安装孔与安装盘安装孔对正，用显示设备专用固定螺钉（加装平垫片和弹簧垫圈）紧固。

（2）若安装的支架是固定式的，则将显示设备专用螺钉拧在背板安装孔上（螺钉突出长度视安装盘厚度而定，略大于安装盘厚度即可），使显示设备背板螺钉与安装盘安装孔对正，将显示设备卡接在支架上。

（3）显示设备支架安装到位后，均应进行垂直调整，并从一端按顺序进行。显示设备安装应竖直平稳，垂直度偏差不应超过1‰。

（4）几个显示设备并排在一起时，显示设备的屏面应在同一个平面上，平面度偏差不得大于 3mm。对于相互有一定间隔而排成一列的显示设备，其屏面的平面度偏差不应大于 5mm。

3.6.3 监控中心设备的安装与调试实训

1. 实训目的

（1）熟悉监控中心设备的安装与调试。
（2）能够按工程设计及工艺要求正确检测、安装和接线。
（3）能对监控中心设备的安装质量进行检查。
（4）能对监控中心设备进行调试。
（5）会编写调试说明书。

2. 必备知识点

（1）监控中心主要设备的使用。
（2）监控中心软件的使用。
（3）监控中心设备的调试。

3. 实训设备与器材

液晶拼接屏	4 块
网络存储录像机（磁盘阵列）NVR608-32-4K	1 台
管理服务器	2 台
网络解码器	1 台

拼接控制服务器 1台
交换机 1台
机柜 1个
工具包 1套
网线 若干
配套软件与平台 1套

4．实训内容与要求

（1）如图 3-164 所示，将各实训台的视频信号接入监控中心的交换机内，并经交换机连接到网络存储录像机与网络解码器上。

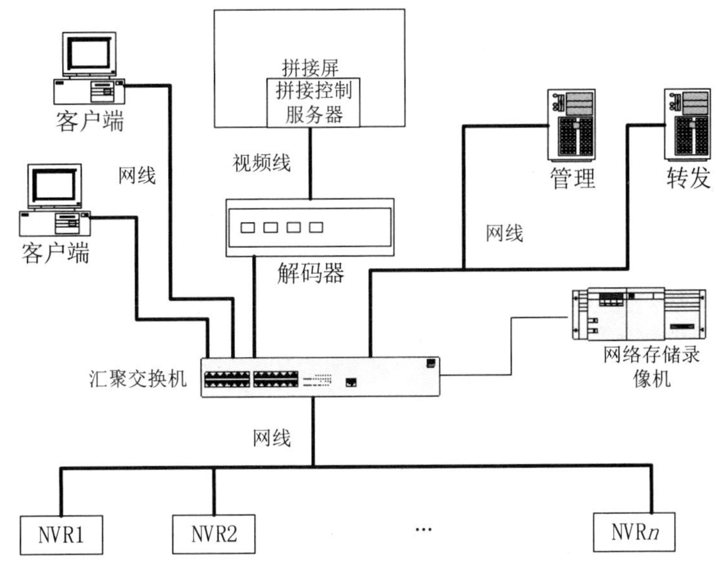

图 3-164　系统图

（2）网络存储录像机硬盘。

网络存储录像机硬盘后面板示意图如图 3-165 所示。

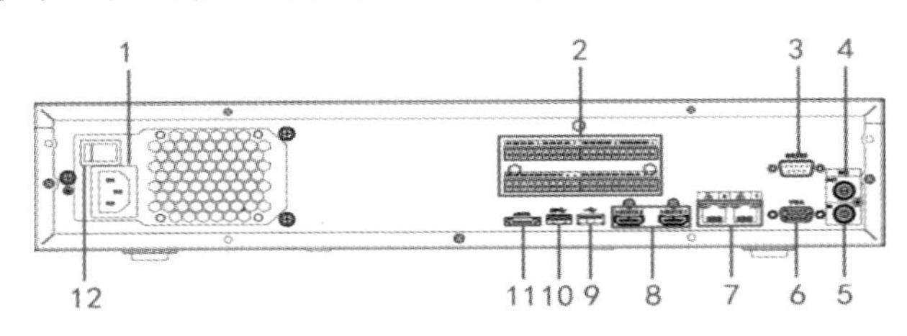

序号	名称	序号	名称
1	电源接口	7	网络接口
2	报警输入、报警输出、RS485 接口	8	HDMI 接口
3	RS232 接口	9	USB2.0 接口
4	音频输出	10	USB3.0 接口
5	音频输入	11	eSATA 接口
6	视频 VGA 输出	12	电源开关

图 3-165　网络存储录像机硬盘后面板示意图

（3）按照表 3-24 对监控中心主要设备进行操作，参照说明书填写操作步骤。

表 3-24　监控中心实训操作清单

序号	项目	操作步骤
1	访问综合管理平台软件，进行设置，如访问 172.16.0.10	
2	进行设备的配置，增加硬盘录像机、网络摄像机等	
3	设置存储计划	
4	对系统状态进行查询，如服务状态、录像状态、设备是否启用	
5	使用综合管理平台软件将 4 路或 9 路图像信号通过网络解码器解码后输出到壁挂式拼接屏上	

知识点考核

一、选择题

1．视频安全防范监控系统通常由前端设备、传输系统、处理/控制部分和（　　）组成。

A．显示部分　　B．记录部分　　C．显示/记录部分　　D．对讲主机

2．视频压缩编码的原理是（　　）。

A．将视频数据中色度分量信号去掉，节省编码空间

B．利用视频数据中存在的相关性，去掉冗余信息

C．将画面的分辨率降低，减少参与编码的像素数

D．对画面进行抽样，减少需要编码的帧数

3．安装室外摄像机镜头时，下列情况中需要在安装接口上接一个 5mm 厚的转接圈的是（　　）。

A．C 型镜头与 CS 型摄像机　　B．CS 型镜头与 C 型摄像机

C．C 型镜头与 C 型摄像机　　D．CS 型镜头与 CS 型摄像机

4．前端摄像机按摄取的图像种类可分为黑白摄像机、彩色摄像机和（　　）。

A．日夜型摄像机　　B．普通摄像机　　C．低照度摄像机　　D．微光摄像机

5．安装室外定焦摄像机时，电源线缆的供电对象不包括（　　）。

A．摄像机　　B．加热型防护罩

C．防水型防护罩　　D．带雨刷型防护罩

6．安装室内定焦摄像机时，以下做法中不宜采取的是（　　）。

A．先检查支架、防护罩的安装情况

B．先将视频线穿入防护罩，再制作视频头

C．先制作视频头，再将视频线放入防护罩内

D．先将电源线穿入防护罩，再将其连接至摄像机电源输入端子

7．吸顶式安装的设备，其（　　）。

A．外形不够整洁、美观，但对安装工艺要求较低

B．外形整洁、美观，而且对安装工艺要求较低

C．外形整洁、美观，但对安装工艺要求较高

D．外形不够整洁、美观，但对安装工艺要求也较低

8．前端摄像机镜头按安装方式可分为C型接口安装和（　　）接口安装。

A．S型　　B．CS型　　C．CCD型　　D．CMOS型

9．人们常说的1080P是指（　　）。

A．分辨率为1920像素×1080像素，隔行扫描

B．分辨率为1920像素×1080像素，逐行扫描

C．分辨率为1280像素×1080像素，隔行扫描

D．分辨率为1280像素×1080像素，逐行扫描

10．以下说法错误的是（　　）。

A．与CCD摄像机相比，CMOS摄像机的功耗更低

B．与CCD摄像机相比，CMOS摄像机的成像速度更快

C．与CCD摄像机相比，CMOS摄像机的灵敏度更高

D．与CCD摄像机相比，CMOS摄像机更具成本优势

11．以下不属于DVR主要功能的是（　　）。

A．模数转换、编码　　B．存储、检索及回放（VOD）

C．控制切换到电视墙　　D．连接CVBS系统及IP系统

12．关于DVR与NVR的区别，以下说法中不正确的是（　　）。

A．在摄像机接入方面，DVR只能接模拟摄像机，NVR只能接网络摄像机

B．针对同等码流，DVR的接入容量通常小于NVR

C．DVR与NVR都是对视频信号进行录像存储的设备

D．DVR与NVR都需要将视频信号编码后才能存储

二、判断题

1．模拟视频监控系统的前端设备与传输设备全部采用模拟设备。（　　）

2．视频安防监控系统中传输的信号主要有两种，一种是视频信号，另一种是电源信号。其中，视频信号包含控制信号。（　　）

3．视频安防监控系统中传输部分的主要任务是将终端摄像设备获取的图像等信息不失真地传送到前端设备。（　　）

4．监视器作为视频安防监控系统的显示终端，是除摄像机外监控系统中不可或缺的一环，充当着监控人员的眼睛，同时也为事后调查起到关键性作用。（　　）

5．由于传统的监控系统只具有监控录像、视频联网这些基本功能，因此多数情况下只能用于事后取证，无法起到事前预防、突发情况预警作用。（　　）

6．网络视频监控系统除了有短暂的信号延迟，在画质、容量、传输距离、兼容性等方面都比模拟和数字视频监控系统有优势。（　　）

7．摄像机按工作原理可分为数字摄像机和模拟摄像机，数字摄像机通过双绞线传输压缩的数字视频信号，模拟摄像机通过同轴电缆传输模拟信号。（　　）

8．视频安防监控系统中云台控制仅仅是指改变摄像机监控范围。（　　）

9．红外光是人眼不可见的光线，在不需要或不能暴露可见光照明或隐蔽安装的场合，安装对红外光敏感的摄像机可以得到清晰的视频图像。（　　）

10．视频分析技术适用于任何工作环境。（　　）

三、思考题

1．视频监控系统的组成设备有哪些？

2．NVR 的全称是什么？说明其在视频监控系统中的作用。如何将视频信号接入系统？

3．如何构成一套简单的视频监控系统？需要哪些设备？请画出系统图。

4．视频监控系统的传输方式主要有哪几种？

第 4 章

门禁控制系统设备安装与调试

能力目标

早在原始社会，人们为了保护自己的财产不受他人的侵犯，开始用杠棒或木插将门锁起，有了看家护院的意识，这就是人类最初的门禁概念。随着社会的发展，出现了机械锁具，为了提高使用的方便性与安全性等，门禁控制系统应运而生，并成为重要部门出入口实现安全防范管理的有效措施。本章重点介绍该系统中常用设备的安装与调试方法。

学习目标

1. 掌握门禁控制系统的组成，熟悉设备工作原理、系统工作流程。
2. 掌握相关设备的安装工艺与调试方法。
3. 掌握前端识别装置与控制器的使用。
4. 掌握人脸门禁与考勤的组成与工作原理。
5. 会检测门禁控制系统设备安装后的安装质量和系统功能。
6. 学习电子巡更（查）系统的组成，熟悉其工作流程。
7. 学习电子巡更（查）系统设备与控制器的使用。

素质目标

1. 加快建设网络强国、数字中国。
2. 坚持机械化、信息化、智能化融合发展。
3. 培养勤于思考、耐心仔细、精益求精的职业素养。

任务 1　基础知识

出入口控制系统的构成模式

门禁控制系统的组成

4.1.1　门禁控制系统的定义

出入口控制系统通常是指采用现代电子与信息技术，在出入口对人或物这两类目标的进/

出进行放行、拒绝、记录和报警等操作的控制系统。门禁控制系统是出入口控制系统的重要部分，通常包括识读部分、管理控制部分、执行部分，由代表身份的出入凭证及与之相对应的输入装置、识别器、传感器（门磁开关等）、门禁控制器、执行机构（电控锁等）、报警单元和门禁管理软件组成，如图 4-1 所示。

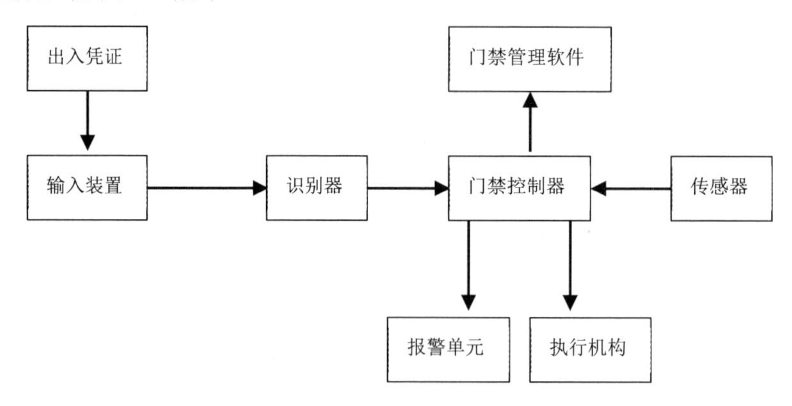

图 4-1　门禁控制系统的组成

1．出入凭证

出入凭证是门禁控制系统识别的依据，代表出入目标的身份，是一种区别于机械锁，具有不同形态的“钥匙”。在不同的门禁控制系统中，出入凭证可以是密码、磁卡、IC 卡等，也可以是具有人体特征的指纹、掌形、虹膜、视网膜、人脸、声音等生物特征信息。

2．输入装置

输入装置是门禁控制系统的输入口，是对出入凭证进行信息采集的专用装置，根据不同形态的“钥匙”配置相应的输入接口。

3．识别器

识别器负责对出入凭证读出的数据信息（或生物特征信息）进行比对识别处理，并将结果信息传输到门禁控制器。

4．传感器

传感器是具有拾取外界各种非电物理量信息并自动将其转换成电信号的敏感部件。门禁控制系统中的门磁开关传感器能将出入口的门的开关状态信息转换成电开关信号，并将电开关信号传送给门禁控制器，由门禁控制器对输送过来的信号进行判断处理。

5．门禁控制器

门禁控制器负责整个系统的输入/输出信息处理、存储和控制，验证识别器输入信息的可靠性，并根据出入口的出入法则和管理规则判断其有效性，根据其有效性对执行机构与报警单元发出指令。

6．执行机构

执行机构由多种电控机械结构形式组成：电控门锁有断电开锁型的阳极锁和通电开锁型的阴极锁，停车场专用的有挡车器、出入闸杆等。它们的动作状态均由门禁控制器控制与协调。

7．门禁管理软件

门禁管理软件负责门禁控制系统的监控、管理、查询等工作，监控人员通过门禁管理软件可对出入口的状态、门禁控制器的工作状态进行监控管理，并可扩展完成巡更、考勤、人员定位等功能。

8．报警单元

在门禁控制系统中，当检测到有未经容许的不法出入及门被强行打开或保持开门时间过长等情况时，报警单元都将产生可见可闻报警信号。

4.1.2 识读部分的主要功能

门禁控制系统的功能

识读部分通过提取出入目标身份等信息，将这些信息转换为一定格式的数据传递给出入口管理子系统；管理子系统与所载有的资料对比，确认同一性，核实目标的身份，以便进行各种控制处理。人员与物品的特征识别如图4-2所示。

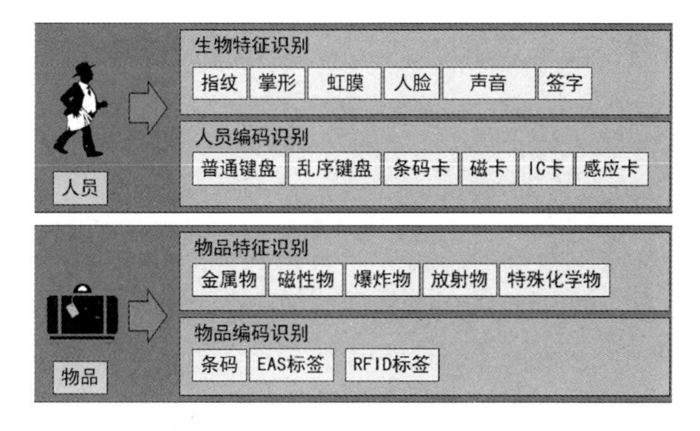

图4-2 人员与物品的特征识别

1．人员编码识别

人员编码识别是指通过编码识别（输入）装置获取目标人员的个人编码信息的一种识别，如读卡器、密码键盘等。

2．物品编码识别

物品编码识别是指通过编码识别（输入）装置读取目标物品附属的编码载体而对该物品信息的一种识别，如商品条码扫描等。

3．人员生物特征信息

人员生物特征信息是指目标人员个体与生俱来的、不可模仿或极难模仿的那些体态特征信息或行为，且可以被转变为目标独有特征的信息，如指纹、掌形、虹膜、人脸等。

4．人员生物特征识别

人员生物特征识别是指采用生物测定（统计）学方法，获取目标人员的生物特征信息并对该信息进行的识别。

5．物品特征信息

物品特征信息是指目标物品特有的物理、化学等特性且可被转变为目标独有特征的信息。

6．物品特征识别

物品特征识别是指通过辨识装置对预定物品特征信息进行的识别。

常用识读设备依据密钥信息的不同可分为键盘/磁卡识读设备、指纹识读设备、条码识读设备、非接触读卡器、掌形识读设备、虹膜识读设备、人脸识读设备等。

① 键盘/磁卡识读设备、指纹识读设备、掌形识读设备用于人员通道门，安装应便于人手配合操作。

② 虹膜识读设备用于人员通道门，安装应便于人眼配合操作。

③ 人脸识读设备的安装位置应便于最大面积、最小失真地获得人脸正面图像。

④ 用于车辆出入口的超远距离有源读卡器应根据现场实际情况选择安装位置，避免尾随车辆先读卡。

4.1.3 管理/控制部分的主要功能

管理/控制部分的具体功能如下。

（1）系统人机界面。

（2）负责接收从识读装置发来的目标身份等信息。

（3）指挥、驱动、控制执行机构的动作。

（4）目标的授权管理，即对目标的出入行为能力进行设定，如出入目标的访问级别、出入目标某时可出入某个出入口、出入目标可出入的次数等。

（5）目标的出入行为鉴别及核准。把从识读设备传来的信息与预先存储、设定的信息进行比较、判断，对符合出入授权的出入行为予以放行；出入事件、操作事件、报警事件等的记录、存储及报表的生成。事件通常采用 4W 的格式，即 When（什么时间）、Who（谁）、Where（什么地方）、What（干什么）。

（6）系统操作员的授权管理。设定操作员级别管理，使不同级别的操作员对系统有不同的操作能力，以及操作员登录核准管理等。

（7）控制方式的设定及系统维护主要指单/多识别方式选择，输出控制信号设定等。

（8）出入口的非法侵入、系统故障的报警处理。

（9）扩展的管理功能及与其他控制及管理系统的连接，如考勤、巡更等功能，与入侵报警、视频监控、消防等系统的联动。

4.1.4 控制执行部分的主要功能

控制执行部分接收从管理子系统发来的控制命令，在出入口做出相应的动作，实现出入口控制系统的拒绝与放行操作，分为闭锁设备、阻挡设备及出入准许指示装置三种表现形式，例如，电控锁、挡车器、报警指示装置等被控设备，以及电动门等控制对象。常见的控制执行部分如图 4-3 所示。

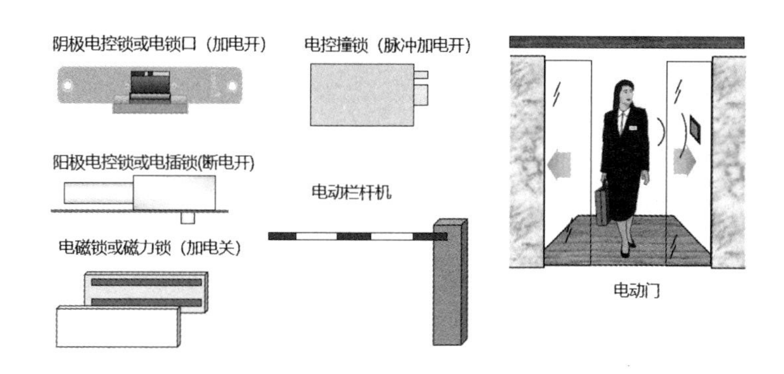

图 4-3 常见的控制执行部分

受控区的设置

4.1.5 受控区

如果某个区域只有一个（或同等作用的多个）出入口，那么该区域被视为这个（或这些）出入口的受控区，即某个（或同等作用的多个）出入口所限制出入的对应区域就是它（它们）的受控区。具有相同出入限制的多个受控区互为同级别受控区。具有比某个受控区的出入限制更为严格的其他受控区是相对于该受控区的高级别受控区。

4.1.6 防破坏与防技术开启问题

1．对识读部分的要求

编码系统须抗扫描、抗截获、不易被复制；生物特征系统须降低误识率。

2．对控制管理部分的要求

运用多种控制管理手段（如防返传、复合识别、多重识别、防胁迫报警、异地核准、目标防重入等）提高系统的防护能力。

3．对执行部分的要求

防撞击、防电磁场。

4．对传输信道的要求

物理隔离，数据加密。

4.1.7 应急开启问题

系统应具有应急开启的方法。可以使用制造厂的特制工具，采取特别方法局部破坏系统部件后，使出入口应急开启，并且可以修复或更换；可以采取冗余设计，增加开启出入口通路，实现应急开启（但不得降低系统的各项技术要求）。

4.1.8 常见开门方式和安全策略

1．异常报警

若门长时间未关闭则报警（必须有门磁反馈），若非法卡刷卡则报警，若非法闯入则报警

（必须有门磁反馈）。

2．首卡开门

设置首卡开门功能后，每天先刷首卡验证成功，再刷门禁卡才能开门。

3．多卡开门

设置多卡开门功能后，一扇门只有同组中指定人数同时到场且依次验证后才能通过，在通过验证前，不能插入其他人员。

4．防反潜回

防反潜回是指验证的人员从某个门验证进来就必须从这个门验证出去，刷卡记录必须一进一出严格对应。如果人员进门未验证，尾随别人进来，那么出门时系统不能通过；如果人员出门未验证，尾随别人出去，那么再进门时系统就不能通过。

5．多门互锁

多门互锁即一个控制器上的两个（多个）门之间的互锁管制，当其中一个门开启时，其他对应的门都关闭，当要开启一个门时（在正常的门禁状态下），其他对应的门必须都是关闭的，否则无法开门。多门互锁功能必须借助门磁反馈才能实现。

6．远程验证

远程验证即在某个特定的时间段内，人员通过验证后向客户端发起进入请求，管理员根据请求人员的身份来判断是否同意开、关门。

7．开门模式管理

常见的开门模式有刷卡开门、指纹开门、密码开门、管理者密码开门、人脸开门、二维码开门等，也可以是以上几种模式的组合，如任意组合开门、分时段开门与多人组合开门等，任意组合开门模式要求使用刷卡、指纹、人脸和密码任意一种或者多种组合的方式开门；分时段开门指不同时段不同的开门方式，例如，时段一选择人脸开门，时段二选择密码开门；多人组合开门指多个用户或者多个用户组授权后才能开门。

4.1.9 人脸门禁

人脸门禁控制系统通过人脸识别系统，利用摄像头采集的人脸数据实现数字化管理，其目的是有效地控制人员的出入，规范内部人力资源管理，提高重要部门、场所的安全防范能力，并且记录所有出入人员身份信息的详细情况，来实现出入口的可视化管理，从而有效地解决传统人工查验证件放行、门锁使用频繁、无法记录信息等不足点。

人脸门禁控制系统集成了人脸识别系统和门禁控制器，其具备存储几万个用户和几十万条刷卡记录的能力。

人脸门禁控制系统前端设备具备报警输入接口，可接消防系统相应通道的无源开关触点报警信号，出现火灾报警时，门禁主机收到报警信号后上报给管理平台，管理平台自动联动报警预案，可实现摄像机视频联动及门禁自动开门等。

人脸门禁控制系统结构示意图如图 4-4 所示。

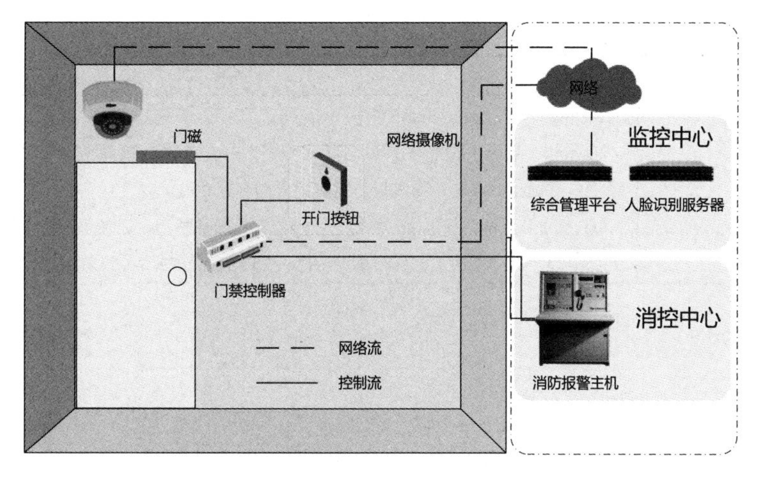

图 4-4 人脸门禁控制系统结构示意图

4.1.10 人脸考勤

人脸考勤系统通过视频刷脸实现考勤管理，系统可对人脸考勤数据进行自动分析处理和统计，如自动处理迟到、早退、旷工、异常情况。系统可提供各种类型的报表，用户可对特定时间、特定人、特定地点、特定事件进行查询。管理员既可以添加、修改或删除考勤规则，又可以自定义特殊的考勤规则，针对不同的人员设定不同的考勤时间。

4.1.11 设备安装要求

（1）各类识读装置的安装应便于识读操作。

（2）感应式识读装置在安装时应注意可感应范围，不得靠近高频、强磁场。

（3）对于受控区内出门按钮的安装，应保证在受控区外不能通过识读装置的过线孔触及出门按钮的信号线。

（4）对于锁具安装，应保证在防护面外无法拆卸。

任务 2 读卡器的安装与调试

4.2.1 读卡器的种类

读卡器属于门禁控制系统的识读部分，配合相应的卡片负责实现对出入目标的个性化探测任务，在编码识别设备中，以卡片式读取设备最为广泛。常用的读卡器的分类如表 4-1 所示。

表 4-1 常用的读卡器的分类

分类依据	类别
读卡距离	接触式读卡器、非接触式读卡器
控制器可接读卡器的数量	单向控制器、双向控制器
接口	并口读卡器、串口读卡器、USB 读卡器、PCMICA 卡读卡器和 IEEE 1394 读卡器
读卡协议	485 读卡器、韦根读卡器，韦根读卡器有韦根 26 和 34 协议，这两种协议是常规协议

续表

分类依据	类别
读卡类型	IC 卡读卡器、ID 卡读卡器。 IC 卡读卡器是一种非接触 IC 卡读写设备，它通过 USB 接口实现与 PC 的连接，单独 5V 电源供电或键盘口取电，其支持访问射频卡的全部功能。 ID 卡读卡器是用来读 ID 卡的，读卡器支持即插即用、在使用过程中可以随意拔插，不用外加电源，用户不用加载任何驱动程序，Windows 系统直接将其当成 HID 类设备键盘

4.2.2 读卡器对应的卡片

读卡器对应的卡片主要有下面几种。

1．条码卡

将黑白相间的竖线条组成的一维或二维条码印刷在 PVC 或纸制卡基上就构成了条码卡，条码卡类似于商品上贴的条码，其优点是成本低廉，由于其缺点是条码易被复印机等设备轻易复制，条码图像易褪色、污损，因此一般不用在安全要求高的场所。

2．磁条卡

将磁条粘贴在 PVC 卡基上就构成了磁条卡，其优点是成本低廉，缺点是可用设备轻易复制且易消磁和污损，磁条读卡机磁头很容易磨损，对使用环境要求较高，常与密码键盘联合使用以提高安全性。

3．韦根卡

韦根卡也称铁码卡，是曾在国外流行的一种卡片，卡片中间用特殊的方法将极细的金属线排列编码，其读卡机和操作方式与磁条卡基本相同，但原理不同。韦根卡具有防磁、防水等能力，环境适应性较强。虽然卡片本身遭破坏后金属线排列即遭破坏，不好仿制，但利用读卡机将卡信息读出，也容易复制一张相同的卡片。在国内很少使用，但它的输出数据的格式常被其他读卡器采用。

4．接触式 IC 卡

接触式 IC 卡广泛应用在各种领域，比如加油卡、驾驶员积分卡等。在出入口系统中，主要使用存储卡和逻辑加密卡。另外还有一种带有 CPU 的智能卡，其优点是安全性较高，常用在宾馆的客房锁等处。接触式操作容易使卡片和读卡器磨损，必须对设备经常进行维护。

5．无源感应卡

无源感应卡也称无源射频卡，在接触式 IC 卡的基础上采用了射频识别技术，无源感应卡与读卡器之间采用射频方式进行数据传递，主要有感应式 ID 卡和可读写的感应式 IC 卡两种形式。常见的读卡距离为 4～80cm。无源感应卡在识读过程中不需要接触读卡器，对粉尘、潮湿等环境的适应能力远高于上述其他卡片系统，它使用起来非常方便，是目前出入口控制系统识读产品的主流。

6．有源感应卡

有源感应卡与无源感应卡的技术特点基本相同，不过其能量来自卡内的电池。能量的增强使得读卡距离大为增加，通常的读卡距离为 3.5～15m。有源感应卡常用于对机动车的识别，不过卡片寿命受电池的制约（不能更换电池）其寿命一般为 2～5 年。

4.2.3　读卡器接口

读卡器可采用 8 芯屏蔽线（RVVP8×0.3mm²）5 类网线，可以减少传输过程中的干扰。下面以 DH-ASR1100B 读卡器为例说明读卡器的接口。读卡器的外形图如图 4-5 所示。读卡器的接线端子有 8 根线，如表 4-2 所示。读卡器支持 485 和韦根方式，单门仅支持接入一种类型的读卡器，其中 485 读卡器采用超 5 类网线，与控制器之间的长度为 100m；韦根连接采用超 5 类网线（单根线束的阻抗要求为 2Ω 内），与控制器之间的长度为 80m。读卡器的线缆规格和长度说明如表 4-3 所示。

图 4-5　读卡器的外形图

表 4-2　读卡器的连线说明

接口	接线端子	线缆颜色	说明
读卡器	485+	紫色	485 读卡器
	485−	黄色	
	LED	棕色	韦根读卡器
	D0	绿色	
	D1	白色	
	CASE	蓝色	
	GND	黑色	读卡器电源
	12V	红色	

表 4-3　读卡器的线缆规格和长度说明

读卡器类型	连接方式	长度
485 读卡器	超 5 类网线，485 连接	100m
韦根读卡器	超 5 类网线，韦根连接（单根线束阻抗要求在 2Ω 内）	80m

4.2.4　读卡器的安装方法

读卡器一般安装在门旁，有盒装式和壁挂式两种安装方法。盒装式读卡器可直接固定于镶嵌在墙壁中的 86 接线盒上，首先将读卡器的上底盒套在读卡器连接线上，然后将读卡器与底盒中的线连接好，如图 4-6（a）所示。为保证读卡器能长久使用，最好采取焊接方式连接，将连接好的线用绝缘胶布包好，将读卡器固定妥当，即可使用。读卡器与控制器之间的距离不宜过长，一般应控制在 100m 或 80m 之内。采用壁挂式安装时，可先将安装固定板固定在墙上或其他位置，再将设备线接上，并将各接线端子插上，设备上方对准固定板卡槽，将设备向固定板方向密合，最后用螺钉由下方将底部密合锁上，如图 4-6（b）所示。

读卡器在安装时，应距地面 1.4m 左右，推荐安装高度（设备中心到地面高度）为 1.3～1.5m。建议安装高度不高于 2m，距门边框 30～50mm；读卡器与控制箱之间采用 8 芯屏蔽线（RVVP8×0.3mm²）。读卡器的安装位置示意图如图 4-7 所示。

注意：在读卡器可感应的范围内，切勿出现高频或强磁场（如重载发动机、监视器等）。

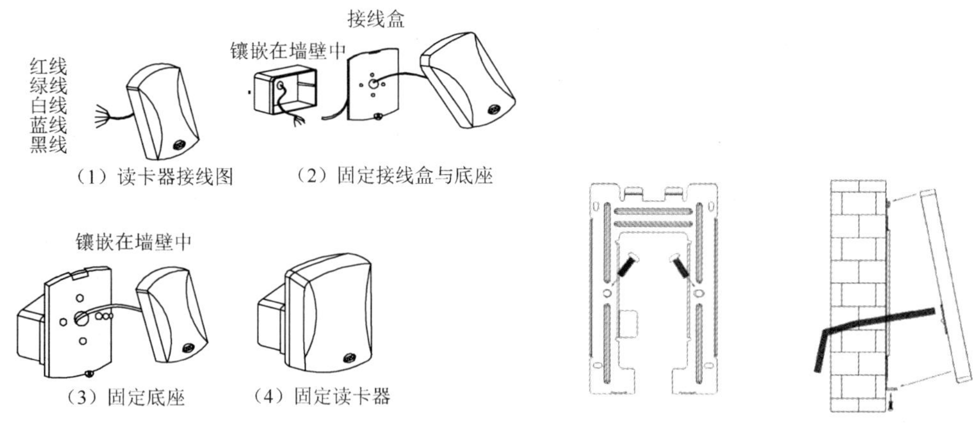

（a）盒装式读卡器的安装示意图　　（b）壁挂式读卡器的安装示意图

图 4-6　读卡器的安装示意图

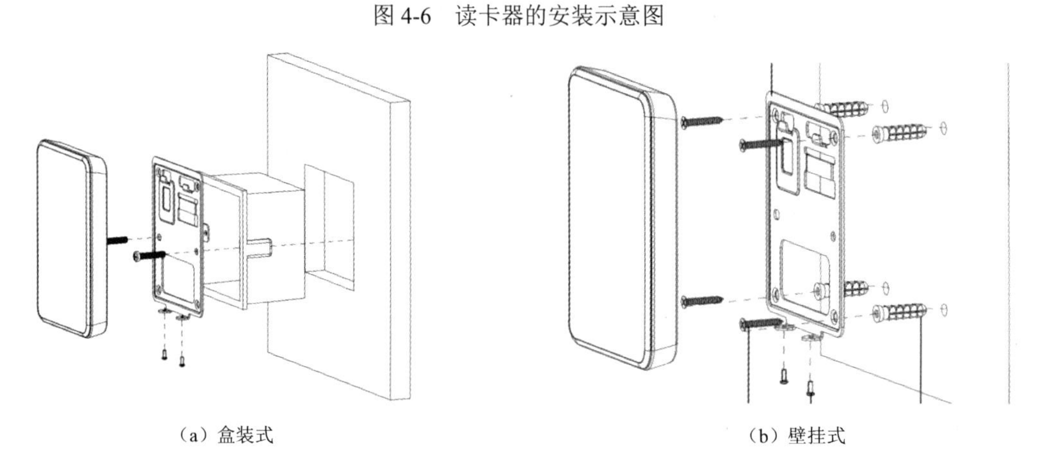

（a）盒装式　　（b）壁挂式

图 4-7　读卡器的安装位置示意图

4.2.5　读卡器的安装与调试实训

1．实训目的

（1）能够按工程设计及工艺要求正确安装读卡器，并将接线端子引出，使之与控制器相连。

（2）会检查设备的安装质量。

（3）会编写安装与调试说明书。

2．必备知识点

（1）掌握读卡器的打开方式。

（2）会正确安装读卡器。

（3）会将读卡器的引线延长，并接入控制器。

3．实训设备与器材

DH-ASR1100B	1 个
二芯线缆与四芯线缆	若干
直流 12V 电源	1 个
工具包	1 套

网线 1根

4．实训内容

将读卡器安装在指定位置，注意周边应没有金属或强干扰。

5．实训要求

安装读卡器前对其外观进行检查，应无瑕疵、划痕等。将读卡器安装于指定位置，安装位置应牢固，无晃动。读卡器在安装时，应距地面1.4m左右，距门边框30～50mm；读卡器与控制箱之间采用8芯屏蔽线（RVVP8×0.3mm²），读卡器连接示意图如图4-8所示。

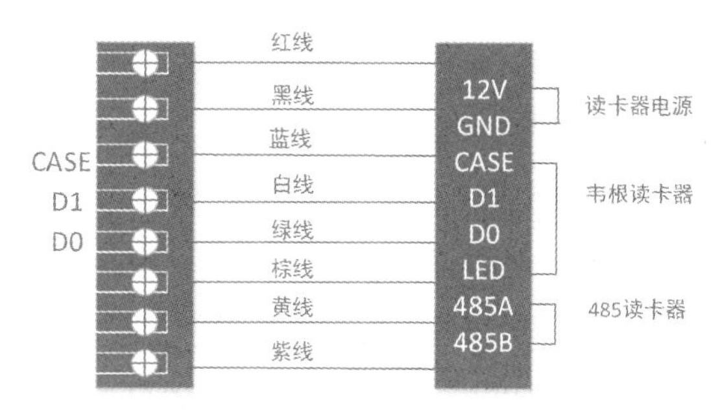

图4-8　读卡器连接示意图

6．实训注意事项

（1）在读卡器安装现场不得有强干扰频率源，否则会引起读卡出错。

（2）在同一个出入口处安装2台进、出门读卡器时，为防止读卡器发射磁场相互影响，2台读卡器的安装距离应大于50cm。

（3）读卡器周围应尽量避免金属，否则会影响读卡距离。

（4）控制器与读卡器之间的线缆应使用线径大于2mm的屏蔽线，建议采用8芯屏蔽线（RVVP8×0.3mm²）5类网线。

（5）控制器与读卡器之间的连线长度应小于100m。

任务3　出门按钮与门磁开关的安装与调试

4.3.1　出门按钮

出门按钮是门禁控制系统中按下开启门锁的设备，一般有常开、常闭两种。大多数出门按钮都既有常开点，又有常闭点，材质有塑胶、锌合金、不锈钢等，触发方式一般有机械触发、红外触发、感应触发等。出门按钮如图4-9所示。

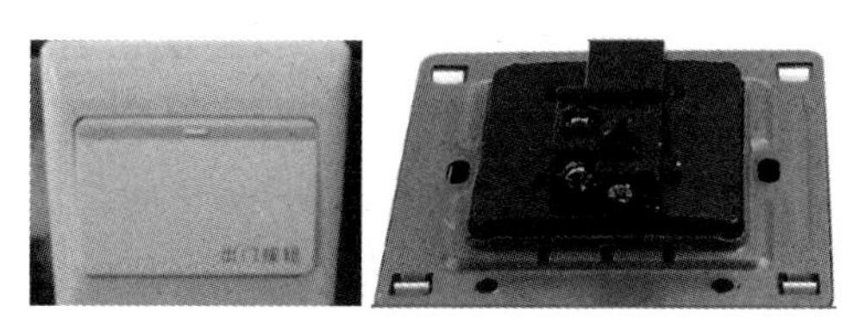

图4-9　出门按钮

4.3.2　门磁开关

门磁开关由一个条形永久磁铁和一个带常开触点的干簧管组成，干簧管由内部充满惰性气体的玻璃管构成，内装两个金属簧片形成触点，利用外部磁力使作为开关元件的干簧管内部触点断开（或闭合），磁铁靠近时触点吸合，反之断开。门磁开关探测器的结构图如图 4-10 所示。

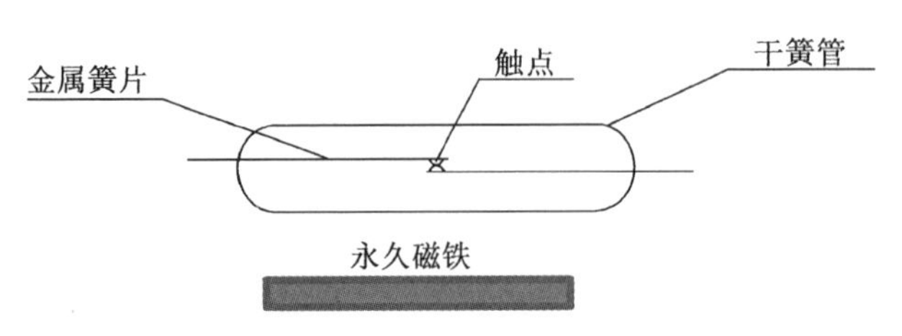

图 4-10　门磁开关探测器的结构图

使用时通常将磁铁安装在被防范物体（如门、窗等）的活动部位（门扇、窗扇），将干簧管安装在固定部位（门框、窗框）。门磁开关根据分隔间距（磁铁盒和开关盒相对移开至开关状态变化时的距离）可分为三类：A 档（>20mm）、B 档（>40mm）、C 档（>60mm）。

4.3.3　出门按钮与门磁开关接口

出门按钮接口如图 4-11 所示。在接口处接上线缆即可使用，出门按钮一般处于常开状态，按下后触点闭合可实现通电功能。

有线门磁开关接口有集成型的，也有开放接线型的。门磁开关接口如图 4-12 所示。门禁控制器的出门按钮与门磁开关接口如表 4-4 所示。

图 4-11　出门按钮接口

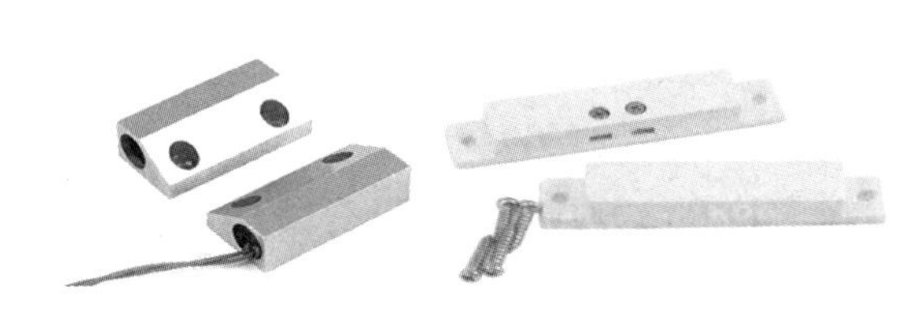

图 4-12　门磁开关接口

表 4-4　门禁控制器的出门按钮与门磁开关接口

端口组	端口名称	说明
端口输入	SENSOR	门磁输入端口
	GND	控制器的公共地
	BUTTON	出门按钮输入端口

4.3.4　出门按钮与门磁开关的安装方法

1．出门按钮

出门按钮一般安装在门旁，出门按钮在安装时，其距地面高度应与读卡器距地面高度一致，

墙面预埋接线盒；出门按钮与控制器之间采用 2 芯屏蔽线（RVVP2×0.5mm²）。出门按钮的安装方法如图 4-13 所示。

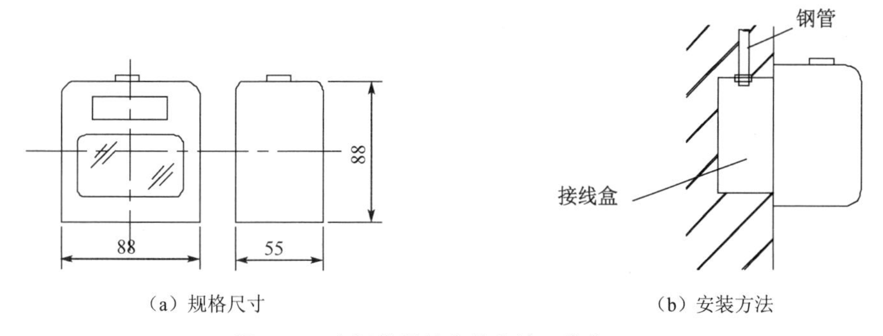

图 4-13　出门按钮的安装方法（单位：mm）

安装好出门按钮后，将出门按钮信号与控制器相连，如图 4-14 所示。

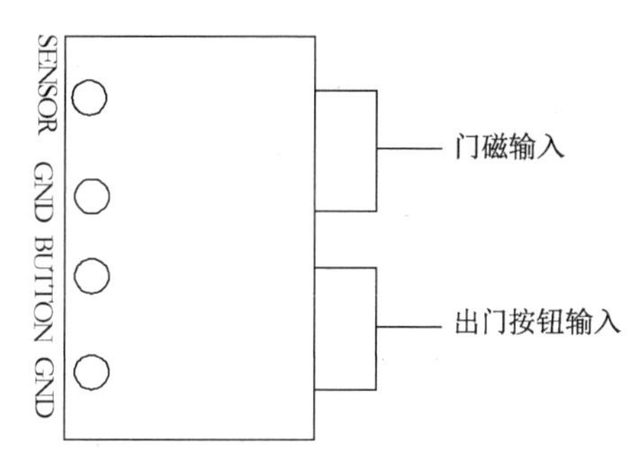

图 4-14　门磁、出门按钮与控制器的连线图

2．门磁开关

门磁开关一般分为有线和无线两种，由干簧管和磁铁两部分组成，安装方式可以是明装和嵌入式安装两种。

干簧管宜置于固定框上；磁铁宜置于门窗的活动部位上，一般安装在距门、窗拉手边 150mm 处。两者宜安装在产生位移最大的位置，开关盒应平行对准，如图 4-15 所示。门磁开关的误报率与其安装的位置有极大的关系，推荐的安装位置应该是主件和副件间隙≤2mm。

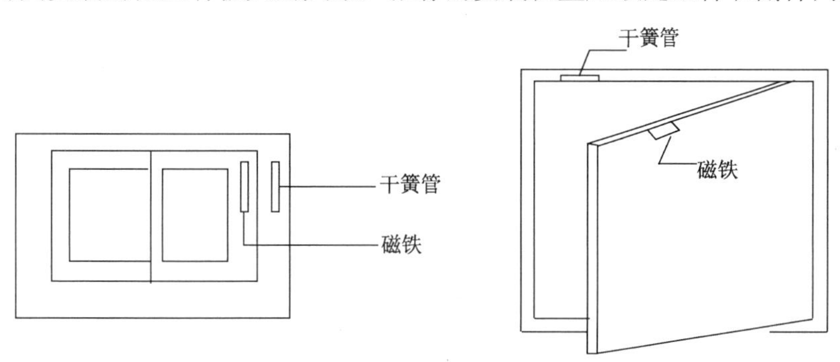

图 4-15　门磁开关的安装示意图

安装前应先检查开关状态是否正常。图 4-16 和图 4-17 所示为门磁开关在窗上和门上的安装位置。

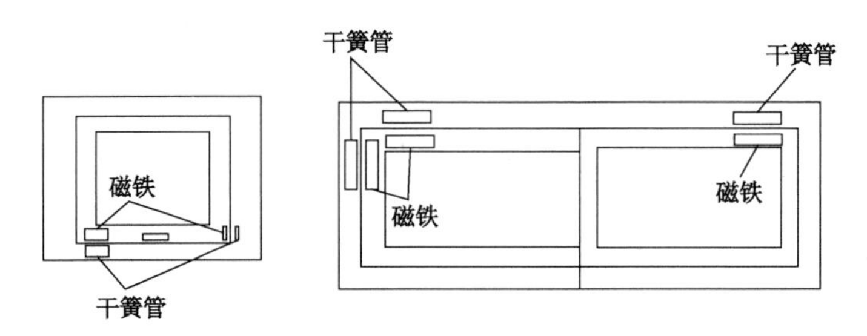

图 4-16　门磁开关在窗上的安装位置

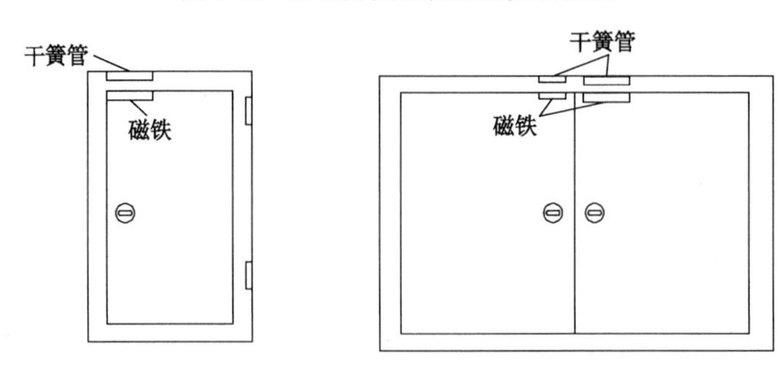

图 4-17　门磁开关在门上的安装位置

4.3.5　出门按钮与门磁开关的安装与调试实训

1. 实训目的

（1）能够按工程设计及工艺要求正确安装出门按钮与门磁开关。
（2）会引出出门按钮和门磁开关的接线端子，并与控制器相连。
（3）会对设备的安装质量进行检查。
（4）会编写安装与调试说明书。

2. 必备知识点

（1）能够掌握出门按钮的安装方式。
（2）会正确安装门磁开关。
（3）会将出门按钮和门磁开关的引线延长，并接入控制器。

3. 实训设备与器材

出门按钮	1 个
门磁开关	1 个
DH-ASC1202B-D 控制器	1 套
二芯线缆与四芯线缆	若干
直流 12V 电源	1 个
工具包	1 套

4. 实训内容

将门磁开关与出门按钮安装在指定位置处，完成出门按钮、门磁开关与控制器的连接与供电。

5. 实训要求

检查出门按钮和门磁开关安装位置的现场情况，注意木门和金属门使用门磁开关的区别。检查其外观，应无瑕疵、划痕等；将出门按钮和门磁开关安装于指定位置。门磁开关与出门按钮的接线示意图如图 4-18 所示。

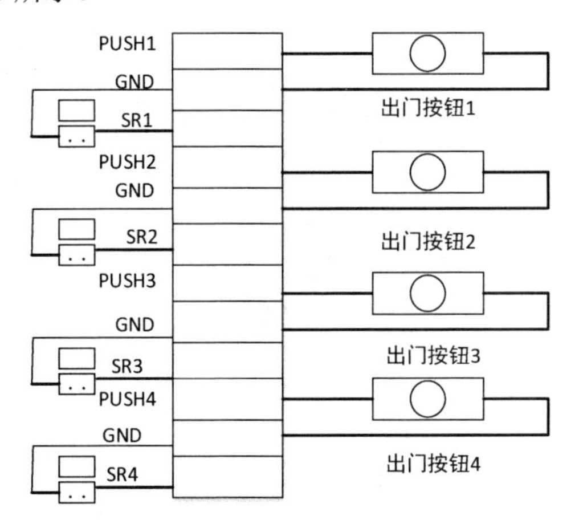

图 4-18　门磁开关与出门按钮的接线示意图

6. 安装注意事项

（1）在钢制门上安装门磁开关时，在安装位置处要补焊扣板。

（2）在木制门上安装门磁开关时，可用乳胶辅助黏接。

（3）门扇钻孔深度不小于 40mm，门框钻通孔后，门扇与门框钻孔位置对应，钻孔时要与相关专业配合。

（4）接线可使用接线端子压接或焊接。

（5）一般普通的门磁开关不宜在钢、铁物体上直接安装，这样会削弱磁性，缩短磁铁的使用寿命。

（6）磁控开关有明装式（表面安装式）和暗装式（隐藏安装式）两种，应根据防范部位的特点和要求选择。干簧管一般安装在固定门框或窗框上，永久磁铁安装在活动的门窗上。

（7）控制器与出门按钮、识读装置的走线和防护措施的合理性直接影响到系统的安全，应采取出门按钮与识读装置错位安装等方法。同时考虑不同类型门和锁具安装的配套性和差异性，可防止通过破坏或拆卸受控区外的识读装置，经识读装置过线孔触及出门按钮信号线开门，以提升系统安全性。

（8）定期检查干簧管触点和永久磁铁的磁性。

任务 4　电插锁与门禁控制器的安装与调试

执行机构

4.4.1　锁具的分类

锁具属于门禁控制系统的执行机构，按其工作原理的差异可以分为磁力锁（电磁锁）、电控锁、电插锁、电锁口（电锁扣）等。

1. 磁力锁

磁力锁又称电磁锁，由电磁门锁与吸附板组成，可分为单体磁力锁和双体磁力锁，其工作原理是依靠电流通过线圈时产生强大磁力，将门上所对应的吸附板吸住，从而产生关门动作。磁力锁是一种断电开门的电锁，主要由固定平板、电磁门锁、吸附板、定位栓、橡胶垫片等部件组成，如图 4-19 所示。

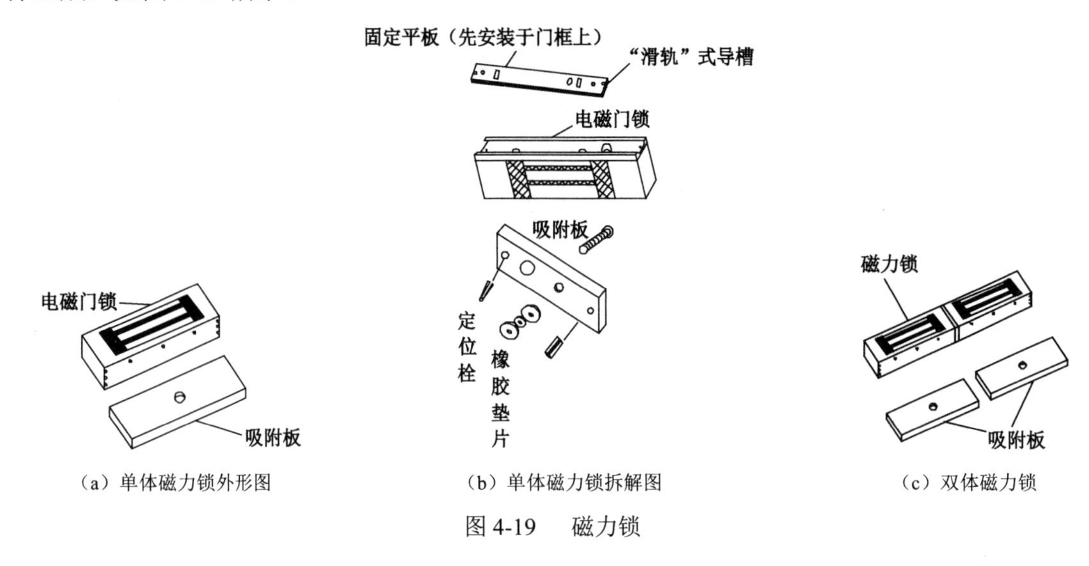

（a）单体磁力锁外形图　（b）单体磁力锁拆解图　（c）双体磁力锁

图 4-19　磁力锁

安装磁力锁时，先固定平板于门框上，平板与磁力锁主体上各有两道“滑轨”式导槽，将电磁门锁推入平板上的导槽，即可固定螺钉，连接线路。

2. 电控锁

电控锁主要用于小区单元门、银行储蓄所二道门等场合。电控锁如图 4-20 所示。

电控锁的缺点：冲击电流较大，对系统稳定性有影响；关门噪声比较大；安装不方便，在铁门上安装需要专业的焊接设备；安装与调试时要注意，开门延时不能过长，如果时间过长，那么有可能引起电控锁发热损坏。

针对以上缺点，静音电控锁不再利用电磁铁原理，而是驱动一个小发动机来伸缩锁头完成开锁功能。静音电控锁如图 4-21 所示。

图 4-20　电控锁

图 4-21　静音电控锁

电控锁有两种开启方式，断电松锁式和断电上锁式。断电松锁式是指当电源接通时，门锁舌扣上，但电源断开时，门可开启，适合安装在防火门或紧急逃生门上。断电上锁式是指当电源断开时，门锁舌扣上，当电源接通时，门锁舌松开，门可开启，适合安装在进出口通道门上。

3. 电插锁

电插锁通过电流的通断驱动“锁舌”伸出或缩回，以达到锁门或开门的功能，有通电开锁和断电开锁两种。按照消防要求，当发生火灾时，由于大楼一般会自动切断电源，此时电插锁应该打开，以方便人员逃生，因此大部分电插锁是断电开锁的。电插锁根据电线数分为两线电插锁、4线电插锁、5线电插锁、8线电插锁。

1）两线电插锁

两线电插锁有两条电线，即红色电线和黑色电线，红色电线接直流12V电源，黑色电线接GND。断开两线电插锁的任何一根线，锁头缩回，门打开。两线电插锁的设计比较简单，没有单片机控制电路，冲击电流比较大，属于价格比较低的低档电插锁。

2）4线电插锁

4线电插锁如图4-22所示。4线电插锁有两条电线，红色电线和黑色电线，红色电线接12V电源，黑色电线接GND。还有两条白色的线，是门磁信号线，反映门的开关状态。根据当前门的开关状态，4线电插锁通过门磁输出不同的开关信号给门禁控制器做判断。

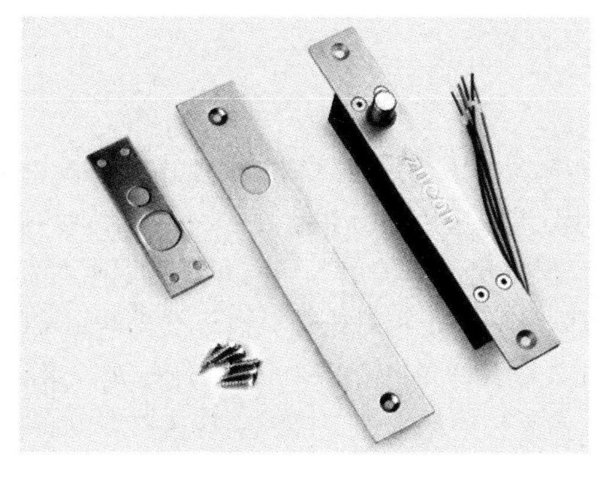

彩色图

图4-22　4线电插锁

3）5线电插锁

5线电插锁的原理和4线电插锁的原理是一样的，只是多了一对门磁的相反信号，用于一些特殊场合。

红黑两条线是电源。还有COM、NO、NC三条线，NO和NC分别和COM组成两组相反信号（一组闭合信号，一组开路信号）。门被打开后，闭合信号变成开路信号，开路信号的一组信号变成闭合信号。

4）8线电插锁

8线电插锁的原理和5线电插锁的原理是一样的，只是除了门磁状态输出，还增加了锁头状态输出。8线电插锁通常用于玻璃门、木门等。

8线电插锁的优点：隐藏式安装，外观美观，安全性好，不容易被撬开和拉开。

8线电插锁的缺点：安装时要挖锁孔。有些玻璃门没有门槛（门框也是玻璃的），或者玻璃门面的顶部没有包边，需要买无框玻璃门附件来辅助安装。电插锁带无框玻璃门附件安装样图如图4-23所示。

4．电锁口

电锁口如图 4-24 所示。电锁口安装在门的侧面，必须配合机械锁使用。

图 4-23　电插锁带无框玻璃门附件安装样图

图 4-24　电锁口

电锁口的优点：价格便宜，有停电开和停电关两种。

电锁口的缺点：冲击电流比较大，对系统稳定性影响大；安装在门的侧面，布线很不方便，因为侧门框中间有隔断，所以线不方便从门的顶部通过门框放下来；锁体要挖孔埋入，安装比较吃力；能承受的破坏力有限。

4.4.2　门禁控制器

门禁控制器是门禁控制系统的核心设备，相当于计算机的 CPU，里面存储了该出入口可通行的目标权限信息、控制模式信息及现场事件信息。门禁控制器担负着整个系统的输入、输出信息的处理和控制任务，根据出入口的出入法则和管理规则对各种各样的出入请求做出判断和响应，并根据判断的有效性决定是否对执行机构与报警单元发出控制指令。门禁控制器的内部由运算单元、存储单元、输入单元、输出单元、通信单元等组成。门禁控制器性能的好坏将直接影响系统的稳定性，而系统的稳定性直接影响着客户的生命和财产的安全。一个安全和可靠的门禁控制系统，需要具有更安全、更可靠的门禁控制器。

门禁控制器通常安装在前端的受控区内，与现场的识读设备和执行设备相连接。门禁控制器的常用分类方法如下。

1．按控制器和管理计算机的通信方式分类

按控制器和管理计算机的通信方式分类，门禁控制器可分为不联网型门禁控制器、RS485 联网型门禁控制器、TCP/IP 网络型门禁控制器。

（1）不联网型门禁控制器即单机控制型门禁控制器，就是一个设备管理一个门，不能用计算机软件进行控制，也不能看到记录，直接通过控制器进行控制。不联网型门禁控制器的特点是价格便宜，安装维护简单，但不能查看记录，不适合人数量多于 50 或者人员经常流动（指经常有人入职和离职）的地方，也不适合门数量多于 5 的工程。

（2）RS485 联网型门禁控制器是可以和计算机进行通信的门禁控制器，直接使用软件进行管理，包括卡和事件控制，管理方便、控制集中，可以查看记录，对记录进行分析处理以用于其他目的。RS485 联网型门禁控制器的特点是价格比较高、安装维护难度较大，但培训简单，可以进行考勤等增值服务，适合人多、流动性大、门多的工程。

（3）TCP/IP 网络型门禁控制器也称以太网联网型门禁控制器，也是可以联网的门禁控制系统。其通过网络线将计算机和控制器进行联网，除具有 RS485 联网型门禁控制器的全部优点以外，还具有速度更快，安装更简单，联网数量更大，可以跨地域或者跨城联网，有计算机网络知识等优点。TCP/IP 网络型门禁控制器适合安装在大项目、人数量多、对速度有要求、跨地域的工程中。

2．按控制的门的数量分类

按每台控制器控制的门的数量分类，门禁控制器可分为单门控制器、双门控制器、四门控制器及多门控制器等。

3．按硬件构成模式分类

按硬件构成模式分类，门禁控制器可分为一体型模式和分体型模式。

（1）一体型模式：出入口控制系统的各个组成部分通过内部连接、组合或集成起来，实现出入口控制的所有功能。一体型模式如图 4-25 所示。

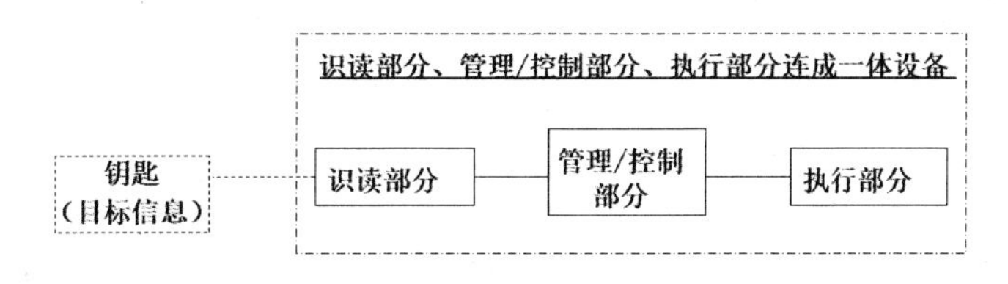

图 4-25　一体型模式

（2）分体型模式：出入口控制系统的各个组成部分在结构上有分开的部分，也有通过不同方式组合的部分。分开的部分与组合的部分之间通过电子、机电等手段连成一个系统，实现出入口控制的所有功能。分体型模式如图 4-26 所示。

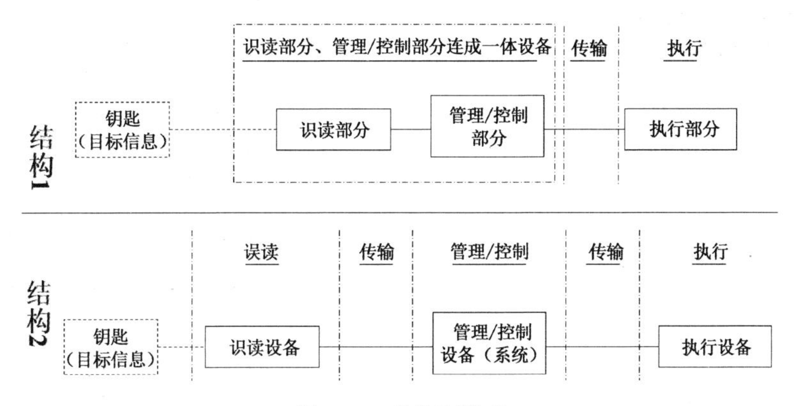

图 4-26　分体型模式

4．按联网模式分类

按联网模式分类，门禁控制系统可分为总线制控制器、环线制控制器、单级网控制器、多级网控制器。

（1）总线制控制器：出入口控制系统的现场控制设备通过联网数据总线与出入口管理中心的显示、编程设备相连，每条总线在出入口管理中心只有一个网络接口。

（2）环线制控制器：出入口控制系统的现场控制设备通过联网数据总线与出入口管理中心

的显示、编程设备相连，每条总线在出入口管理中心有两个网络接口，当总线有一处发生断线故障时，系统仍能正常工作，并可探测到故障的地点。

（3）单级网控制器：出入口控制系统的现场控制设备与出入口管理中心的显示、编程设备的连接采用单一联网结构。

（4）多级网控制器：出入口控制系统的现场控制设备与出入口管理中心的显示、编程设备的连接采用两级以上串联的联网结构，且相邻两级网络采用不同的网络协议。

4.4.3 电插锁与门禁控制器的接口

1. 电插锁接口

电插锁由两个主要部分组成：锁体和锁孔。锁体中的关键部件为“锁舌”，与“锁孔”配合可实现“关门”和“开门”两个状态，即锁舌插入锁孔实现关门，锁舌离开锁孔实现开门。电插锁的外观图如图 4-27 所示。

下面以两线制电插锁为例说明其接线端子。电插锁的接线端子如图 4-28 所示。该款电插锁只有红、黑两根线，分别连接电源的正极与负极，电插锁一般是直流 12V 电源供电。

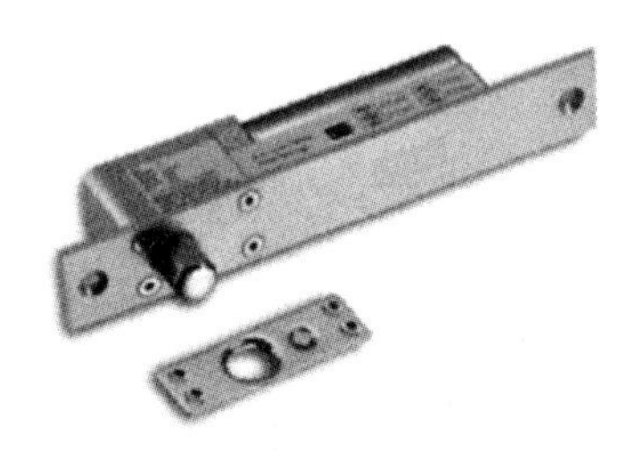

图 4-27 电插锁的外观图

图 4-28 电插锁的接线端子

2. 门禁控制器接口

以大华双门双向门禁控制器 DH-ASC1202B-D 控制器为例说明其接口，如图 4-29 所示。门禁控制器端口功能与指示灯表如表 4-5 所示。

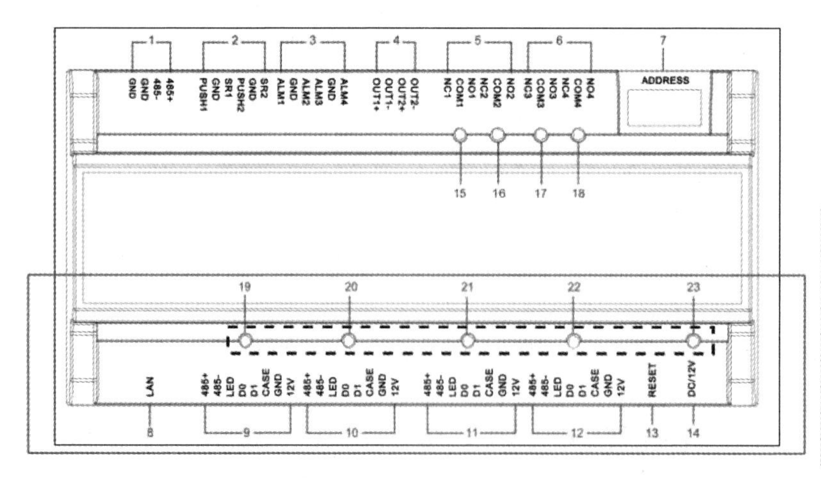

接线颜色	接线端子	说明
红	电源正极 DC12V	读卡器电源
黑	电源GND	
蓝	CASE	韦根读卡器
白	D1	
绿	D0	
棕	LED	
黄	RS485-	485读卡器
紫	RS485+	

图 4-29 DH-ASC1202B-D 控制器的接线端子图

表 4-5 门禁控制器端口功能与指示灯表

序号	端口说明	序号	端口说明
1	RS485 通信	13	重启键
2	出门按钮、门磁	14	直流 12V 电源接口
3	外部报警输入	15	门锁状态指示灯
4	外部报警输出	16	
5	门锁控制输出	17	报警状态指示灯
6	内部报警输出	18	
7	拨码开关	19	1 号门进门读卡器检测指示灯
8	TCP/IP，软件平台接口	20	1 号门出门读卡器检测指示灯
9	1 号门进门读卡器	21	2 号门进门读卡器检测指示灯
10	1 号门出门读卡器	22	2 号门出门读卡器检测指示灯
11	2 号门进门读卡器	23	电源指示灯
12	2 号门出门读卡器		

3．门禁控制系统的供电

门禁控制系统的电源主要用于给控制器和电锁供电，一般来讲，门禁管理系统都配有 UPS（不间断电源），以免在现场突发性断电时造成开门的误动作。门禁控制系统的供电结构图如图 4-30 所示。在控制器旁配备有稳压电源，将交流 220V 电源变换成直流 12V 电源，分别供给控制器和电锁。

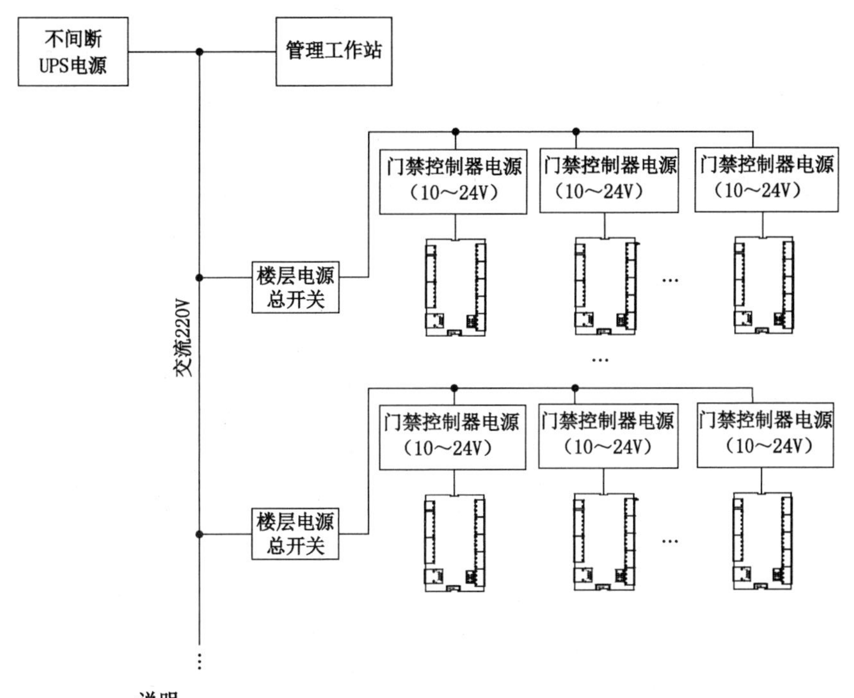

图 4-30 门禁控制系统的供电结构图

门禁控制器的直流 12V 电源线采用 2 芯电源线（RVVP 2×2.5mm^2）。按国家标准，电源在满负荷工作时，纹波电压不能大于 100mV，所以应使用符合国家标准、经过严格测试，并能长时间工作的电源产品。门禁控制器采用直流 12V 电源供电，控制器电流<120mA，读卡器电流 <100mA。以 DH-ASC1202B-D 单门控制器为例，控制器的工作电压为 10～24V 直流电，通常情况下使用输出电压为 12V、额定电流为 2A 的稳压电源。电源与控制器的连接示意图如图 4-31 所示，220V 市电经稳压电源变换为稳定的 12V 直流电源，其正极接到控制器的 10～24V 端，负极接到 GND 端。

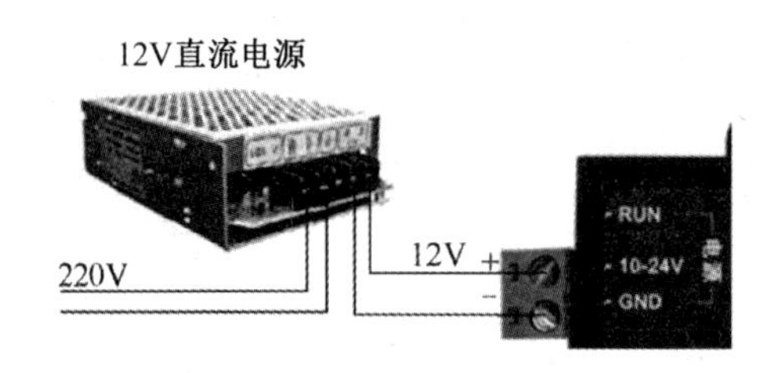

图 4-31　电源与控制器的连接示意图

4.4.4　电插锁与门禁控制器的安装方法

1．电插锁与门禁控制器的连接

锁具在通断电的瞬间，容易在电源线上附加产生很强的自感电动势，由于电插锁中线包（电磁铁线圈）的作用，因此会在电源线上附加产生很强的自感电动势，它容易引起电源波动，而这个电源波动对控制器的稳定工作极其不利。所以在可靠性要求比较高的门禁管理系统中，控制器与电插锁分别使用不同的电源模块，即在将交流 220V 电源供应至控制器时，使用两个直流 12V 电源模块，分别进行整流/稳压后，分别供给电插锁和控制器，并选配标准的电源线。

因此，锁具的供电可采用内部供电与外部供电的方式，如图 4-32 和 4-33 所示。电插锁由于电流较大，动作期间会产生较大的干扰信号，为减少电插锁动作期间对其他元器件的影响，建议采用 2 芯线缆（RVVP 2×0.75mm^2）。

一般建议采用外部电源向电插锁供电，一来可以防止电插锁动作时产生的干扰对其他器件的影响，二来控制器电源失效后电插锁仍可保持正常工作，提高安全性能。

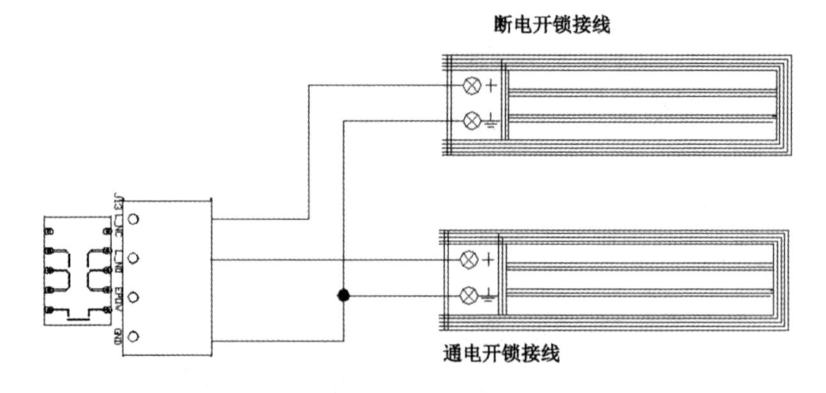

图 4-32　内部供电图

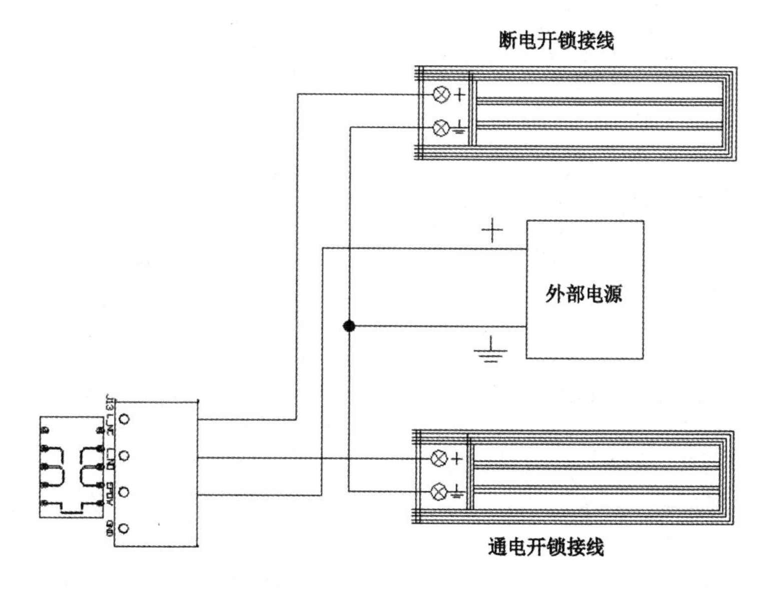

图 4-33　外部供电图

2. 电插锁的安装

（1）先确定门关到位，然后确定中心线，如图 4-34 所示，并在门框与门扇上做好记录。
（2）将包装盒内的开孔贴纸的中心线与门框上中心线对齐并贴上，如图 4-35 所示。

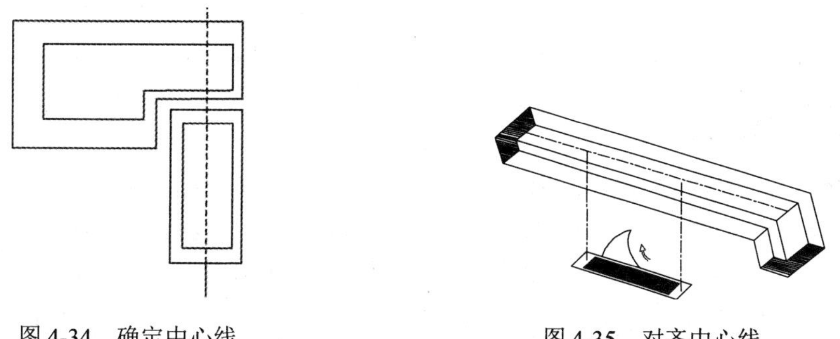

图 4-34　确定中心线　　　　图 4-35　对齐中心线

（3）用开孔工具根据相应电插锁的型号和位置开孔，如图 4-36 所示。
（4）根据开好的孔位，将电插锁锁体与装饰面板固定在门框上，如图 4-37 所示。

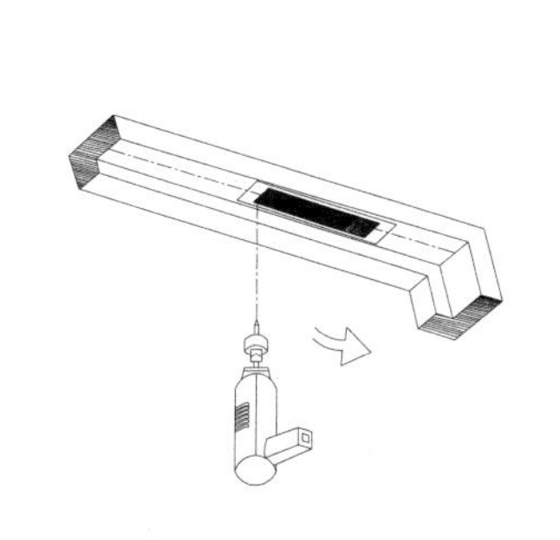

图 4-36　开孔

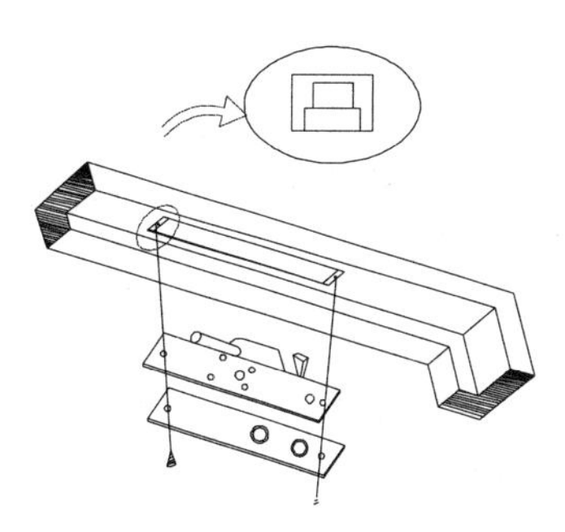

图 4-37　固定锁体

（5）根据门与电插锁、锁舌确定中心线的位置，将开孔纸贴到门上，如图 4-38 所示。

（6）用专用开孔工具根据相应电插锁型号对应相应的磁扣板型号开孔，如图 4-39 所示。

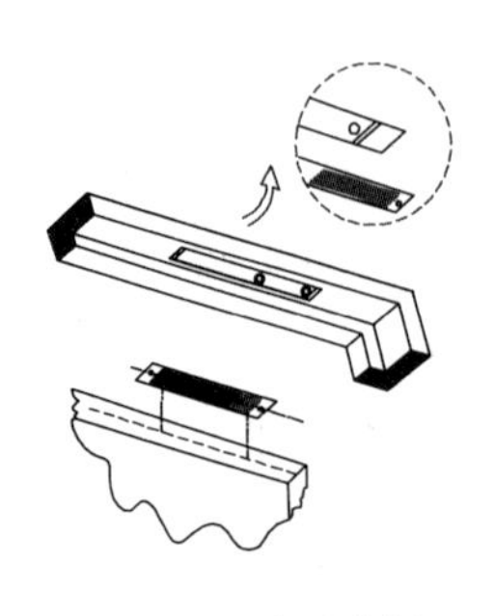

图 4-38　贴开孔纸

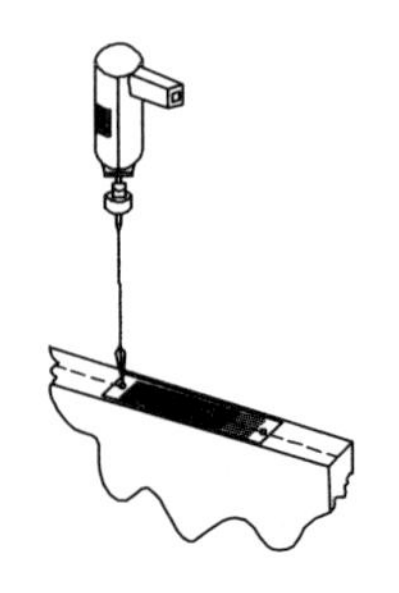

图 4-39　磁扣板开孔

（7）用螺钉将磁扣板固定在门扇上，如图 4-40 所示。

（8）使电插锁锁舌中心线与磁扣板上的锁舌孔中心线保持一致，如图 4-41 所示，即可安装完成。

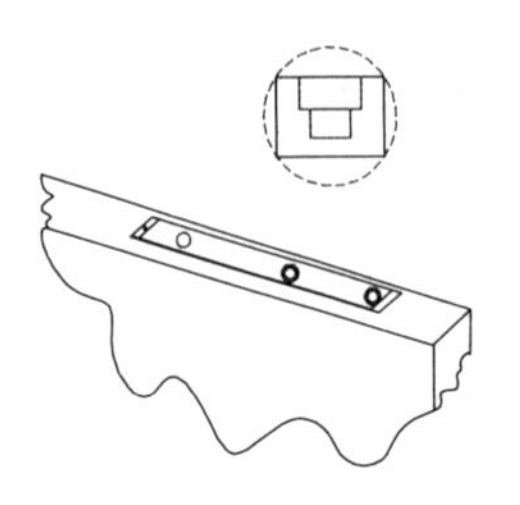

图 4-40　磁扣板固定

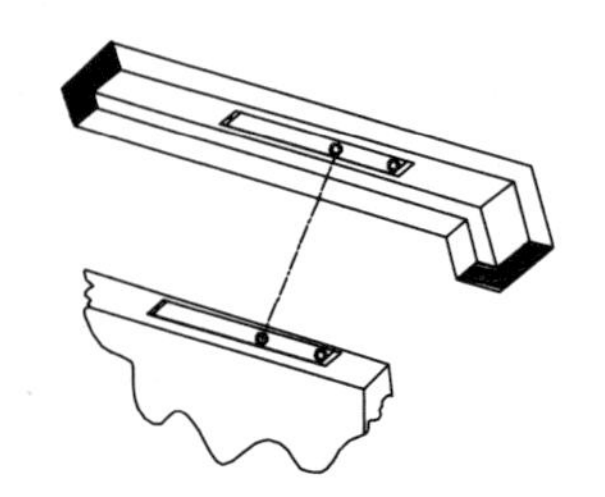

图 4-41　保持中心线一致

3. 门禁控制器的安装

门禁控制器一般应安装在控制箱内，控制箱的安装位置、高度等应符合设计规范要求，应安装在较隐蔽或安全的地方，要方便技术人员作业。控制箱应用紧固件或螺钉固定在坚固的墙上，旁边有适合的交流电源插座，与系统 PC 距离较近。明装时，箱体应水平不得倾斜，并应用膨胀螺钉固定；暗装时，箱体应紧贴建筑物表面，严禁使用电焊或气焊将箱体和预埋管焊在一起。

4.4.5　电插锁与门禁控制器的安装与调试实训

1. 实训目的

（1）能够按工程设计及工艺要求正确安装电插锁。

（2）能够完成电插锁与控制器的连接。

（3）能够对电插锁的安装质量进行检查。

（4）会编写安装与调试说明书。

2. 必备知识点

（1）掌握电插锁的供电方式。

（2）会正确安装电插锁。

（3）会正确安装控制器。

（4）会正确完成电插锁与控制器的连接。

3．实训设备与器材

电插锁	1个
线材	若干
直流12V电源	1个
工具包	1套
出门按钮	1个
门禁控制器	1套

4．实训内容

将电插锁安装在指定位置，并完成与控制器的连接；将出门按钮接入控制器中，完成控制器与电插锁的供电。

5．实训要求

检查锁具和门禁控制器安装位置的现场情况，检查其外观，应无瑕疵、划痕等。

（1）将电插锁安装在指定位置。

（2）使用规定线材完成锁具与控制器的连接。

（3）完成锁具和控制器的供电连接。

将锁具安装在指定位置上；将门禁控制器安装在指定的控制箱内；完成电插锁与门禁控制器的连接；电插锁采用外部供电方式工作。电插锁连接图如图4-42所示。

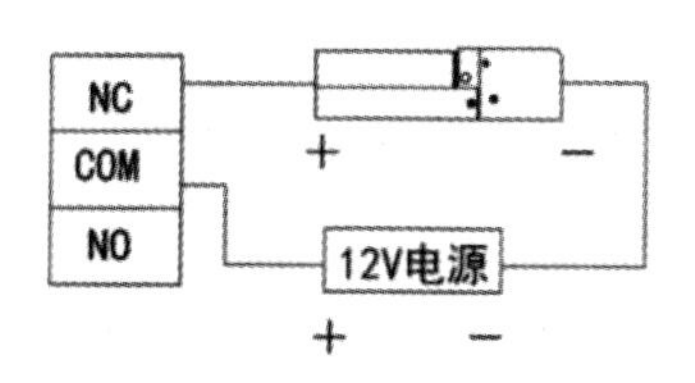

图4-42　电插锁连接图

（4）检查确认后通电，检测电插锁通电与断电的状态，分别用万用表测试正、负端的电压值，并将结果填入表4-6中。

表4-6　电插锁输出端电压值测量

电插锁输出端电压值	通电	断电
U		

（5）分别使用门禁控制系统的超级密码与出门按钮开门。

（6）编写安装与调试说明书。

6．注意事项

（1）信号线（如网线）不能与大功率电力线（如电插锁线与电源线）平行，更不能穿在同一根管内。若因环境所限要平行走线，则上述两种线缆之间的距离要保持在50cm以上。

（2）配线时应尽量避免导线有接头。当非用接头不可时，接头必须采用压线或焊接。导线连接和分支处不应受到机械力的作用。

（3）配线在建筑物内安装要保持水平或垂直。配线应加套管保护（塑料管或镀锌金属管，按室内配线的技术要求选配），天花板走线可用金属软管，但需要固定稳妥且美观。

（4）屏蔽措施及屏蔽连接：在安装前的考察中如果发现布线环境的电磁干扰比较强烈，那么必须考虑对数据线进行屏蔽保护。当安装现场有比较大的辐射干扰源或与大电流的电源成平行布置等，须进行全面的屏蔽保护。屏蔽措施一般为最大限度地远离干扰源，并使用金属线槽或镀锌金属管，保证数据线的屏蔽层和金属槽或金属管的连接可靠接地，屏蔽体只有连续可靠地接地才能取得屏蔽效果。

（5）必须通过跳线选择采用内部电源或外部电源对电插锁供电，跳线默认为内部电源供电。

（6）在实际安装过程中，为防止电插锁通、断电工作时反向电动势干扰控制器，建议安装时在电插锁的正、负极上并接续流二极管，以消除反向电动势干扰，如图 4-43 所示。

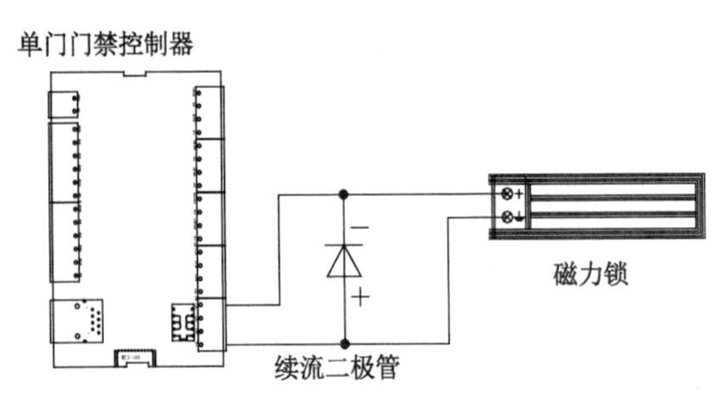

图 4-43　并接续流二极管保护电路

（7）电插锁的功耗大于继电器触电容量（一般控制器允许通过触点的最大容量为 30VDC/1A）时，要使用中继器进行隔离，电路如图 4-44 所示。

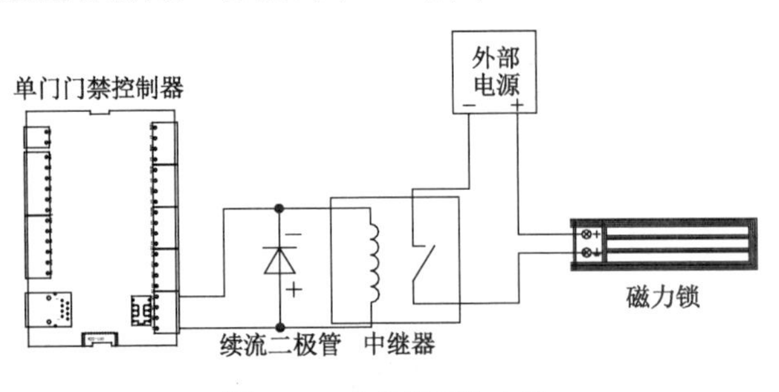

图 4-44　中继器保护电路

任务 5　磁力锁与门禁控制器的安装与调试

4.5.1　磁力锁

除电源线外，有些磁力锁是带门状态（门磁状态）输出的，仔细观察接线端子，除电源接线端子外，还有 COM、NO、NC 三个接线端子，如图 4-45 所示，这些接线端子的作用可以根据当前门是开着的还是关着的，输出不同的开关信号给门禁控制器做判断。例如，门禁的非法闯入报警，门长时间未关闭等功能都依赖这些信号做判断。如果不需要这些功能，那么门状态信号端子可以不接入门禁控制器中。

图 4-45 磁力锁内的接线端子

4.5.2 磁力锁的安装与管线布置

磁力锁安装示意图如图 4-46 所示。磁力锁管线布置图如图 4-47 所示。

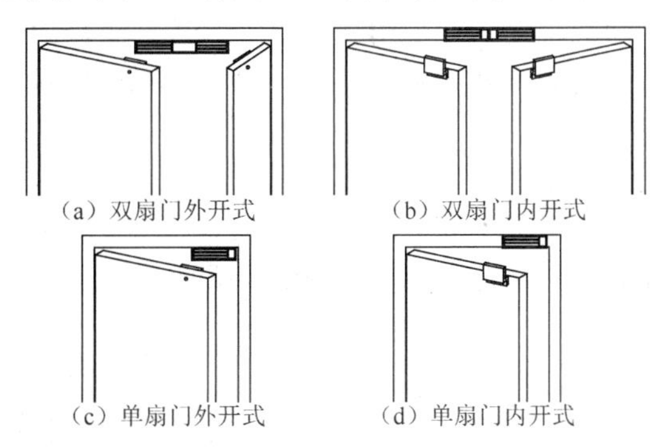

说明：

①双开玻璃门一般采用电插锁，单开门最好采用磁力锁。
②磁力锁的稳定性与安全性均高于电插锁，但价格较电插锁高。
③安装好磁力锁后用力拉一拉，拉不开为正常，但是要注意安装时吸附板与锁体要吻合，吸铁不要安装得过紧，否则会影响耐拉力。

图 4-46 磁力锁安装示意图

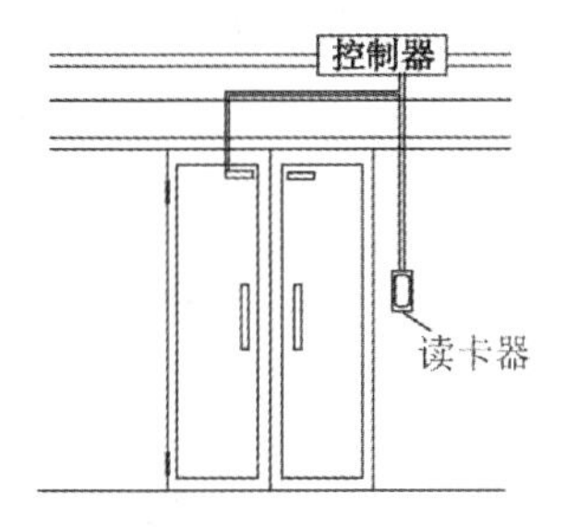

图 4-47 磁力锁管线布置图

4.5.3 磁力锁的安装方法

1. 磁力锁的安装形式

磁力锁的安装形式可分为内置式安装与外置式安装两种。内置式安装是指磁力锁安装时嵌藏在门框内，使其与门浑然一体；外置式安装是指磁力锁安装在门框外面，选用时对尺寸要求不是很严格。

磁力锁适用于木门、铁门、铝合金门、不锈钢门和玻璃门等。

磁力锁的优点：性能比较稳定，返修率会低于其他电插锁。安装方便，不用挖锁孔，只用走线槽，用螺钉固定锁体即可。

磁力锁的缺点：一般安装在门外的门槛顶部，而且由于外露，美观性和安全性都不如隐藏式安装的电插锁。价格和电插锁差不多，有的会略高一些。

由于吸力有限，通常的型号是 280 公斤力的，这种吸力有可能被多人同时使力或者力气很大的人忽然用力拉开。磁力锁通常用于办公室内部一些非高安全级别的场合，否则要定做抗拉力 500 公斤力以上的磁力锁。

磁力锁的安装步骤如下。

① 在门框上角下沿适当位置先安装磁力锁，将磁力锁引线穿出，接上控制线路。

② 将吸附板安装在垫板上，将吸附板工作面与磁力锁铁芯工作面对准，接通电源后，可将吸附板吸合在磁力锁上。

③ 将门扇合拢，将吸附板垫板的正确位置画在门扇上，并将吸附板垫板固定在门扇上。

④ 调节吸附板与磁力锁之间的距离，使吸附板与磁力锁铁芯工作面全面、良好、紧密接触。调节方法：可用增减吸附板中心紧固螺栓的垫圈数的方法调节，使吸附板与安装垫板之间的距离发生变化而达到安装目的。

2．磁力锁在不同材质的门上的安装

磁力锁在不同材质的门上的安装方法如图 4-48～图 4-52 所示。

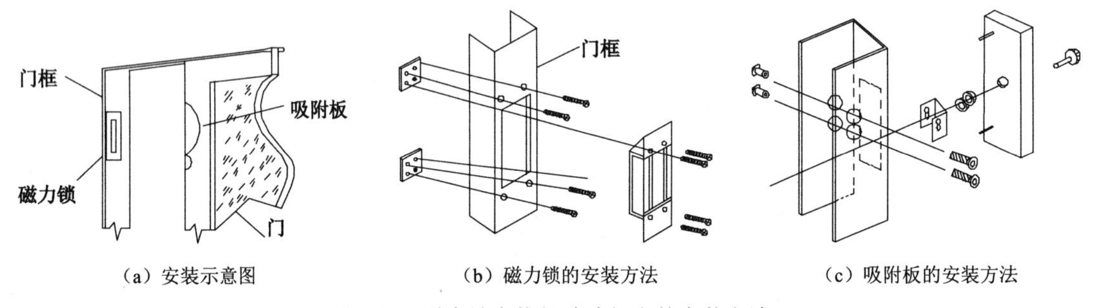

（a）安装示意图　（b）磁力锁的安装方法　（c）吸附板的安装方法

图 4-48　磁力锁在推拉玻璃门上的安装方法

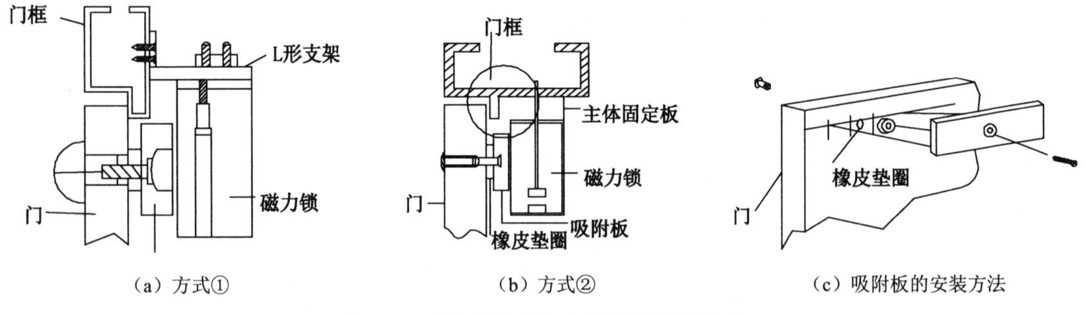

（a）方式①　（b）方式②　（c）吸附板的安装方法

图 4-49　磁力锁在铝合金门上的安装方法

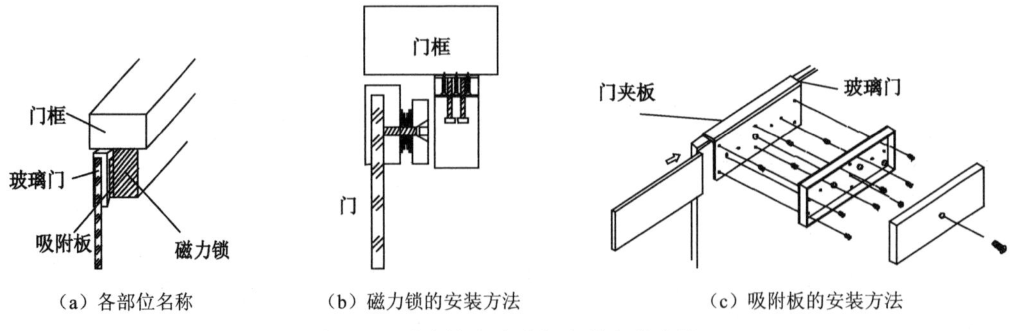

（a）各部位名称　（b）磁力锁的安装方法　（c）吸附板的安装方法

图 4-50　磁力锁在玻璃门上的安装方法

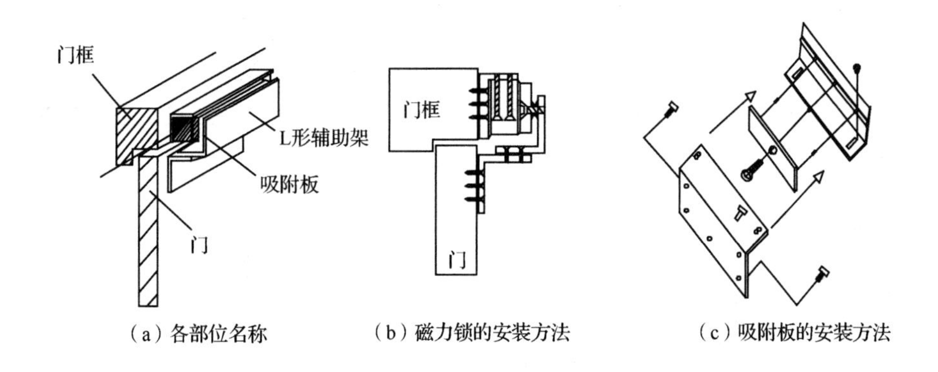

图 4-51　磁力锁在内开木门上的安装方法

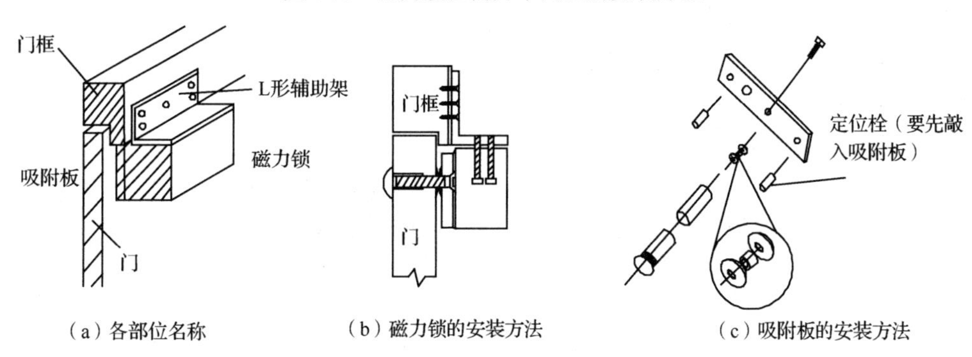

图 4-52　磁力锁在外开木门上的安装方法

4.5.4　磁力锁与门禁控制器的安装与调试实训

1. 实训目的

（1）能够按工程设计及工艺要求正确安装磁力锁。

（2）完成磁力锁与门禁控制器的连接。

（3）对磁力锁的安装质量进行检查；编写安装与调试说明书。

2. 必备知识点

（1）掌握磁力锁的供电方式。

（2）会正确安装磁力锁。

（3）会正确安装门禁控制器。

（4）会正确完成磁力锁与门禁控制器的连接。

3. 实训设备与器材

磁力锁	1 个
线材	若干
直流 12V 电源	1 个
工具包	1 套
出门按钮	1 个
门禁控制器	1 套

4．实训内容

将磁力锁安装在指定位置并完成与门禁控制器的连接；将出门按钮接入门禁控制器中，完成门禁控制器与磁力锁的供电。

5．实训要求

检查锁具和门禁控制器安装位置的现场情况，检查其外观，应无瑕疵、划痕等。

（1）将锁具安装在指定位置。

（2）将门禁控制器安装在指定的控制箱内。

（3）完成磁力锁与门禁控制器的连接。

（4）磁力锁采用外部供电方式工作。

（5）按图 4-53 连线。

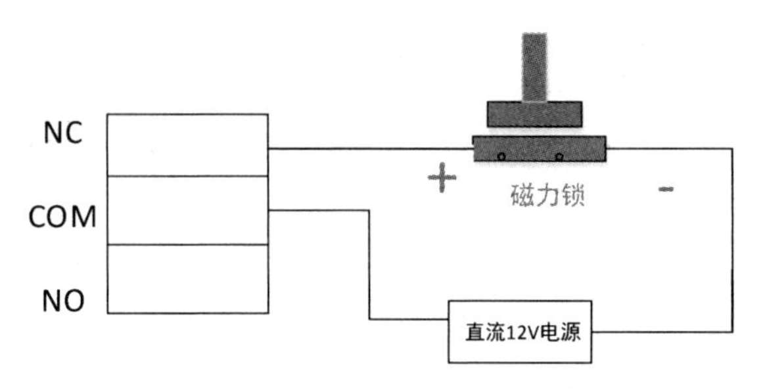

图 4-53　磁力锁连线图

（6）检查确认后通电，检测磁力锁通电与断电的状态，分别用万用表测试正、负端的电压值，并将结果填入表 4-7 中。

表 4-7　磁力锁输出端电压值测量

磁力锁输出端电压值	通电	断电
U		

（7）编写设备安装与调试说明书。

6．注意事项

（1）安装外开式磁力锁吸附板时，不要把它锁紧，使其能轻微摇摆以利于和锁主体自然结合。

（2）不要在吸附板或锁主体上钻孔，不要更换吸附板固定螺钉，不要用刺激性的清洁剂擦拭电磁锁，不要改动电路。

（3）配件包内的橡皮圈一定要安装在吸附板与门之间，这样在关门时橡皮圈能吸收部分冲撞力，从而平衡吸附板与门之间的冲撞力。

（4）锁具应合理安装并被有效防护，确保在受控区或低受控区一侧不能通过简单的螺钉拆卸、剪断线缆、人为破坏开门，保证系统的安全可靠。双向读卡控制出入口时，锁具也不能在受控区内进行简单的螺钉拆卸等。

任务6　门禁管理软件的使用

门禁管理软件的使用

4.6.1　门禁管理软件简介

门禁管理软件是通过设置出入人员的权限来控制通道的系统，它在控制人员出入的同时可以对出入人员的情况进行记录和保存，在需要用的时候可以查询这些记录。门禁管理软件一般包含以下几个功能：系统管理、权限管理、持卡人信息管理、门禁开门时段定义、开门记录信息管理、实时监控管理（安防联动需求）、系统日志管理、数据库备份与恢复等，如图4-54所示。

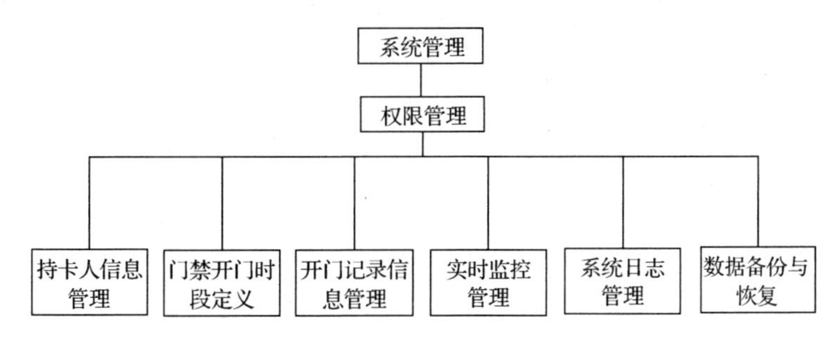

图4-54　门禁管理软件的功能

门禁管理软件一般包括服务器、客户端和数据库三个部分，门禁管理软件主要有以下功能。

（1）系统管理功能：包括设置计算机通信参数，用户使用资料输入，数据库的建立、备份、清除，权限设置等部分，主要用来管理软件系统。

（2）卡片管理功能：包括发卡、退卡、挂失、解挂等功能，用于对卡片进行在线操作。

（3）记录管理功能：用于为管理者查询操作记录，包括各种记录的检索、查找、打印、排序、删除等功能。

（4）门禁管理功能：用于操作者下载门禁的运行参数、用户数据、检测门禁状态操作。

一般来讲，门禁管理软件都是和相应的门禁控制器配套使用的，因为各门禁控制器生产商的控制信号格式、通信协议都是私有的，没有统一的标准，所以只有相应的生产商才能开发出与其相配套的管理软件。现在市场上也出现了一种通用的门禁管理软件，其主要是通过硬件接口和一个中间层实现对不同门禁硬件的管理，但此类管理软件价格较高。

下面以 DH-ASC1202B-D 控制器为例进行对应管理软件的配置和调试，其中可以通过控制器的拨码开关进行初始化或恢复出厂设置，如图4-55所示。门禁控制器的初始化方法如下。

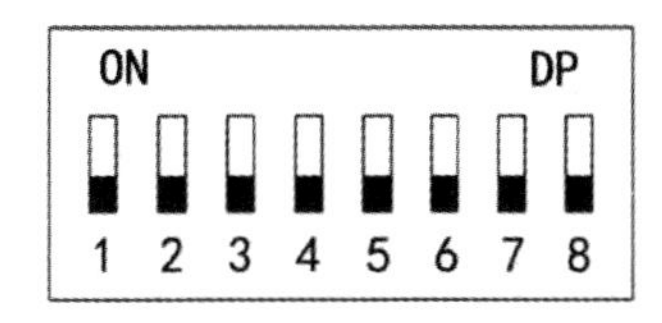

图4-55　控制器的拨码开关

（1）门禁控制器上电。

（2）将门禁控制器的拨码 1、3、5、7 拨到 ON 位置。

（3）将门禁控制器断电重启，当门禁控制器出现 3 次蜂鸣声后，将 1、3、5、7 复位，设备恢复出厂设置后，IP 地址为 192.168.0.2，用户名为 admin，密码为 123456。

4.6.2 门禁管理软件配置

一般说来，门禁管理软件主要完成如下功能，如图 4-56 所示。

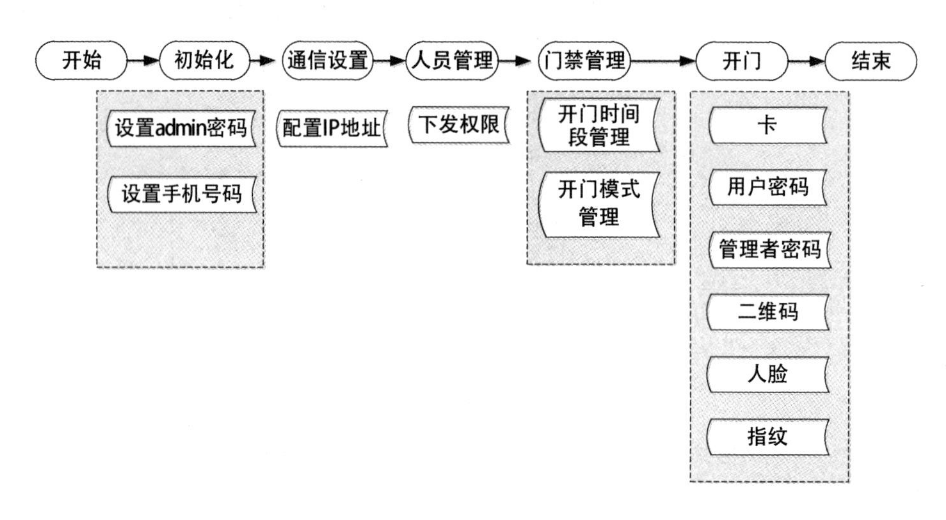

图 4-56　门禁管理软件的主要功能

安装 DH-ASC1202B-D 控制器配套的 SmartPSS Plus 客户端后运行。根据界面提示进行初始化配置，完成登录。

1. 添加控制器

在 SmartPSS Plus 中添加门禁控制器，可选择搜索添加和手动添加两种方法。在添加控制器之前必须保证操作计算机与控制器在同一个网段。

门禁控制器的出厂默认 IP 地址为 192.168.0.2，端口号为 37777，账号为 admin，密码为 123456。

（1）搜索方式添加。

在“设备管理”界面单击“自动搜索”按钮，输入需要搜索的 IP 区间，单击“搜索”按钮，勾选需要添加的设备，单击“添加”按钮，输入设备的用户名和密码，单击“确定”按钮。如图 4-57 所示。

（2）手动方式添加。

使用手动方式添加设备时，需要预知设备的 IP 地址或域名。在“设备管理”界面单击“添加”按钮，如图 4-58 所示。

在“设备管理”界面单击“添加”按钮，输入设备的 IP 地址和设备名称，选择组织，输入设备的用户名和密码，单击“添加”按钮。

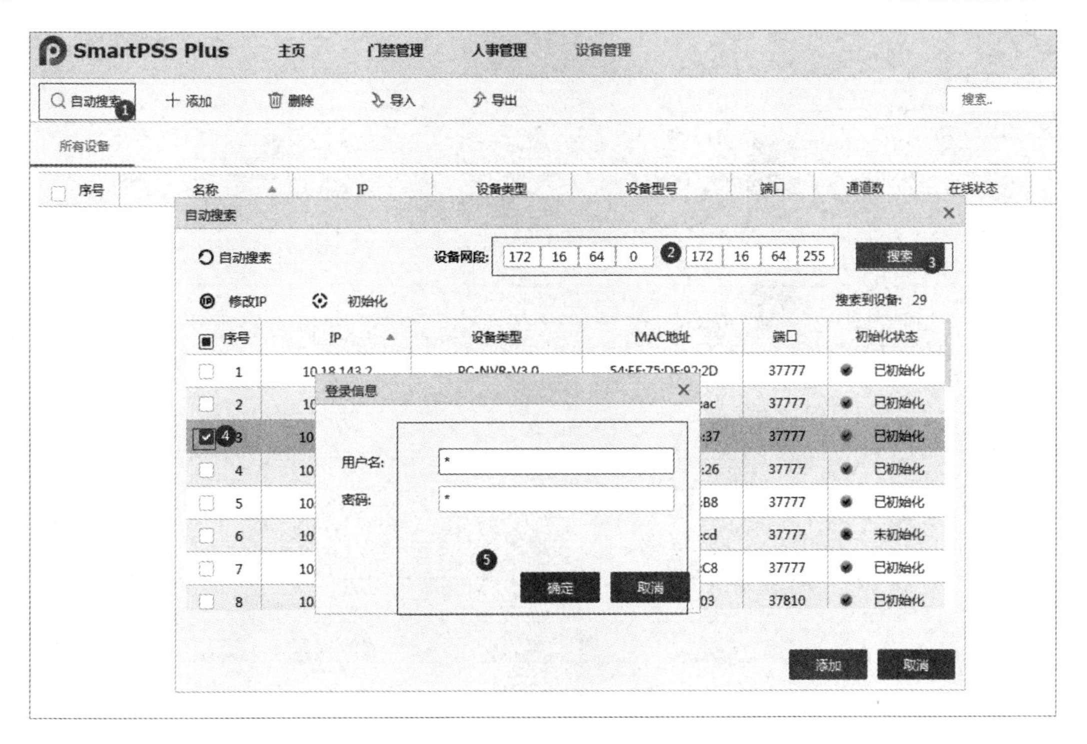

图 4-57 “设备管理”界面

图 4-58 “手动方式添加设备”界面

2. 门禁管理

在主页下方单击“门禁”选项卡，单击“门禁管理”图标，如图 4-59 所示，进入“门禁管理”界面。

图 4-59　单击“门禁管理”图标

（1）新建分组。

在“门禁管理”界面中新建分组后，可以将想要添加的设备用鼠标选中并拖动至对应的组织下，如图 4-60 所示。选择组织，右键选择新建分组；输入分组名称，单击“保存”按钮。

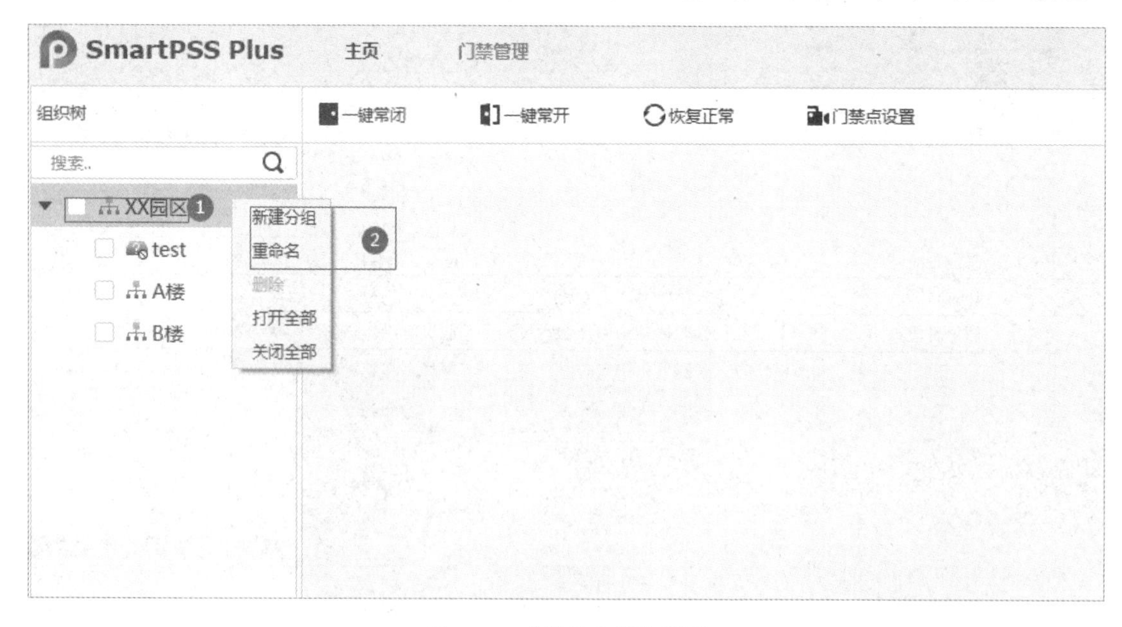

图 4-60　“新建分组”界面

修改组织名称，单击需要修改的组织；右键选择重命名；输入需要修改的组织名称；单击“保存”按钮。

（2）门禁配置。

在主页下方单击“门禁配置”图标，进入“门禁配置”界面。“门禁配置”界面如图 4-61 所示。

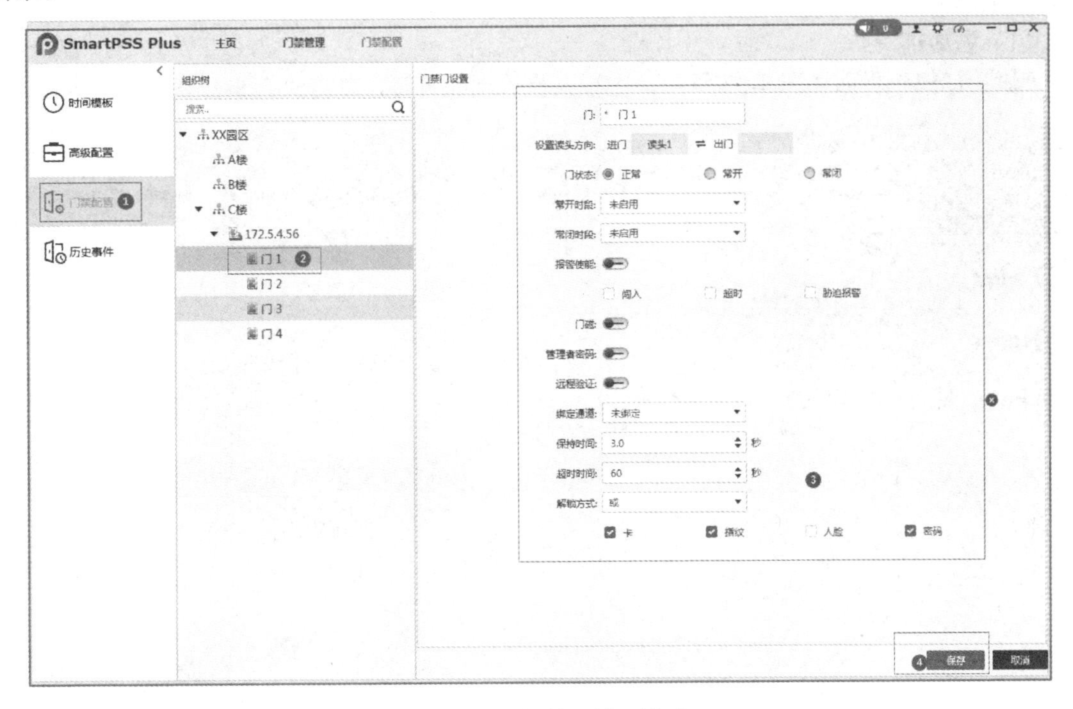

图 4-61 “门禁配置”界面

“门禁配置”界面说明如表 4-8 所示。

表 4-8 “门禁配置”界面说明

名称	说明
读头（读卡器）	1．修改读头名称。 2．单击或者切换进出状态
门状态	包括正常、常开和常闭状态
保持时间	开门持续时间为 3s
超时时间	门未关超时时间为 60s
假日时段	在门禁时段范围内，假日日期下，假日时段优先执行，默认为空
常开时段	在门禁时段范围内，常开时段下，门处于常开状态，默认为空
开门方式	支持设置的开门方式如密码、刷卡、密码+刷卡、时间段、指纹、刷卡/密码/指纹、刷卡+指纹、人证比对、身份证+人证比对、人证比对/刷卡/指纹、人证比对/刷卡（二维码）/人脸等。根据门禁设备的实际支持方式选择开门方式。时间段开门方式支持以星期为周期，每天配置 4 个时间段，每个时间段设置不同的开门方式
报警使能	闯入：门被强行闯入时发生报警。 超时：门未关超时时发生报警。 胁迫报警：刷胁迫卡时发生报警
门磁	门的开关状态根据门磁实际开关状态来判断

单击“门禁配置”图标，选择需要配置的门组，修改配置项，单击“保存”按钮。

3. 人员管理

门禁控制系统最基本的功能就是限制人员的出入，即指定用户在什么时候可以打开什么门，必须由限定时间和限定能开的门决定。

（1）添加部门。

“添加部门”界面如图 4-62 所示。进行人员管理配置时，单击“人事管理”选项卡。

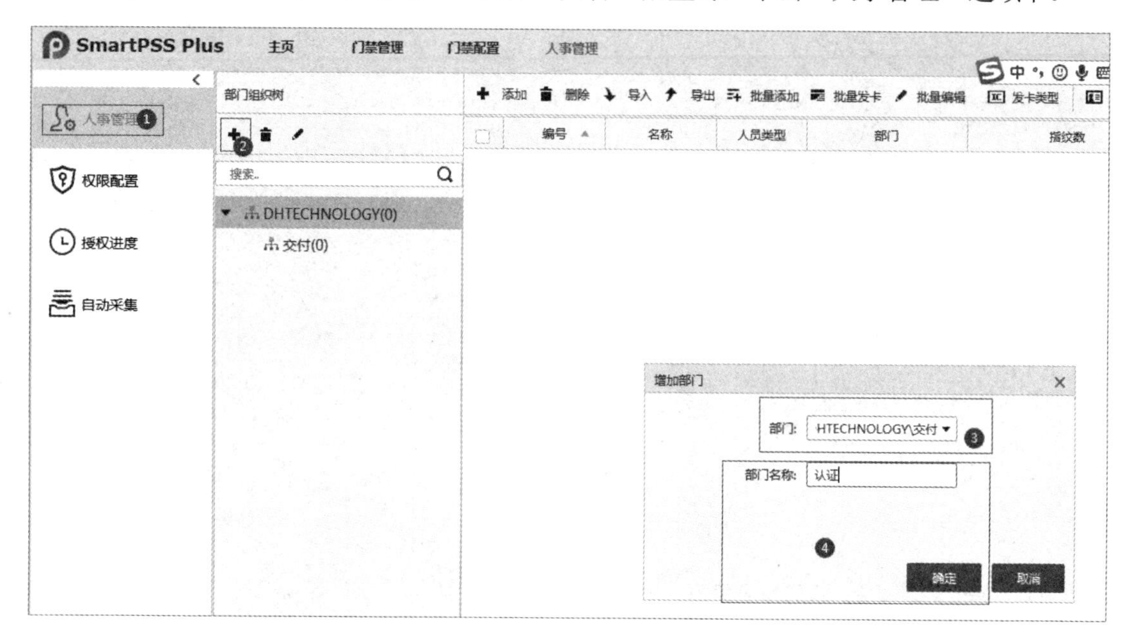

图 4-62　“添加部门”界面

进入“人事管理”界面，建立部门组织树，默认支持 5 级（包括默认部门）。建立一级部门点：右键单击组织树下方的空白区域，选择“增加部门”命令，建立部门的子节点；右键单击上级部门节点，选择“+”命令，如图 4-63 所示。

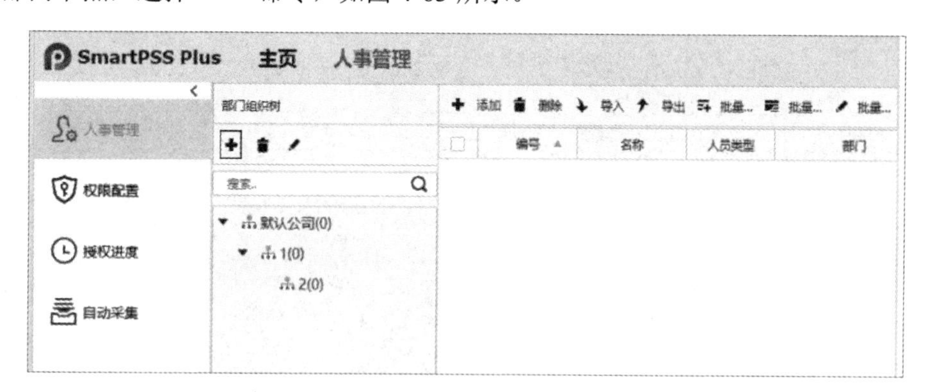

图 4-63　增加部门

（2）修改部门。

“修改部门信息”界面如图 4-64 所示。

单击“人事管理”选项卡，选择需要修改名称的部门，单击“修改”按钮。

（3）设置卡片类型。

选择对应的卡片类型，如图 4-65 所示。

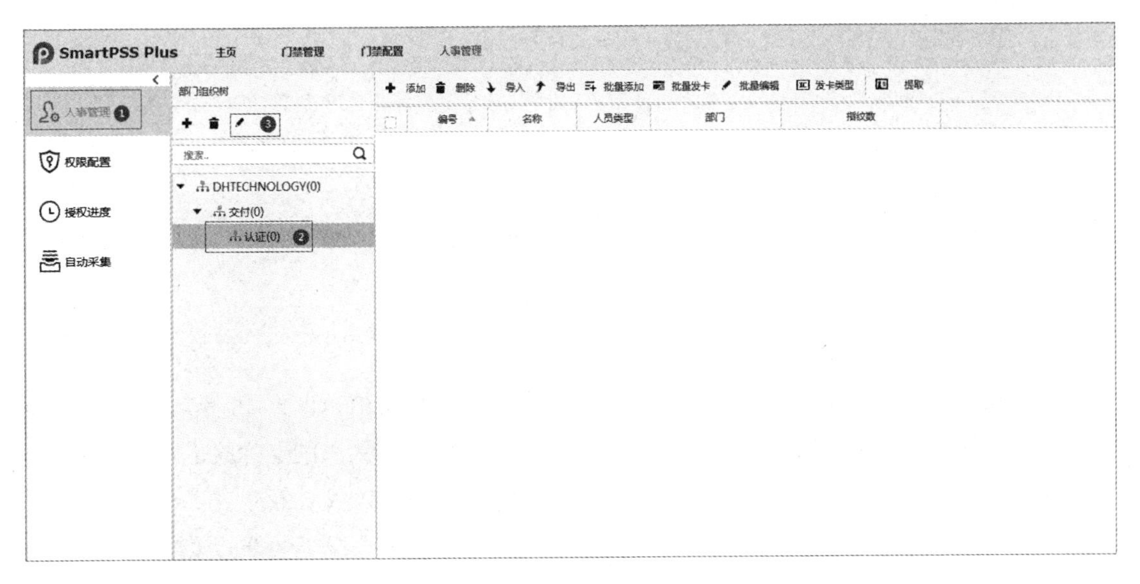

图 4-64 “修改部门信息”界面

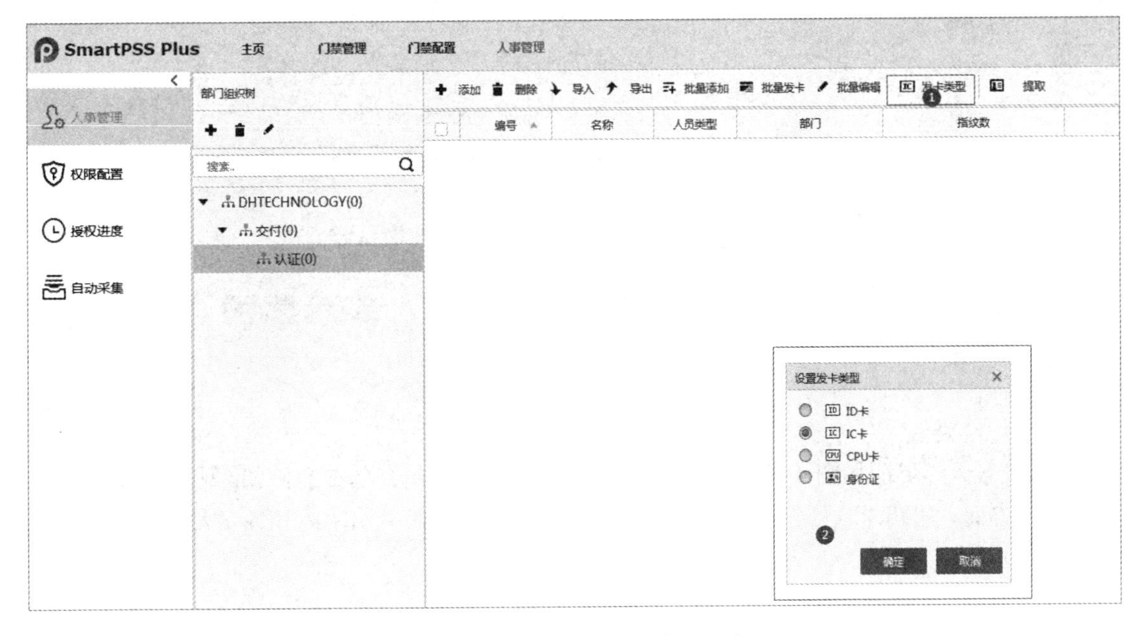

图 4-65 “设置卡片类型”界面

（4）新增人员。

① 添加单个人员。

在“人事管理”界面单击“+”按钮，弹出“添加用户” 界面，手动添加人员信息。

② 批量导入人员。

下载人员列表模板：单击按钮可以导出人员列表。字段中只需要输入编号（员工号）、名称（员工名称）、卡号、部门、图片路径（图片在本地的存放路径），EXCEL 员工信息表的存放路径必须与图片路径一致，如图 4-66 所示。单击按钮，弹出“人员列表导入”界面，选择正确路径下的人员列表，即可完成人员导入。

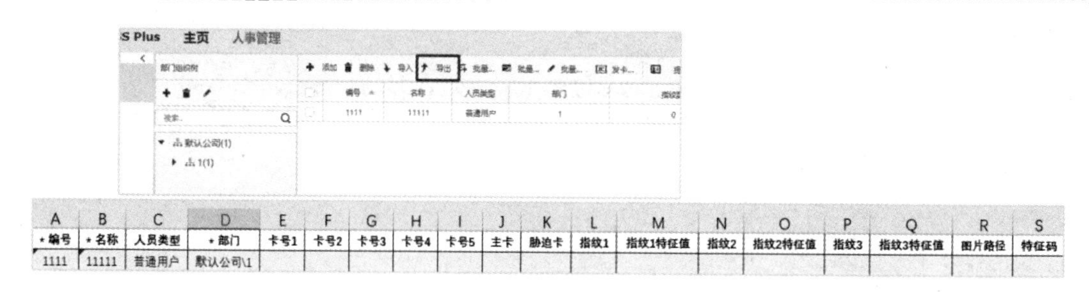

图 4-66　批量导入人员

（5）人员发卡。

选中要添加卡片的人员，单击右侧的按钮，弹出“编辑用户”界面；单击“认证”按钮，单击按钮，选择读卡设备。单击“添加”按钮，将需要录入的卡片放于发卡器或其他发卡设备上，获取卡号，单击“确定”按钮，如图 4-67 所示。

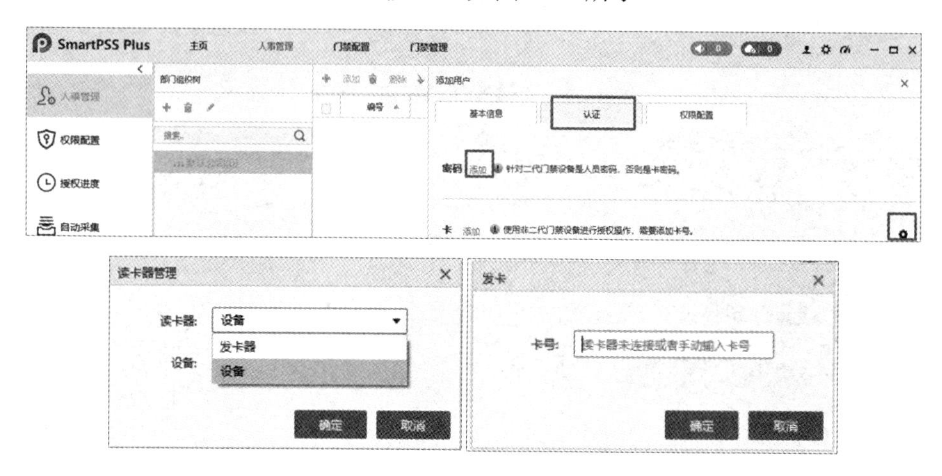

图 4-67　人员发卡

（6）指纹录入。

“指纹录入”界面如图 4-68 所示。选中要添加指纹的人员，单击右侧的按钮，弹出“编辑用户”界面，单击“认证”按钮，选择指纹设备，根据界面提示录入指纹信息；每个人最多录入 3 枚指纹，支持指纹名称录入。

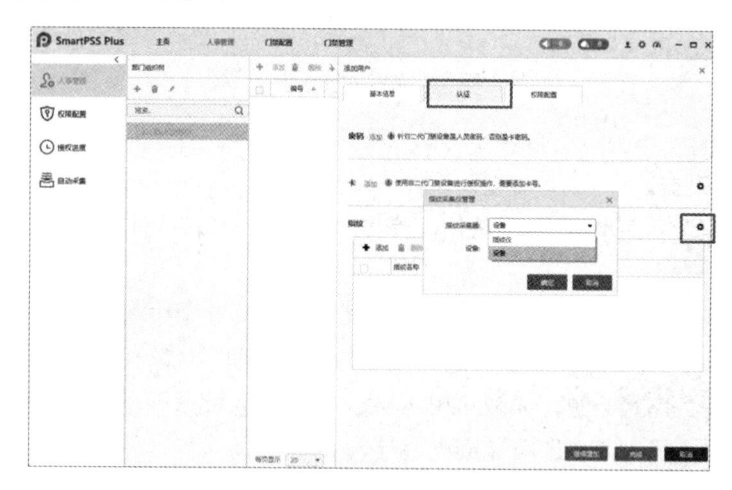

图 4-68　“指纹录入”界面

录入指纹前，手指及指纹采集面板应保持清洁，不沾油污、不沾水。

录入指纹时，手指平压于指纹采集窗口上，指纹纹心尽量正对窗口中心。

请勿将指纹采集面板置于强光直射、温度过高、湿度过高的环境。

指纹磨平或指纹较浅时，请选择其他认证方式。

推荐使用食指、中指和无名指录入指纹。大拇指和小拇指不容易放到采集窗口上。

指纹录入示意图如图 4-69 所示。

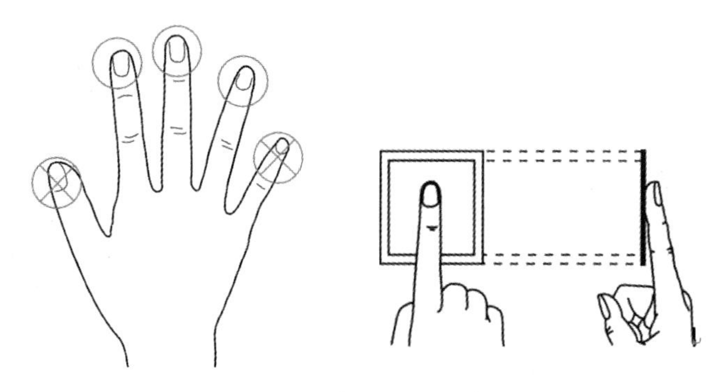

图 4-69　指纹录入示意图

4．时段管理

单击“门禁配置”图标进入“门禁配置”界面，单击“时间模板”选项卡，显示“时间模板”配置界面。单击“添加”按钮，系统显示时段详情，如图 4-70 所示。

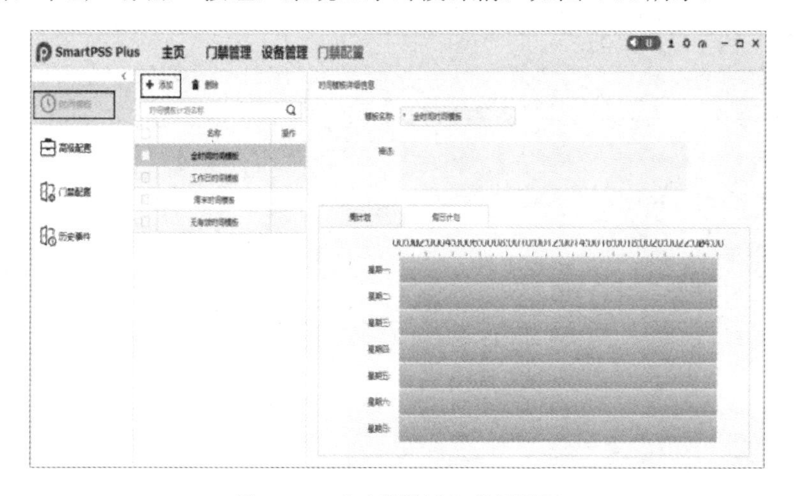

图 4-70　“时段模板”配置界面

5．假日管理

选择图 4-70 中的“假日计划”标签，系统显示“假日计划”界面。单击“添加”按钮，输入假日名称和假日日期范围，单击“保存”按钮保存配置信息。假日日期内，假日时段优先执行。假日时段仅用于门禁时段。

6．权限管理

（1）增加权限组。

权限组是门禁的集合。设置权限组后，将权限组与人员绑定，可以批量赋予人员权限组对应门禁的通行权限。“增加权限组”界面如图 4-71 所示。

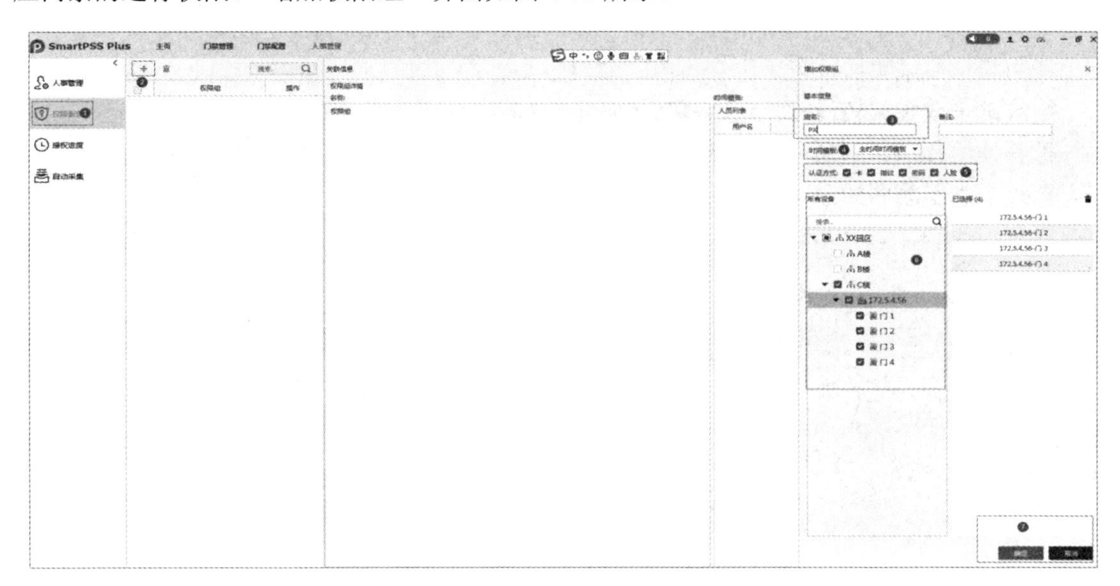

图 4-71 “增加权限组”界面

单击“权限配置”选项卡，单击“+”按钮，输入权限组名称，选择时段、认证方式和需要生效的门点，单击“确定”按钮。

（2）权限配置。

“权限配置”界面如图 4-72 所示。

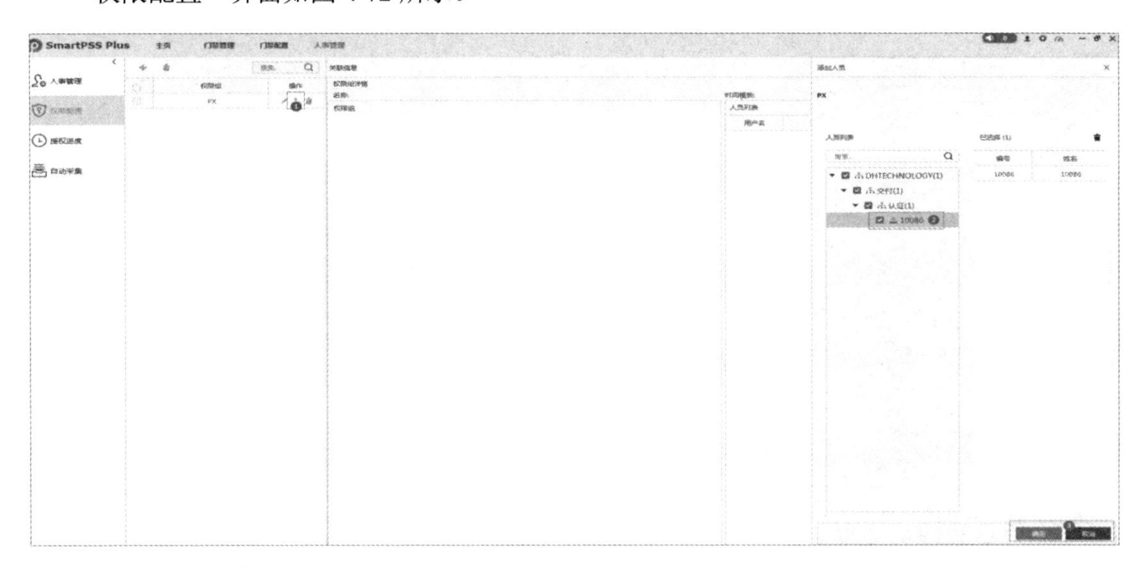

图 4-72 “权限配置”界面

选择权限组，单击 按钮，选择部门，单击“确定”按钮。

“权限配置成功”界面如图 4-73 所示。

（3）设置首卡开门。

首卡开门即每天只有设定的首卡刷卡开门后，其他非首卡刷卡才能开门。可以将多张卡设定为首卡，任何一张首卡刷卡开门后，其他非首卡刷卡都能开门。设置首卡开门的用户必须得有该门的开门权限。首卡人员的人员类型只能为普通用户。“首卡开门设置”界面如图 4-74 所示。

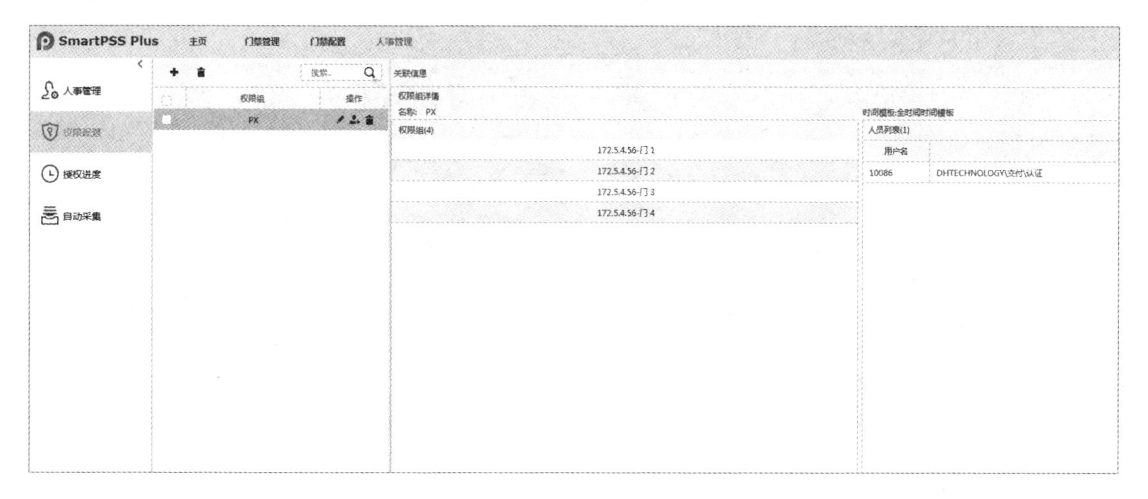

图 4-73 “权限配置成功”界面

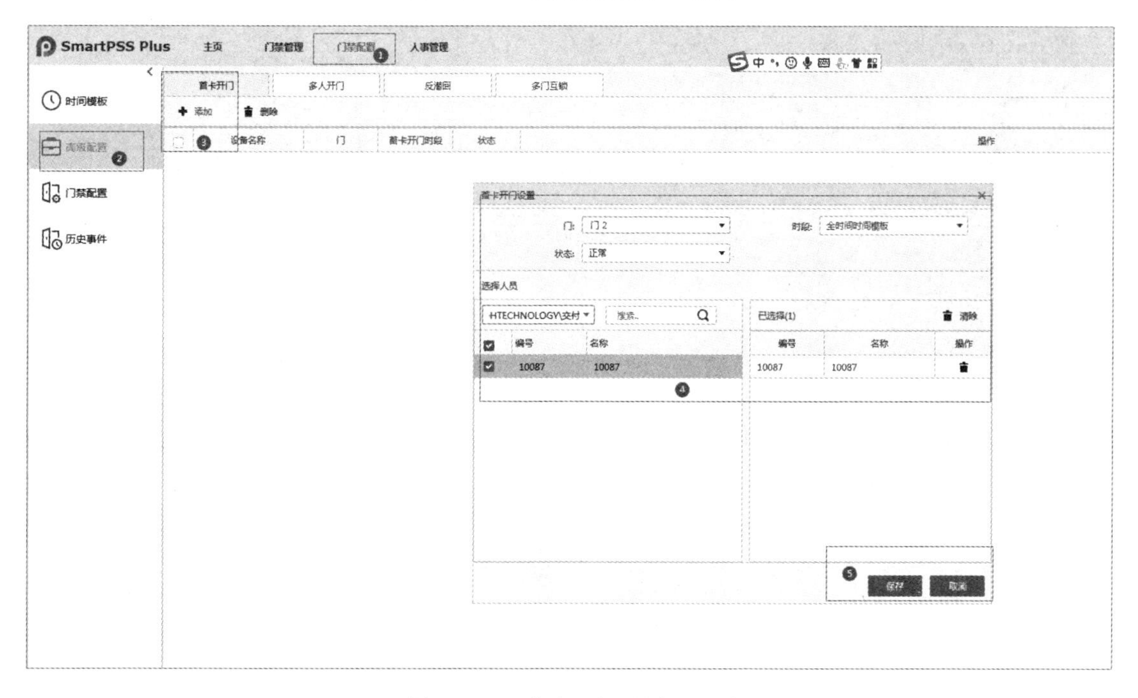

图 4-74 “首卡开门设置”界面

依次单击“门禁配置”选项卡和“高级配置”选项卡，选择“首卡开门”选项，单击“添加”按钮，选择门和人员信息，单击“保存”按钮。

（4）多人开门。

某个门禁通道需要多组人按照人员组的先后顺序刷卡才可以开门。一个人员组最多有 50 人。启用多卡开门的门禁通道，最多支持 4 组人同时在场验证，总人数最多为 200 人，有效总人数最多为 5 人。要实现多人开门，就必须已赋予开门人员门禁的通行权限。“多人开门设置”界面如图 4-75 所示。

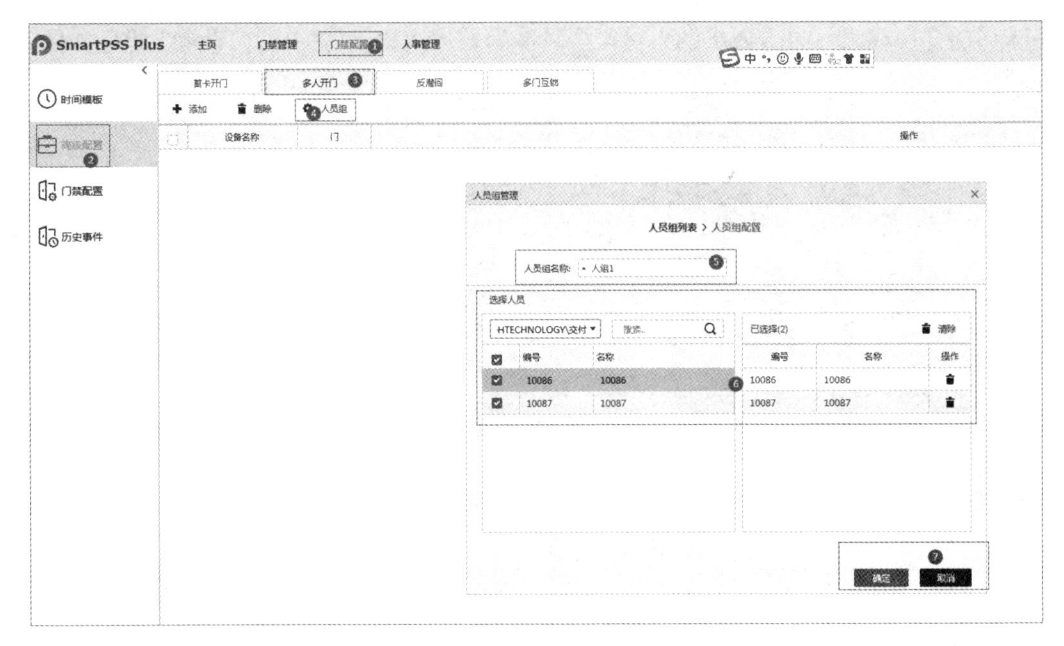

图 4-75　“多人开门设置”界面

依次单击“门禁配置”选项卡和“高级配置”选项卡，选择“多人开门”选项，单击“人员组”按钮，输入人员组名称，选择人员，单击“确定”按钮。单击“添加”按钮，选择门和人员组，单击“确定”按钮。

（5）防反潜回。

防反潜回是指验证的人员从某个门组进，从指定门组出，必须一进一出严格对应。如果人员进门未验证，尾随别人进来，那么出门时系统验证不通过。如果人员出门未验证，尾随别人出去，那么再进门时系统验证不通过。

例如，将防反潜回时间设置为 30min，如果人员验证进门且没有验证出门，30min 内再次验证进门，那么触发防反潜回报警；如果人员验证进门且有验证出门，30min 内再次验证进门，那么不会触发防反潜回报警。

“反潜回设置”界面如图 4-76 所示。

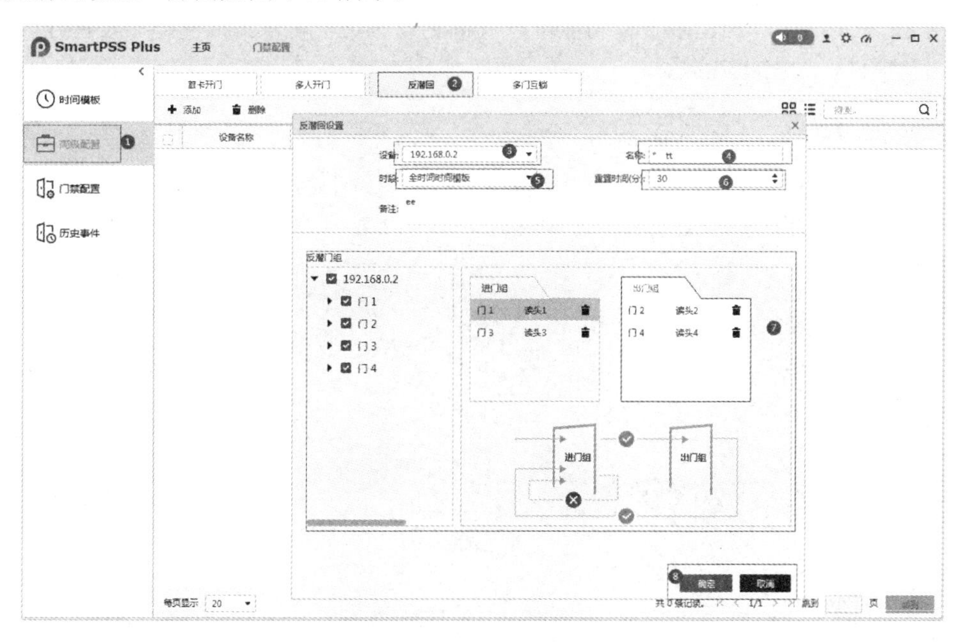

图 4-76 “反潜回设置”界面

依次单击“高级配置”选项卡和“反潜回”选项卡，单击“添加”按钮，选择需要防反潜回的设备和时段，输入名称和重置时间，选择进出门组，单击“确定”按钮。

（6）多门互锁。

多门互锁可以实现组内互锁，即门组的一个门禁通道开启时，该门组的其他门禁通道都关闭。当要开启一个门禁通道时，其他对应的门禁通道必须关闭，否则无法开门。门组之间互不影响。“多门互锁设置”界面如图 4-77 所示。

图 4-77 “多门互锁设置”界面

依次单击“高级配置”选项卡和“多门互锁”选项卡，选择设备，并输入名称，单击“添加”按钮添加门组，将需要互锁的门放在同一组内，单击“确定”按钮。

（7）设备历史记录。

使用 SmartPSS 的历史记录查询功能可以查询到设备历史记录，以便得知设备开门异常的实际原因及事件，如图 4-78 所示。

图 4-78　历史记录查询

单击“门禁管理”选项卡，选择对应的设备，选择“列表”可在事件信息中查看历史信息。

4.6.3　门禁管理软件的使用实训

1．实训目的

（1）熟练使用门禁管理软件。

（2）以某公司的企划部、人力资源部、生产部、厂务部为例，输入相应的用户资料，实现卡片注册、注销、更改等操作。

（3）实现门点互锁、多卡开门、防反潜回（APB）功能。

2．必备知识点

（1）掌握门禁管理软件的使用方法。

（2）会设置新开卡功能。

（3）会验证卡片功能。

（4）会设置卡+密码开门模式。

（5）会查询发卡、刷卡记录。

（6）会设置首卡开门。

（7）会设置多卡开门。

（8）会设置防反潜回功能。

（9）会启用门磁使能功能。

3. 实训设备器材

双门控制器	1台
磁力锁	2套
门禁管理软件	1台
出门按钮	2个
读卡器	4台
发卡器	1台
门磁	2对
网线	若干
线材	若干
工具包	1套

4. 实训内容

以某公司的企划部、人力资源部、生产部、厂务部为例，输入相应的用户资料（不少于20人），实现卡片注册、注销、更改等操作；实现首卡开门、多卡开门、防反潜回（APB）功能。门磁、出门按钮、锁具的连接示意图如图4-79所示。

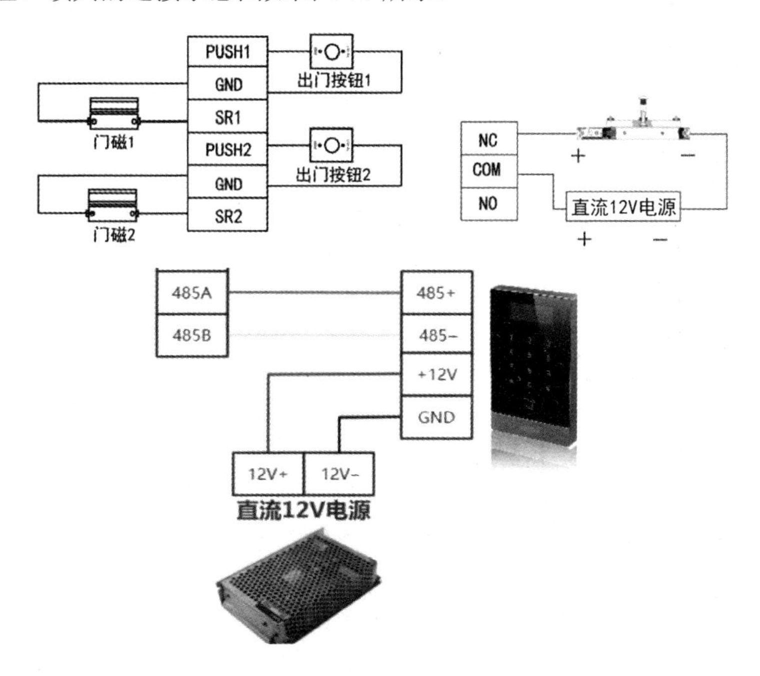

图4-79 门磁、出门按钮、锁具的连接示意图

（1）设备添加。

使用添加控制器的方式在操作计算机上添加门禁控制器。添加门禁控制器前确保门禁控制器与计算机在同一网络中。确保门禁控制系统的硬件连接完毕。

（2）人员添加与发卡。

以某公司的企划部、人力资源部、生产部、厂务部为例，输入相应的用户资料，实现至少两张卡片的注册、注销、更改等操作。发卡完成后，验证其有效性，在读卡器上刷已发卡片，看继电器是否会有动作，门是否开启。

（3）门禁配置。

在“门禁配置”界面单击要配置的门通道，弹出“门禁配置”界面，按需对门通道进行配置，如可按需配置开门保持时间、超时时间、开门方式、报警使能等。

（4）历史资料查询。

利用该软件进行资料查询，会设置查询条件，会导出查询资料的电子文件等。查找的资料信息包括用户的登记信息、读卡记录、发卡记录、权限查询、开门记录、事件记录、报警事件等。

（5）首卡开门设置。

每天只有设定的首卡刷卡开门后，其他非首卡刷卡才能开门。可以将多张卡设定为首卡，任何一张首卡刷卡开门后，其他非首卡刷卡都能开门。

单击“权限管理”选项卡，选择“首卡开门”选项，添加选择对应的门，选择时间模板，设置好门状态，选择人员组织，添加对应的人后保存生效。

（6）多人开门。

多人开门是指某个门禁通道需要多组人按照组的先后顺序刷卡才可以开门，一般用在银行等保密性要求较高的场所。

（7）防反潜回设置。

防反潜回设置规定了用户进出的路线，若用户不按规定路线进出，则将受到限制。从某个门组进，从指定门组出，必须一进一出严格对应。如果用户进门未验证，尾随别人进来，那么出门时系统验证不通过。如果用户出门未验证，尾随别人出去，那么再进门时，系统验证不通过。

（8）多门互锁。

多门互锁可以实现组内互锁，即门组的一个门禁通道开启时，该门组的其他门禁通道都关闭。当要开启一个门禁通道时，其他对应的门禁通道必须关闭，否则无法开门。门组之间互不影响。一般针对双门控制器或四门控制器操作时，即设置同一个控制器内门点间门锁互锁时，任一时刻仅允许一个门点开门，某一个门点开门（门锁打开或门磁打开）期间不允许其他门点打开。多门互锁示意图如图 4-80 所示。

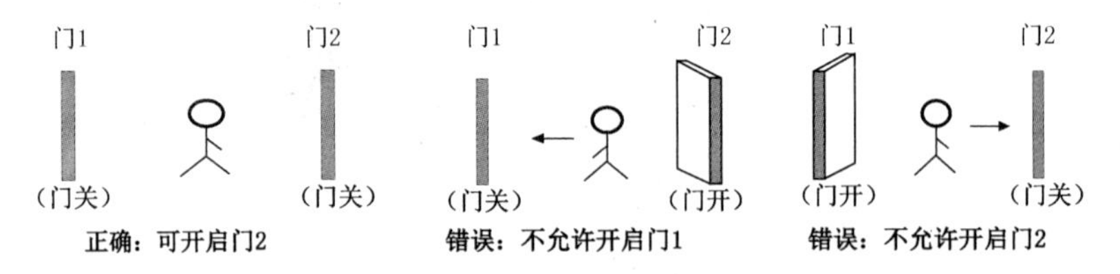

图 4-80　多门互锁示意图

5. 实训要求

（1）添加企划部、人力资源部、生产部、厂务部。

（2）使用门禁管理软件构建各个部门与员工的信息。

（3）使用首卡开门功能。

（4）实现多卡开门，任意选择控制器门点，实现最少 3 张卡开门。

（5）实现防反潜回作用，完成双向防反潜回，即按一进一出顺序进出。

（6）分别验证试验结果。

（7）编写安装与调试说明书。

任务7 电子巡更系统

电子巡更系统

电子巡更（查）系统是在一定的区域内定时由人（巡查人员）运用电子巡查设备，按规定的路线和地点进行检查的一种安全防范措施，是对巡查人员的巡查路线、方式及过程进行管理和控制的电子系统。目前国内市场上常见的电子巡更产品有在线式和离线式两种形式。

4.7.1 离线式电子巡更系统

离线式电子巡更系统由信息纽扣、巡更棒、通信座、计算机及其管理软件等组成，信息纽扣安装在现场，如各住宅楼门口附近、车库、主要道路旁等处。巡更棒由巡查人员值勤时随身携带。通信座是巡更棒和计算机进行信息交流的部件，一般设置在监控中心。离线式电子巡更系统的优点是扩容、修改、管理非常方便，可方便设置巡更点、随时改变巡更点的位置，设计灵活，巡更点可随时变动或增减而无须布线，缺点是巡查信息不能及时传送到监控中心。离线式电子巡更系统如图4-81所示。

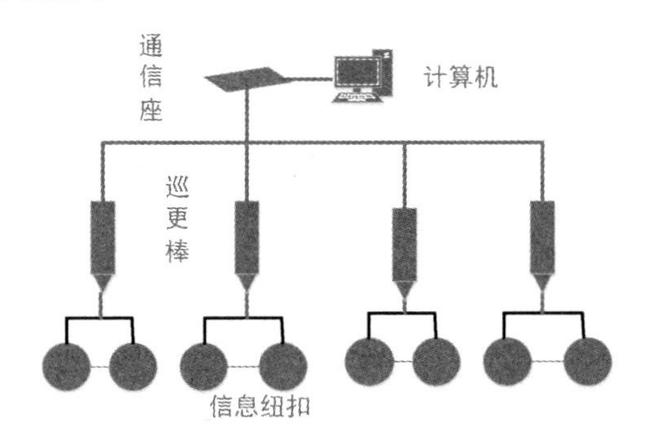

图4-81 离线式电子巡更系统

4.7.2 离线式电子巡更系统的工作流程

离线式电子巡更系统在巡查路线上设定一系列合理的检测点，安装感应式IC卡（巡更点），将巡更点安放在巡查路线的关键点上，巡查人员在巡查的过程中用随身携带的巡更棒按路线顺序读取巡更点，在读取巡更点的过程中，若发现突发事件，则可随时读取事件点，巡更棒将巡更点编号及读取时间保存为一条巡查记录。定期用通信座（或通信线）将巡更棒中的巡查记录上传到计算机中。管理软件将事先设定的巡查计划同实际的巡查记录进行比较，就可得出巡查漏检、误点等统计报表，通过这些报表可以反映巡查工作的实际完成情况。

4.7.3 在线式电子巡更系统

在线式电子巡更系统是巡查人员在规定的巡查路线上，按指定的时间和地点向管理计算机发回信号以表示正常，如果在指定的时间内，信号没有发到管理计算机，或不按规定的次序出现信号，那么系统将认为该巡查路线有异常。这样，巡查人员出现问题或危险会很快被发觉，其识读装置通过有线方式或无线方式与管理终端通信，使采集到的巡查信息能及时传输到管理终端的电子巡更系统。在线式电子巡更系统与离线式电子巡更系统相比具有实时性高的特点。在线式电子巡更系统如图 4-82 所示。

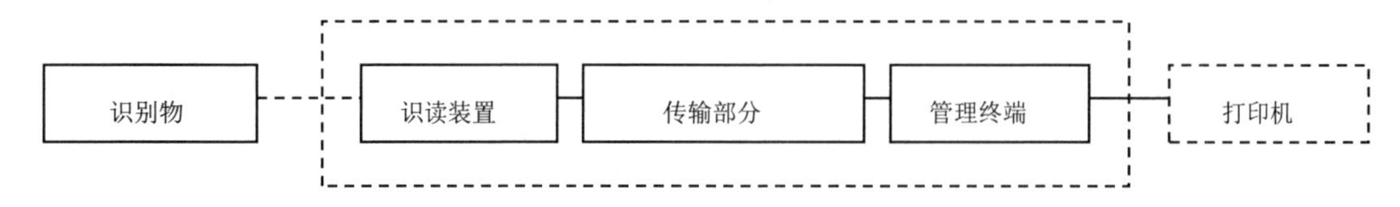

图 4-82　在线式电子巡更系统

4.7.4　在线式电子巡更系统的工作流程

在线式电子巡更系统常与出入口控制系统联合设置，联网控制型出入口控制系统大多拥有电子巡查管理模块。可将识别的感应卡片设置为出入卡和巡更卡，应用系统中所有的识读点都可设置为巡更点。还可根据安全管理需要，在某些点仅设置巡更点而不设置出入口识读点，巡查现场的现场识读装置可以是识读控制器，也可以是电子巡更系统的专用设备。

4.7.5　电子巡更的实现方法

（1）在巡查区域内合理规划出巡查路线。

（2）在巡查路线的关键地点设立巡更点。

（3）在每个巡更点的适当位置安装巡查定位装置（巡更签到器），一般是巡更读卡机（或巡更钮）。

（4）巡查人员手持巡更手持机（或巡更棒）巡查，每经过一个巡更点必须在签到器处签到（用手持机读卡或用巡更棒轻触巡更钮），将巡更点的编码、时间记录到手持机（或巡更棒）内。

（5）通过相应的连接设备（数据传输器）将存储在手持机（或巡更棒）中的巡查信息导入计算机中，以便系统管理人员通过相应的管理软件对各个巡查人员的巡查记录进行统计、分析、查询和考核。

知识点考核

一、选择题

1．生物特征识别是以生物统计学为基础，集图像、计算机、传感器的最新成果，在数字技术的基础上发展起来的一门新兴技术。以下不属于生物特征的为（　　）。

A．指纹　　B．视网膜　　C．掌形　　D．服饰

2．出入口控制系统通常是指采用（　　），在出入口对人或物这两类目标的进/出，进行放行、拒绝、记录和报警等操作的控制系统。

A．生物识别技术　　B．现代电子与信息技术

C．语音技术　　D．探测器技术

3．受控区内的（　　）安装，应保证在受控区外不能通过识读装置的过线孔触及出门按钮的信号线。

A．锁具　　B．门磁开关

C．出门按钮　　D．读卡器

4. 门禁控制系统的识别方式不包括（　　）。

A. 密码　B. 卡片　C. 生物特征　D. 颜色

5. 某单元门禁机读卡无响应，现场可通过（　　）来快速判断设备电源是否完好。

A. 门禁机电源、数据指示灯、声音　B. 万用表

C. 电笔　D. 发卡器

6. 门禁控制系统调试应至少包括下列内容中的（　　）。

A. 识读装置、控制器、执行装置、管理设备等调试

B. 识读装置在使用不同类型凭证时的系统开启、关闭、提示、记忆、统计、打印等判别与处理

C. 各种生物识别技术装置的目标识别

D. 系统出入授权/控制策略、受控区设置、单/双向识读控制、防重入、防尾随等

E. 指示/通告、记录/存储等

7. 门禁控制系统主要由（　　）部分组成。

A. 识读部分　B. 传输部分　C. 管理控制部分　D. 管理软件部分

E. 电源部分

8. 门禁控制系统的识读模式主要有（　　）。

A. 人员编码识别　B. 物品编码识别

C. 人体生物特征信息　D. 颜色特征信息

E. 物品特征信息

9. 离线式电子巡更系统由（　　）等组成。

A. 信息纽扣　B. 巡更棒　C. 通信座　D. 计算机

E. 管理软件

10. 门禁控制系统的常见卡片有（　　）。

A. 条码卡　B. IC 卡　C. ID 卡　D. 磁条卡

E. 韦根卡

二、判断题

1. 门禁控制系统的现场控制设备与出入口管理中心的显示、编程设备的连接采用两级以上串联的联网结构，且相邻两级网络采用不同的网络协议，这种是属于多级网。（　　）

2. 传统意义上的出入口控制系统是出入口通道进行管制的系统，从传统门锁基础上发展而来，主要是指门禁管理系统。（　　）

3. 假设某出入口对 A、B 和 C 三个目标进行识别，A 和 C 目标有通过的权限，而 B 目标没有通过的权限，系统应不能识别出 B。（　　）

4. 门禁控制系统的应急开启可以不以系统的防破坏、防技术开启指标为代价，因为应急开启是系统较不易被攻击的强项。（　　）

5. 门禁控制系统的管理控制部分就是对系统的整体进行管理，主要实现显示、管理、控制的功能。（　　）

6. 门禁控制系统的事件记录应能将出入事件、操作事件、报警事件等记录存储于系统的相关载体中，并能形成报表以备查看。（　　）

7. 门磁内部有一块永久磁铁，是用来闭门和开门的。（　　）

8. 门禁控制系统必须具备生物识别技术。（　　）

9．电插锁是一种断电开门的锁具。 （ ）

10．磁力锁可以在任何场合使用，安全性是最高的。 （ ）

三、思考题

1．简述门禁控制系统的工作流程。

2．磁力锁的工作原理是什么？

3．如何构成一套门禁控制系统？需要哪些设备？请画出系统图。

4．什么是受控区？

5．防破坏、防技术开启问题主要解决什么问题？

6．请描述电子巡更系统的定义。

7．请描述电子巡更系统的类型与组成。

第 5 章

可视化智能停车场系统设备安装与调试

能力目标

智能停车是指将无线通信技术、移动终端技术、GPS 定位技术等综合应用于城市停车位的采集、管理、查询、预订与导航等服务，实现停车位资源的实时更新、查询、预订与导航服务一体化，实现停车位资源利用率的最大化、停车场利润的最大化和车主停车服务的最优化。本章重点介绍该系统中常用设备的安装与调试方法。

学习目标

1. 掌握停车场系统的组成。
2. 熟悉停车场系统的工作流程。
3. 掌握停车场系统设备的安装与调试方法。
4. 掌握停车场设备与控制器的使用。
5. 熟练掌握设备接线和调试技术。
6. 会检测设备安装质量和系统功能。

素质目标

1. 加快发展物联网，建设高效顺畅的流通体系。
2. 推动公共安全治理模式向事前预防转型。
3. 培养团结协作、诚实守信、精益求精的职业素养。

任务 1 基础知识

停车场系统基础知识

5.1.1 停车场系统的定义

停车场系统是指对人员和车辆进、出停车场（库）进行登录、监控及人员和车辆在停车场内的安全实现综合管理的电子系统，它是安全技术防范领域的重要组成部分，主要由入口控制部分、出口控制部分、库内监控部分、中心管理/控制部分及相应的软件构成。停车场系统的组成如图 5-1 所示。

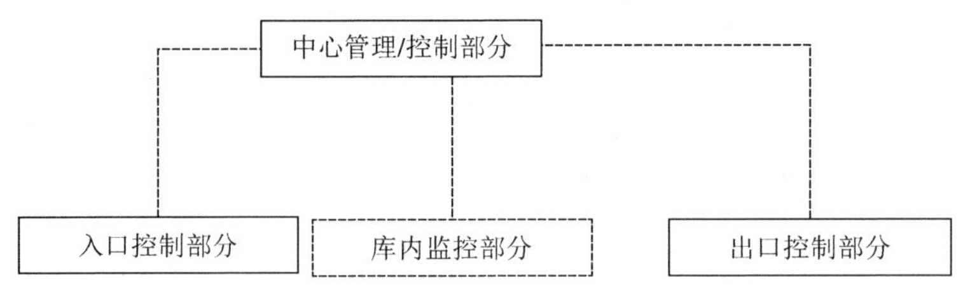

图 5-1　停车场系统的组成

1．入口控制部分

根据安全与管理需要，入口控制部分由数据特征识读装置、前端控制单元和执行（锁定）机构三部分组成。

2．出口控制部分

出口控制部分与入口控制部分相似，也由数据特征识读装置、前端控制单元和执行（锁定）机构三部分组成，但配套设备不同，如有收费指示设备、扫码或人工缴费等。

3．库内监控部分

在安全要求高的场所，应设置监控系统，对停车场的出入口、行车道和停车区域进行实时监控。

4．中心管理/控制部分

中心管理/控制部分主要有系统参数设置、各类授权、事件/记录/存储/报表生成、报警、联动等功能。

5.1.2　可视化智能停车场系统的组成

可视化智能停车场系统在车辆出入口设置摄像机，通过视频分析自动提取车辆车牌，依据车牌贯穿全场管理，改变传统停车场的停车取卡模式，可提高出入口通行、寻车、计费效率，主要由出入口摄像机、车辆检测器、闸道、显示屏、岗亭、收费屏、收费计算机、机柜等组成。可视化智能停车场系统示意图如图 5-2 所示。

由于该系统通过出入口摄像机的视频分析提取车辆信息（如车牌号、车辆型号、车辆颜色等），因此摄像机的抓拍效果直接影响到系统收费的准确性。在实践中发现，如果在出入口设置 1 台摄像机，由于抓拍帧光污染、前后车遮挡等因素均会影响到摄像机抓拍的有效性，正常环境下的影响程度约为 2%。因此，可以根据实际需求，为每个出入通道设置 2 台摄像机，用前后两个抓拍点对同一个目标进行抓拍，综合互补 2 台摄像机的抓拍数据，提高系统整体的有效性。

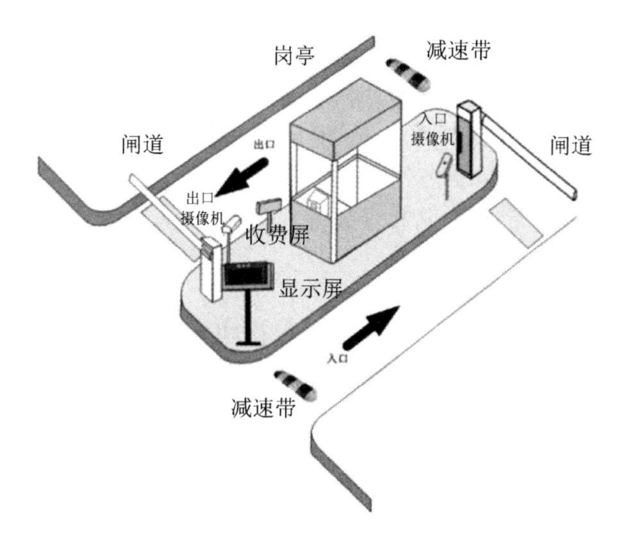

图 5-2 可视化智能停车场系统示意图

5.1.3 车辆检测器的类型

常用的车辆检测器有环形线圈式车辆检测器（地感）、波频车辆检测器（悬挂式检测系统）、视频车辆检测器、红外光闸等。

1．环形线圈式车辆检测器

环形线圈式车辆检测器是传统的交通检测器，一般埋设在路面下，当地感线圈通电后，在线圈周围产生一个电磁场，当车辆（金属）驶过时，其金属体使线圈发生短路，地感线圈周围的磁场产生变化，变化的磁场经放大、判断后成为车辆进入的识别信号。该技术成熟、易于掌握，并有成本较低的优点，但存在以下问题。

（1）环形线圈在安装或维护时必须直接埋入车道，这样交通会暂时受到阻碍。

（2）埋置线圈的切缝软化了路面，容易使路面受损，尤其是在有信号控制的十字路口，车辆启动或者制动时损坏可能会更加严重。

（3）感应线圈易受冰冻、路基下沉、盐碱等自然环境的影响。

（4）感应线圈被自身的测量原理所限制，当车流拥堵，车辆间距小于 3m 时，其检测精度稍有下降，有些厂商的产品甚至无法检测。

2．波频车辆检测器

波频车辆检测器是以微波、超声波和红外线等对车辆发射电磁波产生感应的检测器，是一种价格低、性能优越的交通检测器，以微波车辆检测器（RTMS）为例，它可广泛应用于城市道路和高速公路的交通信息检测。其工作原理是，根据特定区域的所有车型假定一个固定的车长，通过感应投影区域内的车辆的进入与离开经历的时间来计算车速。一台 RTMS 侧挂可同时检测 8 个车道的车流量、道路占有率和车速。RTMS 的测量方式在车型单一、车流稳定、车速分布均匀的道路上测量精度较高，但是在车流拥堵及大型车较多、车型分布不均匀的路段，由于受到遮挡，因此测量精度会受到比较大的影响。另外，RTMS 要求离最近车道有 3m 的空间，如要检测 8 车道，离最近车道需要 7～9m 的距离而且安装高度达到要求。因此，在桥梁、立交、高架路上的安装会受到限制，安装困难，价格也比较昂贵。

3．视频车辆检测器

视频车辆检测器是将视频摄像机作为传感器，在视频范围内设置虚拟线圈（检测区），车辆进入检测区时使背景灰度值发生变化，从而得知车辆的存在，并以此检测车辆的流量和速度。其有着直观可靠、安装与调试维护方便、价格便宜等优点；缺点是容易受恶劣天气、灯光、阴影等环境因素的影响，汽车的动态阴影也会带来干扰。

4．红外光闸

红外光闸采用主动红外线检测方式，由发射机和接收机两部分组成。红外光闸安装在车道入口两旁，当没有车辆时，接收机接收发射机发射的红外光；当有车辆进入时，车辆阻断红外光线，接收机发出车辆进入的识别信号。红外光闸设备简单、安装方便，但是容易产生误探测。

5.1.4　停车场系统的工作流程

1．停车场入口的工作流程

停车场系统架构图如图 5-3 所示。

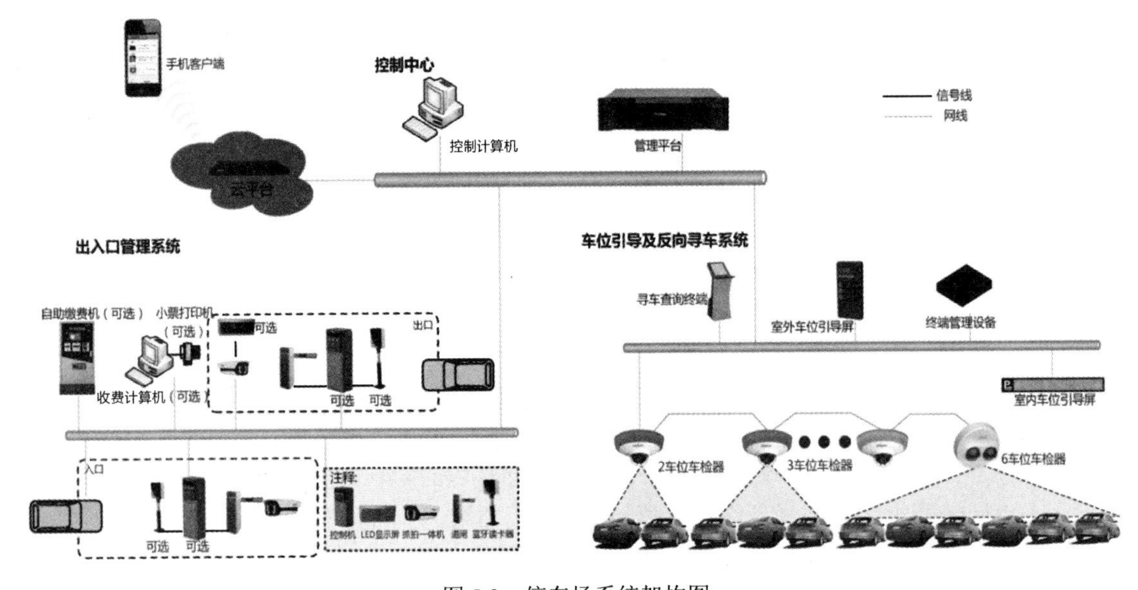

图 5-3　停车场系统架构图

停车场入口的工作流程图如图 5-4 所示。车辆到达停车场入口时，地感线圈检测到车辆后，触发卡口专用摄像机进行拍照并进行车牌识别，记下车辆进入时间，闸机放行。地感线圈可以防止出现砸车现象，可以设置卡口专用摄像机进行补拍，以防止出现跟车现象。

2．停车场出口的工作流程

停车场出口的工作流程图如图 5-5 所示。当车辆到达出口时，地感线圈检测到车辆后，触发卡口专用高速摄像机进行拍照并进行车牌识别，通过检索数据库得出车辆信息。如果车辆是固定车辆，那么停车场收费管理系统自动起杆放行；如果车辆是临时车辆，那么停车场收费管理系统自动结算缴费金额。对于无法识别车牌的车辆，可以通过当前车辆与待选列表车辆照片进行人工匹配，进行纠正处理，纠正成功后系统将自动结算该车辆的缴费金额。可加设卡口专用摄像机进行补拍，防止跟车现象。

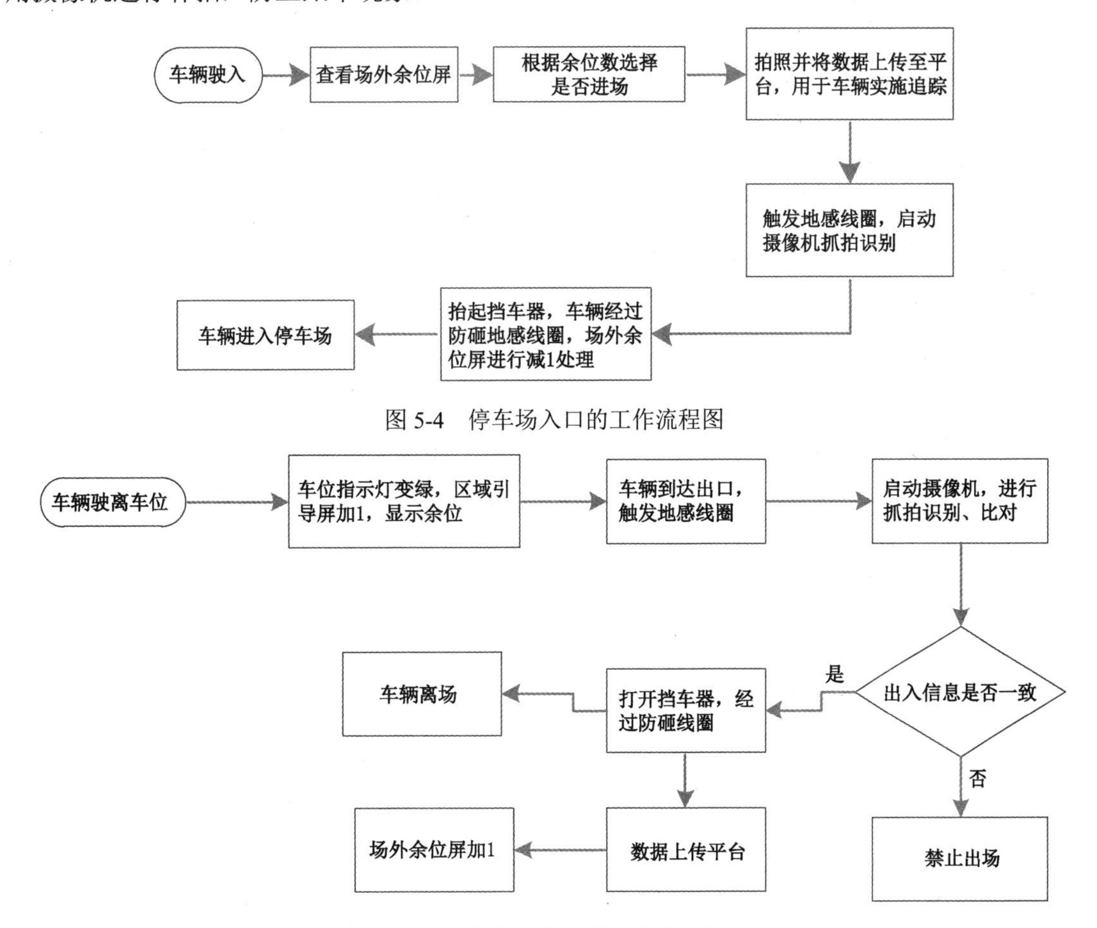

图 5-4 停车场入口的工作流程图

图 5-5 停车场出口的工作流程图

任务 2 可视化智能停车场系统的主要设备安装

可视化智能停车场系统主要设备安装

5.2.1 前端设备布局

以大华的停车识别系统为例介绍停车场前端布局。停车场前端设备布局如图 5-6 所示。

前端设备安装规格参数如下。

（1）设安全岛（方正部分）总长为 5000mm，两端的圆形包围长度自行拓展。

（2）余位屏安装位置根据现场规划确定，一般与出口道闸平行安装于安全岛两侧。

（3）出口道闸与出口摄像机（安装支架）的间距为 500mm。

（4）出口摄像机（安装支架）与岗亭边侧的间距为 1100mm。

（5）岗亭直径为 1500mm。

（6）岗亭边侧与入口摄像机（安装立柱）的间距为 1100mm。

（7）入口摄像机（安装立柱）与入口道闸的间距为 500mm。

（8）道闸线圈与安全岛（或路肩）的间距为 500mm，宽度依据现场车道宽度变化。

（9）抓拍线圈与安全岛（或路肩）的间距为500mm，宽度依据现场车道宽度变化。

（10）抓拍线圈起始边距入口（或出口）摄像机的间距为4000mm。

（11）收费屏的安装位置若在摄像机前方安装，则切勿遮挡摄像机的视线。

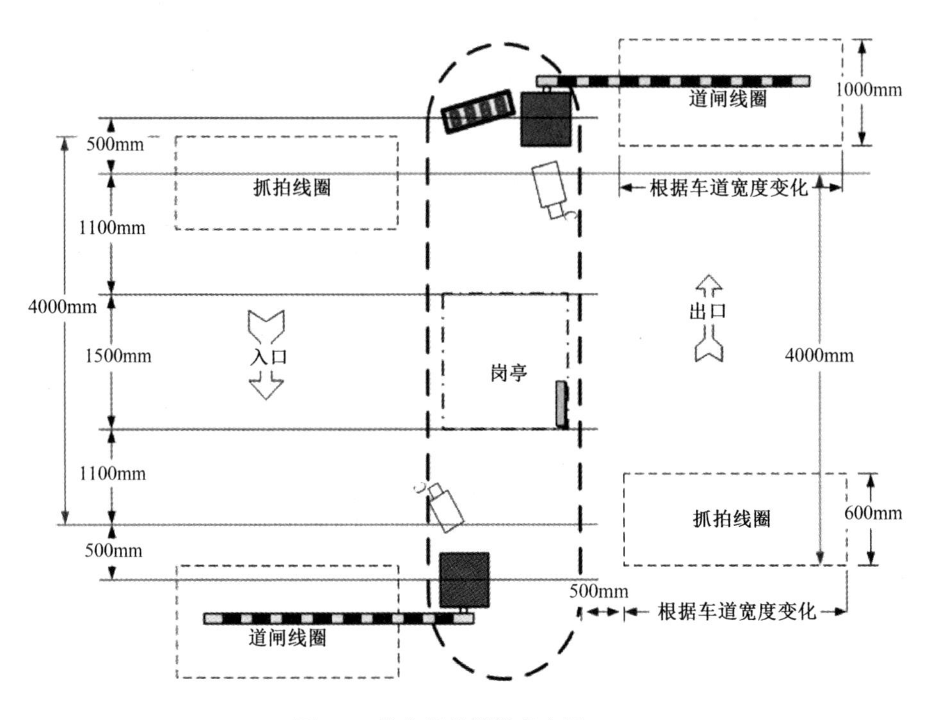

图 5-6　停车场前端设备布局

5.2.2　安全岛与岗亭的规格

安全岛规格根据每条通道装 1 台或 2 台摄像机分为 2 种规格，安全岛规格图如图 5-7 所示，岗亭规格图如图 5-8 所示。

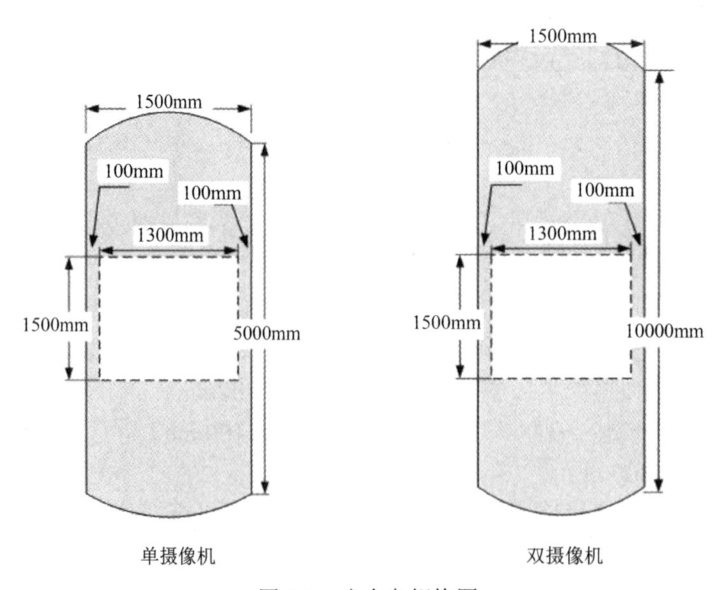

图 5-7　安全岛规格图

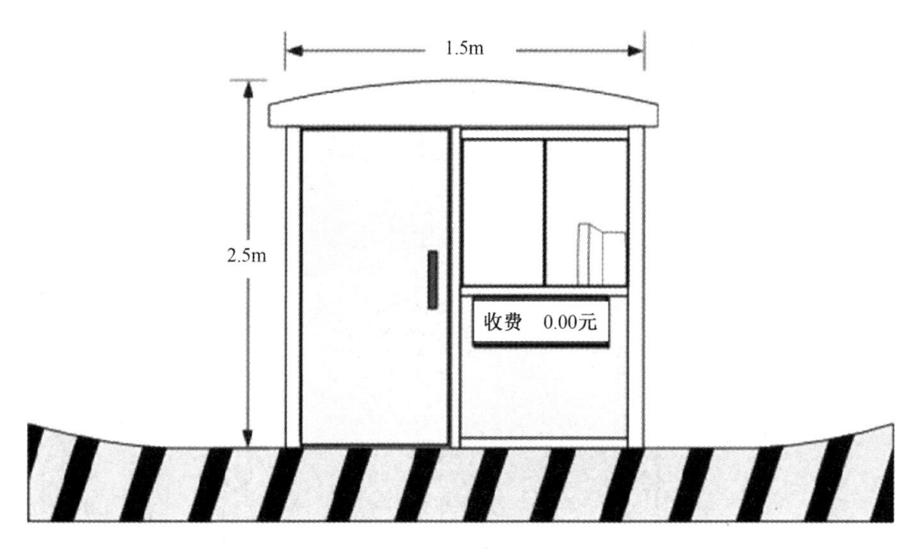

图 5-8 岗亭规格图

5.2.3 摄像机的安装要求

安全岛选址要考虑摄像机抓拍和识别效果。影响摄像机识别的因素有很多，如通道宽度超出摄像机监控范围、摄像机安装点设置不合理等。这些问题可能会导致摄像机无法清晰捕捉车牌或车牌角度不符合识别要求。为了从技术层面规避这些问题，应在摄像机安装前进行详尽规划和设计，以确保摄像机能够有效地捕捉到车牌信息并满足识别条件。

1. 摄像机的安装位置

摄像机的安装位置应规划在车辆转入停车场通道完成转弯、车头摆正且后移 4m 处。因为车辆在驶入（或驶出）停车场出入口通道时有个转弯过程，此时车牌与摄像机成一定夹角，导致摄像机无法“正视”车牌或车牌夹角过大，影响识别。因此，摄像机的抓拍点应设立在车辆完成转弯并且摄像机可以正视车牌处。摄像机安装位置一般在抓拍线后 4m 处，如图 5-9 所示。

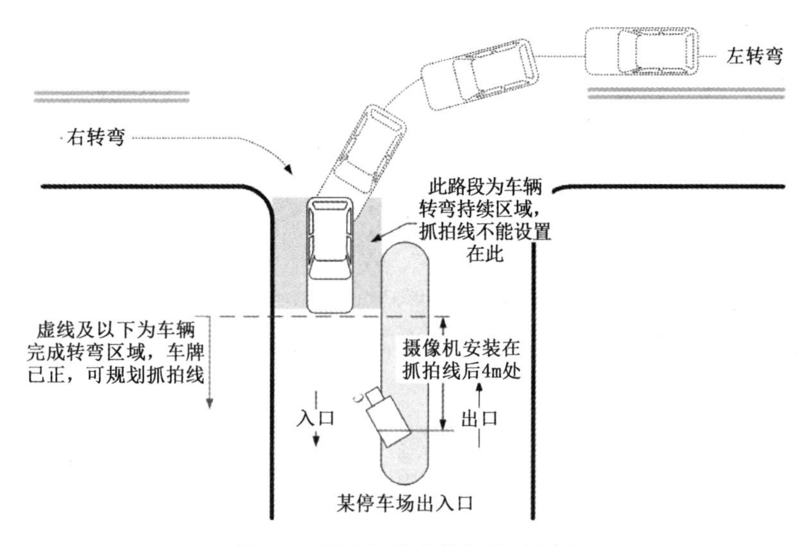

图 5-9 摄像机的安装位置示意图 1

2. 出入口通道

摄像机最大监控通道宽度约为 3.5m，大于 3.5m 的，应对通道做物理隔离，使其满足要求；同时要求摄像机安装支架与通道边界间距小于 0.15m，如图 5-10 所示。

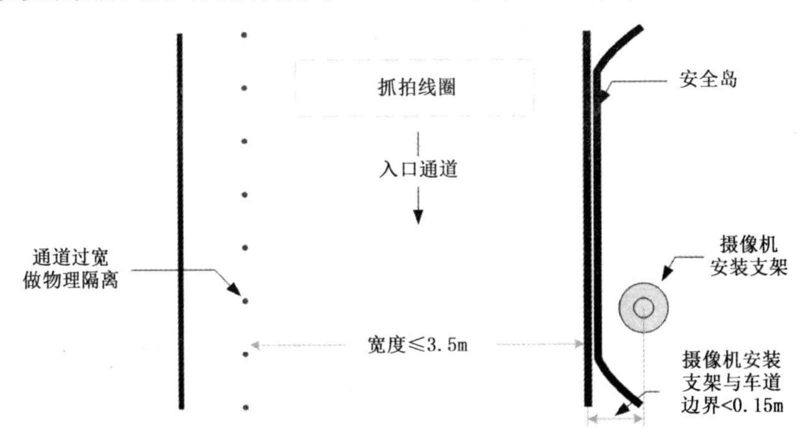

图 5-10　摄像机的安装通道示意图

3. 摄像机的安装

摄像机的安装高度为 1.2～1.5m，标准采用 1.2m。摄像机视场角不能被 LED 屏或者其他物体遮挡。摄像机的安装位置示意图 2 如图 5-11 所示。

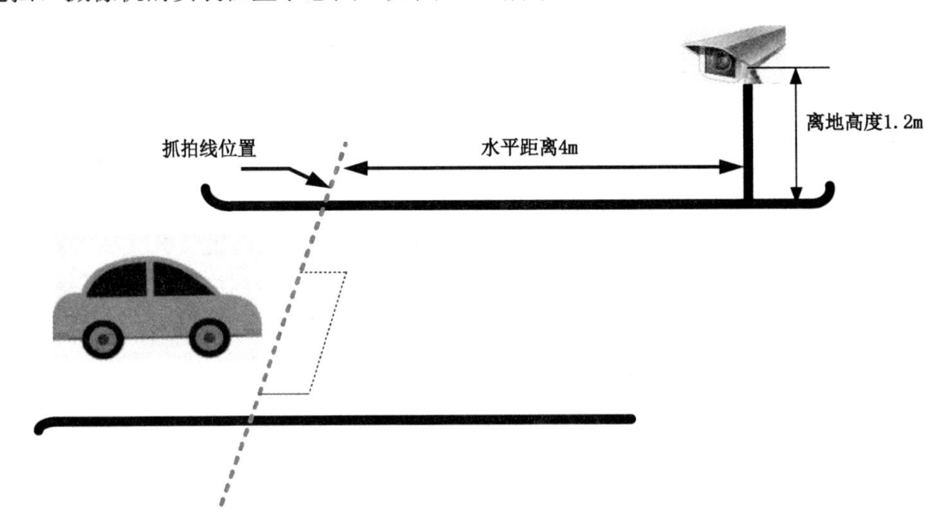

图 5-11　摄像机的安装位置示意图 2

摄像机的安装要求如下。

（1）摄像机的安装高度为 1.2～1.5m，标准采用 1.2m。

（2）摄像机的安装支架处于安全岛位置，支架应安装在安全岛边界内 10cm 以上的位置，避免打膨胀螺钉时损坏安全岛。

（3）抓拍线圈边线（来车方向）距摄像机支架 4m。

（4）拍摄图像，要求图像中车牌像素点范围为 140～160 像素。

（5）通道宽度要求≤3.5m。

5.2.4 线圈规格

1．抓拍线圈规格

选用线圈抓拍方案的系统，需要切割线圈，抓拍线圈规格如图 5-12 所示。要求线圈采用顺时针方式绕线，绕 4 匝（1.5m²FVN 尼龙护套线），线圈路宽覆盖率为 80%以上。

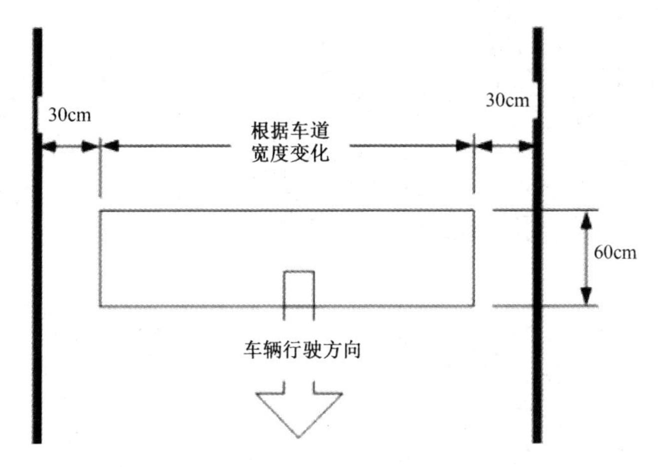

图 5-12 抓拍线圈规格

2．挡车器防砸线圈规格

挡车器防砸线圈规格如图 5-13 所示。线圈采用顺时针方式绕线，绕 5 匝（1.5m² FVN 尼龙护套线），线圈处于挡车器横杆正下方，线圈路宽覆盖率为 80%以上。

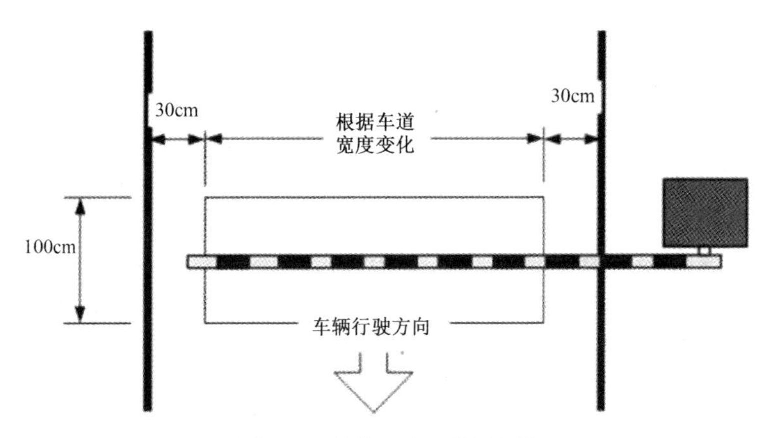

图 5-13 挡车器防砸线圈规格

任务 3 可视化智能停车场系统的调试

可视化智能停车场系统的调试

5.3.1 监控场景设置

根据大华停车场摄像机调试要求，按图 5-14 设置监控场景。

要求在该场景中从右侧能看全通道，其余冗余留在左侧；触发（抓拍）线处于图像下的 1/3

处左右；尽量确保车牌水平；在摄像机抓拍出来的图像中，用画图工具打开选择框，查看车牌像素点大小，长度标准值在140～160像素之间，如图5-15所示。

图5-14　监控场景图

图5-15　车牌像素

5.3.2　摄像机参数设置

摄像机采用车检器的I/O信号抓拍，只有正确配置I/O参数后才能正常抓拍。

在场景中设置需要检测的区域范围——区域线；绘制触发视频抓拍的检测线，检测线的作用同实际交通中的线圈，当车辆行驶至该检测线时即可触发抓拍图片。也可根据需求设置需要屏蔽的区域范围。根据具体的说明书进行设置，完成道闸控制，设置完成以后可通过车辆（或其他铁质物品）压线圈来模拟过车，查看当前是否有抓拍图像。

5.3.3　系统调试

首先选择要绘制的配置线种类，配置线主要有以下3种。

区域线：设置需要检测的区域范围。区域线显示为红色方框。

检测线：绘制触发视频抓拍的检测线，作用同实际交通中的线圈，当车辆行驶至该检测线时即可触发抓拍图像。检测线显示为绿色线条。

屏蔽区域：设置需要屏蔽的区域范围，最多可设置两个屏蔽区域。

然后在视频界面绘制选择的线，将车牌抓拍位置调整到黄框处，尽可能保证车牌在实际情况下出现的位置和大小与黄色框线的位置和大小一致，如图5-16所示。

图 5-16 配置界面

彩色图

知识点考核

一、选择题

1．可视化智能停车场系统在车辆出入口设置摄像机，通过（　　）自动提取车辆车牌。

A．视频分析　　B．读卡器　　C．道闸　　D．闭门器

2．由于抓拍帧光污染、前后车遮挡等因素均会影响到摄像机抓拍的有效性，正常环境下的影响程度约为 2%，因此，可以根据实际需求，为每个出入通道设置（　　）摄像机，用前后两个抓拍点对同一个目标进行抓拍。

A．1 台　　B．3 台　　C．2 台　　D．5 台

3．（　　）是传统的交通检测器，一般埋设在路面下，当地感线圈通电后，在线圈周围产生一个电磁场。

A．波频车辆检测器　　B．环形线圈式车辆检测器

C．视频检测器　　D．红外光闸

4．停车场系统主要由（　　）构成。

A．入口控制部分　　B．出口控制部分

C．中心管理/控制部分　　D．相应的软件

E．库内监控部分

5．常用的车辆检测器有（　　）等。

A．环形线圈式车辆检测器　　B．波频车辆检测器

C．视频车辆检测器　　D．红外光闸

E．发卡器

二、判断题

1. 所有停车场都应设置监控系统，对停车场的出入口、行车道和停车区域进行实际监控。（　　）

2．安全岛选址要考虑摄像机抓拍和识别，在摄像机安装前无须做好规划，避免后期施工不方便。（　　）

3．摄像机的抓拍点应设立在车辆完成转弯并且摄像机可以正视车牌处。（　　）

4．摄像机场视角不能被 LED 屏或者其他物体遮挡。（　　）

5．抓拍线圈要求线圈采用顺时针方式绕线，线圈路宽覆盖率为 60%以上。（　　）

三、思考题

1．简述可视化智能停车场系统的组成。

2．可视化智能停车场系统出入口的工作流程是什么？

3．为什么要在出入口设置两个地感线圈？它们分别起什么作用？

4．常见的车辆检测器有哪些？它们各自有何优缺点？

第6章

楼宇对讲系统设备安装与调试

能力目标

随着居民住宅的不断增加，小区的物业管理显得日趋重要，其中访客登记及值班看门的管理方法已不能满足现代管理快捷、方便、安全的需求。楼宇对讲系统是在各单元门口安装防盗门，结合小区总控中心的管理员总机、楼宇出入口的对讲主机、电控锁、闭门器及用户家中的可视对讲分机，以实现访客与住户对讲，住户可遥控开启防盗门，各单元门口访客通过对讲主机呼叫住户，对方同意后方可进入楼内，从而限制了非法人员进入。同时，若住户家中发生抢劫或有住户突发疾病，住户可通过该系统通知巡查人员以得到及时的支援和处理。本章重点介绍该系统中常用设备的安装与调试方法。

学习目标

1. 掌握楼宇对讲系统的组成。
2. 熟悉楼宇对讲系统的工作流程。
3. 掌握楼宇对讲系统设备的安装与调试方法。
4. 掌握楼宇对讲系统设备与控制器的使用。
5. 熟练掌握楼宇对讲系统设备接线和调试技术。
6. 会检测楼宇对讲系统设备安装质量和系统功能。

素质目标

1. 坚持自信自立。
2. 坚持解放思想、实事求是、与时俱进、求真务实。
3. 培养耐心仔细、认真负责的职业素养。

任务 1 基础知识

6.1.1 楼宇对讲系统的组成

楼宇对讲系统是智能楼宇的重要部分，是安装在住宅小区、写字楼等建筑或建筑群，用密码、卡、图像和声音来识别来访客人，控制门锁，遇到紧急情况向管理中心发送求助、求援信号，管理中心亦可向住户发布信息的楼宇管理系统。

来访者可通过楼下单元门前的主机方便地呼叫住户并与其对话，住户在家中控制单元门的启闭，小区的主机可以随时接收住户的报警信号，将报警信号传给值班主机，通知小区保卫人员。楼宇对讲系统不仅增强了高层住宅的安全保卫工作，而且大大方便了住户，减少了许多不必要的上下楼麻烦。

楼宇对讲系统的组成如图 6-1 所示。

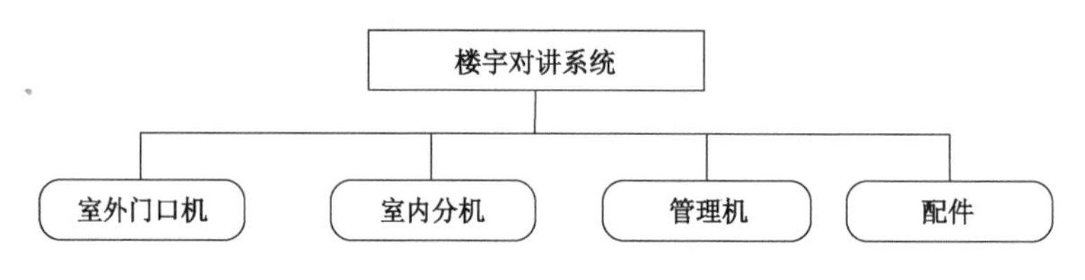

图 6-1 楼宇对讲系统的组成

1. 室外门口机

室外门口机是楼宇对讲系统的关键设备，在外观、功能、稳定性上是厂家竞争的要点。室外门口机的材料有铝合金挤出型材、压铸或不锈钢外壳冲压成型三大类，从效果上讲，铝合金挤出型材占有优势。室外门口机显示界面有液晶及数码管两种，液晶显示成本高一些，但显示内容更丰富，是接收短消息不可缺少的组成部分。室外门口机除具备呼叫住户的基本功能外，还需要具备呼叫管理中心的功能，红外辅助光源、夜间辅助键盘背光等也是室外门口机必须具备的功能。

2. 室内分机

室内分机主要有可视对讲及非可视对讲两大类产品，功能为对讲（可视对讲）、开锁。随着产品的不断丰富，许多产品还具备了监控、安防报警及布撤防、户户通、信息接收、远程电话报警、留影留言提取、家电控制等功能。室内分机在原理设计上有两大类，一类是带编码的室内分机，其分支器可以做得简单一些，但室内分机成本要高一些；另一类是编码由室外门口机或分支器完成的室内分机，这一类室内分机做得很简单。

3. 管理机

管理机是楼宇对讲系统的中心管理设备，可以安装在管理机房或值班室；主要功能为接收住户呼叫、与住户对讲、报警提示、远程开启单元门锁、呼叫住户、监视单元门口、记录系统各种运行数据、连接计算机等。

4. 配件

配件主要是指 UPS 电源、电控锁、闭门器等。UPS 电源的功能主要是保持楼宇对讲系统不掉电。正常情况下，UPS 电源处于充电的状态，当停电时，UPS 电源处于给系统供电的状态。

电控锁主要由电磁机构组成。用户只要按下分机上的电锁键就能使电磁线圈通电，从而使电磁机构带动连杆动作，控制大门的打开。

闭门器是一种特殊的自动闭门连杆机构，具有调节器，可以调节加速度和作用力度，使用方便、灵活。

6.1.2　楼宇对讲系统的工作流程

楼宇对讲系统中的单元门平时处于闭锁状态，避免非本楼人员在未经允许的情况下进入楼内，本楼内的住户可以自由地出入大楼。当有来访者来访时，来访者需要在单元门外的对讲主机键盘上按出被访住户的房间号，呼叫被访住户的对讲分机。被访住户的主人通过对讲设备与来访者进行双向通话或可视通话，通过来访者的声音或图像确认来访者的身份。确认可以允许来访者进入后，被访住户的主人利用对讲分机上的开锁按键控制单元门上的电控门锁打开，来访者方可进入楼内。来访者进入楼内后，单元门自动闭锁。

同时，住宅小区物业管理的安全保卫部门通过小区安全对讲管理机，可以对小区内各住宅楼安全对讲系统的工作情况进行监视。若有住宅单元门被非法打开、安全对讲主机或线路出现故障等情况，则小区安全对讲管理机会发出报警信号、显示出报警的内容及地点。小区物业管理部门与住户或住户与住户之间可以用该系统进行通话，如物业部门通知住户交各种费用、住户通知物业管理部门对住宅设施进行维修、住户在紧急情况下向小区的管理人员或邻居报警求救等。

任务 2　室外门口机的安装

室外门口机与室内分机的安装

6.2.1　室外门口机明装式安装

以大华楼宇对讲 DH-VTO9541D 为例说明设备安装，推荐安装高度为 1.4～1.6m，可视对讲系统以镜头中心到地面高度为准。室外门口机明装式安装流程如图 6-2 所示。

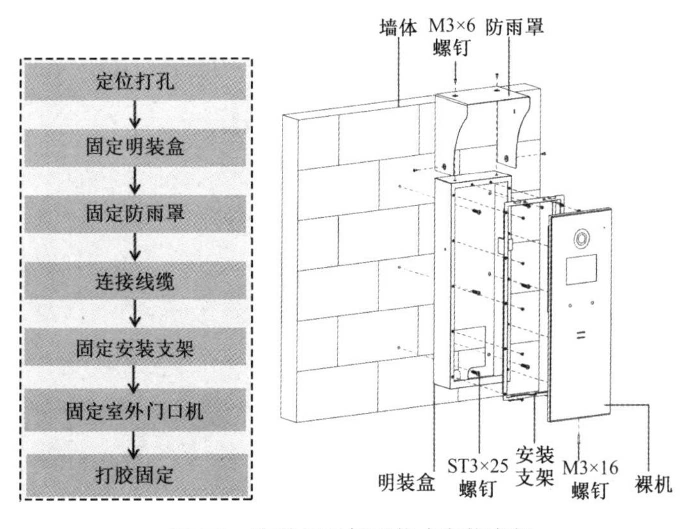

图 6-2　室外门口机明装式安装流程

6.2.2 室外门口机暗装式安装

室外门口机暗装式安装流程如图 6-3 所示。

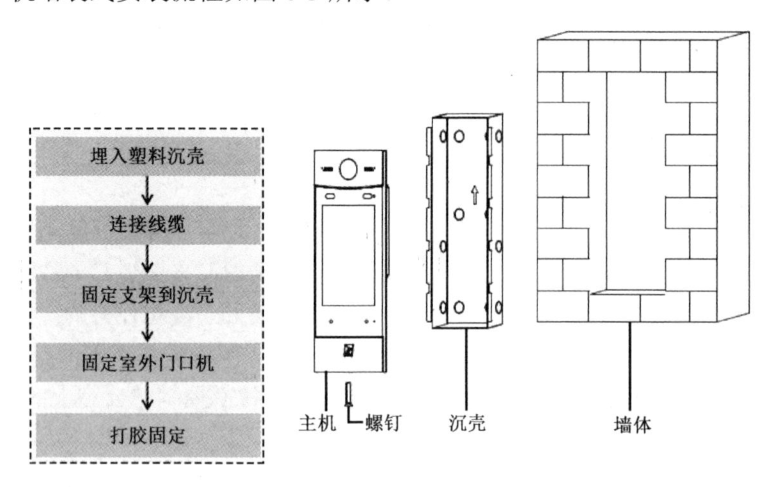

图 6-3 室外门口机暗装式安装流程

安装设备前需要准备十字螺钉旋具、手套等工具。尽量避免将室外门口机安装于不良环境，如冷凝及高温环境、油污及灰尘环境、化学腐蚀环境、强光直射环境、完全无遮挡环境等。

6.2.3 室外门口机的接线

室外门口机的接线示意图如图 6-4 所示，其中设备供电电源为 DC 12V 电源，锁具必须单独供电。

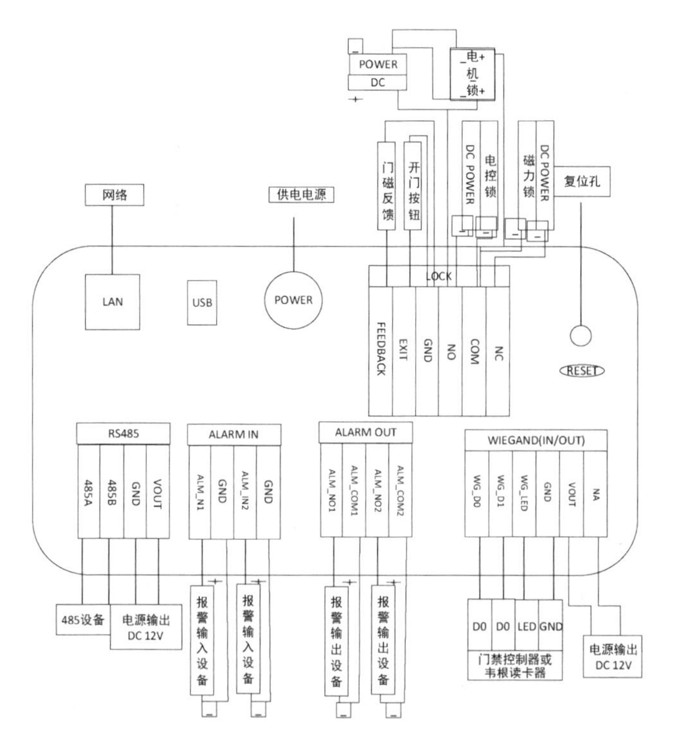

图 6-4 室外门口机的接线示意图

任务3 室内分机的安装

6.3.1 室内分机86盒安装

室内分机一般为暗装，在安装之前需要先埋入86盒。室内分机推荐安装高度以设备中心到地面高度为准，一般取1.4～1.6m。室内分机86盒安装如图6-5所示。

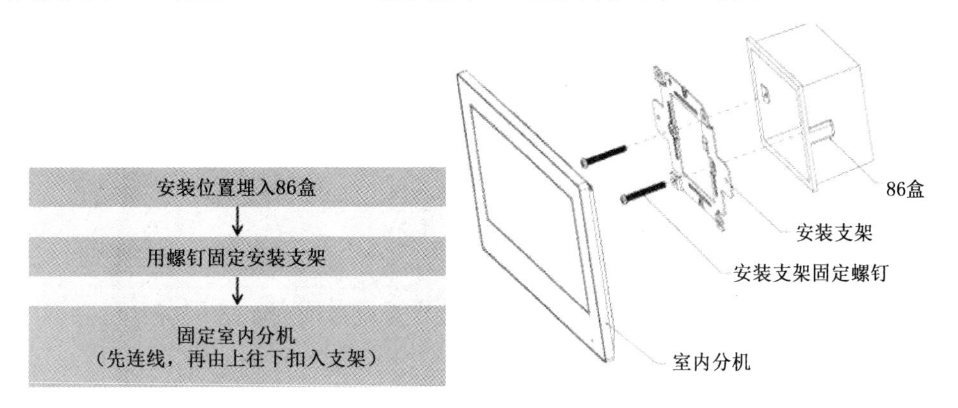

图6-5 室内分机86盒安装

6.3.2 室内分机的用线要求

1. 用线要求

组网线缆要求国标CAT5E及以上，传输距离不得超出100m，若传输距离超出100m，则需要用光纤传输或者用交换机转接。

2. 布线要求

强弱电分离，避免与有线电视、电缆、电话线走同一通道，若无法避免，则与强电间隔60cm以上。

系统中若使用楼道交换机，则入户线最大距离不能超过50m；若使用普通交换机，则最大距离不能超过100m。

3. 接线要求

接线标准按T568B的RJ45水晶头线序：白橙、橙、白绿、蓝、白蓝、绿、白棕、棕。

6.3.3 室内分机的接线

以DH-VTH2521CH为例对室内分机接线端子进行介绍，室内分机的接线示意图如图6-6所示。要求楼道交换机的最大供电距离为50m，电源采用DC 12V（1A）供电。

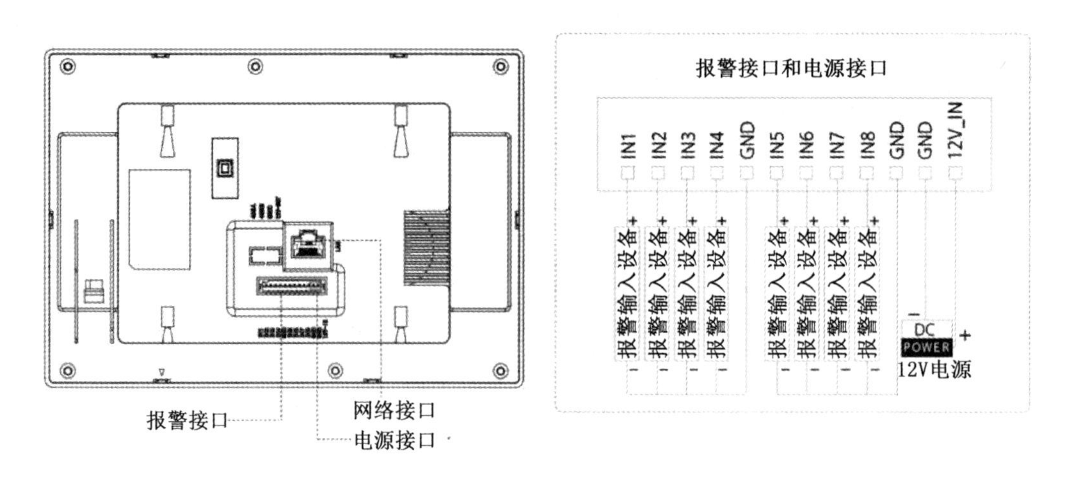

图 6-6　室内分机的接线示意图

6.3.4　室内分机的接线要求

室内分机通过网线与室外门口机连接，大华楼宇系统结构图如图 6-7 所示。

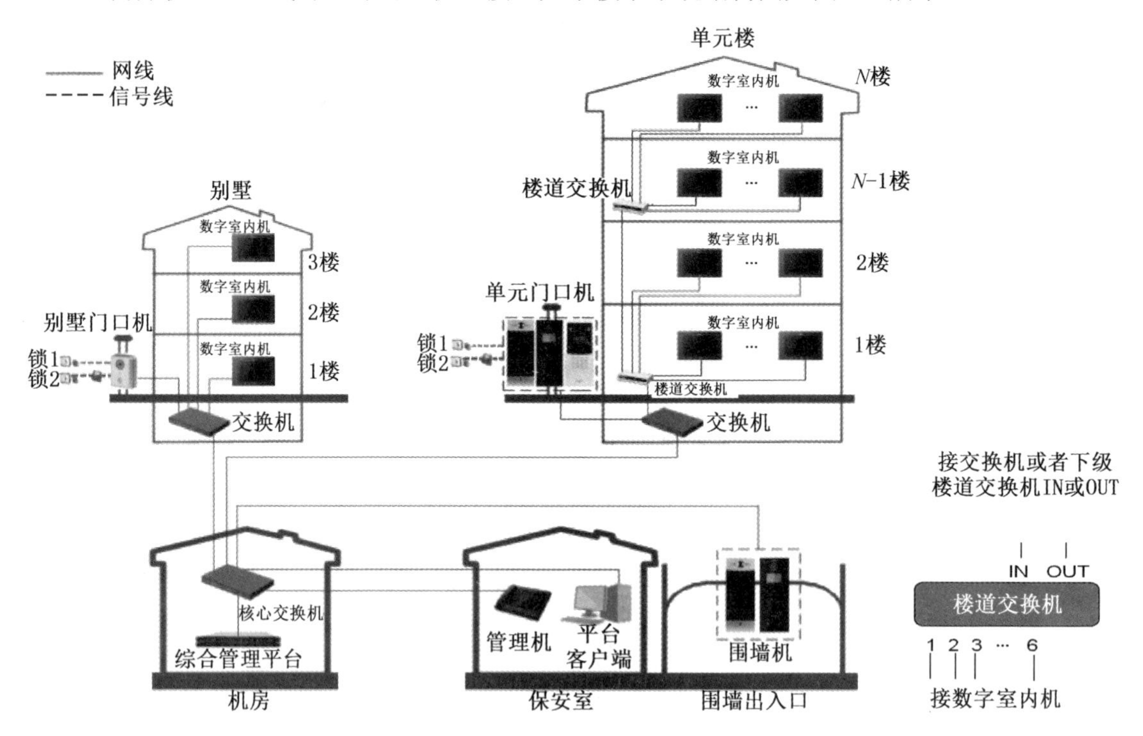

图 6-7　大华楼宇系统结构图

任务 4　管理机的接线

以 DH-VTS5240 为例对管理机接线端子进行介绍，管理机的接线示意图如图 6-8 所示。

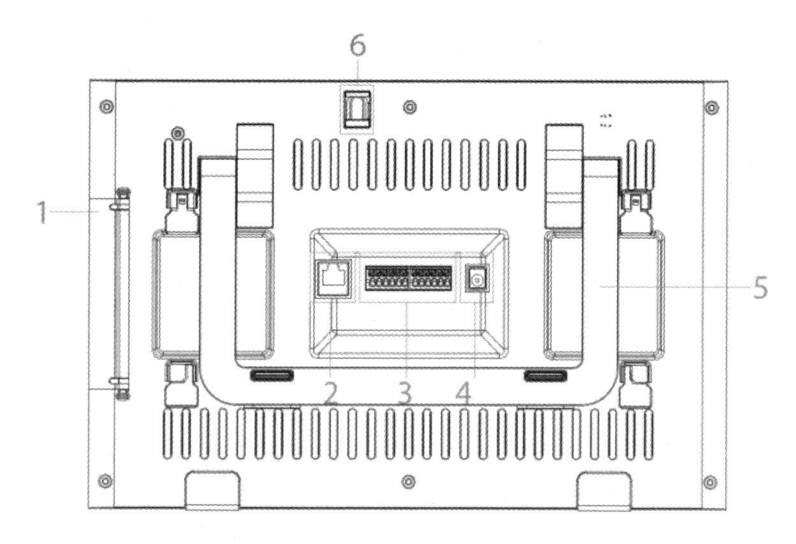

1—HDMI、USB、SD 卡插槽接口；2—网络接口；3—12 芯接口；4—电源接口；5—支架；6—摄像头。

图 6-8 管理机的接线示意图

设备调试

任务 5 设备调试

楼宇设备支持平台模式和无平台模式，下面介绍无平台模式的调试方法。

6.5.1 本地初始化

设备初次上电启动时，需要设置 admin 用户密码和手机号码。密码用于进入工程设置界面，或将设备添加至配套客户端和软件平台；手机号码用于重置密码。

6.5.2 系统架构图

以大华智能楼宇设备为例，系统架构图如图 6-9 所示。

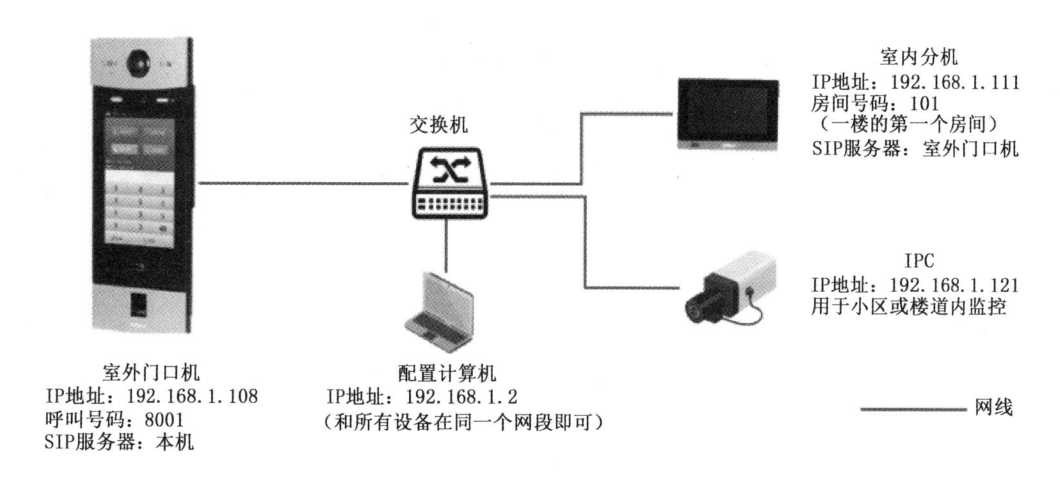

图 6-9 系统架构图

6.5.3 室外门口机与室内分机的调试

1. 室外门口机的调试

（1）初始化。

调试前确保计算机与室外门口机的默认 IP 地址在同一个网段，室外门口机的出厂默认 IP 地址为 192.168.1.108。

在计算机的浏览器地址输入室外门口机的默认 IP 地址，进入“设备初始化”界面。

（2）室外门口机编号设置。

室外门口机编号设置如图 6-10 所示。

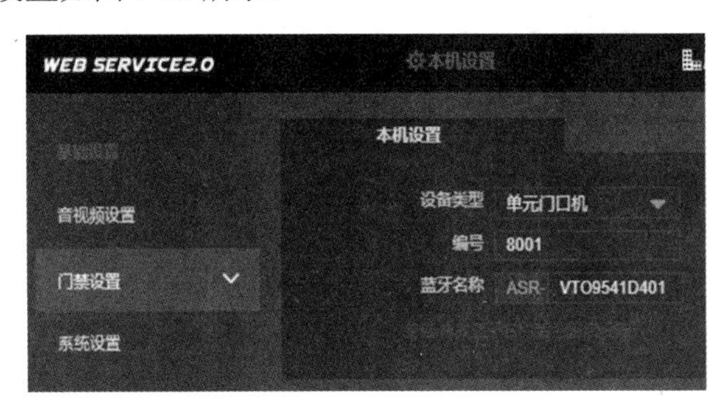

图 6-10　室外门口机编号设置

将室外门口机的“设备类型”选项设置为“单元门口机”，在“编号”文本框内输入对应楼栋号。

（3）IP 地址设置。

进入“网络设置”→“基本参数”设置界面，修改室外门口机设备的 IP 地址，如图 6-11 所示。

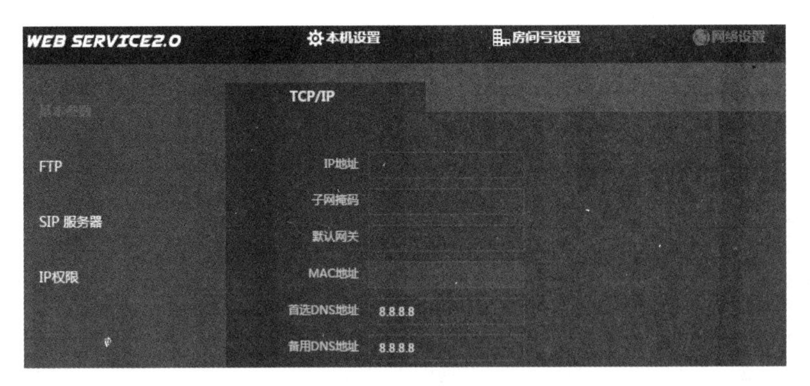

图 6-11　IP 地址设置

（4）配置 SIP 服务器。

进入“网络设置”→“SIP 服务器”设置界面，将“服务器类型”选项选择为“VTO”，在“IP 地址”文本框内输入室外门口机本身的 IP 地址，在“端口”文本框内输入“5060”，勾选“SIP 服务器”的“启用”复选框，设备会自动重启，其他为默认参数，如图 6-12 所示。

（5）添加室内分机。

添加室内分机时可选择单个添加或批量添加。

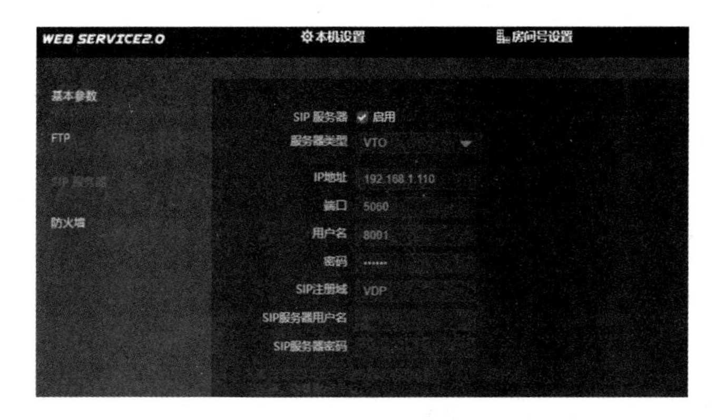

图 6-12　配置 SIP 服务器

单个添加：选择“房间号设置”→“室内分机管理”命令，单击“添加”按钮，系统显示“添加”界面，填写“房间号”，房间号必须与计划连接的室内分机房间号一致。

批量添加：填写“单元楼层数”“一层房间数”“第一层起始房间号”“第二层起始房间号”，单击“添加”按钮，即可显示批量添加完成的房间号；单击对应房间号后面的图标，修改房间号名称，保存修改。

（6）工程设置。

工程设置界面仅供管理员或工程人员操作。工程密码默认为 888888。在室外门口机上按呼叫按键，系统显示呼叫界面。按“*+工程密码+#”，进入工程设置界面。

（7）用户登记。

在工程设置界面单击“用户登记”按钮，进入管理员登记界面；按人员添加键，按提示输入人员编号、房间号、用户名等人员信息。输入人员信息后，单击图标，系统显示人员扫描界面，设备自动识别人员并抓拍。单击图标可添加人员指纹及卡片信息。

（8）开门验证。

设置完成后，测试人员通过刷脸、指纹或刷卡的方式进行开门验证。

2. 室内分机调试

（1）初始化配置。

设备上电，设备进入“设备初始化”界面，输入密码并确认密码，绑定手机号码。

（2）工程设置。

长按室内分机上的“设置”键 10s 左右，输入密码“123456”，进入“工程设置”界面。短按室内分机上的“设置”键，输入密码“123456”，进入“用户设置”界面。“工程设置”界面如图 6-13 所示。

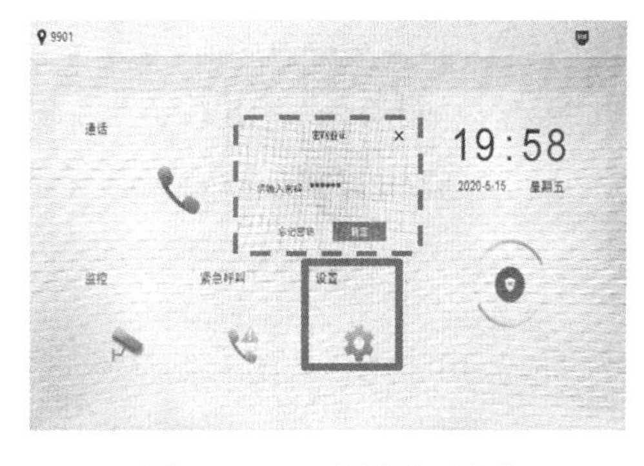

图 6-13　“工程设置”界面

（3）网络设置。

修改室内分机的 IP 地址，接入网络。室内分机的 IP 地址必须与室外门口机的 IP 地址在同一个网段，如图 6-14 所示。

图 6-14 “网络设置”界面

（4）本机设置。

当室内分机作为主室内机用时，输入房间号，如 9901 或者 101。“房间号”必须与室外门口机 Web 界面中添加室内机时设置的“房间号”保持一致，否则会出现与室外门口机连接失败的情况。当包含主室内机和分室内机时，主室内机的房间号以“#0”结尾，分室内机的房间号以“#1”“#2”“#3”结尾。例如，主室内机为 101#0，分室内机为 101#1、101#2……

当室内分机作为分室内机使用时，按“主机”键，将设备切换为“分机”。输入“房间号”（如 101#0）和“主机 IP”（主室内机的 IP 地址）。“本机信息”界面如图 6-15 所示。

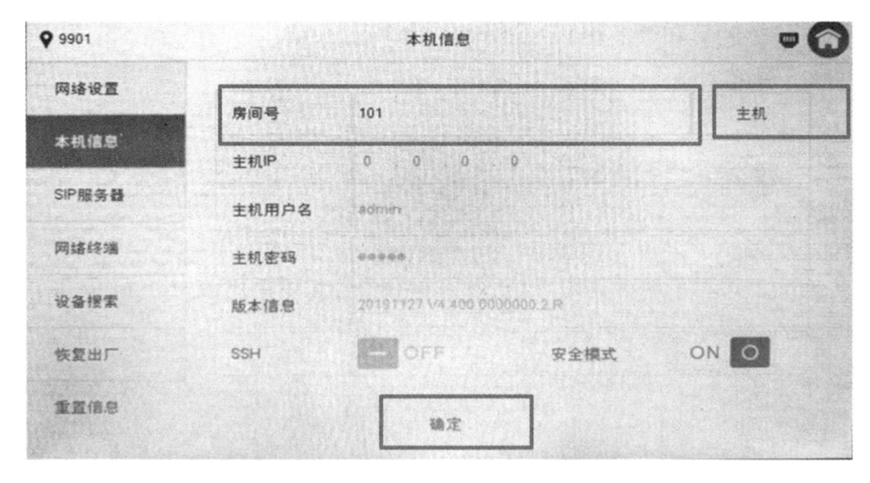

图 6-15 “本机信息”界面

（5）SIP 服务器设置。

在 SIP 服务器设置中，在“服务器 IP”文本框内填写室外门口机的 IP 地址；在“网络端口号”文本框内输入“5060”；将“启用状态”选项选为“ON”；其余为默认参数，不需要修改，如图 6-16 所示。

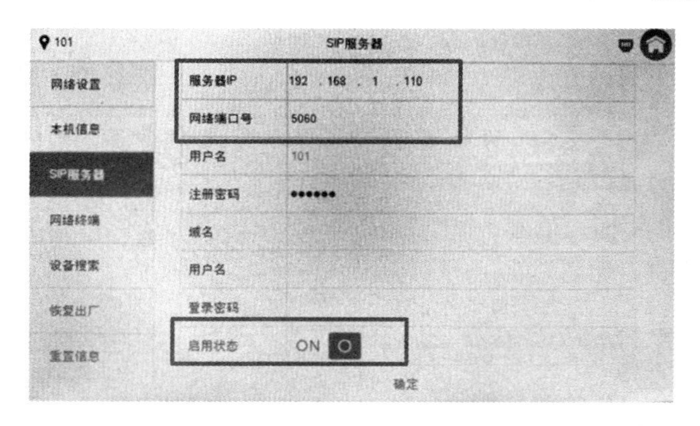

图 6-16　SIP 服务器设置

（6）网络终端设置。

输入室外门口机的 IP 地址、用户名和密码；将“启用状态”选项选为“ON”，如图 6-17 所示。

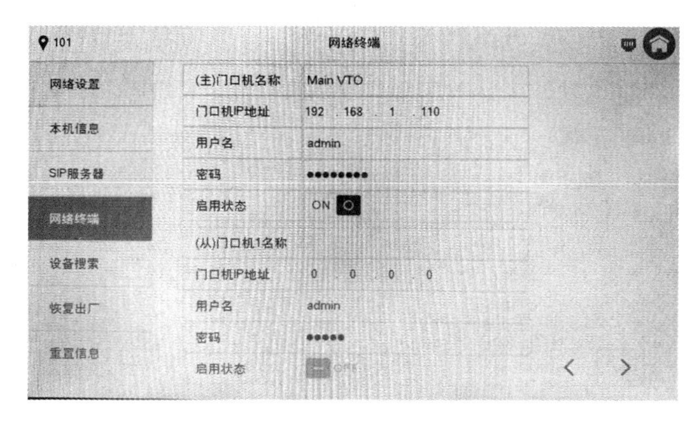

图 6-17　网络终端设置

（7）恢复出厂设置。

单击“恢复出厂”选项卡后，设备将恢复出厂设置，系统重启，如图 6-18 所示。

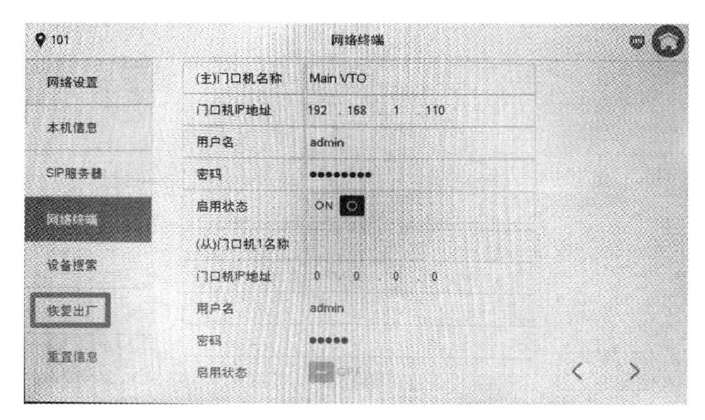

图 6-18　恢复出厂设置

3．调试验证

（1）室外门口机呼叫室内分机。

在室外门口机上拨室内分机房间号（如 101），呼叫室内分机。室内分机弹出监视画面和操作按键，表示调试成功。

（2）室内分机监视室外门口机。

在主界面单击“监控”按钮，选择需要监视的室外门口机，进入监视画面。

（3）室内分机监视 IPC。

进入“监控-IPC”界面，单击“添加”按钮，输入 IPC 地址、用户名、密码等信息，添加需要监视的 IPC 摄像机，如图 6-19 所示。

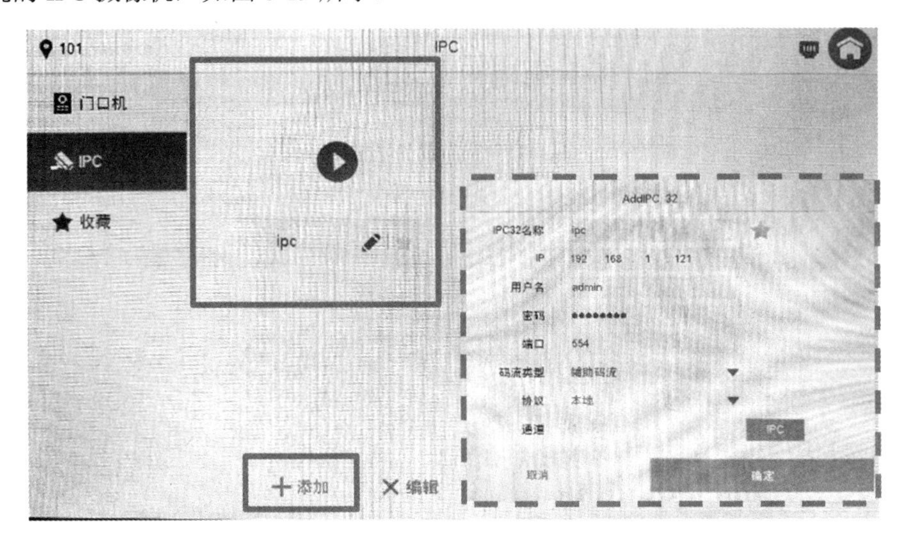

图 6-19　室内分机监视 IPC

知识点考核

1．楼宇对讲系统的主要功能有哪些？

2．楼宇对讲系统的主要设备有哪些？

3．楼宇对讲系统的辅助设备有哪些？

第 7 章

安防子系统集成联动

能力目标

视频监控系统、入侵报警系统、门禁控制系统等安防子系统可进行集中管理、互相联动，实现信息资源共享。目前，安全防范子系统间的联动有硬件联动控制方式和软件联动控制方式两种。硬件联动控制就是各子系统之间通过硬件电路进行联动，如门禁或报警子系统所产生的动作或告警（非法入侵、刷卡、触发按钮、开门超时、非法开门、开锁超时、非法刷卡等）通过硬件电路传给主机统一管理。软件联动控制是通过软件的集成，在平台上进行图像联动控制显示或者电子地图方式显示。硬件联动控制方式的优点是动作可靠，响应及时；缺点是成本较高，布线麻烦，在大项目及建筑群应用上尤其明显。软件联动控制方式成本较低，布线很少，但缺乏统一的管理软件及协议，需要二次开发及集成。本章重点介绍视频监控系统、入侵报警系统、门禁控制系统的联动配置与调试方法。

学习目标

1. 掌握视频监控系统、入侵报警系统、门禁控制系统联动线路的连接。
2. 掌握系统联合调试的方法与步骤。
3. 会根据工艺设计文件要求对分系统进行调试。
4. 掌握分系统之间的联动功能实现和设置方法。
5. 能在调试中排除常见故障。

素质目标

1. 完善风险监测预警体系。
2. 提高防灾、减灾、救灾和重大突发公共事件处置保障能力。
3. 培养爱岗敬业、有效沟通、开拓创新的职业素养。

安防子系统集成概述

任务 1　安防子系统集成概述

安防子系统集成各安防硬件子系统，实现了内部的信息联动，在视频监控系统、入侵报警系统、门禁控制系统等硬件系统多级联动和无缝集成的平台上，将数据信息及时准确共享，全面提升管理水平。集成要求各子系统以数字化为手段，保证稳定性、实时性和准确性，为综合平台的运行提供硬件平台与保障。

7.1.1　视频监控系统集成

视频监控系统采用全数字化模式，前端可采用彩色高清网络摄像机和高灵敏度拾音器，中间传输通过设备专网，后端采用平台管理模式。系统可利用摄像机的智能视频分析功能，对异常行为（如打斗、倒地、超时停留等）进行不间断的监控、分析，发现异常后立刻报警，有效减轻了工作人员的压力。

视频监控系统集成可通过调用监控设备厂家提供的各类 SDK（软件开发工具包）完成接口层的接口及通信，对监控系统的实时图像和录像进行播放、抓拍、保存、制作录像切片。其能够获取视频分析的报警信息、监控设备的状态信息，并对解码器、大屏拼接控制器进行控制。

采用智能视频分析得到的报警信息应可进入应急报警系统的控制逻辑，当报警系统需要联动某几路图像在大屏显示时，就将监控摄像机的 IP 地址和大屏编号作为参数，调用解码器的控制接口程序来实现报警信息在大屏固定位置上的报警视频联动。

7.1.2　入侵报警系统集成

入侵报警系统以硬件接口方式实现与监控、灯光、门禁等系统的实时联动，同时，报警主机提供 TCP/IP 接口、通信协议与平台对接。入侵报警系统集成可将报警主机接入设备专网，系统集成服务器通过网关软件获取报警主机的实时报警信息，并将报警信息更新到数据库。系统集成服务器通过访问数据库可以获取入侵报警系统的所有设备和点位信息。系统集成服务器通过入侵报警系统提供的 SDK 获取相关信息，从而完成接口及通信层的集成。

7.1.3　门禁控制系统集成

门禁控制系统通过安装相应的管理软件，通过 OPC 协议与系统集成服务器实时交换数据，并由系统集成服务器对数据库的信息进行实时更新。

视频监控系统与入侵报警系统的联动

任务 2　视频监控系统与入侵报警系统的联动

7.2.1　概述

视频监控系统与入侵报警系统之间的联动是指视频监控系统除了起到正常的监视作用，

在接到入侵报警系统的示警信号后，还可以进行实时录像，录下报警时的现场情况，以供事后重放分析。

当入侵报警系统中某个防区被触发报警时，此防区对应位置的摄像机画面立刻会显示在监控室的相应监视器上，同时自动对报警图像进行实时录像。还可以设置报警防区周围的几个防区，同时进行摄像机录像，使巡查人员在监控室就能对报警点及周围的情况了如指掌。

7.2.2 联动的实现

若某个防区的入侵报警探测器被触发，则与之联动的视频监控系统的前端设备会转向案件发生的位置，并开启录像功能，使相应的蜂鸣器响起。这样能及时知晓报警信息，做到自卫防备和实施他救，也就是入侵报警系统被触发后，报警主机给联动控制模块一个信号，从而打开监控设备。监控主机一旦收到监控设备的报警信号，就会通过软件预设或硬件输出一个开关量信号到对应的开关量输出通道，启动相应的设备开关。

7.2.3 视频监控系统与入侵报警系统联动实训

1. 实训目的

（1）能够按工程设计及工艺要求正确完成两个系统间设备的连线。

（2）会对参数进行设置，并掌握系统联动调试。

2. 必备知识点

（1）入侵报警探测器与报警主机的设置与编程。

（2）视频监控系统的设置。

（3）报警主机联动视频调试。

3. 实训设备与器材

大华报警主机	1台
大华智能球型摄像机	1台
网线	若干
振动探测器（或其他类型的探测器）	若干
紧急报警按钮	1个
NVR	1台
线尾电阻 2.7kΩ	若干
闪光报警灯	1个
工具包	1套

4. 实训内容

如图 7-1 所示，完成报警主机与探测器的连接，完成报警主机与视频监控系统的连接，要求实现报警主机和球型摄像机的联动，一旦发生报警事件，球型摄像机就会切换到对应的预置点并进行录像。

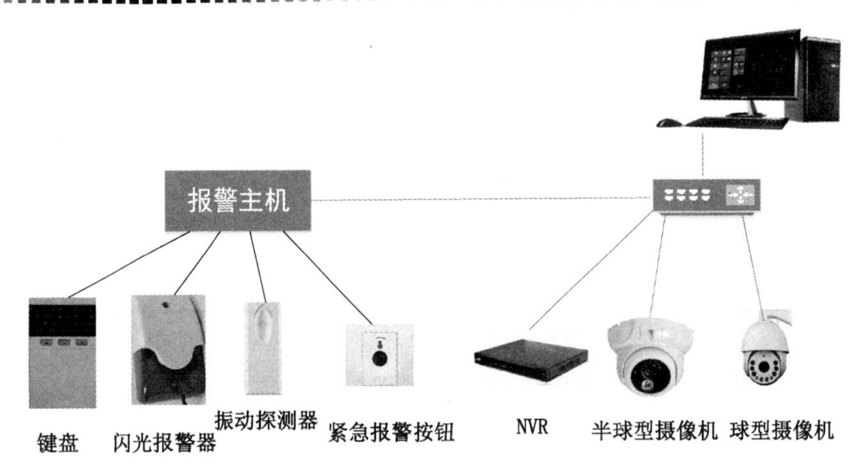

图 7-1　系统连接示意图

5．实训要求

（1）在 SmartPSS Plus 中加入大华球型摄像机和报警主机，并对球型摄像机进行预置点设置。

打开 SmartPSS Plus 软件，选择“设备管理”选项，添加报警主机。“SmartPSS Plus”界面如图 7-2 所示。

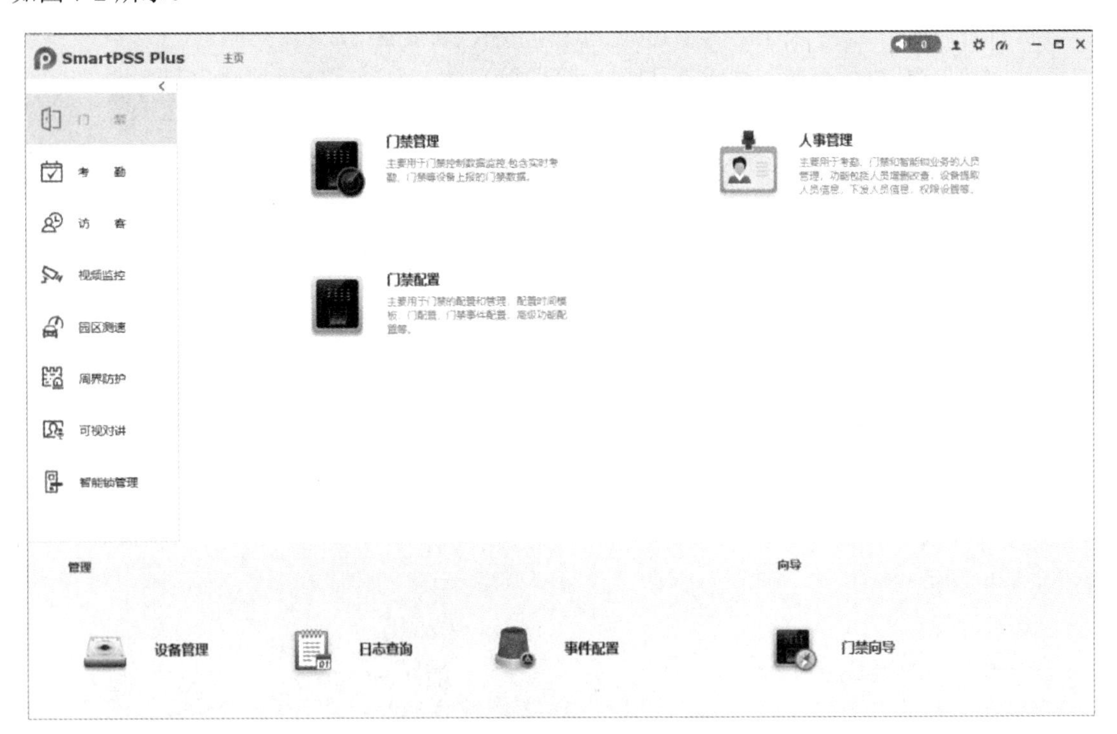

图 7-2　“SmartPSS Plus”界面

单击“添加”按钮进行设备添加，可使用自动搜索与手动添加两种方式，这两种方式均需要输入被添加设备的用户名和密码。“添加设备”界面如图 7-3 所示。

（2）添加地图。选择图 7-4 中的“周界防护”选项，弹出“添加地图”界面，如图 7-5 所示。单击“添加地图”按钮后，选择合适的地图，完成地图添加，如图 7-6 所示。导入地图后的界面如图 7-7 所示。添加地图后，可将对应联动的摄像机、报警主机导入地图，选择默认分组下方的主机 IP 地址，用鼠标右键单击摄像机，选择“添加到地图”命令，如图 7-8 所示。需要联动时，可先将相应的报警输入点添加到地图中，然后将 IPC 绑定到报警输入点中后保持生效，如图 7-9 与图 7-10 所示。单击图 7-11 右上方的“一键布防”按钮对防区进行布防，触发后可联动视频与录像。

图 7-3 “添加设备”界面

设置完成且触发报警后，可在周界记录中查看报警记录，即在图 7-4 所示的下方界面中查找报警主机的报警记录，并可查看报警时对应的图像与录像。

图 7-4 周界防护

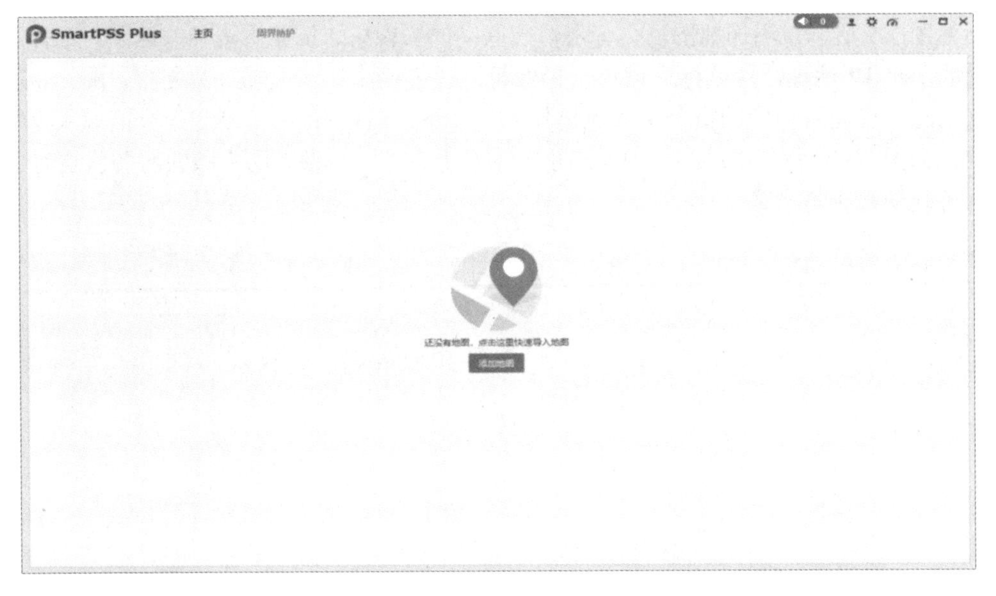

图 7-5 “添加地图”界面

图 7-6 “导入地图”界面

图 7-7 导入地图后的界面

图 7-8 “摄像机导入地图”界面

注：SmartPSS Plus 软件中的“高速球”代表高速球型摄像机，“球机”代表球型摄像机。

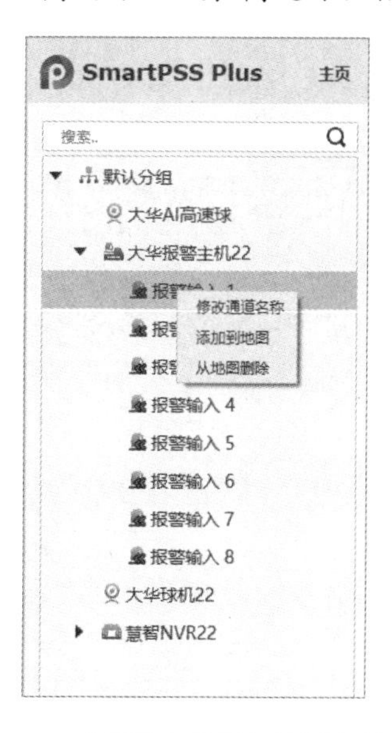

图 7-9 “报警主机导入地图”界面

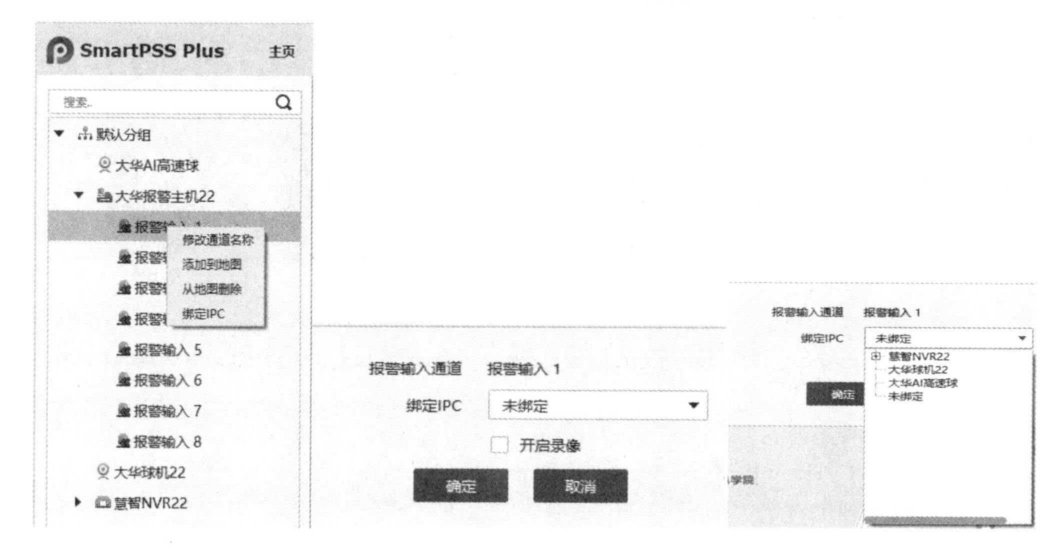

图 7-10 报警输入点与 IPC 的绑定

图 7-10　报警输入点与 IPC 的绑定（续）

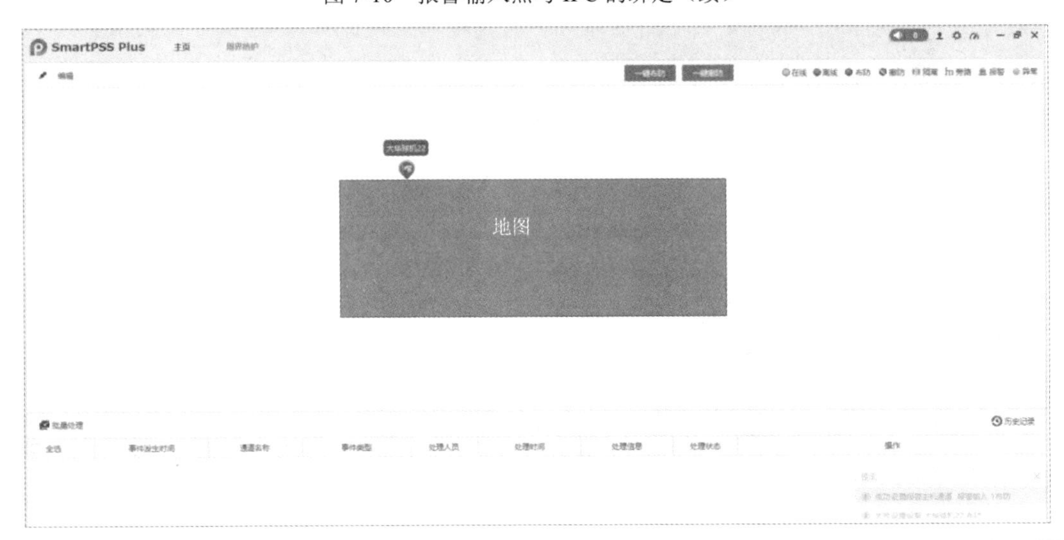

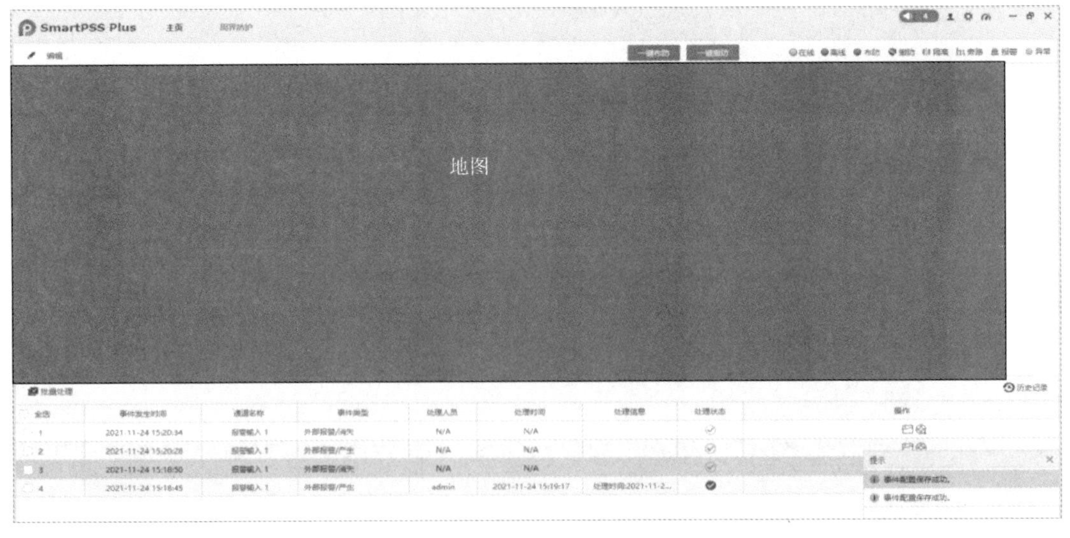

图 7-11　布撤防与记录查询

（3）触发联动报警功能，查看系统是否能够正常联动。

（4）在本地查看报警联动的录像。

任务3　门禁控制系统与视频监控系统的联动

7.3.1　概述

门禁控制系统与视频监控系统联动是为了便于监控人员发现各种非法事件并迅速定位出事件发生的地点而设计的。这种联动大致分为硬件联动和软件联动两种，所谓的硬件联动就是门禁和监控之间通过硬触点进行连接，门禁产生的所有动作或告警（刷卡、按钮、开门超时、非法开门、开锁超时、非法卡等）通过硬触点传给监控主机，进行图像的显示。软件联动即通过软件的集成，在平台上进行图像联动显示。

7.3.2　联动的实现

联动实现的方式可以是门禁控制器与摄像机联动，也可以是门禁控制器与录像机联动。门禁控制器可以通过自带的辅助输出端子，将一路开关量信号输出到硬盘录像机的联动输入端。

7.3.3　门禁控制系统与视频监控系统联动实训

1. 实训目的

（1）能够按工程设计及工艺要求正确完成两个系统间设备的连线。
（2）会对参数进行设置。
（3）掌握系统联动的调试方法。

2. 必备知识点

（1）门禁与视频监控系统联动的接线方法。
（2）掌握系统联动的调试方法。

3. 实训设备与器材

DH-ASC1202B-D门禁控制器	1台
读卡器	1个
NVR	1台
球型摄像机	1台
线材	若干
直流12V电源	1个
出门按钮	1个
磁力锁	1套
工具包	1套

4. 实训内容

如图7-12所示，完成门禁控制系统与视频监控系统的连接。要求实现门禁控制系统和球型摄像机联动，一旦发生刷卡事件时，球型摄像机就会切换到对应的预置点。

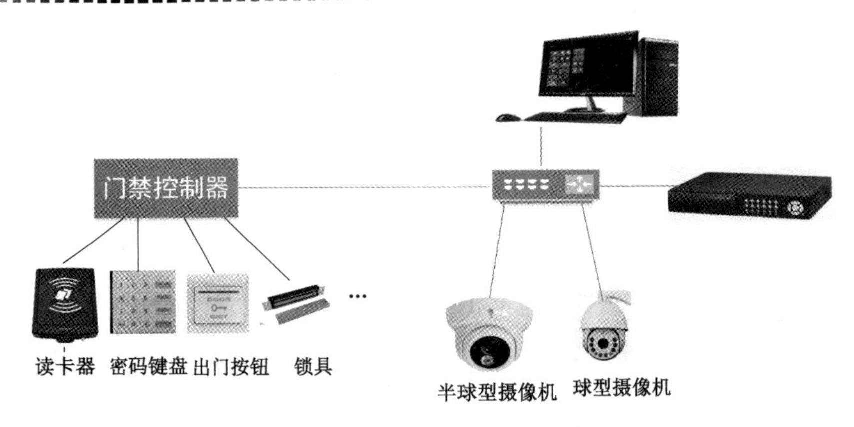

图 7-12　门禁控制系统与视频监控系统的连接示意图

5. 实训要求

（1）完成门禁控制系统与视频监控系统的安装及连线。

（2）在 SmartPSS Plus 软件中添加视频监控设备。

（3）单击图 7-2 所示的“事件配置”图标，进入“联动配置”界面，如图 7-13 所示。

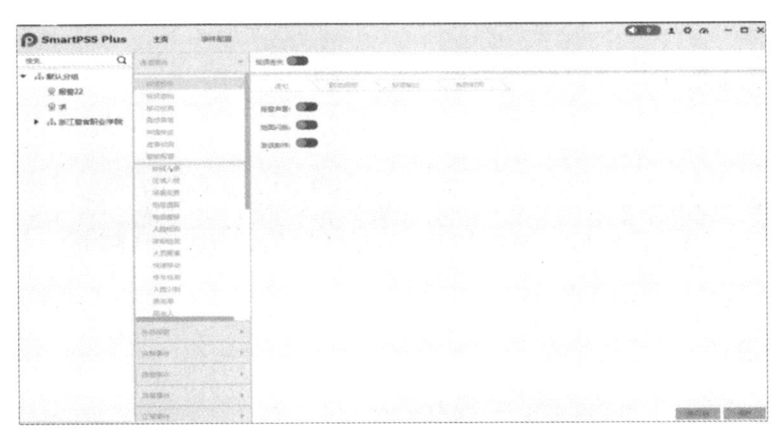

图 7-13　“联动配置”界面

（4）选择对应的门禁控制器，如图 7-14 所示。

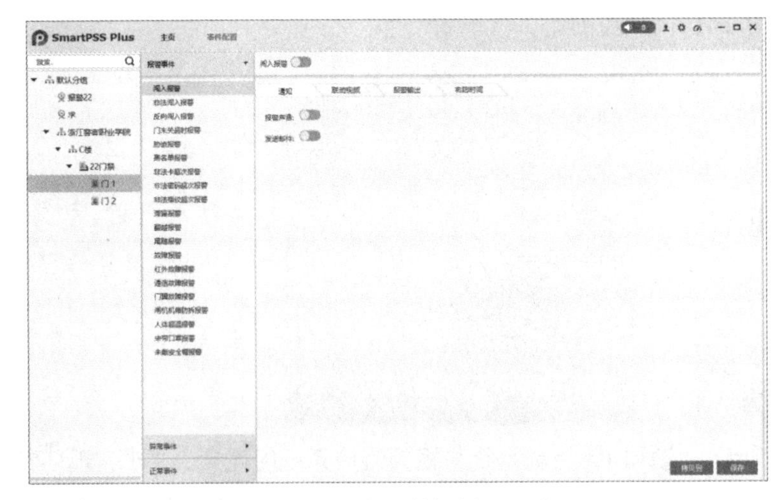

图 7-14　选择门禁控制器界面

（5）选择“正常事件”选项，然后选择“刷卡开门”与“通知”选项，如图 7-15 所示。

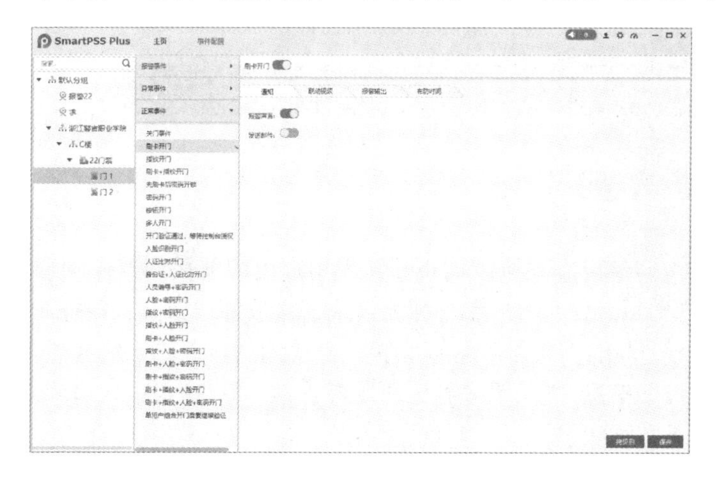

图 7-15　选择联动事件

（6）选择“联动视频”选项并开启录像功能，如图 7-16 所示。

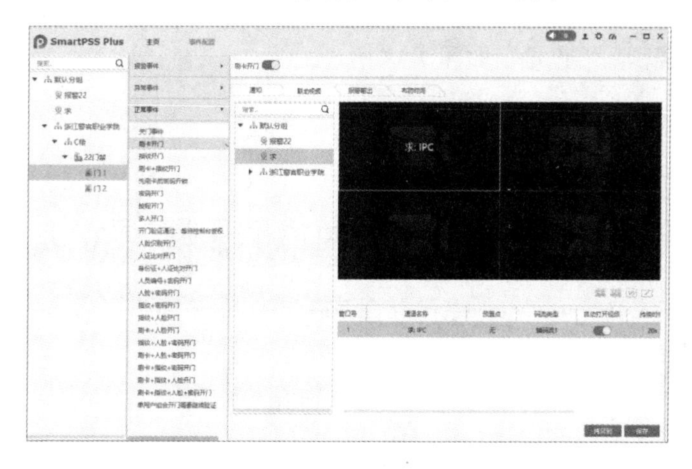

图 7-16　联动视频设置

（7）触发联动报警功能，查看系统是否正常联动，“联动视频”界面如图 7-17 所示。

图 7-17　“联动视频”界面

（8）编写设备安装与调试说明书。

任务4　入侵报警系统与门禁控制系统的联动

入侵报警系统与门禁控制系统联动

7.4.1　概述

入侵报警系统与门禁控制系统联动主要实现用户出门前在门禁控制器上输入相应数字并刷卡，实行布防。布防后，房间内的红外探测器或紧急报警按钮等入侵探测器一旦检测到有人闯入，就会输出一个信号给门禁控制器，门禁控制器检测到报警输入信号后，启动报警继电器，声光报警信号发出报警信息，提示用户到达现场查看。当用户刷卡进入房间时，系统自动撤防，直到下一次系统处于布防状态。

7.4.2　联动的实现

入侵报警系统与门禁控制系统联动的硬件连线主要将入侵探测器的报警输出端与门禁控制器的辅助外部报警输入端连接，如图7-18所示。

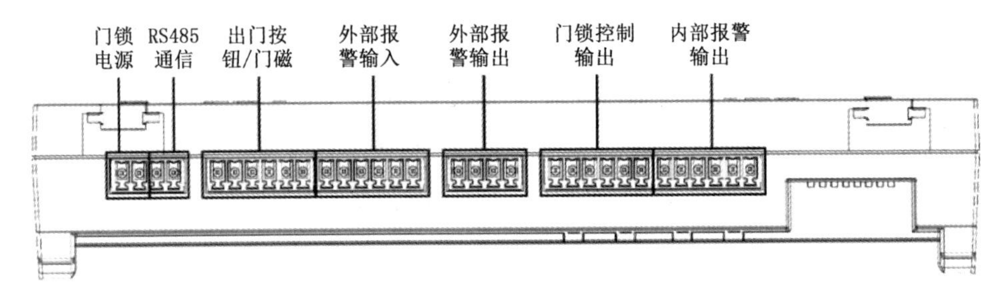

图7-18　入侵报警系统与门禁控制系统的连线端子图

7.4.3　入侵报警系统与门禁控制系统联动实训

1．实训目的

（1）能够按工程设计及工艺要求正确完成两个系统间设备的连线。

（2）能够进行参数设置。

（3）能够实现入侵报警系统与门禁控制系统的联动功能。

2．必备知识点

（1）入侵报警系统与门禁控制系统联动的解析方法。

（2）掌握联动的调试方法。

3．实训设备与器材

DH-ASC1202B-D门禁控制器	1台
读卡器	1个
锁具	1套

被动红外探测器	1个
紧急报警按钮	1个
线材	若干
直流12V电源	1个
工具包	1套

4. 实训要求

如图7-19所示，完成入侵报警系统的连接和门禁控制系统的连接。要求实现门禁控制系统和入侵报警系统的联动，一旦发生入侵报警事件，门禁控制系统就会关闭门锁。（也可将视频监控系统接入，联动发生时，同样联动视频信号。）

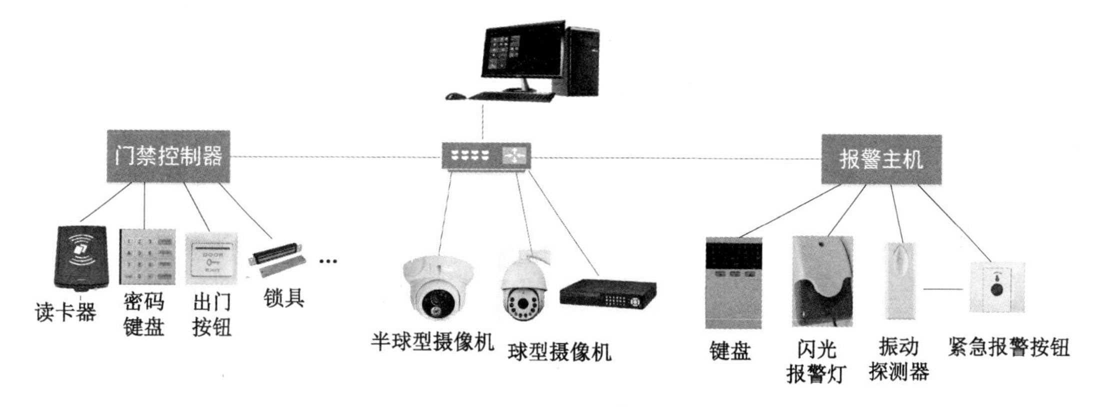

图7-19 入侵报警系统与门禁控制系统联动接线图

5. 实训内容

（1）要求当入侵探测器探测到信号时，门锁关闭。完成门禁控制系统与入侵报警系统的安装。

（2）在SmartPSS Plus软件中添加相应的报警主机和门禁控制器。

（3）进行联动设置，如图7-20所示。

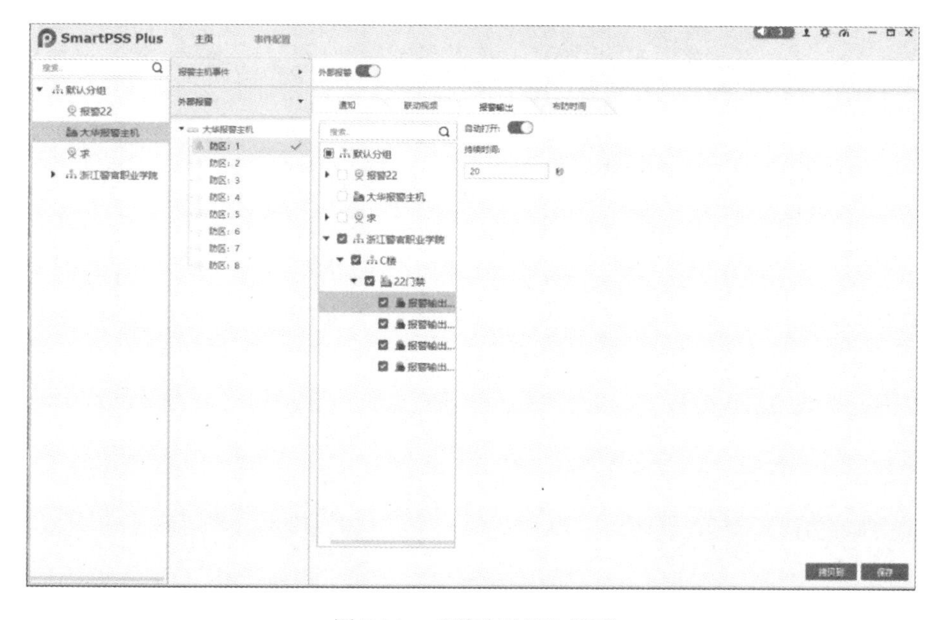

图7-20 “联动设置”界面

（4）触发联动报警功能，查看系统是否正常联动。

（5）编写设备安装与调试说明书。

知识点考核

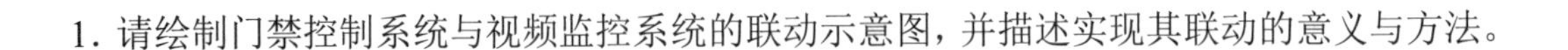

1．请绘制门禁控制系统与视频监控系统的联动示意图，并描述实现其联动的意义与方法。

2．请绘制门禁控制系统与入侵报警系统的联动示意图，并描述实现其联动的意义与方法。

3．请绘制入侵报警系统与视频监控系统的联动示意图，并描述实现其联动的意义与方法。

附录A

入侵与紧急报警系统的检验项目、检验要求及检验方法

序号	检验项目	检验要求	检 验 方 法
1	安全等级	设备的安全等级不应低于系统的安全等级。入侵与紧急报警系统的安全等级应与各系统中最高的安全等级一致	根据系统的安全等级核查设备的产品检测报告；根据各报警系统的安全等级，核查多个报警系统的共享部件的产品检测报告
2★	探测功能	入侵与紧急报警系统应能准确、及时地探测入侵行为或触发紧急报警按钮，并发出入侵报警信号或紧急报警信号	设防状态下，通过人员现场模拟入侵探测区域，当进入最大探测区域位置时，进行模拟入侵测试；在任何状态下，触发紧急报警按钮进行测试；查看报警信号、报警信息与实际的触发情况
3★	防拆功能	当入侵与紧急报警系统的控制指示设备、告警装置、安全等级为2/3/4级的入侵探测器、安全等级为3/4的接线盒等设备被替换或外壳被打开时，相应设备应能发出防拆信号	在任何状态下，打开入侵与紧急报警系统的探测、传输、控制指示，告警装置的外壳或替换设备，查看声光报警信号和报警信息的状态
4★	防破坏及故障识别功能	当报警信号传输线被断路/短路、探测器电源线被切断、系统设备出现故障时，报警控制设备上应发出声、光报警信息	报警探测回路发生断路、短路和电源线被切断时，查看报警状态和报警功能
5	设置功能	应能按时间、区域、部位进行全部或部分探测防区（回路）的瞬时防区、24h防区、延时防区、设防、撤防、旁路、传输、告警、胁迫报警等功能的设置。应能对系统用户权限进行设置	对不同的用户进行权限设置、增加和删除用户；授权用户对系统分别进行瞬时防区、24h防区、延时防区、设防、撤防、旁路、传输、告警、胁迫报警等功能的设置，并进行模拟测试，查看各设置完成后的系统工作状态
6	操作功能	系统用户应能根据权限类别不同，按时间、区域、部位对全部或部分探测防区进行自动或手动设防、撤防、旁路等操作，并应能实现胁迫报警操作	以不同权限用户的身份进行操作，检查权限设置情况；授权用户对系统分别按时间、区域、部位进行自动或手动设防、撤防、旁路操作，测试系统的状态及功能；采用胁迫码操作，检查报警情况
7	指示功能	系统应能对入侵、紧急、防拆、故障等报警信号来源、控制指示设备及远程信息传输工作状态有明显清晰的指示	检查报警信号的指示入侵发生部位、报警信号性质、保持状态；在报警指示持续期间，当发生其他报警信号输入时，查看相应的可见报警指示；当多个回路同时报警时，查看任何一个回路的报警指示；查看报警控制指示设备和远程传输的状态
8	通告功能	当系统出现入侵、紧急、防拆、故障、胁迫等报警状态和非法操作时，系统应能根据不同需要在现场和（或）监控中心发出声、光报警通告	通过入侵、紧急、防拆、故障、胁迫等报警信号的触发，在现场、监控中心查看接收到的声、光报警信息，包括报警的时间、地点、性质等信息

续表

序号	检验项目	检验要求	检 验 方 法
9★	传输功能	应能实时传递各类报警信号/信息、控制指示设备的各类运行状态信息和事件信息	对系统发生的各类报警信号/信息、控制指示设备的各类运行状态信息和事件信息，检查传输至控制指示设备的状态；当传输链路发生断路、短路时，查看发送至报警控制设备的报警信息
		当传输链路受到来自防护区域外部的影响时，安全等级 4 级的设备应采取特殊措施以确保信号或信息不能被延时、修改、替换或丢失	当传输链路受到来自防护区域外部的影响时，检查安全等级为 1 的系统传输链路所采取的保护措施
10★	记录功能	应能对系统操作、报警和有关警情处理等事件进行记录和存储，且不可更改	触发报警，查看报警记录，包括报警发生的时间、地点、报警信息性质、故障信息性质、警情处理等信息，检查信息记录的准确性、可更改性
		对于安全等级为 2、3 和 4 级的设备应具有记录等待传输事件的功能、记录事件发生的时间和日期。对于安全等级为 3、4 级的设备应具有事件记录永久保存的设备	根据系统的安全等级，检查报警和事件记录的时间、日期以及保存设备
11★	响应时间	系统报警响应时间应能满足下列要求 （1）单控制器模式：不大于 2s。 （2）本地联网模式： ① 安全等级 1：不大于 10s。 ② 安全等级 2、3：不大于 5s。 ③ 安全等级 4：不大于 2s。 （3）远程联网模式： ① 安全等级 1、2：不大于 20s。 ② 安全等级 3、4：不大于 10s	根据系统设计的模式和安全等级，布防后触发探测器发生报警，测试发生报警到报警控制设备和指示设备接收信号的时间
12★	复核功能	在重要区域和重要部位发出报警的同时，应能对报警现场进行声音和（或）图像复核	检查声音和（或）图像复核装置的配置位置、数量；触发报警后，验证现场声音和图像显示，检查声音和图像的清晰度、准确性
13	误报警与漏报警	入侵与紧急报警系统的误报率应符合设计任务书和（或）工程合同书的要求。入侵与紧急报警系统不得有漏报警	触发前端各种报警类型至少 50 次，记录触发次数和报警的次数，查验漏报警情况
14	报警信息分析功能	系统可具有对各类状态/事件信息进行综合识别、分析、研判等的功能	分别触发不同类型的报警和紧急报警、拆开前端探测器、断掉探测器电源，查看系统显示的相应状态信息、操作记录，检查报警、故障、操作等信息的管理、查询功能
15	其他项目	系统涉及的入侵与紧急报警系统的其他项目应符合国家现行有关标准、工程合同及竣工文件的要求	按照国家现行有关标准、工程合同及系统竣工文件中的要求进行

注：表格中带“★”的项目为运行检验必检项目。

附录B

视频监控系统的检验项目、检验要求及检验方法

序号	检验项目	检验要求	检验方法
1★	视频/音频采集功能	视频/音频采集设备的监控范围应有效覆盖被保护部位、区域或目标。监视效果应满足场景和目标特征识别的不同需求	查看视频/音频采集设备的配置位置、数量，覆盖的部位、区域和目标，查看所采用设备的位置、角度、类型
		视频/音频采集设备的灵敏度和动态范围应满足现场图像采集的要求	核查视频/音频采集设备的产品检测报告中摄像机的灵敏度和动态范围
		视频/音频采集设备宜具有同步音频采集功能	视频/音频采集设备具有音频采集功能，具备检查采集音频的清晰可辨性、连续性和音视频的同步性
2	传输	视频图像信息和其他相关信息在前端采集设备到显示设备、存储设备等各设备之间的传输信道的带宽、时延、时延抖动应满足竣工文件的要求，视频传输应能对同一视频资源的信号进行分配或数据分发	分别测试前端采集设备到显示设备和存储设备等各设备之间的信道带宽、时延和时延抖动，同时在多个客户终端/设备上以不同的用户登录，对同一个视频图像和音频信号进行浏览、回放及控制，检验功能是否实现，是否出现图像卡顿或死机现象
3	切换调度功能	系统应能按照授权实时切换调度指定视频到指定终端	以不同的授权用户对视频资源进行调取显示，检查授权范围内和授权范围外对视频资源的调取，将调取的视频资源选择客户端的不同画面或不同的监视器进行显示，查看显示状态；选取不同的视频资源在同一画面显示，测试响应的时间；选取相同的视频资源在不同画面显示，测试响应时间
4★	远程控制功能	系统应具备按照授权对选定的前端视频采集设备进行PTZ实时控制和（或）工作参数调整的能力	以不同的授权用户对前端视频采集设备进行控制，包括PTZ控制及编码方式、码流、帧率、加密等的调整，检查授权用户和非授权用户的控制及调整功能，测试对前端视频采集设备进行PTZ控制时的端到端的时间延时
5★	视频显示和声音展示功能	系统应能实时显示系统内的所有视频图像，视频图像质量应满足竣工文件要求。显示的方式可以是单屏幕单路视频，也可以是单屏幕多画面，也可以是组合屏幕综合显示。声音的展示应满足辨识需要，显示的图像和展示的声音应具有原始完整性	检查授权用户在客户端/显示设备上依次对所有视频图像进行调取浏览和选取不同时间段的历史图像进行回放，检查采取单画面或多画面的显示；分别通过视频测试卡图像采集、后端显示及存储的过程对显示的图像和回放的图像质量进行测试，包括分辨率、帧率、灰度等级等；对显示视频图像的几何特征、现场目标活动连续性、清晰度、色彩进行主观评价；对采集的音频信息进行实时播放和回放，检查声音信息的清晰可辨性

续表

序号	检验项目	检验要求	检验方法
6★	存储/回放检索功能	视频存储设备应能完整记录指定的视频图像信息，存储的视频路数、存储格式、存储时间应符合竣工文件的要求	检查视频存储的方式、码流、存储格式、存储的路数，根据存储方式、存储格式、码流、存储路数计算每天所需的存储容量
		视频存储设备应支持视频图像信息的及时保存、连续回放、多用户实时检索和数据导出等功能	单个或多个不同用户能对视频资源进行实时检索，能查看回放检索到的资源，并能导出相应的数据信息
		视频图像信息保存期限不应少于30d；防范恐怖袭击重点目标的视频图像信息保存期限不应少于90d	根据每天所需的存储容量和配置容量，计算视频图像的保存期限；根据计算的保存期限，对存储视频图像按时间进行检索并回放，查看所需保存期限的历史图像
		视频图像信息宜与相关音频信息同步记录、同步回放	检查前端音频的设置，对音视频的记录文件进行回放，检查播放时的声音、动作、口型和延时
7	视频/音频分析功能	系统可具有场景分析、目标识别、行为识别等视频智能分析功能。系统可具有对异常声音分析报警的功能	当系统具有视频/音频分析功能时，检查场景分析、目标识别、行为识别、异常声音分析报警等功能
		当具有场景分析或目标识别功能要求时，视频图像的分辨力应满足系统记录现场和识别目标的要求	对具有场景分析或目标识别功能要求的视频图像，分别通过视频测试卡图像采集、后端显示及存储的过程对显示的图像质量进行测试，包括分辨率、帧率、灰度等级等
8	多摄像机协同功能	对同一场景中的多台摄像机可实现相互联动功能，实现对活动目标的跟踪联动等	对同一场景设置的多台摄像机，检查相互联动性，模拟活动目标进行测试，查看联动结果和对活动目标的跟踪情况
9★	系统管理功能	系统应具有用户权限管理、操作与运行日志管理、设备管理和自我诊断等功能	对不同的用户进行权限设置、增加和删除用户；调取操作与运行日志；对相关数据进行导入、导出及界面配置
10	其他项目	系统涉及的视频监控系统及其他项目应符合国家现行有关标准、工程合同及竣工文件的要求	按照国家现行有关标准、工程合同及系统竣工文件中的要求进行

注：表格中带“★”的项目为运行检验必检项目。

附录 C

门禁控制系统的检验项目、检验要求及检验方法

序号	检验项目	检验要求	检 验 方 法
1	安全等级	系统安全等级应符合竣工文件要求	对系统中最高安全等级的出入口控制点进行现场复核；检查设备型号和对应的产品检测报告，确认设备的安全等级；对现场的设备配置组合进行检查，验证配置策略与出入口控制点的安全等级；对各项功能进行验证，检查其结果与相应安全等级要求；检查系统的中心管理设备，其安全等级应不低于各出入口控制点的最高安全等级
2	受控区	系统受控区设置应符合竣工文件要求	对系统中的同权限受控区和高权限受控区进行现场复核；检查不同受控区的设备的设置和安装位置
3★	目标识别功能	系统应采用编码识读和（或）生物特征识别方式，对目标进行识别	检查采用的识别方式，核查相关产品的检测报告
		安全等级为 3 级和安全等级为 4 级的系统对目标进行识别时，不应采用只识读 PIN 的识别方式，应采用对编码载体信息凭证和（或）模式特征信息凭证和（或）载体凭证、特征凭证、PIN 组合的复合识别方式	根据系统设计的安全等级，对高安全等级的系统，应检查并验收系统采用的识别方式，分别验证只采用 PIN 识别及复合识别的有效性
4★	出入控制功能	各安全等级的出入口控制点应具有对进入受控区的单向识读出入控制功能；安全等级为 2、3、4 级的出入口控制点应支持对进入及离开受控区的双向出入控制功能；安全等级为 3、4 级的出入口控制点应支持对出入目标的防重入、复合识别控制功能；安全等级为 4 级的出入口控制点应支持多重识别控制、异地核准控制、防胁迫控制功能	对现场出入口控制点按竣工文件和安全等级进行识读的验证，检查访问控制功能
5★	出入授权功能	系统应能对不同目标出入各受控区的时间、出入控制方式等权限进行授权配置	对各受控区的时间、出入方式等权限进行不同的授权配置，配置后进行出入测试，检查与授权配置内容的一致性

续表

序号	检验项目	检验要求	检 验 方 法
6	出入口状态监测功能	安全等级为2、3、4级的系统应具有监测出入口的启/闭状态的功能；安全等级为3、4级的系统应具有监测出入口控制点执行装置的启/闭状态的功能	根据系统竣工文件和安全等级要求，模拟出入口和出入口控制点执行装置的启/闭，检查系统的监测记录
7	登录信息安全	当系统管理员/操作员只用PIN登录时，其信息位数的最小值和信息特征应满足相应安全等级的要求：安全等级为1级时，PIN至少为4位数字密码；安全等级为2级时，PIN至少为5位数字密码；安全等级为3级时，PIN至少为包含字母的6位密码；安全等级为4级时，PIN至少为包含字母的8位密码；安全等级为3、4级时，PIN信息不应顺序升序或降序，相同字符不能连续用两次以上	根据系统的竣工文件和安全等级要求，检查系统管理员/操作员的登录方式，当只用PIN登录时，对系统管理员/操作员设置不同位数、数字/字母组合的PIN，检查设置的状态和使用登录情况
8★	自我保护措施	系统应根据安全等级要求采用相应的自我保护措施和配置。位于对应受控区、同权限受控区或高权限受控区以外的部件应具有适当的防篡改/防撬/防拆保护措施。对于连接出入口控制系统部件的线缆，位于出入口对应受控区、同权限受控区和高权限受控区域外部的线缆，应封闭保护，其保护结构的抗拉伸、抗弯折强度应不低于镀锌钢管	根据竣工文件和安全等级要求检查对不同受控区的权限配置；检查对管控区外部件的防篡改/防撬/防拆措施
9★	现场指示/通告功能	系统应能对目标的识读过程提供现场指示。当系统出现违规识读、出入口被非授权开启、故障、胁迫等状态和非法操作时，系统应能根据不同需要在现场和（或）监控中心发出可视和（或）可听的通告或警示	按照设计文件，通过非授权凭证进行识读、强行开启、胁迫码操作、非法密码操作，在现场、监控中心检查可视和（或）可听的通告或警示等；使用授权凭证进行识读后，查看相应的识读记录，包括记录的时间、地点、对象
10	信息记录功能	系统的信息处理装置应能对系统中的有关信息自动记录、存储，并有防篡改和防销毁等措施	检查系统对信息的记录，包括非法操作、故障、授权操作、配置信息的记录；对信息记录进行导出、存储、更改和删除
11★	人员应急疏散功能	系统不应禁止由其他紧急系统（如火灾等）授权自由出入的功能。系统必须满足紧急逃生时人员疏散的相关要求。当通向疏散通道方向的区域为防护面时，系统必须与火灾报警系统及其他紧急疏散系统联动，当发生火警或需要紧急疏散时，人员不用识读，应能迅速安全通过	检查系统的应急开启方式，对设置的应急开启的开关或按键，验证操作后开启部分/全部出入口功能；与消防系统联动后，当触动消防报警时，验证开启相应出入口功能
12	一卡通用功能	当系统与其他业务系统共用的凭证或其介质构成“一卡通”的应用模式时，出入口控制系统应独立设置与管理	查看“一卡通”的应用模式，按设计文件对“一卡通”进行设置和管理，验证其功能，检查出入口控制系统的独立设置与管理功能
13	其他项目	系统涉及的出入口控制系统其他项目应符合国家现行有关标准、工程合同及竣工文件的要求	按照国家现行有关标准、工程合同及系统竣工文件中的要求进行

注：表格中带“★”的项目为运行检验必检项目。

附录D

停车场安全管理系统的检验项目、检验要求及检验方法

序号	检验项目	检验要求	检验方法
1★	出入口车辆识别功能	系统应根据竣工文件对出入停车场的车辆以编码凭证和（或）车牌识别的方式进行识别	检查采用的车辆识别方式，验证编码凭证和（或）车牌识别，查看识别的信息的准确性；对设置的出票/验票装置，查看出/验票信息的准确性；对车牌识别，验证对车牌的自动抓拍和识别功能
		高风险目标区域的车辆出入口可具有人员识别、车底检查等功能	检查对高风险目标区域的配置，停车场安全管理系统应具有人员识别和车底检查的功能，检查人员识别功能和车底检查图像的清晰辨别性
2★	挡车/阻车功能	系统设置的电动栏杆机等挡车指示设备应符合通行流量、通行车型（大小）的要求	核查电动栏杆机等挡车指示设备的产品检测报告，检查起/落杆操作自动和手动实现功能，测量设置的电动栏杆机的起/落杆速度、通行宽度、高度
		电控阻车设备应符合高风险目标区域的阻车能力要求	核查电控阻车设备的产品检测报告，检查阻车设备的自动/手动控制功能和阻车强度，测量开启速度
3	行车疏导（车位引导）功能	应具有行车疏导（车位引导）功能	根据系统竣工文件，检查显示的车位信息，包括总车位、剩余车位等，检查动态信息显示和行车指示的准确性
4★	车辆保护（防砸车）功能	系统挡车/阻车设备应有对正常通行车辆的保护措施，宜与地感线圈等探测设备配合使用	检查对起杆但未通行车辆的辨别，验证进行落杆或者落杆未触及车辆又自动抬起的功能
5★	停车场内部安全管理	停车场内部设置的紧急报警、视频监控、电子巡查等技防设施应符合竣工文件要求，封闭式地下停车场等部位应有足够的照明设施	检查停车场内部的紧急报警、视频监控、电子巡查等设施的配置位置、数量，其功能与性能按照相关子系统进行检验；检查封闭式地下停车场等部位的照明设施配置，测量地下停车场的照度
6★	指示/通告功能	系统应能对车辆的识读过程提供现场指示。当系统出现违规识读、出入口被非授权开启、故障等状态和非法操作时，系统应能根据不同需要向现场、监控中心发出可视和（或）可听的通告或警示	使用非授权编码/车牌识读、强行开启、非法操作后，在现场、监控中心查看可视和（或）可听的通告或警示，使用授权编码/车牌进行识读后，查看相应的识读记录，包括记录的时间、地点、对象

续表

序号	检验项目	检验要求	检验方法
7	管理集成功能	系统可与停车收费系统联合设置，提供自动计费，收费金额显示，收费的统计与管理功能。系统也可与出入口控制系统联合设置，与安全防范其他子系统集成	查看系统的联合设置、集成情况，检查自动计费金额、收费统计情况，验证管理功能
8	其他项目	系统涉及的停车场安全管理系统其他项目应符合国家现行有关标准、工程合同及竣工文件的要求	按照国家现行有关标准、工程合同及系统竣工文件中的要求进行

注：表格中带“★”的项目为运行检验必检项目。

附录E

楼宇对讲系统的检验项目、检验要求及检验方法

序号	检验项目	检验要求	检验方法
1★	对讲功能	访客呼叫机与用户接收机之间、多台管理机之间、管理机与访客呼叫机之间、管理机与用户接收机之间应具有双向对讲功能，系统应限制通话时长以避免信道被长时间占用	分别进行双向语音对讲操作，验证其功能，测试通话时长，检查通话语音的质量
2★	可视功能	具有可视功能的用户接收机应能显示由访客呼叫机采集的视频图像。视频采集装置应具有自动补光功能	访客呼叫机呼叫用户接收机，检查在用户接收机端显示访客呼叫机采集的视频图像，并采用测试卡对图像的分辨率、灰度、色彩还原度进行测试；检查自动补光功能
3★	开锁功能	应能通过用户接收机手动控制开启受控门体的电锁。应能通过访客呼叫机让有权限的用户直接开锁。应能根据安全管理的实际需要，选择是否允许通过管理机控制开启电锁	对用户接收机进行手动开锁操作，检查受控门体的状态；采用授权识读装置访问访客呼叫机，检查开锁状态；验证通过管理机远程选择控制开启相应电锁
4	防窃听功能	在系统通话过程中，语音信号不应被其他非授权用户窃听	在不同设备间进行双向语音对讲操作，验证其是否被接听
5★	告警功能	当系统受控门开启时间超过预设时长、访客呼叫及防拆开关被触发时，应有现场告警提示信息，具有高安全需求的系统还应向管理中心发送告警信息	受控门打开时长超过设定的时长时，检查现场发出的告警提示，在管理中心查看收到的告警信息；打开访客呼叫机的面板，检查现场发出的告警提示，在管理中心查看收到的告警信息；检查告警信息的发送情况
6	系统管理功能	管理机应具有设备管理和权限管理功能，宜具有通行事件管理、数据备份及恢复、信息发布等功能	应检查系统设备的添加、删除、配置功能；检查对人员的操作权限进行设置、配置；通过管理机向选择的或全部访客呼叫机/用户接收机发送信息，查看显示的信息；应检查系统设备的参数、日志等，并进行数据备份；查询访客呼叫记录，记录内容包含时间、日期和开锁等信息
7	报警控制及管理功能	系统应具有报警控制及管理功能的系统，报警控制和管理功能应符合国家现行有关标准的要求	核查产品的检测报告，验证报警控制及管理功能

续表

序号	检验项目	检验要求	检验方法
8	无线扩展终端功能	用户接收机可外接无线扩展终端，实现与用户接收机/访客呼叫机等设备的对讲、视频图像显示、接收报警信息等功能	检查无线终端分别与用户接收机和访客呼叫机进行对讲的功能；查看无线终端显示的访客呼叫机的视频图像和接收的报警信息
9	系统安全	除了已采取了可靠的安全管控措施，不应利用无线扩展终端开启入户门锁及进行报警控制管理	检查无线扩展终端的开启门锁按钮和报警管理选项，并验证对相应功能的限制；当采取安全管控措施时，核查相关产品的检测报告中关于访问控制、控制指令保护、数据存储保护等的安全措施
10	其他项目	系统涉及的楼寓对讲系统的其他项目应符合国家现行相关标准、工程合同及竣工文件的要求	按照国家现行相关标准、工程合同及系统竣工文件中的要求进行

注：表格中带“★”的项目为运行检验必检项目。

附录 F

电子巡更系统的检验项目、检验要求及检验方法

序号	检验项目	检验要求	检验方法
1★	巡查路线设置	应能对巡查轨迹、时间、巡查人员进行设置，应能设置多条并发路线	根据巡更点的点位设置多条巡查路线，并设置多条并发路线，检查所设置内容的正确性，包括时间、巡查人员和巡更点选择等
2★	巡查报警设置	应当设置巡查异常报警规则	对不同的巡查路线设置不同的报警规则，验证按报警规则巡查的报警情况，查看报警内容与设定报警规则的一致性
3★	巡查状态监测功能	应能在预先设定的在线巡查路线中对人员的巡查活动状态进行监督和记录，应能在发生意外情况时及时报警	按照巡查路线进行巡查，检查对巡查的轨迹、时间、地点、巡查人等的信息记录；检查对巡查活动是否准时和遵守顺序等状态的在线显示、记录；根据设置的报警规则，当出现偏离巡查路线和未按设定时间巡查等情况时，检查发出的报警和报警内容
4	统计报表功能	系统可对设置内容、巡查活动情况进行统计，形成报表	按时间、地点、人员等选取设置的内容和巡查活动情况，检查进行统计和形成报表的情况，并验证统计结果的正确性
5	其他项目	系统涉及的电子巡更系统的其他项目应符合国家现行有关标准、工程合同及竣工文件的要求	按照国家现行有关标准、工程合同及系统竣工文件中的要求进行

注：表格中带“★”的项目为运行检验必检项目。

附录 G

供电检验项目、检验要求及检验方法

序号	检验项目	检验要求	检验方法
1	备用电源	入侵与紧急报警统的应急供电时间不宜小于 8h；视频监控系统关键设备的应急供电时间不宜小于 1h；安全等级为 4 级的出入口控制点执行装置为断电开启的设备时，在满负荷状态下，备用电源应能确保该执行装置正常运行不应小于 72h	应计算各系统应急供电所需备用电源的容量，并对不同的系统分别计算备用电源的供电时间
2	电源质量	主电源来自市电网时，安全防范系统接入端的指标宜符合如下要求。 （1）稳态电压偏移不宜大于±10%。 （2）稳态频率偏移不宜大于±0.2Hz。 （3）断电持续时间不宜大于 4ms。 （4）谐波电压和谐波电流的限值符合现行国家标准《电能质量公用电网谐波》GB/T 14549 的要求。 （5）供电系统工作时，零线对地线的电压峰值不应高于 36Vp-p	在系统设备输入电源端，采用电源质量分析设备对电源质量进行测试
3★	主、备电源转换	有备用电源的系统，当主电源断电时，应自动转换为备用电源供电；当主电源恢复时，应能自动转换为主电源供电。在电源转换过程中，系统应能正常工作	切断主电源，验证备用电源自动转换供电；恢复主电源，验证切换主电源供电；检查切换过程中系统设备的工作状态
		对于双路供电的系统，主、备电源应能自动切换	检查配电箱两路电源的独立方式，分别切换其中一路电源，验证供电输出情况
4	配电箱	安全防范系统的监控中心应设置专用配电箱，配电箱的配出回路应留有余量	检查监控中心配电箱的设置和配电箱出线回路

注：表格中带“★”的项目为运行检验必检项目。

附录H

监控中心设备安装检验方法

序号	检验项目	检验要求	检验方法
1	监控中心的位置与布局	监控中心的值守区与设备区宜分隔设置	检查监控中心的值守区与设备区的设置
		监控中心的面积应与安防系统的规模相适应，应有保证值班人员正常工作的相应辅助设施	测量监控中心的面积，检查值班人员的辅助设施
2★	监控中心的自身防护	监控中心应有保证自身安全的防护措施和进行内外联络的通信手段，并应设置紧急报警按钮和留有向上一级接处警中心报警的通信接口	检查监控中心对外联络的有线和（或）无线通信设施、紧急报警装置及与上级报警的通信接口
		监控中心出入口应设置视频监控和出入口控制装置。监视效果应能清晰显示进入监控中心出入口外部区域的人员特征及活动情况	检查监控中心出入口的视频监控和出入口控制装置，查看视频监视中心出入人员的面部特征情况
		监控中心内应设置视频监控装置，监视效果应能清晰地显示监控中心内人员活动的情况	检查监控中心的视频监控装置设置情况，查看视频监视的效果
		对设置在监控中心的出入口控制系统管理机、网络接口设备、网络线缆等应采取强化保护措施	检查监控中心的受控区级别及出入口控制系统的管理机、网络接口设备、网络线缆的保护措施
3	监控中心的环境	监控中心的疏散门应采用外开方式，且应自动关闭，并应保证在任何情况下均能从室内开启	检查监控中心的疏散门设置和锁闭开启情况
		监控中心室内地面应防静电、光滑、平整、不起尘。门的宽度不应小于 0.9m，门的高度不应小于 2.1m	检查监控中心内防静电地板的设置，测量门的宽度和高度
		监控中心内的温度宜为 16～30℃，相对湿度宜为 30%～75%	测量监控中心的温度和湿度
		监控中心内应有良好的照明，并设置应急照明装置	测量监控中心的照度，检查应急照明装置的设置情况
		监控中心不宜设置高噪声的设备，当必须设置时，应采取有效的隔音措施	测量监控中心的噪声，对于高噪声的设备，检查采取的隔音措施，验证其隔音效果
4	监控中心的设备布局	控制台正面与墙的净距离不应小于 1.2m，侧面与墙或其他设备在主要走道的净距离不应小于 1.5m，在次要走道的净距离不应小于 0.8m；机架背面和侧面与墙的净距离不应小于 0.8m	检查控制台和机架的安装位置，测量控制台正/侧面与墙距离、主要走道、次要走道、机柜（架）背/侧面与墙的距离

注：表格中带“★”的项目为运行检验必检项目。

附录I

设备安装检验项目、检验要求及检验方法

序号	检验项目	检验要求	检验方法
1	入侵与紧急报警设备安装	各类探测器的安装位置和安装高度应符合竣工文件的要求，应确保对防护区域的有效覆盖。当多个探测器的探测范围有交叉覆盖时，应避免相互干扰。对于周界入侵探测器的安装，应能保证防区交叉，无盲区	检查各类探测器的探测范围、安装位置和高度，检查周界入侵探测器的覆盖和盲区情况；交叉覆盖时，测试各探测器的探测功能和相互影响性
		需要隐蔽安装的紧急报警按钮应便于操作	检查紧急报警按钮的安装位置和操作便利性
2	视频监控设备安装	摄像机、拾音器的安装位置和安装高度应符合监视目标视场范围要求，注意防破坏	检查摄像机及拾音器的安装位置、安装高度和牢固性
		电梯厢内的摄像机应能有效监视电梯厢内乘客的面部特征	检查电梯厢内摄像机的安装位置，查看监视乘客的面部特征情况
		信号线和电源线应分别引入，外露部分应用软管保护，并不影响云台的转动	检查信号线和电源线的引入情况和保护方式，云台转动时检查拖拉、缠绕现象
		云台转动角度范围应符合监视范围的要求。云台应运转灵活、运行平稳。云台转动时监视画面应无明显抖动	转动云台，检查监视范围，并在转动过程中查看云台运转状态和监视画面的抖动现象
3	门禁设备安装	各类识读装置的安装应便于识读操作，高度应符合竣工文件要求	检查各类识读装置的安装牢固性，测量安装的离地高度
		感应式识读装置在安装时应注意可感应范围，不得靠近高频、强磁场	验证感应式识读装置在感应范围内的识读功能
		对于受控区内出门按钮的安装，应保证在受控区外不能通过识读装置的走线孔触及出门按钮的信号线	检查出门按钮与识读装置错位安装或采取管线物理隔离方式；拆下对应识读装置，检查通过识读装置走线孔触及出门按钮的信号线情况
		锁具安装应保证在防护面外无法拆卸	检查锁具从防护面外进行拆卸和破坏的情况
4	停车场安全管理设备安装	读卡机（IC卡机、磁卡机、出票读卡机、验卡票机）与挡车器的安装应平整，保持与水平面垂直、不得倾斜；读卡机应方便驾驶员读卡操作	检查读卡机与挡车器的安装与地面的垂直情况；测量读卡区域的高度
		读卡机与挡车器的中心间距应符合竣工文件要求	测量读卡机与挡车器的距离

续表

序号	检验项目	检验要求	检验方法
		读卡机（IC卡机、磁卡机、出票读卡机、验卡票机）与挡车器感应线圈的埋设位置与竣工文件一致，感应线圈至机箱处的线缆应采用金属管保护；智能摄像机的安装位置、角度应满足车辆号牌字符、号牌颜色、车身颜色、车辆特征、人员特征等相应信息采集的需要	检查读卡机（IC卡机、磁卡机、出票读卡机、验卡票机）与挡车器的安装位置、感应线圈的埋设位置、智能摄像机的安装位置、角度。检查感应线圈至机箱处的线缆保护措施；模拟车辆通过测试智能摄像机进行图像抓拍，查看显示的车辆号牌字符、号牌颜色、车身颜色、车辆特征、人员特征等信息
		车位状况信号指示器应安装在车道出入口的明显位置，车位引导显示器应安装在车道中央上方，便于识别与引导	检查车位状态信号指示器和引导显示器的安装位置
5	楼宇对讲设备安装	访客呼叫机、用户接收机的安装位置、高度应符合竣工文件要求	检查访客呼叫机和用户接收机的安装位置，测量操作面板的高度
		访客呼叫机内置摄像机的方位和视场角应符合竣工文件要求	访客呼叫机呼叫后，在用户接收机查看访客呼叫机拍摄的视频，检查拍摄的角度、内容、图像质量
6	电子巡查设备安装	在线巡查或离线巡查的信息采集点（巡更点）的安装位置和数量应符合竣工文件要求，便于操作	检查信息采集点的设置，测量离地安装高度
7	防爆安全检查设备安装	X射线行李检查设备的安装场地的地面应平整	检查X射线行李检查设备的安装
		通过式金属探测门设备的安装应选择平整、坚实的场地，落地应平稳，机械连接和构件应牢固	检查通过式金属探测门设备的安装
8	监控中心设备安装	控制、显示等设备屏幕应避免光线直射，当不可避免时，应采取避光措施	检查控制、显示等设备屏幕的安装位置、安装方式和采取的避光措施
		控制台、机柜（架）、电视墙不应直接安装在活动地板上	检查控制台、机柜（架）、电视墙的安装方式
		设备金属外壳、机架、机柜配线架、各类金属管道、金属线槽、建筑物金属结构等应进行等电位连接并接地	检查设备金属外壳、机架、机柜、配线架、各类金属管道、金属线槽、建筑物金属结构等的等电位连接情况，并检查连接后的接地情况
		显示屏的拼接缝、平整度、拼接误差等应符合现行国家标准《视频显示系统工程技术规范》GB 50464的规范要求	按现行国家标准《视频显示系统工程测量规范》GB/T 50525中的方法分别测量显示屏的平整度、拼接缝及拼接误差
		室内的电缆、控制线的敷设宜设置地槽；当不设置地槽时，也可敷设在电缆架槽、墙上槽板内，或采用活动地板来灵活敷设线缆。根据机架、机柜、控制台等设备的相应位置，应设置电缆槽和进线孔，槽的高度和宽度应符合敷设电缆的容量和电缆弯曲半径的要求	检查室内电缆、控制线的敷设方式；检查电缆槽和进线孔的设置和槽内敷设线缆的情况；测量槽的高度和宽度，查看敷设线缆的产品检测报告，计算槽敷设界面利用率

注：表格中带“★”的项目为运行检验必检项目。

参考文献

[1] 汪海燕．安防设备安装与系统调试[M]．武汉：华中科技大学出版社，2012．

[2] 中国就业培训技术指导中心．安全防范系统安装维护员（初级）[M]．北京：中国劳动社会保障出版社，2010．

[3] 盖仁栢．设备安装工程禁忌手册[M]．北京：机械工业出版社，2005．

[4] 徐第，孙俊英．建筑智能化设备安装技术[M]．北京：金盾出版社，2008．

[5] 王东萍．建筑设备安装[M]．北京：机械工业出版社，2012．

[6] 刘一峰．设备安装工程师手册[M]．北京：中国建筑工业出版社，2009．

[7] 罗世伟．建筑电气设备安装工[M]．重庆：重庆大学出版社，2007．

[8] 教材编审委员会．建筑弱电系统安装[M]．北京：中国建筑工业出版社，2007．

[9] 安顺合．智能建筑工程施工与验收手册[M]．北京：中国建筑工业出版社，2006．

[10] 王海，江东波，丁劲机．建筑设备安装[M]．合肥：安徽科学技术出版社，2015．

[11] 张会宾．建筑设备安装[M]．武汉：华中科技大学出版社，2009．

[12] 陈辉，孙桂涧．建筑设备安装工程[M]．北京：航空工业出版社，2012．

[13] 张金和．建筑设备安装技术[M]．北京：中国电力出版社，2013．

[14] 李仲男．安全防范技术原理与工程实践[M]．北京：兵器工业出版社，2007．

[15] 公安部教材编审委员会．安全技术防范[M]．北京：中国人民公安大学出版社，2001．

[16] 王汝琳．智能门禁控制系统[M]．北京：电子工业出版社，2004．

[17] 马福军．安全防范系统工程施工[M]．北京：机械工业出版社，2012．

[18] 郑李明，高素美．建筑智能安全防范系统[M]．北京：中国建材工业出版社，2013．

[19] 西刹子．安防天下——智能网络视频监控技术详解与实践[M]．北京：清华大学出版社，2010．

[20] 梁嘉强，陈晓宜．建筑弱电系统安装[M]．北京：中国建筑工业出版社，2006．

[21] 王琰．安全防范系统安装与运行[M]．北京：中国劳动社会保障出版社，2012．

[22] 张东放．建筑设备安装工程施工组织与管理[M]．北京：机械工业出版社，2009．

[23] 林火养．智能小区安全防范系统[M]．2 版．北京：机械工业出版社，2015．

[24] 瞿义勇．建筑设备安装——专业技能入门与精通[M]．北京：机械工业出版社，2010．

[25] 陈翼翔．建筑设备安装识图与施工[M]．北京：清华大学出版社，2010．

[26] 陈明彩，毛颖．建筑设备安装识图与施工工艺[M]．北京：北京理工大学出版社，2009．

[27] 殷德军．现代安全防范技术与工程系统[M]．北京：电子工业出版社，2008．

[28] 柳涌．建筑安装工程施工图集[M]．北京：中国建筑工业出版社，2007．

[29] 张玉萍．建筑弱电工程读图识图与安装[M]．北京：中国建材工业出版社，2009．

[30] 陈国栋．建筑设备安装及智能化工程[M]．天津：天津大学出版社，2012．
[31] 广州地区建设工程质量安全监督站．建筑设备安装工程观感实录点评[M]．北京：中国建筑工业出版社，2005．
[32] 艾湘军，刘铁鑫．建筑设备安装与识图[M]．武汉：武汉大学出版社，2013．
[33] GB 50348-2018．安全防范工程技术标准[S]．北京：中国标准出版社，2018．
[34] 汪海燕．安防设备工程施工与调试[M]．北京：电子工业出版社，2017．
[35] 汪海燕．数字化监狱安防系统[M]．上海：上海交通大学出版社，2017．
[36] 浙江大华技术股份有限公司．智能楼宇对讲实训手册．
[37] 汪海燕．智能化安防设备安装与调试[M]．大连：大连理工大学出版社，2021．